신편 회로망 해석 및 합성

공병옥 저

D.B.Info

머리말

어서 오십시오. 반갑습니다. 이 책을 접하는 여러분은 이미 정보통신 세계의 찬란한 업적을 몸소 겪고 있을 것입니다. 우리의 주변을 둘러보면 기본적인 의식주 문제에서부터 주변 생활 지원 시스템, 교통 시스템, 금융 및 각종 업무 등이 거의 모두 전자기기의 지원을 받고 있습니다. 전자기기에 대한 이론적 지원과 개발은 현대 문명사회를 떠받치는 핵심이라고 할 수 있습니다. 이러한 학문분야는 근본적으로 전자(電子, Electron)의 전자의 운동을 제어하여 갖가지 동작을 하도록 하며, 회로(回路, Circuit)라고 하는 작업 지시서를 가지고 전자에게 일을 시키는 것입니다. 이러한 회로는 시대가 변천하면서 점차 반도체 칩에 내장되어 초소형화, 저전력화, 초고속화, 대용량화, 다기능화의 길을 걸어왔습니다. 이 때, 동작의 근본 원천이 되는 전자를 제어하고 통제하며, 독려해야 하는 기준은 회로에 있습니다.

본『회로망 해석 및 합성(Network Analysis and Synthesis)』도서에 관심을 가지시는 분은 이미 전기.전자공학 분야에 깊은 관심이 있거나 혹은 이미 회로이론의 기초과정을 공부한 분들일 것입니다. 본 도서에서는 보다 다양하고 깊이가 있는 회로해석을 위해 여러 가지 회로망 해석의 방법들이 소개되었고 여러 종류의 회로에 관한 보다 용이한 해석 방법이 제시되었으며 보다 복잡한 실제의 회로의 해석 방법과 설계를 위한 응용방법 등이 소개되었습니다.

즉, 본 도서는 기본적인 회로에서부터 복잡한 회로망에 이르기까지 근본 원리를 이해하고 해석 방법을 익히며, 실용회로를 설계할 수 있는 기틀을 다지도록 합니다. 그러므로 통신 및 컴퓨터 분야를 포함하는 전기·전자 분야의 공학도에게 회로망해석 및 합성에 관한 학습은 회로이론의 학습에 이어 필수 지식을 얻게 하는 것입니다. 이와 같이 본 교과목의 중요성을 인식하여 다년간 대학에서 회로이론과 회로망 해석을 강의한 본 저자는 여러분이 보다 이해하기 쉽고, 여러분의 보다 튼튼한 전공 분야의 기초를 위해 이 책을 만들게 되었습니다.

제1장에서는 복소 주파수와 회로망 함수를 다루었고, 제2장에서는 주파수 응답과 필터 및 공진회로를 설명하였습니다. 이어지는 제3장에서는 복잡한 회로를 체계적으로 해석할 수 있는 회로망의 일반적

해석법을 응용할 수 있도록 하였으며, 제4장에서는 유도 결합회로를 원리와 함께 설명하였고, 제5장에서는 4단자망의 정의와 응용 방법을 기술하였습니다. 신호의 전송 매개체인 전송선로에 대한 해석을 제6장에서 설명하였으며, 또한 일반 증폭기 및 연산증폭기로 대표되는 종속전원을 갖는 일반 능동회로의 해석법과 응용에 대해 제7장에서 다루었고, 푸리에 급수 전개의 원리와 기법을 제8장에서 설명하였으며, 보다 확장된 라플라스 변환 기법과 응용 방법을 제9장에서 다루었습니다. 또한 회로망 해석 교과목을 공부하면서 발생될 수 있는 배율 단위표, 주파수 명칭(주파수 스펙트럼), 그리스 문자 읽는 법, 단위 읽는 법, 삼각함수의 공식, 오일러의 공식, 쌍곡선 함수, 기본적인 미분 공식 및 적분 공식을 부록에 수록하여 공부하는 데 편리하도록 하였습니다. 한편, 초학자나 비교적 경력이 있는 분들의 문제 풀이를 돕고자 연습문제 풀이집을 별도로 준비하지 않고 이 책의 뒤에 준비하여 두고, 여러분에게 도움이 되도록 하였습니다.

이 책은 책의 분량 등의 문제로 인하여 전자, 유·무선 통신, 정보통신, 전자계산기 관련 학과의 약전(弱電) 분야에 중점을 두었기 때문에 전기, 기계 등의 강전(强電)을 이용하는 전공 분야에서는 다상 회로를 별도로 공부하시기 바랍니다. 그리고 이 책은 기본적으로 본 저자가 집필한 『회로이론의 기초』라는 교과목을 이수한 분들이 이어서 학습할 수 있도록 구성하였지만 병행하여 공부할 수도 있습니다.

또한 이 책은 "회로이론II"나 "회로망해석"이라는 교과목이 개설되어 주당 3시간의 이론강의를 16주간 실시하여 전체 48시간의 강의(평가 포함) 분량으로 작성하였으므로 한 학기용의 강의도서로 활용하실 수 있습니다.

내용의 기술에 있어서 최대한 평이한 문장을 사용하여 설명하였지만 때로는 필자의 이해 부족이나 실수로 인하여 적절한 표현이 되지 못하고, 오자나 수치 처리의 착오 등이 발생했다면 독자 여러분의 지도와 협력을 기대합니다. 끝으로 이 책을 공부한 여러분께 밝은 미래가 약속되기를 기원하며, 이 책의 출판을 위해 애써주신 복두출판사 송광헌 사장님과 임직원 여러분께 감사의 말씀을 드리고, 보다 충실한 책이 될 수 있도록 독자 여러분의 아낌없는 조언을 부탁드립니다.

2015년 8월
著者 공병옥 드림

CONTENTS

Chapter 1 복소주파수와 회로망함수

1.1 회로망해석 및 합성의 개요 ········ 10
1.2 복소 주파수 ········ 10
1.3 지수함수에 의한 신호의 표현 ········ 14
1.4 임미턴스 ········ 17
1.5 회로망 함수 ········ 19
1.6 극점과 영점 ········ 22
1.7 주파수 응답 ········ 24
1.8 자연 주파수 ········ 28
1.9 데시벨, 네퍼, 보데도 ········ 30
■ 연습문제 ········ 39

Chapter 2 주파수응답과 필터 및 공진회로

2.1 가변회로와 궤적도 ········ 46
2.2 저역통과 필터 ········ 49
2.3 고역통과 필터 ········ 53
2.4 대역통과 필터와 대역저지 필터 ········ 55
2.5 직렬 공진회로 ········ 56
2.6 공진회로의 해석과 만능 공진곡선 ········ 59
2.7 선택도 인자, 차단 주파수, 대역폭 ········ 64

2.8 직렬 공진회로의 전압응답 68
2.9 병렬 공진회로 71
2.10 직렬형 공진회로 77
■ 연습문제 80

Chapter 3 회로망의 일반적 해석법

3.1 회로망의 형태와 용어 86
3.2 가지 해석법 89
3.3 폐로(루프) 해석법 92
3.4 절점(마디) 해석법 96
3.5 복합회로의 해석 101
3.6 수동 3단자 회로의 변환 104
■ 연습문제 109

Chapter 4 유도결합 회로

4.1 상호 유도 작용 116
4.2 상호 인덕턴스 117
4.3 코일의 극성과 회로 방정식 119
4.4 상호 인덕턴스와 극성의 측정 125
4.5 결합회로의 등가회로 127
4.6 결합계수 129
4.7 이상 변압기 131
■ 연습문제 136

Chapter 5 4단자망

5.1 4단자망의 정의와 종류 142
5.2 어드미턴스 파라미터 143
5.3 임피던스 파라미터 145
5.4 하이브리드 파라미터 147
5.5 ABCD 파라미터 149

5.6 영상 파라미터 ···· 154
5.7 4단자망의 직렬 연결 ···· 158
5.8 4단자망의 병렬 연결 ···· 160
5.9 4단자망의 종속 연결 ···· 162
5.10 임피던스 정합회로 ···· 164
5.11 감쇠기 ···· 166
■ 연습문제 ···· 169

Chapter 6 전송선로회로 해석

6.1 분포 정수회로의 회로 방정식 ···· 174
6.2 특성 임피던스와 전파정수 ···· 176
6.3 무손실 선로의 무왜조건 ···· 183
6.4 복합회로 ···· 186
■ 연습문제 ···· 192

Chapter 7 종속전원

7.1 종속전원의 개요 ···· 196
7.2 종속전원의 구성 ···· 196
7.3 증폭회로와 종속전원 ···· 200
7.4 종속전원회로의 해석 ···· 206
7.5 연산증폭기의 응용회로 해석 ···· 208
■ 연습문제 ···· 223

Chapter 8 비정현파의 푸리에변환과 푸리에급수

8.1 비정현파의 정의와 종류 ···· 230
8.2 푸리에 변환의 원리와 방법 ···· 231
8.3 푸리에 급수 전개 ···· 233
8.4 대칭성 ···· 236
8.5 비정현파의 실효치와 전력 ···· 240
8.6 비정현파에 대한 정상상태 응답 ···· 242

8.7 푸리에급수의 지수함수 표현 ··· 247
■ 연습문제 ··· 251

Chapter 9 라플라스 변환과 응용

9.1 라플라스 변환의 원리 ··· 256
9.2 주요 함수의 라플라스 변환 ··· 259
9.3 라플라스 변환의 기본 정리 ··· 261
9.4 라플라스 변환을 이용한 회로 해석 ··· 269
9.5 임펄스 응답과 전달함수 ··· 272
9.6 라플라스 역변환 ··· 274
9.7 초기치 정리와 최종치 정리 ··· 280
■ 연습문제 ··· 282

부록

1. 배율단위표 ··· 288
2. 그리스문자 읽는 법 ··· 288
3. 주파수 명칭(주파수 스펙트럼) ··· 289
4. 단위 읽는 법 ··· 290
5. 삼각함수의 공식 ··· 290
6. 오일러의 공식 ··· 292
7. 쌍곡선 함수 ··· 292
8. 미분공식 ··· 292
9. 적분공식 ··· 293
10. 연습문제 풀이 ··· 294

■ 찾아보기 ··· 347

1장

복소주파수와 회로망함수

1.1 회로망해석 및 합성의 개요
1.2 복소주파수
1.3 지수함수에 의한 신호의 표현
1.4 임미턴스
1.5 회로망함수
1.6 극점과 영점
1.7 주파수응답
1.8 자연주파수
1.9 데시벨, 네퍼, 보데도

1.1 회로망해석 및 합성의 개요

전기전자 학문분야에서 회로의 역할 및 회로해석이 차지하는 비중과 중요성에 대해서는 『회로이론』에서 공부하였을 뿐만 아니라 각종 관련 교과목에서 다루고 있다. 여기서 다루고자 하는 회로망(Network)은 회로와 크게 다르지 않지만 입출력의 개념이 뚜렷하고 보다 구체화된 실용회로를 중심으로 한다. 특히 이 교과목에서 다루는 회로망해석 및 합성은 보다 복잡한 회로를 보다 체계적이고 간편하게 해석할 수 있도록 하며, 여러 종류의 회로에 관한 보다 용이한 해석방법이 제시되었으며 보다 복잡한 실제의 회로의 해석 방법과 응용 방법 등이 소개되었다. 즉, 본 교과에서 다루는 내용은 기본적인 회로에서부터 복잡한 회로망에 이르기까지 근본 원리를 이해하고 해석 방법을 익히며, 응용할 수 있도록 한다.

우선 복소 주파수와 회로망 함수를 시작으로 하여 주파수 응답과 필터 및 공진회로의 해석, 복잡한 회로를 체계적으로 해석할 수 있는 회로망의 일반적 해석법의 이해와 응용 방법, 유도결합회로의 원리와 해석법 및 응용, 4단자망의 정의와 응용 방법을 기술하고 있다. 또한 신호의 전송 매개체인 전송선로에 대한 해석과 일반 증폭기 및 연산증폭기로 대표되는 종속전원을 갖는 일반 능동회로의 해석법과 응용 방법, 푸리에 급수 전개의 원리와 기법, 보다 확장된 라플라스 변환 기법과 응용 방법을 학습한다.

본 교과를 정상적으로 이수하기 위해서는 기본적으로 저항과 콘덴서 및 코일의 전압, 전류에 관한 동작특성을 이해하고, 옴의 법칙, 키르히호프의 전압(전류) 법칙, 전압(전류) 분배법칙, 사인파와 페이저의 관계, 교류회로의 이해, 회로의 시간응답특성, 회로의 제반 정리(중첩의 원리, 가역정리, 테브난의 정리, 노턴의 정리, 밀만의 정리, 최대 전력 전달의 정리 등) 등에 대한 이해가 있어야 한다.

1.2 복소 주파수

회로이론에서 배운 바와 같이 주파수의 표현이 정현파의 경우 허수항으로 표현되고 감쇠하거나 증가하는 파형에 대해서는 실수항에 의한 지수함수로 표현된다. 즉, 어떤 경우에는 특성함수에 대한 근이

$$s_{1,2} = -\alpha \pm j\omega \tag{1-1}$$

의 형태를 가진다. 이때의 근을 복소근이라고 하며 단위나 차원(Dimension)을 보면 주파수항이 된다. 이것을 **복소 주파수**(Complex Frequency)라고 한다. 복소 주파수는 회로망 해석에서

매우 중요한 역할을 차지하는 파라미터로서 이 파라미터를 이용하면 각종 주파수에 따른 회로망 해석이 간편해진다. 예를 들어서 그림 1.1과 같은 R, L, C 소자에 대한 전압 - 전류의 관계식은

$$v_R(t) = Ri(t) \tag{1-2}$$

$$v_L(t) = L\frac{di(t)}{dt} \tag{1-3}$$

$$v_C(t) = \frac{1}{C}\int i(t)\ dt \tag{1-4}$$

가 된다.

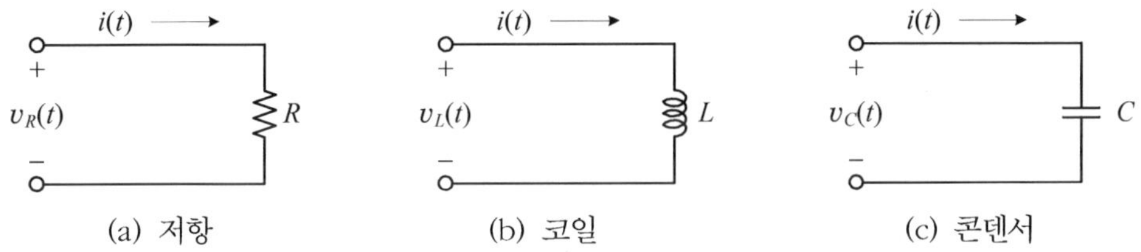

그림 1.1 R, L, C 소자의 전압-전류

만일 정현파 전원에 대한 응답이라면 다음과 같은 표현이 가능하다.

$$V_R = R\boldsymbol{I} \tag{1-5}$$

$$V_L = j\omega L\boldsymbol{I} = sL\boldsymbol{I} \tag{1-6}$$

$$V_C = \frac{1}{j\omega C}\boldsymbol{I} = \frac{1}{sC}\boldsymbol{I} \tag{1-7}$$

식(1-2)~식(1-4)와 식(1-5)~식(1-7)을 비교해 보면

$$\frac{d}{dt} \Rightarrow j\omega = s \tag{1-8}$$

$$\int (\cdot)\ dt \Rightarrow \frac{1}{j\omega} = \frac{1}{s} \tag{1-9}$$

의 관계가 있다. 다른 말로 표현하면 식(1-6)과 식(1-7)에서 정현파 교류신호에 대한 코일은 sL로 표현하고 콘덴서는 $1/sC$로 표현하면 매우 편리하다. 물론 여기서는 순수한 각주파수 성분만을 고려하였지만 만일 감쇠 정수 α를 고려한다면 복소 주파수는 다음과 같이 나타낸다. 즉,

$$s = \sigma + j\omega \tag{1-10}$$

여기서 σ는 감쇠 정수에 대한 일반적인 표현이다. 특성 방정식의 근이 s라면 이에 대한 응답파형은

$$f(t) = Ae^{st} = Ae^{(\sigma + j\omega)t} = Ae^{\sigma t}e^{j\omega t} \tag{1-11}$$

이다. 식(1-11)은 오일러 공식에 의해

$$f(t) = Ae^{\sigma t}(\cos\omega t + j\sin\omega t) \tag{1-12}$$

로 표현할 수 있으므로

$$\mathrm{Re}[f(t)] = Ae^{\sigma t}\cos\omega t \tag{1-13}$$

$$\mathrm{Im}[f(t)] = Ae^{\sigma t}\sin\omega t \tag{1-14}$$

로 표현할 수 있다. 식(1-12)는 여러 가지 파형을 표현할 수 있는 광범위한 표현식으로 다음과 같이 각종 파형의 표현이 가능하다.

- □ 직류 : $\sigma = 0,\quad \omega = 0$
- □ 지수 증가 함수 : $\sigma > 0,\quad \omega = 0$
- □ 지수 감소 함수 : $\sigma < 0,\quad \omega = 0$
- □ 정현파(sine wave) : $\mathrm{Im}\{\sigma = 0,\quad \omega \neq 0\}$
- □ 여현파(cosine wave) : $\mathrm{Re}\{\sigma = 0,\quad \omega \neq 0\}$
- □ 증가 진동파 : $\sigma > 0,\quad \omega \neq 0$
- □ 감쇠 진동파 : $\sigma < 0,\quad \omega \neq 0$
- □ 0(zero) : $A = 0$

위에서 다룬 바와 같이 σ와 ω의 값에 따라 여러 가지 파형을 표현할 수 있으며 복소 주파수 평면상에 파형을 나타내면 그림 1.2와 같다. 단,

$$\sigma = \mathrm{Re}[s], \qquad \omega = \mathrm{Im}[s] \tag{1-15}$$

이다.

예제 1.1

그림 1.2에서 실제의 시스템에 존재할 수 없는(또는 불안정한) 위치는 어느 항인가?

풀이 s - 평면상의 $\boldsymbol{\sigma}$ 와 $\boldsymbol{\omega}$의 값에 따른 파형을 살펴보면 s - 평면의 우반면은 증가하는 파형으로서 시간이 경과할수록 더욱 증가하여 실제의 현상으로 나타날 수 없으며 만일 나타난다고 해도

불안정한 시스템이 되며 공급전압에 제한을 받거나 또는 기기가 파손될 수 있다. 그러므로 ⓐ, ⓑ, ⓘ 및 ⓙ가 이에 해당한다. ↵

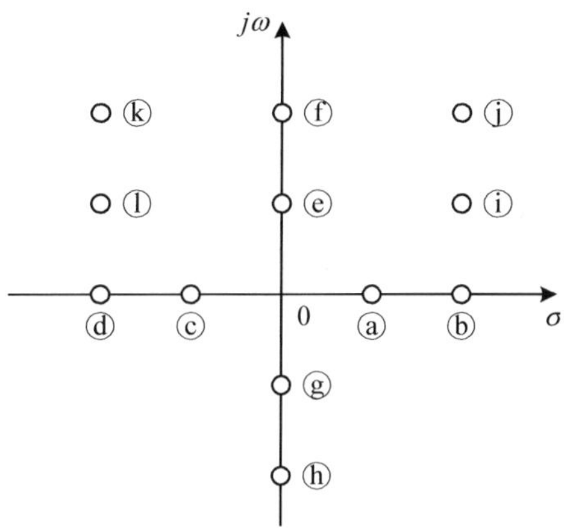

(a) s - 평면상의 σ와 ω의 값

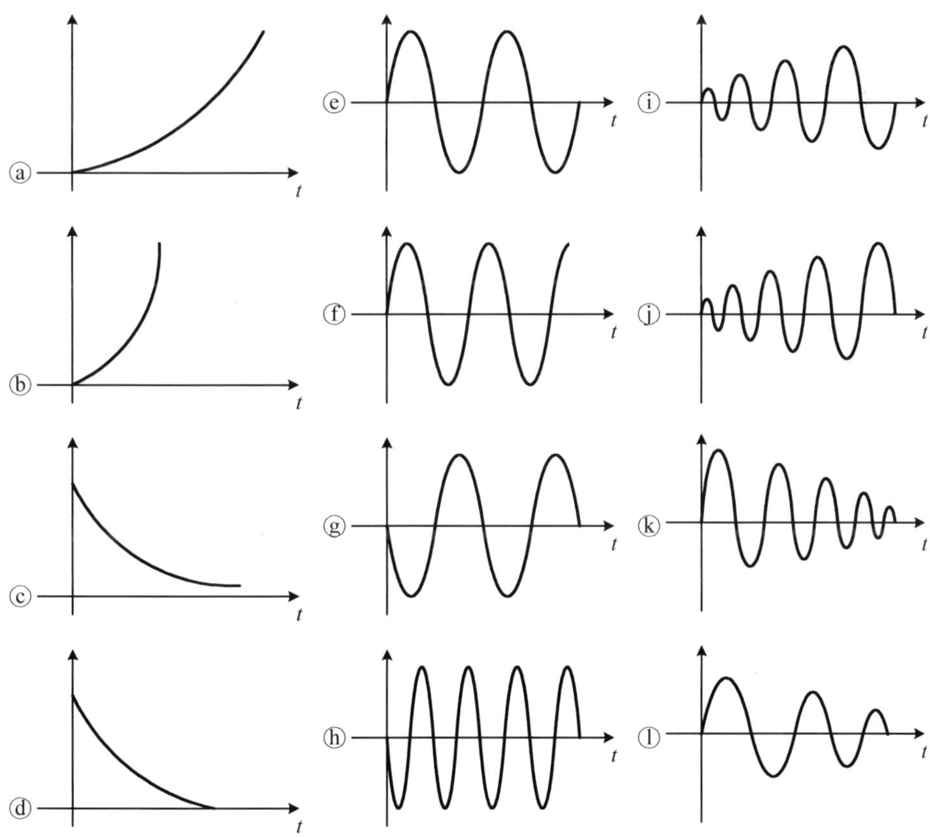

(b) 파형

그림 1.2 s－평면상의 σ와 ω의 값에 따른 파형

1.3 지수함수에 의한 신호의 표현

복소 주파수는 회로가 주어지면 이미 결정되는 고유한 값이다. 또한 식(1-11)로부터 각종 파형의 표현에 지수함수를 도입하였다. 그러므로 그림 1.1에 대한 각종 수동 소자에 대해 다음과 같은 연산이 가능하다.

1.3.1 저항 R

저항소자에 흐르는 전류가

$$i(t) = Ie^{st} \tag{1-16}$$

라면 저항 양단의 전압은 옴의 법칙으로부터

$$v(t) = Ri(t) = RIe^{st} = Ve^{st} \tag{1-17}$$

로 표현할 수 있으며 여기서

$$V = RI \tag{1-18}$$

이다.

1.3.2 코일 L

코일에 식(1-16)과 같은 전류가 흐를 때 코일 양단의 전압은

$$v(t) = L\frac{di(t)}{dt} = sLIe^{st} = Ve^{st} \tag{1-19}$$

가 된다. 여기서

$$V = sLI \tag{1-20}$$

이다.

1.3.3 콘덴서 C

콘덴서에 인가된 전압이

$$v(t) = Ve^{st} \tag{1-21}$$

라면 콘덴서로 흐르는 전류는

$$i(t) = C\frac{dv(t)}{dt} = sCVe^{st} = Ie^{st} \tag{1-22}$$

가 된다. 여기서

$$I = sCV \tag{1-23}$$

이다.

그러므로 복소 주파수에 의한 표현에서는 저항은 R, 코일은 sL, 콘덴서는 $1/sC$로 나타내면 편리하다. 예를 들어서 R-L-C 직렬회로의 경우 전류가 일정하므로 전체 임피던스는 아래와 같다.

$$Z(s) = R + sL + \frac{1}{sC} \tag{1-24}$$

예제 1.2

그림 1.3의 R-C 직렬회로에 다음의 함수로 표현되는 전압원 $v_S(t)$가 인가되었을 때 콘덴서 양단의 전압 $v_C(t)$를 복소 주파수를 이용하여 구하여라. $R=2[\Omega]$, $C=0.5[\mathrm{F}]$이고 전압원의 단위는 [V]이다.

(a) $v_S(t)=20u(t)$

(b) $v_S(t)=20\sin(t)u(t)$

(c) $v_S(t)=20e^{-t}u(t)$

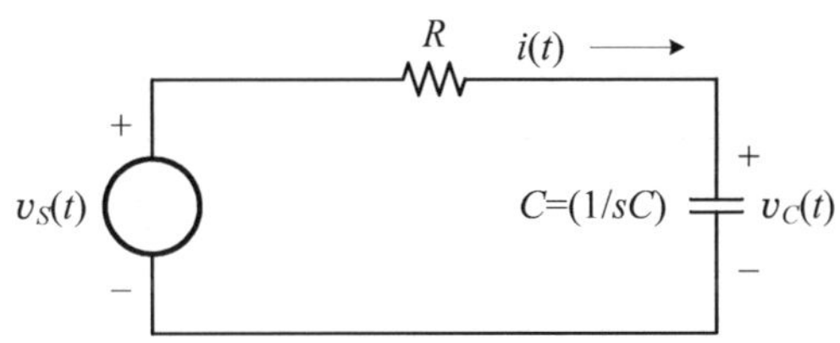

그림 1.3 예제 1.2의 회로

풀이 그림에서 전압원은 복소 주파수에 의한 지수함수 표현이 가능하므로

$$v_S(t) = V(s)e^{st}$$

이고 회로의 임피던스는

$$Z(s) = R + \frac{1}{sC}$$

이므로 전류의 복소 주파수 표현은

$$I(s) = \frac{V_S(s)}{Z(s)} = \frac{sC \cdot V_S(s)}{sCR+1}$$

가 된다. 그러므로 콘덴서 양단의 전압은

$$V_C(s) = \frac{1}{sC} I(s) = \frac{V_S(s)}{sCR+1}$$

이다.

(a) 주어진 전압원을 복소 주파수에 의한 지수함수로 표현하면

$$v_S(t) = 20 = V_S(s)\, e^{st}$$

로부터

$$V_S(s) = 20,\ s = 0$$

이다. 그러므로 $V_C(s)$를 이용하면 커패시터 양단 전압의 정상해는

$$v_C(t) = \frac{V_S(s)}{sCR+1} e^{st} = \frac{20}{0+1} e^{0t} = 20\ \ [\mathrm{V}]$$

(b) 주어진 정현파 전압원을 복소 주파수에 의한 지수함수로 표현하면

$$v_S(t) = 20\sin t = \mathrm{Im}[20 e^{jt}] = \mathrm{Im}[V_S(s)\, e^{st}]$$

로부터

$$V_S(s) = 20,\ s = j$$

이다. 그러므로 커패시터 양단 전압의 지수함수 정상해는

$$v_{C1}(t) = \frac{V_S(s)}{sCR+1} e^{st} \Bigg|_{R=2,\ C=0.5}^{V_S=20,\ s=j} = \frac{20}{1+j} e^{jt} = 10\sqrt{2}\, e^{j(t-45^\circ)}$$

그러므로 정현파 신호에 대한 정상해는

$$v_C(t) = \mathrm{Im}[v_{C1}(t)] = 10\sqrt{2}\sin(t-45^\circ)$$

(c) 주어진 감쇠 지수함수 전압원을 복소 주파수에 의한 지수함수로 표현하면

$$v_S(t) = 20\, e^{-t} = V_S(s)\, e^{st}$$

로부터

$$V_S(s) = 20,\ s = -1$$

이다. 그러므로 앞에서와 같은 방법으로 해를 구하고자 한다면

$$v_C(t) = \frac{V_S(s)}{s\,CR+1} e^{st} \Bigg|_{R=2,\ C=0.5}^{V_S=20,\ s=-1} = \frac{20}{1-1} e^{-t} = \frac{20}{0} e^{-t}$$

이지만 여기서 분모항이 0으로서 앞에서와 같은 해법은 맞지 않는다는 것을 알 수 있다. 이러한 경우는 회로의 자연응답에 대한 시정수와 정상응답의 시정수가 같기 때문이다. 이와 같이 정상응답의 시정수가 자연응답의 시정수와 같을 때에는 중복근과 같이 작용하므로 회로 이론의 제9장에서와 같이 정상응답항은

$$v_C(t) = At\,e^{-t}$$

이 된다. 그러므로 위의 식을

$$RC\frac{dv_C(t)}{dt} + v_C(t) = 20e^{-t}$$

에 대입하면

$$ARC(1-t) + At\,|_{RC=1} = 20$$

으로부터

$$A = 20$$

그러므로 정상응답은

$$v_C(t) = 20t\,e^{-t}$$

1.4 임미턴스

각주파수가 주어진 정현파 교류 신호에 대한 R, L, C 회로의 입력에 대한 전압 대 전류식은 복소 임피던스와 복소 어드미턴스로 표현한다. 본 절은 수동 소자의 표현을 복소 주파수에 의해 나타냈듯이 각 수동 소자에 대한 복소주파수에 의한 임피던스와 어드미턴스를 정의한다. 여기서 임피던스와 어드미턴스를 합쳐서 **임미턴스**(Immittance)라고 부르기로 한다. 특히 전원부에서 보았을 때의 임피던스를 **구동점 임피던스**(Driving Point Impedance), 어드미턴스를 **구동점 어드미턴스**(Driving Point Admittance)라고 한다.

1.4.1 저항 R

식(1-18)로부터

$$Z_R = \frac{V(s)}{I(s)} = R \tag{1-25}$$

$$Y_R = \frac{I(s)}{V(s)} = G = \frac{1}{R} \tag{1-26}$$

이다.

1.4.2 코일 L

식(1-20)으로부터

$$Z_L = \frac{V(s)}{I(s)} = sL \tag{1-27}$$

$$Y_L = \frac{I(s)}{V(s)} = \frac{1}{sL} \tag{1-28}$$

이다.

1.4.3 콘덴서 C

식(1-23)으로부터

$$Z_C = \frac{V(s)}{I(s)} = \frac{1}{sC} \tag{1-29}$$

$$Y_C = \frac{I(s)}{V(s)} = sC \tag{1-30}$$

이다.

그러므로 복소 주파수에 의한 표현에서 R-C 직렬회로의 임피던스는

$$Z_{R-C}(s) = R + \frac{1}{sC} \tag{1-31}$$

R-L 직렬회로의 임피던스는

$$Z_{R-L}(s) = R + sL \tag{1-32}$$

R-C 병렬회로의 어드미턴스는

$$Y_{R//C}(s) = G + sC \tag{1-33}$$

R-L 병렬회로의 어드미턴스는 아래와 같다.

$$Y_{R//L}(s) = G + \frac{1}{sL} \tag{1-34}$$

예제 1.3

그림 1.4의 직병렬회로에서 구동점의 임피던스를 구하여라.

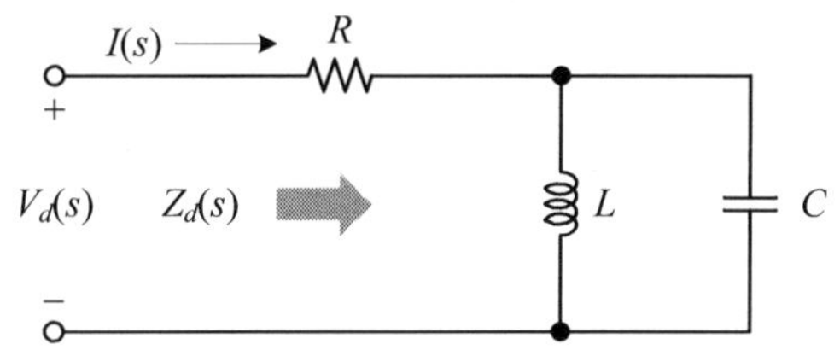

그림 1.4 예제 1.3의 회로

풀이 각 소자의 복소 주파수에 의한 임피던스 표현은

$$Z_R = R, \quad Z_L = sL, \quad Z_C = \frac{1}{sC}$$

이므로 구동점 임피던스는

$$Z_d(s) = \frac{V_d(s)}{I(s)} = R + \frac{sL \times \frac{1}{sC}}{sL + \frac{1}{sC}} = \frac{s^2RLC + sL + R}{s^2LC + 1}$$

↵

1.5 회로망 함수

회로(Circuit)는 신호가 흐르는 경로로서 모든 신호는 닫힌 경로를 통해 전달된다. 이 과정에서 구동전원에 의한 어느 특정 단자의 전압이나 전류, 혹은 회로 전체에 대한 임미던스 등이 응답(Response)이다. 여기서 **회로망**(回路網, Network)이라고 하는 것은 회로와 같은 개념이지만 보다 복잡한 회로로서 단자(Terminal)가 4개 이상이며 2 단자당 1개 포트(Port)로 표현되므로 2포트 이상의 신호 통로를 가지는 망의 개념을 갖는 회로이다. 기본적인 것으로서는 그림 1.5와 같이 1차측(편의상 입력측, Input) 단자와 2차측(편의상 출력측, Output) 단자로 구성되는 회로망을 예로 들 수 있다.

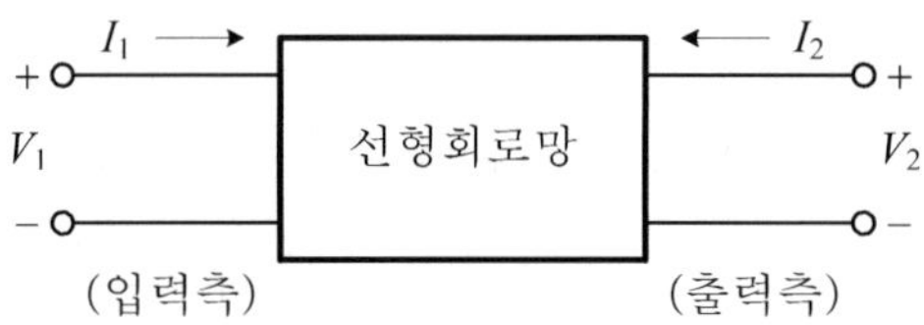

그림 1.5　4단자망의 회로망 함수

각 단자의 전압과 전류의 비를 복소 주파수의 함수로 표현하면 이것이 **회로망 함수**(Network Function)가 된다. 첨자와 기호를 취하는 방법에는 다음과 같은 것이 있다.

- □ V_y/V_x : 전압비, **전압 이득**(Voltage Gain). 단, $y \neq x$
- □ I_y/I_x : 전류비, **전류 이득**(Current Gain). 단, $y \neq x$
- □ V_y/I_x : **전달 임피던스**(Transfer Impedance). 단, $y \neq x$
- □ I_y/V_x : **전달 어드미턴스**(Transfer Admittance). 단, $y \neq x$
- □ Y_2/X_1 : 순방향(입력측에 대한 출력측)
- □ Y_1/X_2 : 역방향(출력측에 대한 입력측)
- □ V_y/I_y : **자기 임피던스**(Self Impedance)
- □ I_y/V_y : **자기 어드미턴스**(Self Admittance)

위에서 V_y/I_y항과 I_y/V_y항의 경우 y가 입력측이면 구동점 임피던스(구동점 어드미턴스), y가 출력측이면 출력 임피던스(출력 어드미턴스)가 된다. 구체적인 사항은 4단자망에서 다루기로 하며 여기서는 순방향의 **전달함수**(Transfer Function)만 기술하기로 한다. 앞에서 다룬 바와 같이 순방향이라고 함은 첨자 1로 나타내는 입력측을 기준으로 한 첨자 2로 나타내는 출력측의 함수이며 다음과 같은 4가지 전달 함수를 생각할 수 있다.

- □ V_2/V_1 : 순방향 전압이득
- □ I_2/I_1 : 순방향 전류이득
- □ V_2/I_1 : 순방향 전달 임피던스
- □ I_2/V_1 : 순방향 전달 어드미턴스

예로서 그림 1.6과 같은 직병렬 회로에 만일 다음 식과 같은 입력 전압원이 인가되었을 때 순방향 전압 이득을 구해 보자.

$$v_i(t) = V_i e^{st} \tag{1-35}$$

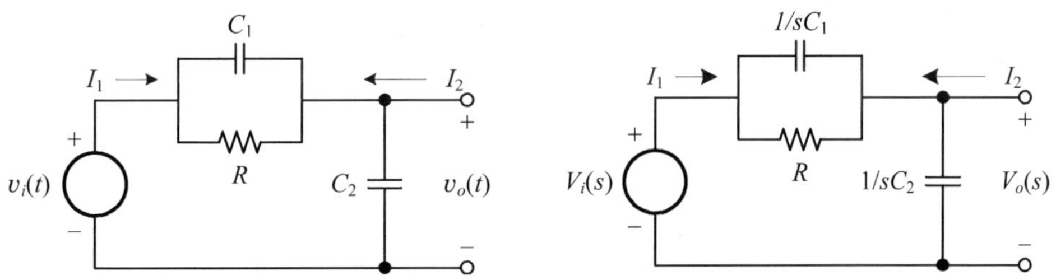

(a) 직병렬회로 (b) 4단자망의 복소 주파수 표현

그림 1.6 직병렬회로와 4단자망

그림 1.5(b)로부터

$$V_o(s) = \frac{\frac{1}{sC_2}V_i(s)}{\frac{1}{sC_1+\frac{1}{R}}+\frac{1}{sC_2}} \tag{1-36}$$

이다. 그러므로 입력 전압에 대한 출력전압의 회로망 함수 $H(s)$는

$$H(s) = \frac{V_o(s)}{V_i(s)} = \frac{sC_1R+1}{s(C_1+C_2)R+1} \tag{1-37}$$

가 된다. 즉, $V_i(s)$가 주어지면 식(1-36)으로부터 $V_o(s)$를 구할 수 있다. 한편 식(1-36)을 변형시키면 s는 d/dt의 연산자로 대체할 수 있으므로

$$(C_1+C_2)R\frac{dv_o(t)}{dt}+v_o(t) = C_1R\frac{dv_i(t)}{dt}+v_i(t) \tag{1-38}$$

의 미분 방정식으로 표현할 수도 있다. 식(1-37)로부터 그림 1.6(a)의 회로에 대한 자연응답을 구할 수도 있다. 즉,

$$s(C_1+C_2)R+1 = 0 \tag{1-39}$$

으로부터

$$s_1 = \frac{-1}{(C_1+C_2)R} \tag{1-40}$$

이므로 자연응답은

$$v_{ot}(t) = Ke^{\frac{-t}{(C_1+C_2)R}} \tag{1-41}$$

이다. 여기서 우리는 다음과 같은 중요한 사실을 발견할 수 있다. 즉, 식(1-37)에서 알 수

있는 바와 같이 회로의 자연 주파수에서는 회로의 응답함수에 대한 회로망 함수의 분모항이 0이 되므로 무한대의 극한값을 가진다. 이것이 다음 절에서 다루는 **극점**(極點, Pole)이다.

예제 1.4

그림 1.7의 R-L-C 직렬회로에서 입력전압에 대한 커패시터 양단 전압의 회로망 함수 $V_C(s)/V_i(s)$를 구하여라.

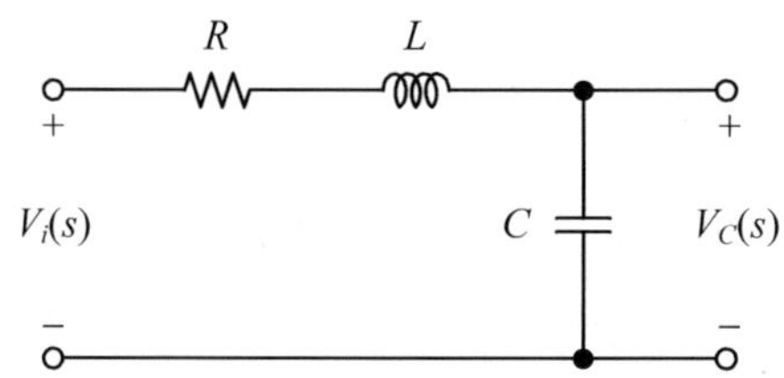

그림 1.7 예제 1.4의 회로

풀이 주어진 회로에 대한 입출력 전압의 전달함수를 복소 주파수로 표현하면

$$H(s) = \frac{V_C(s)}{V_i(s)} = \frac{\frac{1}{sC}}{R + sL + \frac{1}{sC}} = \frac{\frac{1}{LC}}{s^2 + \frac{R}{L}s + \frac{1}{LC}}$$ ↵

1.6 극점과 영점

앞 절에서 다룬 회로망 함수를 살펴보면 분자항과 분모항으로 구성된다. 여기서 분모항이 0이 되도록 하는 근이 **극점**(Pole)으로서 극점은 복소 주파수 평면상에는 "×"로 나타낸다. 극점은 결국 회로망 함수의 특성근과 같으므로 회로의 자연주파수가 된다. 반면에 분자항이 0이 되는 점은 **영점**(零點, Zero)이라 하고 "○"로 나타낸다. 영점에서는 회로망의 응답이 0이 된다. 그림 1.6(a)의 회로에 대한 극점과 영점은 각각 다음과 같다.

$$p_1 = \frac{-1}{(C_1 + C_2)R} \tag{1-42}$$

$$z_1 = \frac{-1}{C_1 R} \tag{1-43}$$

극점과 영점을 복소 주파수 평면상에 나타내는 것을 회로망 함수의 **극-영점도**(Pole-Zero Diagram)라고 한다. 그러므로 1.6(a)의 회로에 대한 극-영점도는 그림 1.8(a)와 같다. 극점과 영점으로 나타내는 회로망 함수의 일반적인 표현은 다음과 같다.

$$H(s) = \frac{b(s-z_1)(s-z_2)\cdots(s-z_n)}{a(s-p_1)(s-p_2)\cdots(s-p_m)} \tag{1-44}$$

이 회로망 함수에서 $p_1,\ p_2,\ \cdots,\ p_m$은 극점이고, $z_1,\ z_2,\ \cdots,\ z_n$은 영점이다. 예를 들어서 회로망 함수가 다음과 같다고 하자.

$$H(s) = \frac{(s+3)(s+5)}{s(s+2)(s+4)^2} \tag{1-45}$$

이 회로망 함수의 극점은 우선 0, -2, -4가 있지만, -4는 중근을 나타내므로 2개가 존재한다. 즉, 이 회로망 함수의 극점은 4개이다. 한편 영점은 -3과 -5의 2개가 있지만 분모항의 차수가 4, 분자항의 차수가 2이므로 s가 무한대인 경우 2개의 영점이 더 존재하여 영점은 모두 4개가 된다. 그러므로 회로망 함수의 극점과 영점의 수는 항상 같다. 식(1-45)에 대한 극-영점도는 그림 1.8(b)와 같다.

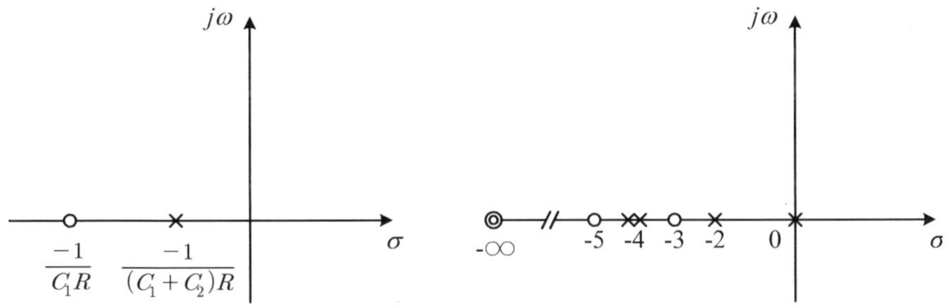

(a) 식(1-37)의 극-영점도 (b) 식(1-45)의 극-영점도

그림 1.8 회로망함수의 극-영점도

예제 1.5

그림 1.7의 R-L-C 직렬회로에서 입력전압 대 커패시터 양단 전압의 회로망 함수에 대한 극점과 영점을 s-평면상에 그려라. 단, $R=2[\Omega]$, $L=10[\text{mH}]$, $C=100[\mu\text{F}]$이다.

풀이 주어진 회로에 대한 입출력 전압의 전달함수는

$$H(s) = \frac{\frac{1}{LC}}{s^2+\frac{R}{L}s+\frac{1}{LC}} = \frac{\frac{1}{LC}}{(s-p_1)(s-p_2)}$$

이다. 여기서 주어진 R, L 및 C의 값에 의해

$$\alpha = \frac{R}{2L} = \frac{2}{2\times 10\times 10^{-3}} = 100$$

$$\omega_0 = \frac{1}{\sqrt{LC}} = \frac{1}{\sqrt{10\times 10^{-3}\times 100\times 10^{-6}}} = 1000$$

이므로 $\omega_0 > \alpha$ 로서 복소근을 가진다. 그러므로

$$\omega_d = \sqrt{\omega_0{}^2 - \alpha^2} = 995$$

그러므로 첫 번째 식의 극값은

$$p_1 = -\alpha + j\omega_d = -100 + j\,995$$

$$p_2 = -\alpha - j\omega_d = -100 - j\,995$$

이 극값을 s-평면상에 극-영점도로 나타내면 그림 1.9와 같다.

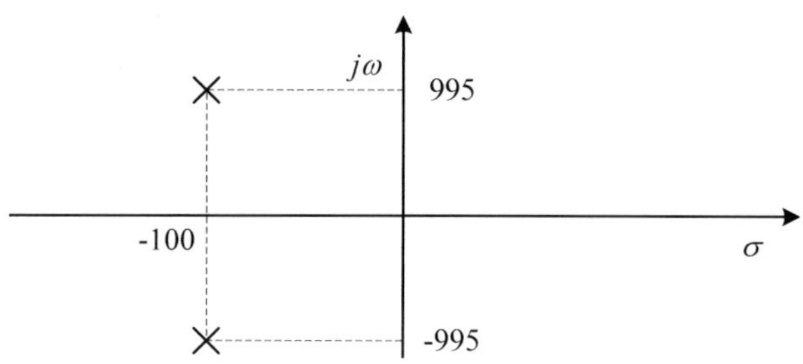

그림 1.9 예제 1.5의 극-영점도

1.7 주파수 응답

앞 절에서 다룬 극점과 영점은 회로의 특성을 이해하는 데 매우 유용하다. 특히 코일과 콘덴서의 특성은 주파수에 의존하기 때문에 이들의 리액턴스 소자는 주파수의 함수로 표현되는 것이 대부분이다. 특히 전달함수를 복소 주파수로 표현하고 이에 따른 극-영점도를 그리면 주파수의 변화에 따른 응답 특성을 쉽게 파악할 수 있다. 예를 들어서 그림 1.10(a)와 같은 R-C 회로에서 입력전압에 대한 콘덴서 양단의 출력전압 특성을 살펴보자.

R-C 직렬회로에 대해 다음과 같은 전압원이 인가되었다고 하자.

$$v_i(t) = V_i e^{st} \tag{1-46}$$

콘덴서 양단의 전압은

$$v_C(t) = \frac{\frac{1}{sC}}{R + \frac{1}{sC}} v_i(t) = \frac{\frac{1}{RC}}{s + \frac{1}{RC}} V_i e^{st} = V_C e^{st} \tag{1-47}$$

이므로 전압 전달비는

$$T(s) = \frac{V_C(s)}{V_i(s)} = \frac{\frac{1}{RC}}{s + \frac{1}{RC}} \tag{1-48}$$

가 된다. 식(1-48)의 극점은

$$p_1 = \frac{-1}{RC} \tag{1-49}$$

로서 그림 1.10(b)와 같다. 각주파수 ω의 함수로 나타내고자 한다면

$$\begin{aligned} T(s)|_{s=j\omega} &= \frac{\frac{1}{RC}}{j\omega + \frac{1}{RC}} \\ &= \frac{\frac{1}{RC}}{\sqrt{\omega^2 + \left(\frac{1}{RC}\right)^2}} \angle(-\tan^{-1}\omega RC) \\ &= |T(j\omega)| \angle \theta(\omega) \end{aligned} \tag{1-50}$$

단,

$$|T(j\omega)| = \frac{\frac{1}{RC}}{\sqrt{\omega^2 + \left(\frac{1}{RC}\right)^2}} \tag{1-51}$$

$$\theta(\omega) = -\tan^{-1}\omega RC \tag{1-52}$$

이다. 식(1-51)을 이용하여 곧바로 각주파수에 따른 전압 전달비의 크기를 나타낼 수도 있지만 극-영점도를 이용하고자 한다면 여기서는 다음과 같은 주파수의 변화에 따른 극점으로부터 $j\omega$축 상의 거리함수를 도입한다.

$$W = \sqrt{\omega^2 + \left(\frac{1}{RC}\right)^2} \tag{1-53}$$

식(1-53)을 이용하여 전압 전달비를 표현하면

$$|\ T(j\omega)\ | = \frac{1/RC}{W} \tag{1-54}$$

가 된다.

극-영점도로부터 주파수가 증가함에 따라 W의 값이 증가하므로 $|T(j\omega)|$의 값은 1에서 0까지 변화하며 $\omega = 1/RC$일 때 $|T(j\omega)|$의 값이 0.707이 되어 $1/RC$은 차단 각주파수임을 알 수 있다. 또한 위상각은 주파수가 0에서 ∞로 증가함에 따라 0° 에서 -90° 까지 변화한다. 차단 주파수에서 위상차는 -45° 가 된다. $|\ V_C / V_i|$의 그림과 $\theta(\omega)$를 그림 1.10(c) 및 (d)에 나타냈다.

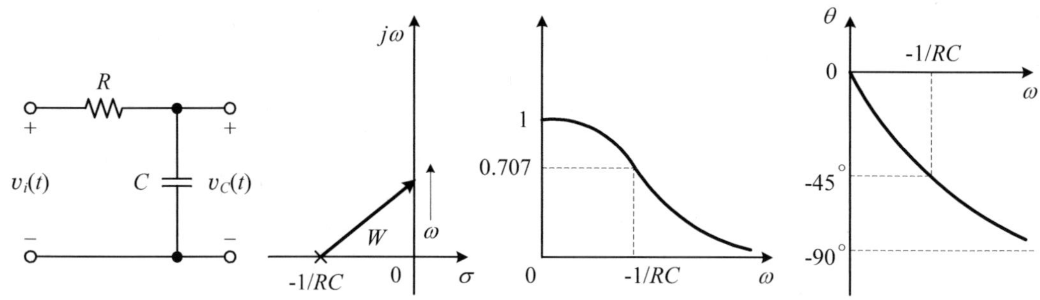

(a) R-C 직렬회로 (b) 극-영점도 (c) 전압 전달비 (d) 위상차

그림 1.10 R–C 직렬회로와 주파수 특성

예제 1.6

그림 1.11(a)의 R-L 직렬회로에서 입력전압에 대한 코일의 양단 전압의 비를 회로망 함수로 나타내고 극-영점도를 이용하여 주파수 특성을 그려라.

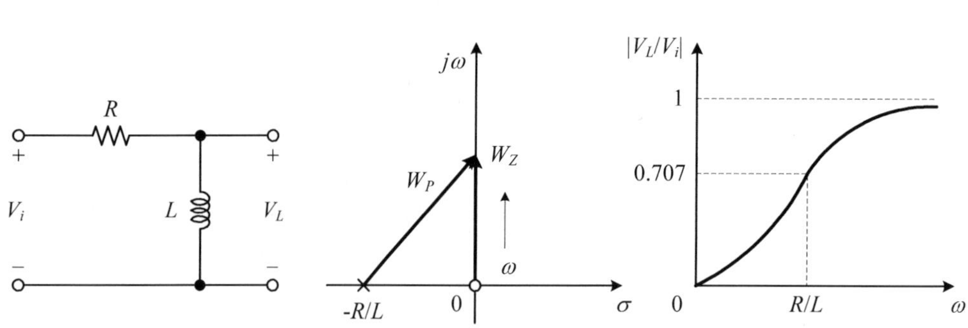

(a) 예제 1.6의 회로 (b) 극-영점도 (c) 전압 전달비

그림 1.11 R–L 직렬회로와 주파수 특성

풀이 코일 양단의 전압은

$$V_L(s) = \frac{sL}{R+sL} V_i(s)$$

이므로 전압 전달비는

$$T(s) = \frac{V_L(s)}{V_i(s)} = \frac{s}{s + \frac{R}{L}}$$

가 된다. 이 식에 대한 극점과 영점은 각각

$$p_1 = \frac{-R}{L}$$

$$z_1 = 0$$

로서 그림 1.11(b)와 같다. 전압 전달비를 각주파수 ω의 함수로 나타내면

$$|T(j\omega)| = \frac{\omega}{\sqrt{\omega^2 + \left(\frac{R}{L}\right)^2}}$$

이다. 각주파수의 증가에 따라 영점으로부터의 거리를 W_z로 나타내고 극점으로부터의 거리를 W_p로 나타내면

$$W_z = \omega$$

$$W_p = \sqrt{\omega^2 + \left(\frac{R}{L}\right)^2}$$

이므로

$$|T(j\omega)| = \frac{W_z}{W_p}$$

가 된다. ω가 0일 때 W_z는 0이므로 전압 전달비는 0이다. 점차 ω가 증가함에 따라 W_z의 증가율은 크고 W_p의 증가율은 작으므로 전압 전달비는 증가한다. ω가 더욱 증가하여 R/L이 되면 W_z는 R/L이고 W_p는 $\sqrt{2} \times R/L$이 되므로 전압 전달비는 $1/\sqrt{2}$이 되어 이 주파수가 차단 각주파수가 된다. ω가 더욱 증가하여 극단적으로 ∞가 되면 전압전달비는 1이 되어 고역 통과회로의 특성을 나타낸다. 이러한 주파수 특성을 그림 1.11(c)에 나타냈다. ⏎

1.8 자연 주파수

회로를 해석할 때 전원에 의한 강제응답, 또는 정상응답은 전원에 의존하므로 전원의 주파수 성분에 따라 좌우된다. 그러나 과도응답의 경우에는 회로의 고유한 주파수 성분에 의해 회로의 응답이 결정되므로 이때의 주파수 성분을 **자연 주파수**(Natural Frequency)라고 한다. 본장 1.5절에서 살펴본 바와 같이 **자연 주파수**는 응답함수의 특성근에 해당하므로 결국 특성 함수의 근이 자연 주파수가 된다. 예를 들어서 그림 1.12와 같은 직병렬회로의 자연 주파수를 구해 보자.

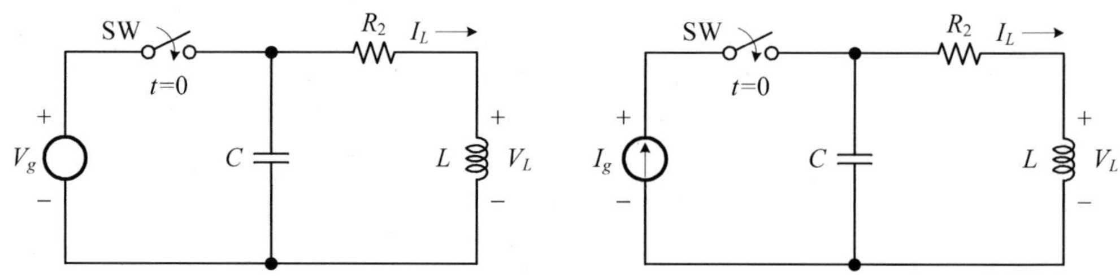

(a) R-L-C 직병렬회로와 전압원 (b) R-L-C 직병렬회로와 전류원

그림 1.12 R-L-C 직병렬회로의 자연 주파수

그림 1.12(a)에서 $t=0$일 때 스위치가 닫힌 후, 전압원에 대한 코일단의 전류를 전달함수로 구해 보자. 코일단의 전류는

$$I_L(s) = \frac{V_g(s)}{R_2 + sL} \tag{1-55}$$

이므로

$$\frac{I_L(s)}{V_g(s)} = \frac{\frac{1}{L}}{s + \frac{R_2}{L}} \tag{1-56}$$

이다. 또한 마찬가지의 방법으로 코일단의 전압비는

$$\frac{V_L(s)}{V_g(s)} = \frac{s}{s + \frac{R_2}{L}} \tag{1-57}$$

가 된다. 구동점 어드미턴스는

$$I_g = \frac{V_g(s)}{R_2 + sL} + sC \cdot V_g(s) \tag{1-58}$$

로부터

$$\frac{I_g(s)}{V_g(s)} = \frac{sC(R_2 + sL) + 1}{R_2 + sL} = \frac{sC\left(s + \dfrac{R_2}{L}\right) + \dfrac{1}{L}}{s + \dfrac{R_2}{L}} \tag{1-59}$$

식(19-56), 식(19-57) 및 식(19-59)로부터 알 수 있는 바와 같이 전압전원 $V_g(s)$를 기준으로 하는 함수의 극점은 모두

$$s_a = \frac{-R_2}{L} \tag{1-60}$$

로서 모두 같다. 이것은 그림 1.12(a)에서 "전원 = 0"일 때의 등가회로에 대한 특성근과 같다. 즉, $V_g = 0$이므로 단락회로가 되기 때문에 콘덴서는 무시된다. 이때의 극점이나 특성근을 그림 1.12(a)의 회로에 대한 자연 주파수라고 한다.

그러나 그림 1.12(b)와 같이 수동회로의 구성은 같지만 전원이 전류원 I_g인 경우에는 다음과 같이 다르게 나타난다. 앞에서와 같은 방법으로 전류전원에 대한 코일의 전류, 전압 및 구동점 임피던스를 각각 구해 보자.

그림 1.12(b)에서 $t = 0$일 때 스위치가 닫힌 후, 전류원에 대한 코일단의 전류를 전달함수로 구해 보자. 코일단의 전류는

$$I_L(s) = \frac{\dfrac{1}{sC} \times I_g(s)}{R_2 + sL + \dfrac{1}{sC}} \tag{1-61}$$

이므로

$$\frac{I_L(s)}{I_g(s)} = \frac{\dfrac{1}{LC}}{s^2 + \dfrac{R_2}{L}s + \dfrac{1}{LC}} \tag{1-62}$$

이다. 또한 마찬가지의 방법으로 입력전류에 대한 코일단의 전압비는

$$\frac{V_L(s)}{I_g(s)} = \frac{\dfrac{s}{C}}{s^2 + \dfrac{R_2}{L}s + \dfrac{1}{LC}} \tag{1-63}$$

가 된다. 구동점 임피던스는

$$\frac{V_g(s)}{I_g(s)} = \frac{(R_2 + sL) \times \dfrac{1}{sC}}{\dfrac{1}{sC} + R_2 + sL} = \frac{(s + \dfrac{R_2}{L}) \times \dfrac{1}{C}}{s^2 + \dfrac{R_2}{L}s + \dfrac{1}{LC}} \tag{1-64}$$

앞의 예에서와 같이 여기서도 식(1-62)~식(1-64)로부터 알 수 있는 바와 같이 전류전원 $I_g(s)$를 기준으로 하는 함수의 극점은 모두

$$s^2 + \frac{R_2}{L}s + \frac{1}{LC} = 0 \tag{1-65}$$

의 특성 방정식에 대한 근으로서 모두 같다. 이것은 그림 1.12(b)에서 "전원= 0"일 때의 등가회로에 대한 특성근과 같다. 즉, $I_g = 0$이므로 개방회로가 되어 R-L-C 직렬회로가 되기 때문이다. 이때의 특성근을 그림 1.12(b)의 회로에 대한 자연 주파수라고 한다.

이와 같이 그림 1.12(a)와 (b)의 자연 주파수를 비교해 보았듯이 자연 주파수란 회로 자체에 의해 결정된다기보다 회로와 전원함수에 의존하는 것이다.

1.9 데시벨, 네퍼, 보데도

우리는 지금까지 어떤 양을 표시할 때 여기에는 단위(Dimension)가 항상 붙는 것을 확인하였다. 또한 두 개의 변량을 비교적으로 나타내거나 곱할 때에도 단위는 항상 나눗셈이나 곱셈의 형태를 취한다. 그러나 같은 양을 비례함수로 나타낼 때에는 단위가 소거되어 없어진다. 이때 분모항(기준 변량)이 분자항(측정 대상 변량)에 비해 매우 작거나, 혹은 매우 크다면 그 비는 지수함수로 나타내기도 한다. 그 범위는 매우 크기 때문에 일반적인 절대수치 범위로 나타내면 매우 불편할 것이다. 이것을 극복하는 방법이 대수적으로 표현하는 방법이다. 여기서는 대수적으로 상대량을 나타내는 데시벨, 네퍼 등에 관해 알아보고 데시벨로 표현되는 절대량의 표현법을 소개한 다음, 대수 그래프로 표현하는 편리한 방법인 **보데도**(Bode Plot)에 관해 기술한다.

1.9.1 데시벨

어떤 두 개의 변량을 P_1과 P_2라고 할 때 변량 P_1을 기준으로 한 변량 P_2의 값에 대한 표현은

$$A = \frac{P_2}{P_1} \tag{1-66}$$

이다. 이것의 범위가 지수값으로 변한다면 그 범위는 매우 크기 대문에 상용대수를 취한다. 즉,

$$A = \log_{10}\left(\frac{P_2}{P_1}\right)\ [\text{Bel}] \tag{1-67}$$

이다. 여기서 두 변량의 비가 큰 경우에는 문제가 없지만 중요한 값인 1/2이나 2의 경우 -0.301, 또는 0.301이 되어 수의 관리가 불편하다. 그러므로 식(1-67)에 다음 식과 같이 10배를 취하여 단위에 접두어 데시(deci)를 붙여 사용한다. 이것이 **데시벨**(Decibel)이며 단위로는 [deciBel], 또는 [dB]의 기호를 사용한다. 통신분야에서는 기준 전력을 P_1, 측정대상 전력을 P_2라고 할 때 다음과 같이 데시벨 값이 정의된다.

$$\begin{aligned} \text{dB} &= 10 \times \log_{10}\left(\frac{P_2}{P_1}\right)\ [\text{dB}] \\ &= 10\log_{10} P_2[\text{dB}] - 10\log_{10} P_1[\text{dB}] \end{aligned} \tag{1-68}$$

그러므로 기준 전력에 대한 측정 전력이 반이 되면 **반전력점**은

$$\text{dB}_{1/2} = 10 \times \log_{10}\left(\frac{P_2}{P_1}\right)\ [\text{dB}] = 10\log_{10}\frac{P_1/2}{P_1} = -3[\text{dB}] \tag{1-69}$$

로서 **-3[dB]**점이라는 말과 같다.

만일 전압이나 전류로 표현하고자 한다면 기준전압과 전류를 각각 V_1, I_1이라 하고 측정전압과 전류를 각각 V_2, I_2라고 했을 때 임의의 저항값 R로 나타내면

$$P_1 = \frac{{V_1}^2}{R} = R \cdot {I_1}^2 \tag{1-70}$$

$$P_2 = \frac{{V_2}^2}{R} = R \cdot {I_2}^2 \tag{1-71}$$

이므로 식(1-68)에 대입하면 아래 식과 같이 된다.

$$\text{dB} = 10 \times \log_{10}\frac{{V_2}^2/R}{{V_1}^2/R} = 20 \times \log_{10}\left(\frac{V_2}{V_1}\right)\ [\text{dB}] \tag{1-72}$$

$$\text{dB} = 10 \times \log_{10}\frac{R \cdot {I_2}^2}{R \cdot {I_1}^2} = 20 \times \log_{10}\left(\frac{I_2}{I_1}\right)\ [\text{dB}] \tag{1-73}$$

예제 1.7

증폭기에 입력전압의 실효치가 1[mV]인 정현신호를 가했더니 출력단에 실효치 100[mV]의 출력전압이 나타났다. 이 증폭기의 이득 A_v[dB]는 얼마인가?

풀이 데시벨로 표현되는 전압 이득은

$$A_v \text{ [dB]} = 20 \times \log_{10}\left(\frac{V_2}{V_1}\right) = 20 \times \log_{10}\left(\frac{100}{1}\right) = 40 \text{ [dB]}$$

1.9.2 네퍼

데시벨이 10진 단위를 중심으로 하는 운용상의 상대 변위량이면 **네퍼**(Neper)는 물성적인 특성을 나타내는 상대 변위량을 나타낸다. 일반적으로 회로의 응답이나 감쇠는 자연지수(Natural Exponential)의 함수로 나타나는 것이 보통이다. 이 때 전압이나 전류의 상대적인 양을 자연대수적(Natural Logarithm)으로 나타내는 방법이 네퍼이다. 즉, 기준 전압과 전류를 각각 V_1, I_1이라고 하고 측정 전압과 전류를 각각 V_2, I_2라고 했을 때 자연대수를 ln으로 표기하면 네퍼는 다음과 같이 정의된다.

$$\text{Neper} = \ln\left(\frac{V_2}{V_1}\right) \text{ [Neper]} = \ln(V_2) \text{ [Neper]} - \ln(V_1) \text{ [Neper]} \tag{1-74}$$

$$\text{Neper} = \ln\left(\frac{I_2}{I_1}\right) \text{ [Neper]} = \ln(I_2) \text{ [Neper]} - \ln(I_1) \text{ [Neper]} \tag{1-75}$$

전압이나 전류의 제곱이 전력이므로 차원을 고려하면 전력에 의한 표현으로서는,

$$\text{Neper} = \frac{1}{2}\ln\left(\frac{P_2}{P_1}\right) \text{ [Neper]} \tag{1-76}$$

로 쓸 수 있다. 여기서 네퍼값을 데시벨과 비교해 보자. $P_2 = 10P_1$인 경우 $10[\text{dB}] = 1.1513$ [Neper]이므로 아래와 같다.

$$1 \text{ [Neper]} = 8.686 \text{ [dB]} \tag{1-77}$$

예제 1.8

어떤 전송선로에 감쇠기를 삽입하여 신호 레벨을 조정하고자 한다. 입력단의 전압과 전류가 10[mV], 10[mA]이고 출력단의 전압과 전류가 각각 3.69[mV], 3.69[mA]가 되도록 하려면 이 감쇠기의 감쇠 이득은 몇 네퍼라야 하는가?

풀이 네퍼로 표현되는 감쇠도는 출력전력 P_2에 대한 입력전력 P_1의 자연대수비로 나타내므로

$$G_A[\text{Neper}] = \frac{1}{2}\ln\left(\frac{P_1}{P_2}\right) = \frac{1}{2}\ln\left(\frac{V_1 I_1}{V_2 I_2}\right)$$

$$= \frac{1}{2}\ln\frac{10\times 10}{3.69\times 3.69} = 1 \ \ [\text{Neper}]$$

1.9.3 [dBm], [dB0], [dBμ], [dBk], [dBM]

앞에서 다룬 데시벨이나 네퍼는 상대적인 양을 대수적으로 표현한 것이다. 그러나 절대량에 대해서도 데시벨을 이용할 수 있다.

(1) [dBm]

기준전력이 1[mW]인 경우의 전력을 나타내는 것으로 P[mW]인 경우

$$\text{dBm} = 10\times\log_{10}(P[\text{mW}])/1[\text{mW}]) \ [\text{dBm}] \tag{1-78}$$

로서 [dBm]을 정의한다. 예로서 1[mW]이면 $10\log_{10}(1)=0$으로 0[dBm]이 된다. 여기서 [dBm]은 "디비엠"으로 읽는다. 이러한 관계를 정리하면 다음과 같은 등식이 성립한다.

- □ 1[mW] = 0[dBm],
- □ 2[mW] = 3[dBm],
- □ 10[mW] = 10[dBm],
- □ 100[mW] = 20[dBm],
- □ 1[W] = 30[dBm],
- □ 0.5[mW] = -3[dBm],
- □ 0.1[mW] = -10[dBm].

(2) [dB0]

교환기로부터 나온 선로의 신호 감쇠도를 나타내기 위해 이용하는 것으로서 교환기의 출력단에 1[mW]를 인가했을 때 피측정단의 전력을 표시한다. 그러므로 [dB0]는 음의 부호를 가진다. 여기서 [dB0]는 "디비제로"로 읽는다.

(3) [dBμ]

안테나로부터 방사된 전계강도를 표현하는 방법으로서 1[μV/m]를 기준으로 한다.

$$\mathrm{dB}\mu = 20\times\log_{10}(E[\mu\mathrm{V/m}])/1[\mu\mathrm{V/m}])[\mathrm{dB}\mu] \tag{1-79}$$

여기서 [dBμ]는 "디비마이크로"로 읽는다.

(4) [dBk]

강전분야에서 대전력을 나타내는 절대전력 표현으로서 1[kW]를 기준으로 한다.

$$\mathrm{dBk} = 10\times\log_{10}(P[\mathrm{kW}])/1[\mathrm{kW}])[\mathrm{dBk}] \tag{1-80}$$

여기서 [dBk]는 "디비케이"로 읽는다.

(5) [dBM]

초대전력을 나타내는 절대전력 표현으로서 1[MW]를 기준으로 한다. 즉,

$$\mathrm{dBM} = 10\times\log_{10}(P[\mathrm{MW}])/1[\mathrm{MW}])[\mathrm{dBM}] \tag{1-81}$$

여기서 [dBM]는 "디비메가"로 읽는다.

예제 1.9

(a) 10[W], (b) 0[dBk], (c) 3[dBM]는 각각 몇 [dBm]인가?

풀이 (a) 10[W]는 10^4[mW]이므로

$$\mathrm{dBm} = 10\times\log_{10}(P[\mathrm{mW}])/1[\mathrm{mW}]) = 10\times\log_{10}(10^4[\mathrm{mW}])/1[\mathrm{mW}]) = 40[\mathrm{dBm}]$$

(b) 0 [dBk]는 1[kW]이고 이것은 10^6[mW]이므로

$$\mathrm{dBm} = 10\times\log_{10}(10^6[\mathrm{mW}]/1[\mathrm{mW}]) = 60[\mathrm{dBm}]$$

(c) 3[dBM]는 2[MW]이고 이것은 2×10^9[mW]이므로

$$\mathrm{dBm} = 10\times\log_{10}(2\times10^9[\mathrm{mW}]/1[\mathrm{mW}]) = 93[\mathrm{dBm}]$$

1.9.4 보데도

주파수의 변화에 따른 전달함수의 응답 특성을 살펴보는 방법에는 앞에서 다른 극-영점 방법 외에 데시벨로 나타내는 **보데도**(Bode Plot)가 있다. 예를 들어서 다음과 같이 주어진 전달함수가 있을 때 주파수의 변화에 따른 응답 특성을 보데도를 이용하여 구해 보자.

$$T(s) = A\frac{s+\omega_2}{s+\omega_1} \tag{1-82}$$

식(1-82)에서 ω_1, ω_2는 응답의 변환점이 되므로 이 주파수점을 **절점 주파수**(Break Frequency)라고 한다. 주파수의 변화에 따른 응답 특성을 구하기 위해 다음과 같이 ω의 함수로 변환하자.

$$T(j\omega) = A\frac{j\omega+\omega_2}{j\omega+\omega_1} = \frac{A\omega_2}{\omega_1}\frac{1+j\omega/\omega_2}{1+j\omega/\omega_1} = |\,T(j\omega)\,| \angle\theta(\omega) \tag{1-83}$$

이므로

$$|T(j\omega)| = A_0\frac{\sqrt{1+(\omega/\omega_2)^2}}{\sqrt{1+(\omega/\omega_1)^2}} \tag{1-84}$$

$$\theta(\omega) = \tan^{-1}(\omega/\omega_2) - \tan^{-1}(\omega/\omega_1) \tag{1-85}$$

단,

$$A_0 = \frac{A\omega_2}{\omega_1} \tag{1-86}$$

식(1-84)가 전압이나 전류의 차원을 가지는 전달함수라면 이에 대한 데시벨값은

$$\begin{aligned} |\,T(j\omega)\,|\,[\text{dB}] &= 20\log_{10}(A_0) + 10\log_{10}[1+(\omega/\omega_2)^2] \\ &\quad - 10\log_{10}[1+(\omega/\omega_1)^2]\,[\text{dB}] \end{aligned} \tag{1-87}$$

여기서 편의상 $0 \ll \omega_2 \ll \omega_1$로 놓기로 한다. 식(1-87)은 다음과 같이 6개의 구간으로 나누어 간략화시키기로 한다.

(1) $\omega = 0$

$$|\,T(j\omega)\,| = 20\log_{10}(A_0) \tag{1-88}$$

(2) $0 \ll \omega \ll \omega_2$

$(\omega/\omega_2)^2 \ll 1$이므로 다음과 같이 간략화된다.

$$|\,T(j\omega)\,| \cong 20\log_{10}(A_0) + 10\log_{10}(1) = 20\log_{10}(A_0)\ [\text{dB}] \tag{1-89}$$

(3) $\omega = \omega_2$

$$|T(j\omega)| = 20\log_{10}(A_0) + 10\log_{10}(2) = 20\log_{10}(A_0) + 3 \ \text{[dB]} \tag{1-90}$$

식(1-90)에서 알 수 있는 바와 같이 절점 주파수 ω_2에서는 직선으로 표시된 보데도보다 근사화시킨 보데도가 3[dB] 더 높게 나타난다.

(4) $\omega_2 \ll \omega \ll \omega_1$

$(\omega/\omega_2)^2 \gg 1$이고 $(\omega/\omega_1)^2 \ll 1$이므로 다음과 같이 간략화된다.

$$\begin{aligned} |T(j\omega)| &\cong 20\log_{10}(A_0) + 10\log_{10}(\omega/\omega_2)^2 - 10\log_{10}(1) \\ &= 20\log_{10}(A_0) - 20\log_{10}(\omega_2) + 20\log_{10}(\omega) \end{aligned} \tag{1-91}$$

식(1-91)의 우변 셋째 항에서는 주파수의 증가에 따라 +6[dB/Octave] 또는 +20[dB/Decade]의 증가 기울기를 가지는 것을 알 수 있다. 즉, 주파수가 2배로 증가함에 따라 6[dB] 증가하거나 주파수가 10배로 증가함에 따라 20[dB] 증가하는 것을 나타낸다.

(5) $\omega = \omega_1$

$(\omega/\omega_2)^2 \gg 1$이므로

$$\begin{aligned} |T(j\omega)| &\cong 20\log_{10}(A_0) + 10\log_{10}(\omega_1/\omega_2)^2 - 10\log_{10}(2) \\ &= 20\log_{10}(A_0) + 20\log_{10}(\omega_1) - 20\log_{10}(\omega_2) - 3\text{[dB]} \end{aligned} \tag{1-92}$$

식(1-92)에서 알 수 있는 바와 같이 절점 주파수 ω_1에서는 직선으로 표시된 보데도보다 근사화시킨 보데도가 3[dB] 낮게 나타난다.

(6) $\omega_1 \ll \omega$

$(\omega/\omega_2)^2 \gg 1$이고 $(\omega/\omega_1)^2 \gg 1$이므로

$$\begin{aligned} |T(j\omega)| &\cong 20\log_{10}(A_0) + 10\log_{10}(\omega/\omega_2)^2 - 10\log_{10}(\omega/\omega_1)^2 \\ &= 20\log_{10}(A_0) + 20\log_{10}(\omega_1) - 20\log_{10}(\omega_2) \end{aligned} \tag{1-93}$$

로서 일정한 값을 나타낸다.

식(1-88)~식(1-93)을 이용하여 전달함수에 대한 보데도를 그림 1.13(a)에 나타냈다. 여기서 곡선 부분은 실제의 응답 특성에 가깝게 그린 것이다.

한편 위상 특성은 식(1-85)로부터 다음과 같이 변형시켜 생각해 보자.

$$\theta(\omega) = \theta_2(\omega) + \theta_1(\omega) \tag{1-94}$$

단,

$$\theta_2(\omega) = \tan^{-1}(\omega/\omega_2) \tag{1-95}$$

$$\theta_1(\omega) = -\tan^{-1}(\omega/\omega_1) \tag{1-96}$$

위상각은 $\tan^{-1}(10)$이면 거의 90°에 가깝고 $\tan^{-1}(0.1)$이면 거의 0°에 가깝기 때문에 위상 특성을 살펴보기 위해 다음과 같이 여섯 가지의 경우로 분류하여 해석한다.

① $\omega = 0$인 경우

식(1-94)~식(1-96)으로부터

$$\theta(\omega) = 0^\circ \tag{1-97}$$

② $\omega_2/10 < \omega < 10\omega_2$인 경우

$$\theta_2(\omega_2/10) = 0^\circ \tag{1-98}$$

$$\theta_2(10\omega_2) = 90^\circ \tag{1-99}$$

이므로 이 구간에 걸쳐 0°에서 90°까지 직선으로 그린다.

③ $\omega = \omega_2$인 경우

식(1-95)에 대입하면

$$\theta(\omega_2) = \tan^{-1}(1) = 45^\circ \tag{1-100}$$

④ $\omega_1/10 < \omega < 10\omega_1$인 경우

$$\theta_1(\omega_1/10) = 0^\circ \tag{1-101}$$

$$\theta_1(10\omega_1) = -90^\circ \tag{1-102}$$

이므로 이 구간에 걸쳐 0°에서 -90°까지 직선으로 그린다.

⑤ $\omega = \omega_1$인 경우

식(1-94)~식(1-96)에 대입하면

$$\theta(\omega_1) = \tan^{-1}(\omega_1/\omega_2) - 45^\circ \tag{1-103}$$

가 되며 만일 $\omega_1 \gg \omega_2$이면 $\tan^{-1}(\omega_1/\omega_2) \cong 90^\circ$가 되어 $\theta(\omega_1) \cong +45^\circ$가 된다.

⑥ $\omega_1 \ll \omega$인 경우

식(1-95)와 식(1-96)으로부터 $\theta_2(\omega) = 90^\circ$, $\theta_1(\omega) = -90^\circ$가 되므로

$$\theta(\omega) = 0^\circ \tag{1-104}$$

이다. 식(1-97)~식(1-104)를 참고로 하여 위상각에 대한 보데도를 그리면 그림 1.13(b)와 같다.

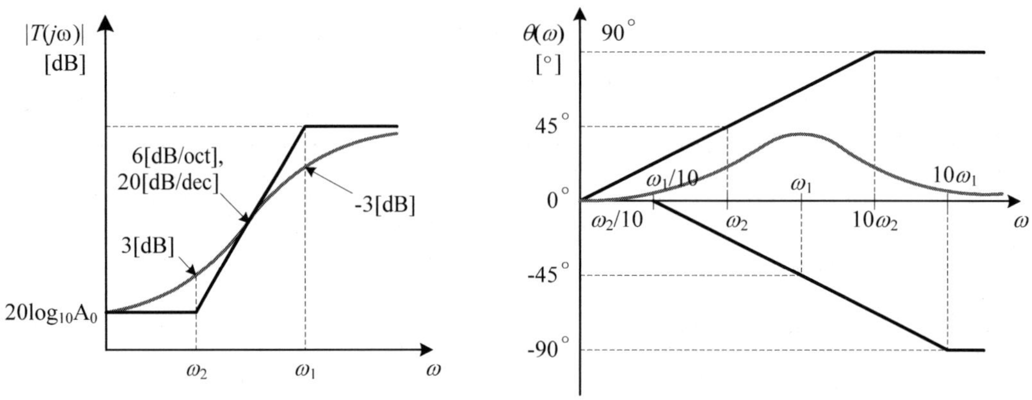

(a) 진폭 특성 (b) 위상 특성

그림 1.13 보데도의 예

연습문제

1.1 R-L-C 직렬회로의 감쇠 정수는 $\alpha = R/2L$이다. α의 차원이 주파수의 차원과 같음을 증명하여라.

1.2 $v = Re[\exp(j\theta)]$에서 θ는 위상을 나타냄을 보여라.

1.3 신호 $s(t) = \mathrm{Im}[V(s) \cdot e^{st}]$로 표현될 때 다음의 경우에 대한 $s(t)$를 각각 구하여라.

(a) $V(s) = 10\angle 30^\circ$, $s = -2+j4$

(b) $V(s) = 5\angle 0^\circ$, $s = -3-j2$

(c) $V(s) = 1+j2$, $s = -5-j5$

(d) $V(s) = 2-j2$, $s = j377$

1.4 복소 주파수는 $s = \sigma + j\omega_0$이고 진폭 크기의 초기값은 V이다. 신호파가 다음과 같은 경우 각 파의 이름을 말하여라.

(a) $s = 0$ (b) $s = +j100$ (c) $s = -3$

(d) $s = -2+j377$ (e) $s = 5+j10$

1.5 R-C 병렬회로에 다음과 같은 전류원이 인가되었을 때 회로 전체의 전압 $v(t)$를 구하여라. 단, $R=1[\Omega]$, $C=2[\mathrm{F}]$이다.

(a) 3[A] 직류 (b) $3e^{-5t}$ (c) $3\sin(5t+30^\circ)$

(d) $3e^{-5t}\sin(5t+30)$

1.6 그림 1.14에서 입력전압에 대한 출력전압의 비 $V_0(s)/V_S(s)$를 구하여라.

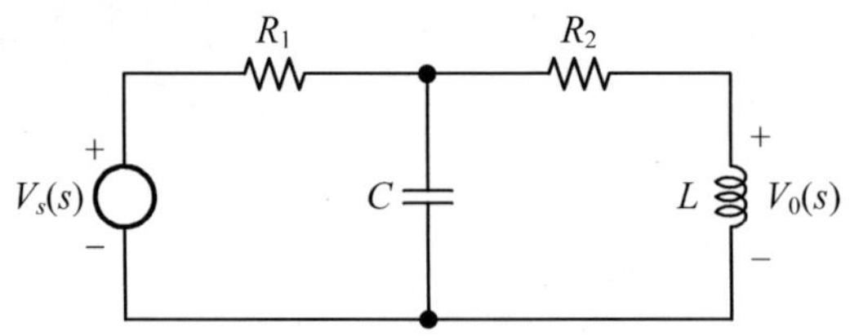

그림 1.14 문제 1.6의 회로

1.7 그림 1.15의 회로에서 부하저항 R_L에 흐르는 전류를 복소 주파수를 이용하여 구하여라.

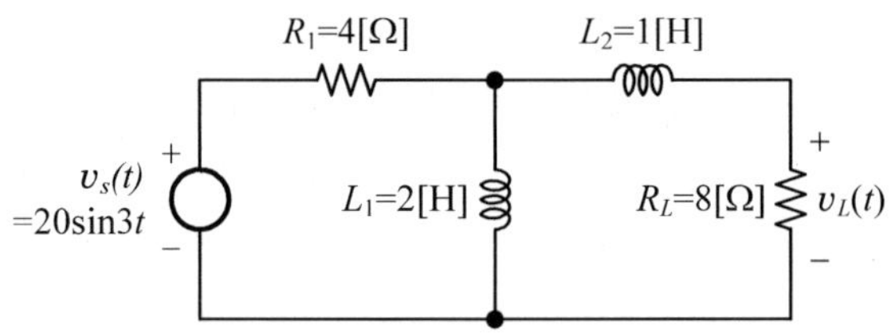

그림 1.15 문제 1.7의 회로

1.8 그림 1.15의 회로에 대한 구동점 임피던스를 구하여라.

1.9 그림 1.16의 회로에서 (a) 전압 전달비, (b) 전달 임피던스, (c) 구동점 어드미턴스를 각각 구하여라.

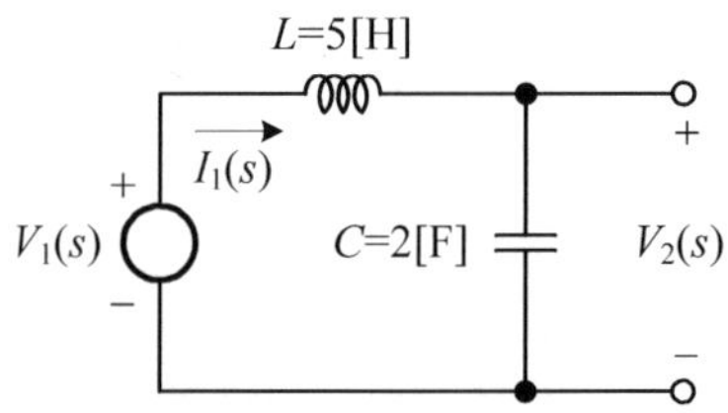

그림 1.16 문제 1.9의 회로

1.10 그림 1.16에서 $v_1(t) = 10\sin 2t$ 일 때 (a) $i_1(t)$, (b) $v_2(t)$를 구하여라.

1.11 그림 1.17의 회로에서 전달 임피던스 $Z_{21} = V_2/I_1$ 및 구동점 임피던스 $Z_{11} = V_1/I_1$을 각각 구하여라.

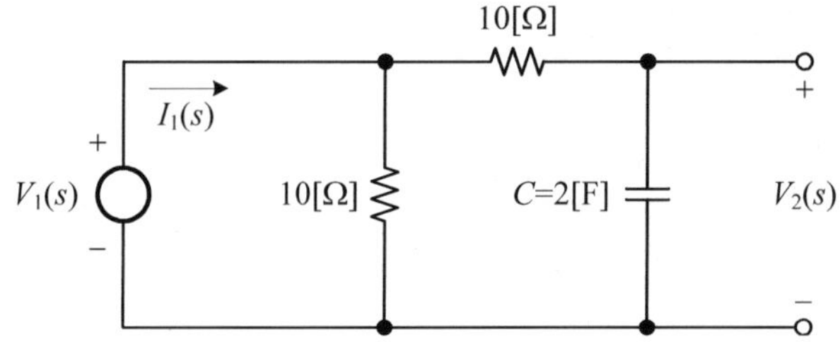

그림 1.17 문제 1.11의 회로

1.12 그림 1.18의 회로에서 (a) $V_S(s)/I_S(s)$를 복소 주파수로 나타내고 (b) $v_C(t)$를 구하여라.

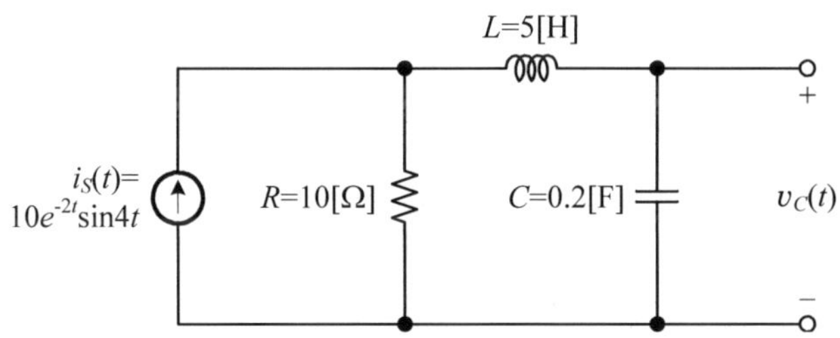

그림 1.18 문제 1.12의 회로

1.13 그림 1.19의 회로에서 입력전압에 대한 부하전압의 전달함수에 대한 극점과 영점을 구하고 복소 주파수 평면상에 그려라.

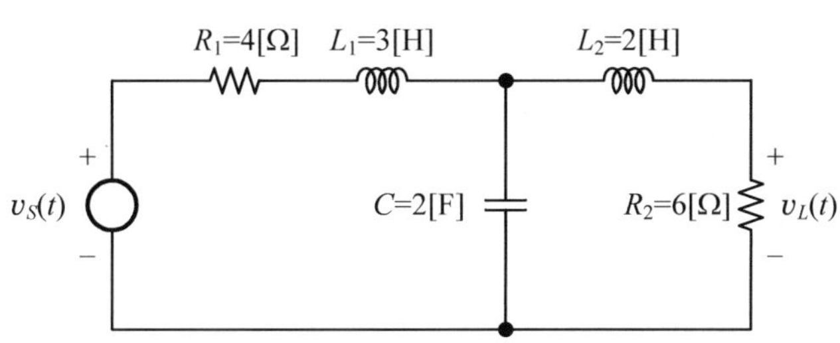

그림 1.19 문제 1.13의 회로

1.14 그림 1.20과 같은 극점과 영점을 가지는 전달함수를 써라.

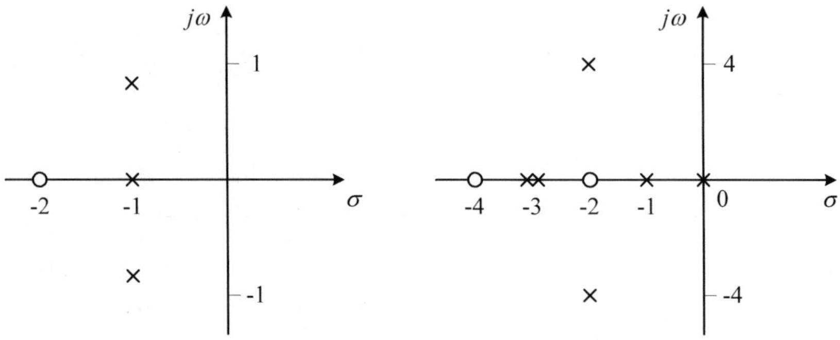

그림 1.20 문제 1.14의 회로

1.15 그림 1.21과 같은 극점과 영점을 가지는 복소 주파수 평면의 전달함수에서 (a) 전달함수를 쓰고, (b) 진폭 주파수 특성, (c) 위상 주파수 특성을 각각 그려라.

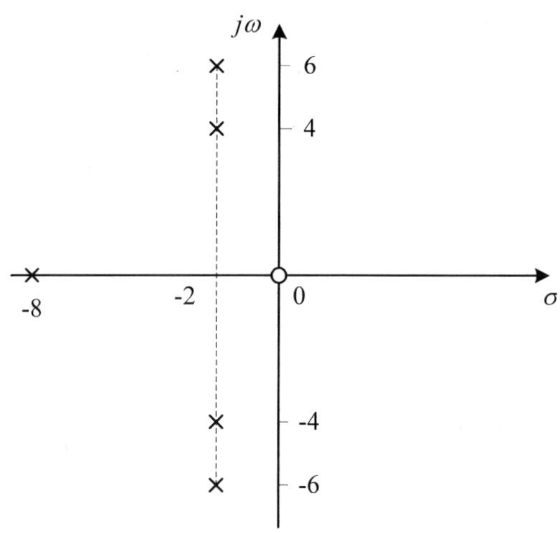

그림 1.21 문제 1.15의 회로

1.16 전달함수가 다음과 같을 때 주파수 응답특성을 그려라. 단, $L=10[\mathrm{mH}]$, $C_1=10[\mu\mathrm{F}]$, $C_2=1[\mu\mathrm{F}]$이다.

$$T(s)=\frac{V_0(s)}{V_i(s)}=\frac{s^2LC^2}{s[s^2LC_1C_2+s(LC_1+LC_2)+C_1]}$$

1.17 그림 1.22의 회로에서 전압 전달비에 관한 회로망함수를 구하여라.

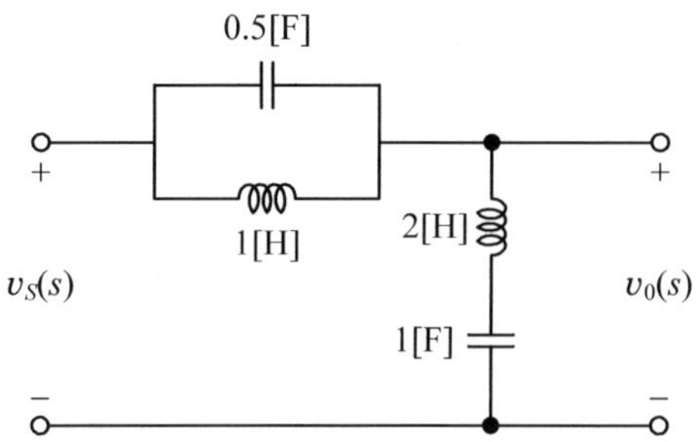

그림 1.22 문제 1.17의 회로

1.18 그림 1.23의 회로에서 $v_S(t) = 2\sin(3.16\times 10^5 t)$[V]일 때 출력 전압의 실효치를 구하여라.

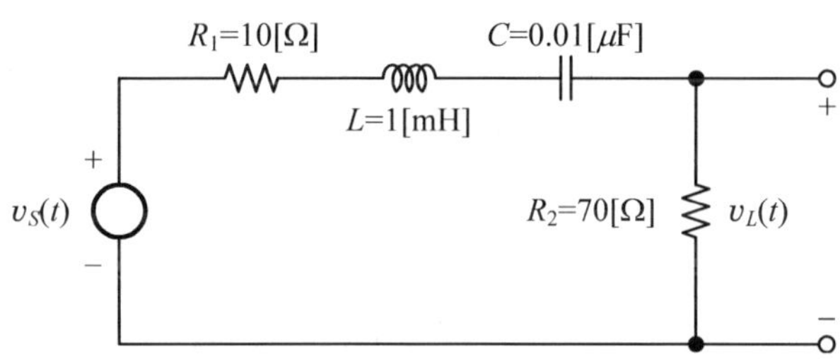

그림 1.23 문제 1.18의 회로

1.19 그림 1.22의 전압 전달비에 관한 전달함수에서 자연 주파수를 구하여라.

1.20 다음 좌변에 주어진 단위 표현을 우변에 주어진 단위 표현으로 변환하여라.

(a) 1[bel] = (　　　) [decibels]

(b) $\dfrac{2\cdot P_S[\text{Watts}]}{P_S[\text{Watts}]}$ = (　　　) [dB]

(c) $\dfrac{2\cdot V_S[\text{Volts}]}{V_S[\text{Volts}]}$ = (　　　) [dB]

(d) $\dfrac{2\cdot V_S[\text{Volts}]}{V_S[\text{Volts}]}$ = (　　　) [Neper]

(e) $\left.\dfrac{2I_L[\text{A}]}{I_S[\text{A}]}\right|_{I_L = I_S}$ = (   ) [Neper]

(f) 10[Watts] = (   ) [dBm]

(g) 1[dB] = (   ) [Neper]

1.21 다음의 함수에 대한 보데도를 그려라.

(a) $T(s) = 10\dfrac{s+50}{s+10}$

(b) $T(s) = 10\dfrac{s+1}{(s+10)(s+30)}$

(c) $T(s) = \dfrac{10^3 \times s\,(s+5)}{s^2+510s+5000}$

2장

주파수응답과 필터 및 공진회로

2.1 가변회로와 궤적도
2.2 저역통과 필터
2.3 고역통과 필터
2.4 대역통과 필터와 대역저지 필터
2.5 직렬 공진회로
2.6 공진회로의 해석과 만능 공진곡선
2.7 선택도 인자, 차단 주파수, 대역폭
2.8 직렬 공진회로의 전압응답
2.9 병렬 공진회로
2.10 직병렬 공진회로

2.1 가변회로와 궤적도

우리의 주변에서 흔히 보는 전기·전자기기들은 대부분 외부에 조정단자를 두고 있다. 한 예로 우리는 FM 라디오를 청취할 때 전원을 켜고 다이얼을 돌려 방송 주파수를 맞춘 다음 정확한 동기를 취하여 최적의 수신 상태를 만든 후에 음량(Volume)을 조절하고 톤을 선택적으로 조정한다. 여기서 우리가 방송 청취용 기기를 조작한 동작을 살펴보자. 먼저 스위치를 올리는 동작에 의해 전원이 인가되고 회로의 구동이 시작되었다. 다이얼을 돌리면 와이어(Wire) 등에 연결된 가변 콘덴서(Varicon)가 돌아감으로서 커패시터 평판의 면적이 변하여 용량이 변하고 공진점에서 최대의 진동 에너지를 취할 수 있다. 가변저항은 어느 정도의 감쇠가 있지만 위상 등의 왜곡을 일으키지 않으므로 볼륨으로 널리 이용된다. 주파수대별로 이퀄라이저(Equalizer)가 설치된 오디오 시스템이라면 선택적으로 특정의 주파수대를 강화하거나 약화시킬 수 있다.

위의 과정을 살펴보면 신호의 흐름은 가변 소자의 변동에 의해 제어를 받는다. 그러므로 각 수동소자의 변동에 의한 해석이 필요하다.

예를 들어서 그림 2.1과 같은 R-C 직렬회로에서 저항이나 콘덴서의 가변에 따른 임피던스를 구해 보자.

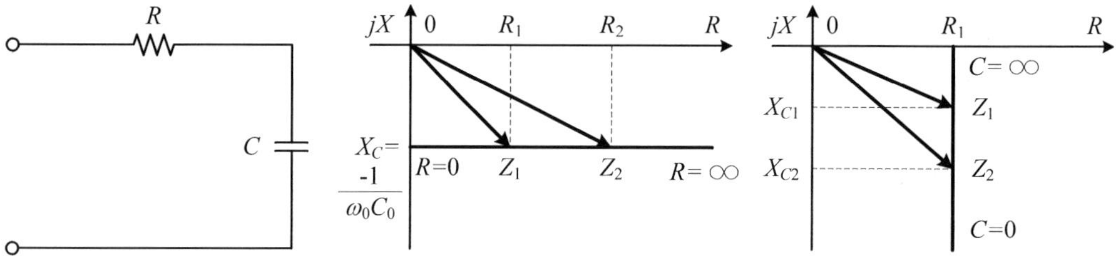

(a) R-C 직렬회로 (b) 저항 가변시의 임피던스도 (c) 콘덴서 가변시의 임피던스도

그림 2.1 R–C 직렬회로와 임피던스

R-C 직렬회로의 임피던스는

$$Z = R + jX_C = R - j\frac{1}{\omega_0 C} \tag{2-1}$$

여기서 정현신호의 각주파수는 ω_0로서 일정하다. 만일 콘덴서가 고정되어 있고 저항값이 0에서 ∞로 변화한다면 임피던스를 임피던스 평면상에 나타냈을 때 그림 2.1(b)와 같이 나타날 것이다. 또한 저항이 고정된 상태에서 콘덴서의 용량을 0에서 ∞로 변화시킨다면 그림 2.1(c)와

같은 직선으로 표현될 것이다. 이것을 우리는 소자의 가변에 의한 **임피던스 궤적**(Impedance Locus)이라고 하고 이러한 그림을 **궤적도**(Locus Diagram)라고 한다. 여기서 R-C회로의 경우 임피던스 궤적은 제4상한에 표현되지만 R-L 회로라면 제1상한에 나타날 것이다. 다음으로 임피던스의 역으로 표현되는 어드미턴스 궤적에 관해 살펴보자. 여기서는 저항이 R_0로 고정되어 있고 콘덴서의 용량이 변하는 것으로 한다. 식(2-1)을 이용하면 어드미턴스는

$$\boldsymbol{Y} = \frac{1}{Z} = \frac{1}{R_0 + jX_C} = \frac{R_0}{{R_0}^2 + {X_C}^2} - j\frac{X_C}{{R_0}^2 + {X_C}^2} = G + jB \tag{2-2}$$

이므로

$$G^2 + B^2 = \frac{{R_0}^2 + {X_C}^2}{({R_0}^2 + {X_C}^2)^2} = \frac{1}{{R_0}^2 + {X_C}^2} = \frac{G}{R_0} \tag{2-3}$$

이다. 그러므로 식(2-3)을 정리하면 아래와 같다.

$$\left(G - \frac{1}{2R_0}\right)^2 + B^2 = \left(\frac{1}{2R_0}\right)^2 \tag{2-4}$$

식(2-4)는 원의 방정식으로서 $(1/2R_0,\ 0)$을 원점으로 하고 반지름이 $1/2R_0$인 원이 된다. 그러나 X_C의 범위가 음수이므로 B는 양수로서 제1상한에 국한된다. 이 궤적은 원의 형태를 취하므로 이것을 **원선도**(Circle Diagram)라 부르기도 한다.

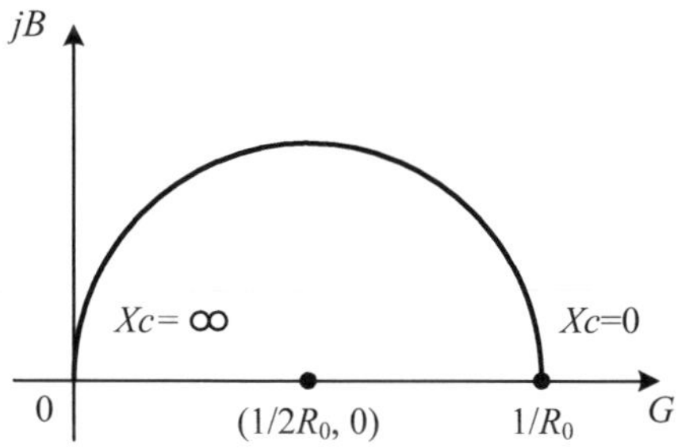

(a) R-C 직렬회로의 어드미턴스 원선도

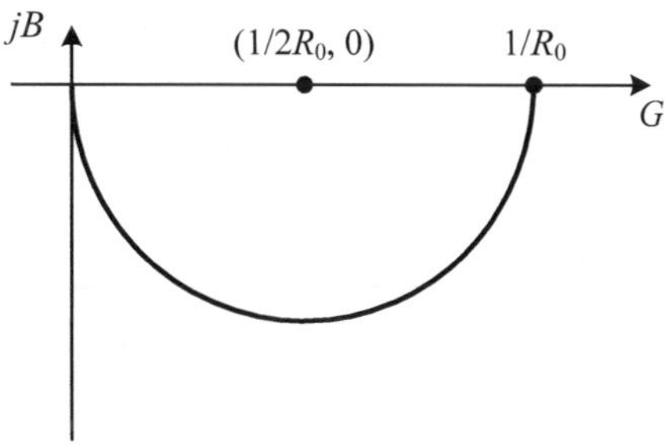

(b) R-L 직렬회로의 어드미턴스 원선도

그림 2.2 R–C 및 R–L 직렬회로의 어드미턴스 원선도

R-C 직렬회로에 대한 어드미턴스 원선도를 그림 2.2(a)에 나타냈다. 한편 R-L 직렬회로의 경우에는 임피던스 궤적도가 1상한에 존재하므로 어드미턴스 원선도는 그림 2.2(b)와 같이 제4상한에 존재한다.

예제 2.1

그림 2.3에서 인가되는 정현파 신호의 주파수는 ω_0로서 일정하다. 콘덴서가 가변(Varicon)일 때 이 회로에 대한 임피던스 궤적도를 그려라.

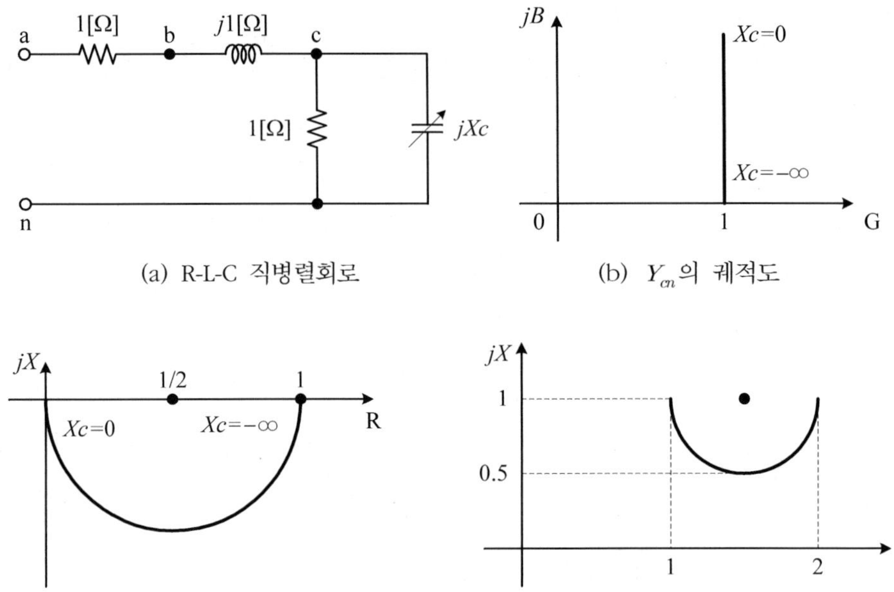

그림 2.3 가변 용량기를 가지는 회로와 임피던스 및 어드미턴스 궤적도

풀이 주어진 회로에 대한 임피던스 궤적도를 그리려면 c-n 단자간의 어드미턴스 궤적도부터 구해야 한다. 즉,

$$Y_{cn} = \frac{1}{1} + \frac{1}{jX_C} = 1 - j\frac{1}{X_C} \quad (X_C < 0)$$

로서 어드미턴스 평면상에 나타내면 그림 2.3(b)와 같다. Z_{cn}은 Y_{cn}의 역수이므로

$$Z_{cn} = \frac{1}{Y_{cn}} = \frac{jX_C}{1+jX_C}$$

로서 임피던스 궤적도는 그림 2.3(c)와 같다. Z_{an}은 Z_{ac}와 Z_{cn}의 합이므로

$$Z_{an} = Z_{ac} + Z_{cn} = 1 + j1 + \frac{jX_C}{1+jX_C}$$

가 되어 그림 2.3(c)의 궤적도를 R축으로 1만큼, jX축으로 1만큼 이동시키면 된다. 이에 대한 궤적도는 그림 2.3(d)와 같다. ↵

2.2 저역통과 필터

2.2.1 R-C 저역통과 필터

R-C 회로를 이용한 저역 주파수대의 통과 특성을 가지는 주파수응답 특성은 제1장의 1.7절에서 다룬 바와 같다. 여기서는 R-C 회로를 이용한 **저역통과 필터**(Low Frequency Pass Filter; LPF)뿐 아니라, 일반적인 저역통과 필터에 관해 다룬다.

필터이론에서 중요한 것은 통과 주파수대역과 **차단 주파수**(Cutoff Frequency)로서 그림 2.4(a)와 같은 R-C 저역 통과필터에서 주파수의 변화에 따른 진폭응답 특성을 살펴보자.

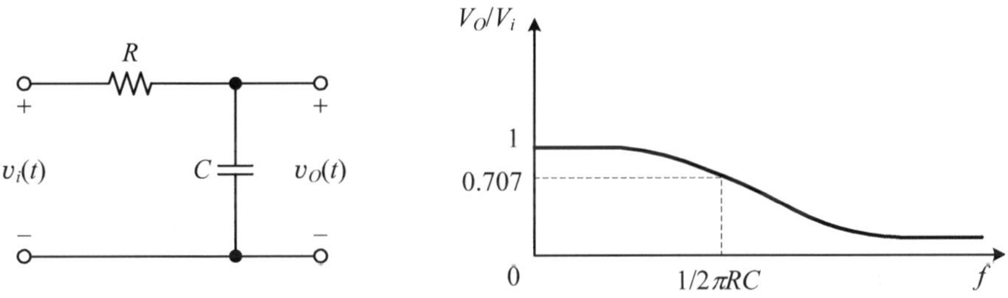

(a) R-C 저역통과 필터 (b) LPF의 진폭응답 특성

그림 2.4 R–C 저역필터와 진폭응답 특성

그림 2.4(a)의 필터에서 입력전압에 대한 출력전압의 주파수 함수는

$$V_O(j\omega) = \frac{V_i(j\omega) \times \dfrac{1}{j\omega C}}{R + \dfrac{1}{j\omega C}} \tag{2-5}$$

로부터 전달함수는

$$A_V = \frac{V_O(j\omega)}{V_i(j\omega)} = \frac{1}{1 + j\omega RC} \tag{2-6}$$

가 된다. 그러므로 정규화된 전압 이득은

$$|A_V| = \left| \frac{1}{1 + j\omega RC} \right| = \frac{1}{\sqrt{1 + (\omega RC)^2}} \tag{2-7}$$

이에 대한 진폭응답 특성은 그림 2.4(b)와 같다. 여기서 중요한 파라미터인 차단주파수를 정의해 보자. 통과대역의 경계선이 차단 주파수로서 **반전력점**(Half Power Point)을 말한다. 우리는 운용상 전력이 최대치의 반이 되도록 하는 주파수점을 차단 주파수로 정의하고 있다.

전력이 반이 되려면 전압 차원에서는 $1/\sqrt{2}$ 배가 되는 점이다. 그러므로

$$\frac{1}{\sqrt{1+(\omega_c RC)^2}} = \frac{1}{\sqrt{2}} \tag{2-8}$$

로부터

$$\omega_c = \frac{1}{RC}\ [\mathrm{rad/sec}],\quad f_c = \frac{1}{2\pi RC}\ [\mathrm{Hz}] \tag{2-9}$$

이다. 통과대역이 0[Hz]부터이므로 대역폭(Bandwidth) BW는

$$BW = \frac{1}{2\pi RC}[\mathrm{Hz}] \tag{2-10}$$

가 된다.

2.2.2 정 K형 저역통과 필터

코일과 콘덴서만을 이용하여 차단 특성이 우수한 정 K형 필터(Constant K Type Filter)를 소개한다. 정 K형이란 직렬단의 소자와 병렬단의 소자가 서로 쌍대적인 회로(L과 C)로 구성될 때의 회로를 말한다. 여기서 기호 K는 필터의 개발자인 미국의 O.Zobel이 처음으로 사용했기 때문으로 관습적으로 사용한다. 그림 2.5(a)와 같이 직렬단의 임피던스와 병렬단의 임피던스의 곱이

$$Z_1 \cdot Z_2 = K^2 \tag{2-11}$$

의 관계가 있을 때 이것을 정 K형 여파기라고 하며 K를 공칭 임피던스(Nominal Impedance)라고 한다. 예를 들어서 그림 2.5(b)와 같이 코일이 직렬단에, 콘덴서가 병렬단에 연결된 경우의 저역통과 필터에서 공칭 임피던스는 아래와 같다.

$$K = \sqrt{Z_1 \cdot Z_2} = \sqrt{\frac{j\omega L}{j\omega C}} = \sqrt{\frac{L}{C}} \tag{2-12}$$

공칭 임피던스를 이용하여 정 K형 저역통과 필터의 차단 주파수를 구해 보자.

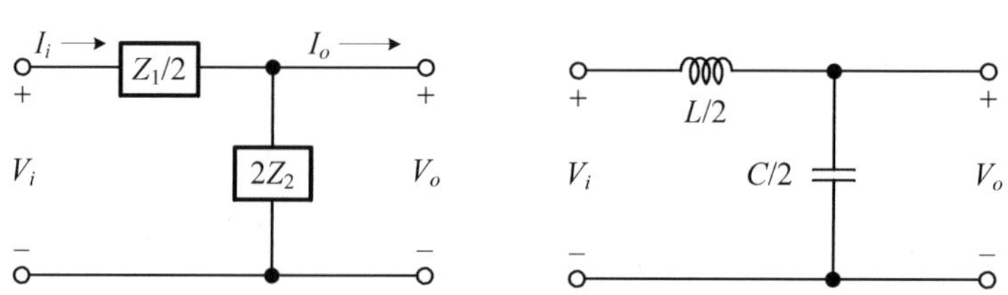

(a) 정 K형 필터의 구성　　(b) 정 K형 저역통과 필터

그림 2.5 정 K형 필터의 구성과 정 K형 저역통과 필터

그림 2.5(a)에서 입력단의 전력은 V_iI_i이고 출력단의 전력은 V_oI_o이다. 감쇠는 지수함수적이고 또한 $V_iI_i > V_oI_o$이므로 전압이나 전류의 차원으로 표현되는 감쇠도는 다음과 같이 정의할 수 있다. 즉,

$$e^{\theta} = \frac{\sqrt{V_iI_i}}{\sqrt{V_oI_o}} \quad (\mathrm{Re}[\boldsymbol{\theta}] > 0) \tag{2-13}$$

식(2-13)은 다음과 같이 변형시켜 쓸 수 있다.

$$e^{\theta} = \sqrt{\frac{I_i}{V_o} \times \frac{V_i}{I_o}} \tag{2-14}$$

그림 2.5(a)로부터 I_i/V_o와 V_i/I_o는 다음과 같이 구한다. 즉,

$$\left.\frac{I_i}{V_o}\right|_{I_o=0} = \frac{I_i}{2Z_2I_i} = \frac{1}{2Z_2} \tag{2-15}$$

$$\left.\frac{V_i}{I_o}\right|_{V_o=0} = \frac{I_o \times \frac{Z_1}{2}}{I_o} = \frac{Z_1}{2} \tag{2-16}$$

그러므로 식(2-15)와 식(2-16)을 식(2-14)에 대입하여 자연대수를 취한 다음 정리하면

$$\theta = \frac{1}{2}\log_e \frac{Z_1}{4Z_2} = \alpha + j\beta \tag{2-17}$$

이다. 여기서 α는 **감쇠정수**(Attenuation Constant)이고 β는 **위상정수**(Phase Constant)이다. 위의 식은 대수함수이므로 함수 내의 $Z_1/4Z_2$의 값에 따라 α와 β가 결정되며 특히 α가 양수가 되면 감쇠가 발생하므로 이 점이 차단점이 된다. 즉, Z_1과 Z_2가 복소수이므로

$$\left|\frac{Z_1}{4Z_2}\right| > 1 \tag{2-18}$$

일 때 α의 값이 양수가 되므로 차단 주파수점은

$$\left|\frac{Z_1}{4Z_2}\right| = 1 \tag{2-19}$$

에서 발생한다. 그러므로 그림 2.5(b)로부터

$$\boldsymbol{Z}_1 = j2\pi fL, \ \boldsymbol{Z}_2 = \frac{1}{j2\pi fC} \tag{2-20}$$

을 식(2-19)에 대입하면

$$f_c = \frac{1}{\pi\sqrt{LC}} = \frac{K}{\pi L} = \frac{1}{\pi CK} \tag{2-21}$$

로서 차단주파수 f_c를 구할 수 있다. 한편 차단주파수와 K의 값이 주어지면

$$L = \frac{K}{\pi f_c}\ [\mathrm{H}], \quad C = \frac{1}{\pi f_c K}\ [\mathrm{F}] \tag{2-22}$$

의 식에 의해 L과 C의 값을 결정할 수 있다.

예제 2.2

그림 2.6(a)의 회로에서 (a) 입력전압에 대한 출력전압의 진폭-주파수 특성을 구하고, (b) 차단주파수를 구한 다음, (c) 전달함수를 그래프로 나타내어라.

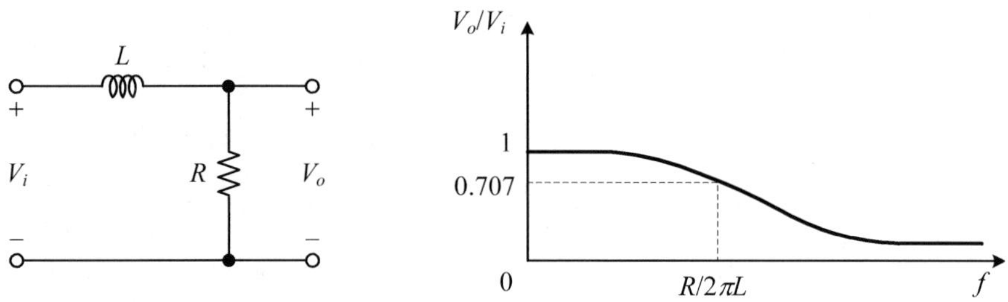

(a) 예제 2.2의 회로 (b) 예제 2.2의 진폭응답 특성

그림 2.6 예제 2.2의 회로와 진폭응답 특성

풀이 (a) 그림 2.6(a)의 필터에서 입력전압에 대한 출력전압의 주파수 함수는

$$V_O(j\omega) = \frac{V_i(j\omega) \times R}{j\omega L + R}$$

이므로 정규화된 전달함수는

$$\frac{V_O(j\omega)}{V_i(j\omega)} = \frac{R}{j\omega L + R} = \frac{1}{1 + j\dfrac{\omega L}{R}}$$

가 된다. 그러므로 정규화된 전압 이득은

$$|A_V| = \left|\frac{V_O(j\omega)}{V_i(j\omega)}\right| = \left|\frac{1}{1 + j\dfrac{\omega L}{R}}\right| = \frac{1}{\sqrt{1 + \left(\dfrac{\omega L}{R}\right)^2}}$$

(b) 차단 주파수는 위의 식으로부터

$$\frac{\omega_c L}{R} = 1$$

에서 발생하므로

$$f_c = \frac{R}{2\pi L}\ [\text{Hz}]$$

(c) 진폭응답 특성은 (a)와 (b)의 결과식을 참고로 하여 그림 2.6(b)에 나타냈다. ⏎

2.3 고역통과 필터

2.3.1 R-L 고역통과 필터

콘덴서가 병렬단에 배치되면 저역통과 특성을 가진다는 것을 우리는 앞에서 확인하였다. 반대로 코일을 병렬단에 삽입하면 반대의 특성을 가질 것이 예상되므로 여기서는 R-L 회로를 이용한 **고역통과 필터**(High Frequency Pass Filter, HPF)에 관해 기술한다. 앞에서 다룬 바와 같이 필터 이론에서 중요한 것은 통과 주파수대역과 차단 주파수로서 고역통과 필터의 경우에서는 저역 차단주파수의 계산이 필요하다. 그림 2.7(a)와 같은 R-L 고역 필터에서 주파수의 변화에 따른 진폭응답 특성을 살펴보자.

그림 2.7(a)의 필터에서 입력전압에 대한 출력전압의 주파수 함수는

$$V_O(j\omega) = \frac{V_i(j\omega) \times j\omega L}{R + j\omega L} \tag{2-23}$$

로부터 전달함수는

$$A_V = \frac{V_O(j\omega)}{V_i(j\omega)} = \frac{1}{1 - j\dfrac{R}{\omega L}} \tag{2-24}$$

가 된다. 그러므로 정규화된 전압 이득은

$$|A_V| = \left| \frac{1}{1 - j\dfrac{R}{\omega L}} \right| = \frac{1}{\sqrt{1 + \left(\dfrac{R}{\omega L}\right)^2}} \tag{2-25}$$

이에 대한 진폭응답 특성은 그림 2.7(b)와 같다. 여기서 중요한 파라미터인 차단 주파수를

구해 보자. 차단 주파수는 통과대역의 경계선으로서 반전력점을 말하므로 전압 차원에서는 $1/\sqrt{2}$ 배가 되는 점이다. 그러므로

$$\frac{1}{\sqrt{1+\left(\frac{R}{\omega_c L}\right)^2}} = \frac{1}{\sqrt{2}} \tag{2-26}$$

로부터

$$\omega_c = \frac{R}{L}\ [\text{rad/sec}],\quad f_c = \frac{R}{2\pi L}[\text{Hz}] \tag{2-27}$$

이다. 통과대역은 $R/2\pi L$[Hz]부터이다.

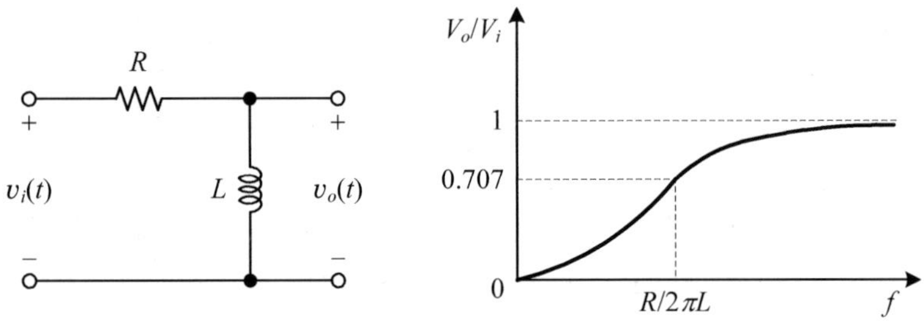

(a) R-L 고역통과 필터 (b) HPF 진폭응답 특성

그림 2.7 R-L 고역통과 필터와 진폭응답 특성

2.3.2 정 K형 고역통과 필터

한편 코일과 콘덴서를 이용한 정 K형 고역통과 필터는 앞 절에서와 같은 원리를 적용하여 직렬단에 콘덴서를, 병렬단에 코일을 배치하여 구성한다. 공칭 임피던스는 저역통과 필터에서와 같이

$$K = \sqrt{Z_2 \cdot Z_1} = \sqrt{\frac{j\omega L}{j\omega C}} = \sqrt{\frac{L}{C}}\ [\Omega] \tag{2-28}$$

이다. 공칭 임피던스를 이용하여 그림 2.8과 같은 정 K형 고역통과 필터의 차단주파수를 구해 보자.

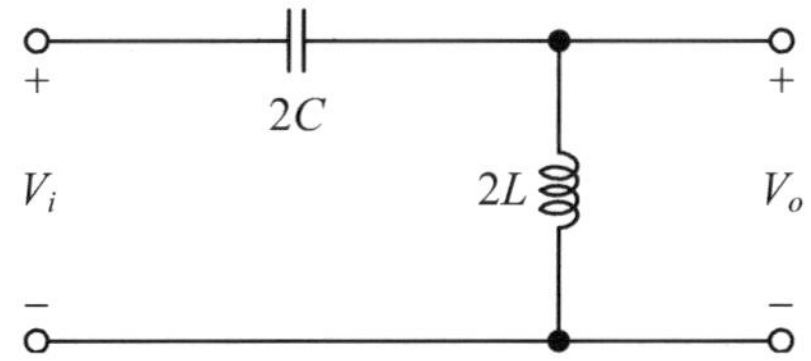

그림 2.8 정 K형 고역통과 필터

앞절에서 다룬 바와 같이 그림 2.5(a)의 정 K형 필터에서 차단점은 식(2-19)와 같으므로

$$\left| \frac{Z_1}{4Z_2} \right| = 1 \tag{2-19}$$

에서 차단 주파수가 결정된다. 그러므로 그림 2.8로부터

$$Z_1 = \frac{1}{j2\pi f C}, \quad Z_2 = j2\pi f L \tag{2-29}$$

을 식(2-19)에 대입하면

$$f_c = \frac{1}{4\pi\sqrt{LC}} = \frac{K}{4\pi L} = \frac{1}{4\pi CK} \tag{2-30}$$

로 저역 차단 주파수 f_c를 구할 수 있다. 한편 차단 주파수와 K의 값이 주어지면

$$L = \frac{K}{4\pi f_c}\ [\mathrm{H}], \quad C = \frac{1}{4\pi f_c K}\ [\mathrm{F}] \tag{2-31}$$

의 식에 의해 L과 C의 값을 결정할 수 있다.

2.4 대역통과 필터와 대역저지 필터

대역통과 필터(Band Pass Filter;BPF)는 특정의 주파수대역을 통과시키고 그 외의 주파수대역을 저지하는 역할을 담당하며 **대역저지 필터**(Band Rejection Filter, BRF)는 특정의 주파수대역을 저지시키고 그 외의 주파수 대역은 통과시키는 역할을 담당한다. 예를 들어서 그림 2.9(a)의 주파수에 따른 진폭응답 특성 곡선은 대역통과 필터의 응답 곡선을 나타내는 것이고 그림 2.9(b)의 주파수에 따른 진폭응답 특성 곡선은 대역저지 필터의 응답 곡선을 나타내는 것이다.

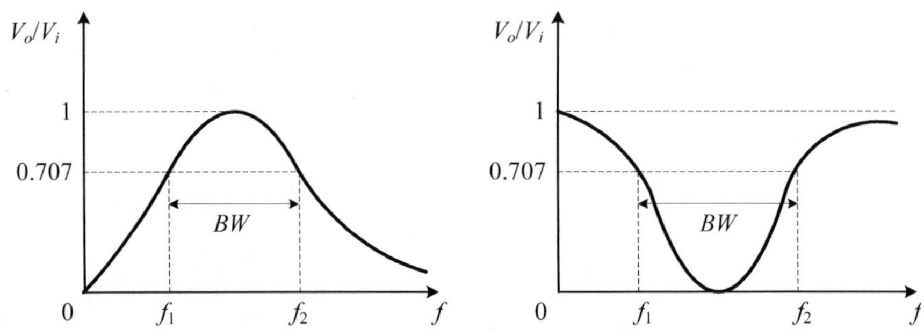

(a) 대역통과 필터 (b) 대역저지 필터

그림 2.9 대역통과 필터와 대역저지 필터의 진폭응답 곡선

그림 2.9에서 보는 바와 같이 고역의 차단 주파수 f_2와 저역의 차단 주파수 f_1의 차를 **대역폭**(Bandwidth; BW)이라 하고 다음과 같이 구한다.

$$BW = f_2 - f_1[\mathrm{Hz}] \tag{2-32}$$

대역통과 회로의 해석은 공진회로와 동일하기 때문에 다음 절에 이어지는 공진회로에서 구체적으로 다루기로 하며 여기서는 정 K형 대역통과 필터 및 정 K형 대역소거 필터의 구성만을 위의 그림 2.10과 같이 간단히 소개한다.

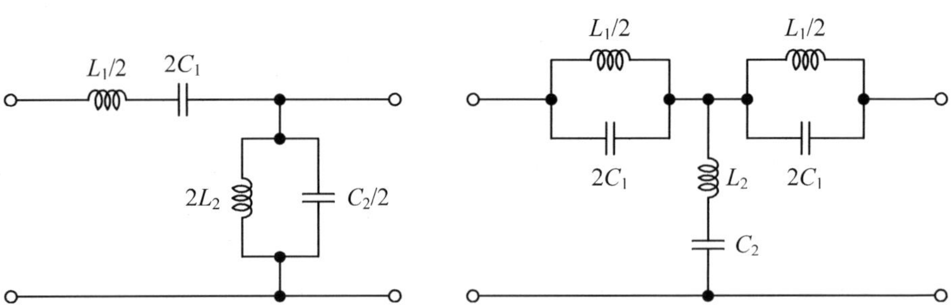

(a) 정 K형 대역통과 필터 (b) 정 K형 대역소거 필터

그림 2.10 정 K형 대역통과 필터 및 대역소거 필터의 구성

2.5 직렬 공진회로

남원땅의 성춘향이는 어떻게 자신의 자태를 만천하에 광고하고자 그 높은 곳에 광고판을 세울 수 있었던 것인가? 더욱이 살짝살짝 보일듯 말듯 점멸하는 광고판을 오색으로 치장하여 세운 것은 일찌기 공진(共振)의 의미를 파악했기 때문이다. 그네의 진자운동에 맞추어

약간의 힘을 가하면 진동하는 그네의 운동폭이 점차 커지면서 위치 에너지를 증가시킨다. 물론 공기의 저항이나 걸쇠의 마찰을 이길 만큼의 에너지가 가해져야 한다. 즉, 매우 작은 에너지라고 하더라도 진동하는 주기에 맞추어 가해진다면 매우 큰 진동 에너지를 축적할 수 있다. 실제로 우리가 즐겨 듣는 FM 라디오 방송을 수신하는 경우의 예를 들어보자.

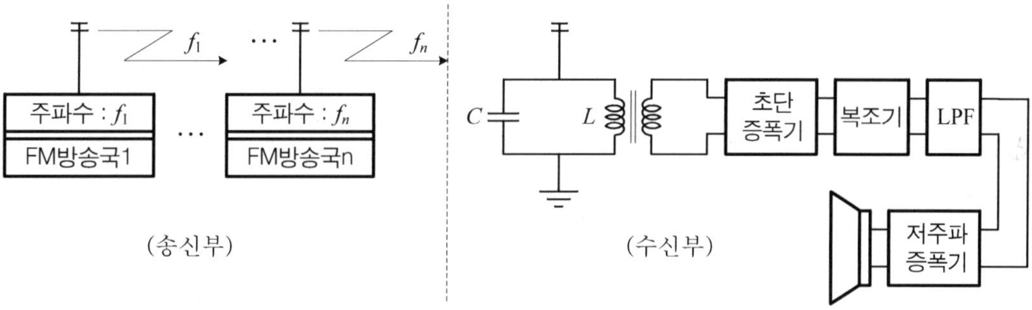

그림 2.11 방송 시스템과 FM 라디오 수신 시스템

위의 그림 2.11에서 n개의 방송국은 주파수 f_1부터 f_n까지의 FM(Frequency Modulation) 변조된 방송신호를 자유공간상에 방사한다. 자유공간은 이들의 전파(電波, Radio Wave) 뿐만 아니라, 여러 종류의 변조파와 수많은 주파수대의 전파가 어지럽게 전파(傳播, Propagation)되고 있다. 이 때 수신단의 가변 콘덴서(Varicon, Variable Condenser)와 코일의 사이에 에너지를 주고받는 동작을 하는 공진 현상의 주파수가 f_n에 일치되면 방송국 n의 전파가 가장 강하게 축적되고 복조기의 복조 방식이 일치하면 이 방송국의 FM 방송을 청취하게 된다.

이러한 일련의 수신 과정에서 자유공간상의 매우 미약한 전파에 대해 특정의 주파수에서 강한 응답 특성을 보이는 것은 회로의 공진 주파수가 이 주파수에 일치되기 때문이며 회로에 큰 전류가 흐르게 되므로 수신기를 구동시키기 충분한 에너지를 갖게 된다. 이것을 공진(Resonance)이라고 하며 항상 콘덴서와 코일의 조합에 의해 일어난다.

그러면 그림 2.12(a)와 같은 R-L-C 직렬회로에서 전원의 전압이 V_0로서 일정하고 주파수 $f\,(\omega = 2\pi f\,)$가 가변일 때 정상 상태에서 회로의 전류응답 특성을 살펴보자. 회로의 복소 임피던스는

$$Z = R + j\omega L + \frac{1}{j\omega C} = R + j\,(X_L + X_C) = R + jX \tag{2-33}$$

여기서 유도성 리액턴스와 용량성 리액턴스 및 전체 리액턴스는 각각

$$X_L = \omega L, \quad X_C = -\frac{1}{\omega C}, \quad X = X_L + X_C \tag{2-34}$$

이다. 주파수의 변화에 따른 리액턴스 곡선을 그림 2.12(b)에 나타냈다.

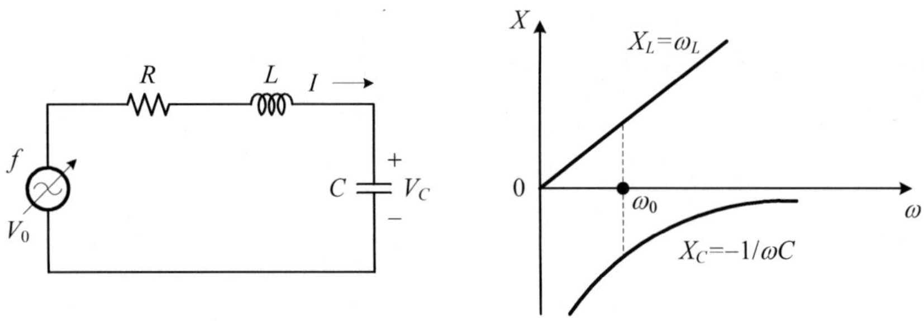

(a) R-L-C 직렬 공진회로 (b) R-L-C 직렬회로의 리액턴스 곡선

그림 2.12 R-L-C 직렬 공진회로와 리액턴스 곡선

그림에서 X의 값이 0이 되는 주파수점에서 전체 임피던스($Z = R + jX$)가 최소가 되고 $I = V_0/Z$로부터 전류는 최대가 된다. 이 때 회로는 공진(Resonance) 상태라고 말하며 공진 주파수는

$$X = \omega_0 L - \frac{1}{\omega_0 C} \tag{2-35}$$

으로부터

$$\omega_0 = \frac{1}{\sqrt{LC}}, \quad f_0 = \frac{1}{2\pi\sqrt{LC}} \tag{2-36}$$

가 된다. 주파수의 변화에 따른 임피던스의 크기는

$$Z = \sqrt{R^2 + X^2} \tag{2-37}$$

이므로 그림 2.12(b)를 고려하여 나타내면 그림 2.13(a)와 같다. 또한 전류는

$$I = \frac{V_0}{Z} = \frac{V_0}{\sqrt{R^2 + X^2}} \tag{2-38}$$

이므로 주파수의 변화에 따른 전류 특성은 그림 2.13(b)와 같다. 여기서 저항 R이 크다면 감쇠가 크므로 응답 곡선이 완만하지만 저항 R이 작아질수록 감쇠가 작아지므로 응답 곡선은 첨예해진다. 이와 같이 공진회로의 공진 특성은 저항값에도 의존한다.

한편 회로의 임피던스에 대한 위상각은

$$\theta = \tan^{-1}\frac{\omega L - \dfrac{1}{\omega C}}{R} \tag{2-39}$$

로서 주파수에 다른 임피던스각은 그림 2.13(c)와 같다.

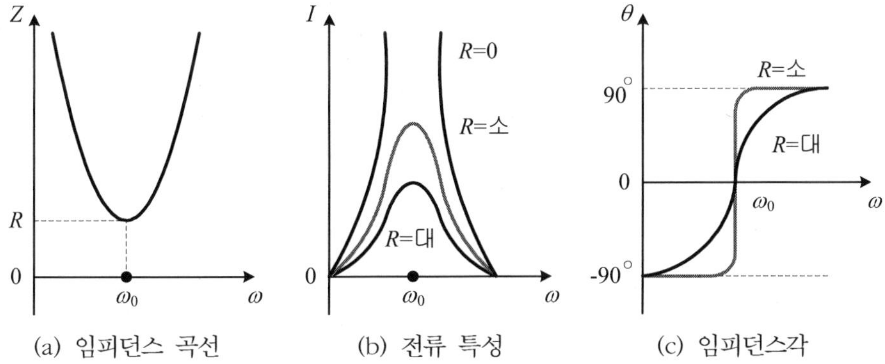

그림 2.13 직렬공진회로의 주파수에 따른 임피던스, 전류 및 임피던스각

예제 2.3

R-L-C 직렬 공진회로에서 인덕턴스가 1[μH]일 때, 주파수 91.9[MHz]에서 공진 현상이 일어났다. 가변 콘덴서의 용량을 구하여라.

풀이 공진 주파수의 식

$$f_0 = \frac{1}{2\pi\sqrt{LC}}$$

로부터

$$C = \frac{1}{4\pi^2 {f_0}^2 L} = \frac{1}{4\pi^2 \times (91.9 \times 10^6)^2 \times 1 \times 10^{-6}} = 3\ [\text{pF}]$$

2.6 공진회로의 해석과 만능 공진곡선

R-L-C 직렬 공진회로에서 전류는

$$I = \frac{V_0}{\boldsymbol{Z}} = V_0 \boldsymbol{Y} = \frac{V_0}{R + j\left(\omega L - \dfrac{1}{\omega C}\right)} \tag{2-40}$$

이고 공진시의 전류는

$$I_0 = \frac{V_0}{R} = V_0 Y_0 \tag{2-41}$$

이므로

$$\frac{I}{I_0} = \frac{Y}{Y_0} = \frac{R}{R + j\left(\omega L - \frac{1}{\omega C}\right)} = \frac{1}{1 + j\left(\frac{\omega L}{R} - \frac{1}{\omega RC}\right)} \tag{2-42}$$

의 정규화된 전류식(어드미턴스식)을 구할 수 있다. 공진 각주파수 ω_0라고 할 때 식(2-42)는 다음과 같이 고쳐 쓸 수 있다.

$$\frac{Y}{Y_0} = \frac{1}{1 + j\frac{\omega_0 L}{R}\left(\frac{\omega}{\omega_0} - \frac{1}{\omega\,\omega_0 LC}\right)} = \frac{1}{1 + j\frac{\omega_0 L}{R}\left(\frac{\omega}{\omega_0} - \frac{\omega_0}{\omega}\right)} \tag{2-43}$$

위의 식에서

$$\frac{\omega_0 L}{R} = \frac{\omega_0 L I^2}{R I^2} = \frac{Q}{P} \tag{2-44}$$

로서 유효 전력에 대한 무효 전력의 비를 정의하면 이것은 축적 에너지와 소모 에너지의 비에 관한 식이 된다. 공진회로에서는 이것을 **선택도 인자**(Quality Factor)라고 하며 다음과 같이 정의한다. 즉, R-L-C 직렬회로에서 공진시의 선택도 인자는

$$Q_0 = \frac{\omega_0 L}{R} = \frac{1}{\omega_0 RC} = \frac{1}{R}\sqrt{\frac{L}{C}} \tag{2-45}$$

이므로 식(2-43)을 다시 쓰면

$$\frac{Y}{Y_0} = \frac{1}{1 + j\,Q_0\left(\frac{\omega}{\omega_0} - \frac{\omega_0}{\omega}\right)} \tag{2-46}$$

가 된다. 이로부터 정규화된 어드미턴스의 크기와 위상각은 다음과 같이 표시된다.

$$\left|\frac{Y}{Y_0}\right| = \frac{1}{\sqrt{1 + Q_0^{\,2}\left(\frac{\omega}{\omega_0} - \frac{\omega_0}{\omega}\right)^2}} \tag{2-47}$$

$$\theta = -\tan^{-1}\left[Q_0\left(\frac{\omega}{\omega_0} - \frac{\omega_0}{\omega}\right)\right] \tag{2-48}$$

위의 두 식에서 알 수 있는 바와 같이 정규화된 어드미턴스의 크기나 위상각은 모두 Q_0의 함수로 표현된다. 즉, 회로의 특성은 선택도 인자에 달려 있다는 것을 의미하므로 Q_0는 회로의 특성을 결정짓는 파라미터로서 매우 중요하다. 주파수의 변화에 따른 정규화된 어드미턴스의 크기와 위상각을 그림 2.14에 나타냈다. 이로부터 알 수 있듯이 Q_0의 값이 클수록 응답이 첨예해지므로 Q_0가 크다는 것은 **선택도**(Selectivity)가 좋다는 것을 의미한다.

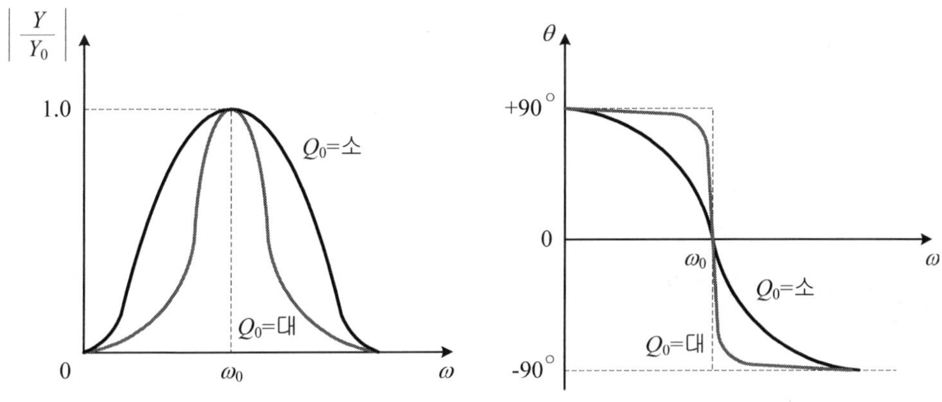

(a) 정규화 어드미턴스의 크기 (b) 정규화 어드미턴스의 위상각

그림 2.14 R-L-C 직렬 공진회로의 주파수응답

일반적으로 해석이 요구되는 회로상의 주파수대는 공진 주파수의 부근이다. 왜냐하면 반전력점을 벗어난 주파수대는 응답을 0으로 간주하기 때문에 굳이 해석할 필요가 없다. 그러므로 보다 구체적인 대역 부근의 해석을 위해 다음과 같이 공진 주파수와의 차($\omega - \omega_0$)를 공진주파수(ω_0)로 정규화시킨 파라미터를 도입한다. 이 파라미터는 차의 주파수를 높은 공진 주파수로 나눈 것이기 때문에 매우 작은 값이다. 즉,

$$\delta \equiv \frac{\omega - \omega_0}{\omega_0} = \frac{\omega}{\omega_0} - 1 \tag{2-49}$$

로서 정의된다. 그러므로 **정규화 주파수** μ는

$$\mu = \frac{\omega}{\omega_0} = \delta + 1 \tag{2-50}$$

이다. 그러므로 식(2 - 46)에서

$$\frac{\omega}{\omega_0} - \frac{\omega_0}{\omega} = \mu - \frac{1}{\mu} = \delta + 1 - \frac{1}{\delta + 1} \cong 2\delta \ (\because \ \delta \ll 1) \tag{2-51}$$

로 쓸 수 있으므로 식(2-46)의 정규화된 어드미턴스는

$$\frac{\boldsymbol{Y}}{Y_0} = \frac{1}{1 + j2Q_0\delta} \tag{2-52}$$

와 같이 간단화된다. 식(2-46)으로부터 식(2-47)과 식(2-48)의 정규화 어드미턴스의 크기 및 위상각을 구했듯이 식(2-52)로부터 정규화 어드미턴스의 크기 및 위상각을 표현하면 다음과 같다.

$$\left| \frac{Y}{Y_0} \right| = \frac{1}{\sqrt{1+(2Q_0\delta)^2}} \tag{2-53}$$

$$\theta = -\tan^{-1}(2Q_0\delta) \tag{2-54}$$

식(2-53)과 식(2-54)를 이용하여 $Q_0\delta$를 독립변수로 한 정규화 어드미턴스의 크기 및 위상각에 대한 곡선은 그림 2.15와 같다. 이 곡선은 Q_0의 값에 크게 의존하지 않고 거의 일정한 곡선을 나타내므로 이것을 **만능 공진곡선**(Universal Resonance Curve)이라고 한다. 여기서

$$Q_0\delta = \frac{\pm 1}{2} \tag{2-55}$$

에서 정규화 어드미턴스(정규화 전류값)가 $1/\sqrt{2}$ 배가 되므로 식(2-55)는 차단 주파수점이다. 따라서 고역 차단 주파수와 저역 차단 주파수는 각각

$$Q_0\delta_2 = \frac{1}{2}, \quad Q_0\delta_1 = -\frac{1}{2} \tag{2-56}$$

이므로

$$Q_0\frac{\omega_2-\omega_0}{\omega_0} = \frac{1}{2}, \quad Q_0\frac{\omega_1-\omega_0}{\omega_0} = -\frac{1}{2} \tag{2-57}$$

로부터 대역폭은

$$BW[\text{rad/sec}] = \omega_2 - \omega_1 = \frac{\omega_0}{Q_0} \tag{2-58}$$

또는

$$BW[\text{Hz}] = f_2 - f_1 = \frac{f_0}{Q_0} \tag{2-59}$$

이다.

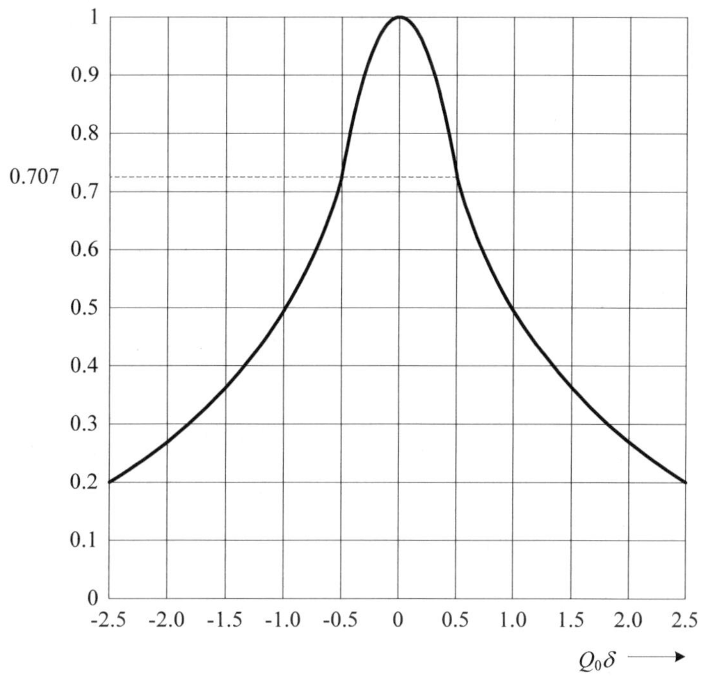

그림 2.15 진폭응답 만능 공진곡선

예제 2.4

저항값이 5[Ω], 인덕턴스가 10[mH], 커패시턴스가 2.2[μF]인 R-L-C 직렬 공진회로에서 공진 주파수 f_0[Hz], 선택도 인자 Q_0, 대역폭 BW [Hz]를 각각 구하여라.

풀이 공진 각주파수는

$$\omega_0 = \frac{1}{\sqrt{LC}} = \frac{1}{\sqrt{10 \times 10^{-3} \times 2.2 \times 10^{-6}}} = 6742[\text{rad/sec}]$$

이다. 그러므로 f_0는

$$f_0 = \frac{\omega_0}{2\pi} = \frac{6742}{2\pi} = 1073[\text{Hz}]$$

선택도 인자 Q_0는

$$Q_0 = \frac{\omega_0 L}{R} = \frac{6742 \times 10 \times 10^{-3}}{5} = 13.5$$

대역폭은 식(2-59)로부터

$$BW = f_0 / Q_0 = 1073/13.5 \cong 80[\text{Hz}]$$

2.7 선택도 인자, 차단 주파수, 대역폭

2.7.1 선택도 인자

에너지 축적소자의 품질을 평가할 때 코일이나 콘덴서는 순수한 코일이나 콘덴서로서 동작하지 못하고 실제로는 직렬 저항과 인덕턴스, 혹은 병렬 컨덕턴스와 캐퍼시턴스로 등가회로가 되는 경우가 대부분이다. 물론 코일의 내부 저항이 작거나 커패시터의 누설 컨덕턴스가 작을수록 양호한 품질을 나타낸다. 이와 같은 의미에서 저항에서 소모하는 에너지와 에너지 축적소자에서 축적하는 에너지의 비를 정의하는 것이 'Quality Factor'로서 등가적으로 R-L-C 직렬 공진회로의 경우에는 응답 특성이 이 요소에 달려 있기 때문에 **선택도 인자**(Selectivity Factor)라고도 한다.

앞에서의 개념적 정의에 따라 그림 2.12와 같은 R-L-C 직렬 공진회로의 선택도 인자를 구해보자. 교류 신호에 대해 1개 주기별로 에너지의 축적이나 방출이 이루어지므로 직렬 공진회로의 선택도 인자 Q_{0S}는 다음과 같이 정의할 수 있다.

$$Q_{0S} = K\frac{\text{최대 축적 에너지}}{\text{1주기당 소모 에너지}}$$

$$= K\frac{LI^2}{RI^2\,T} = K\frac{Lf_0}{R} \tag{2-60}$$

여기서 I는 공진시의 전류이고 T는 공진 주파수의 주기이다. K는 상수로서 리액턴스의 차원을 맞추기 위해 2π로 놓는다면 위의 식은

$$Q_{0S} = \frac{2\pi f_0 L}{R} = \frac{\omega_0 L}{R} \tag{2-61}$$

이 된다. 한편 커패시턴스를 이용한 선택도 인자는 식(2-60)에서

$$Q_{0S} = 2\pi\frac{C{V_C}^2}{RI^2T} = 2\pi\frac{C\left(\dfrac{I}{\omega_0 C}\right)^2}{RI^2T} \tag{2-62}$$

$$= 2\pi\frac{1}{(2\pi f_0)^2RC\times\dfrac{1}{f_0}} = \frac{1}{\omega_0 RC}$$

와 같이 구할 수 있다. 이 식에 공진 주파수를 대입하면 식(2-45)와 같이 R, L, C에 의한 직렬 공진회로의 선택도 인자를 구할 수 있다.

한편 그림 2.16과 같은 병렬 공진회로에서 선택도 인자는 어떻게 정의되는지 살펴 보자.

병렬 공진회로에서도 식(2-60)과 같은 정의를 이용할 수 있다. 즉, 병렬 공진회로의 선택도 인자 Q_{0P}는

$$Q_{0P} = K\frac{\text{최대 축적 에너지}}{\text{1주기당 소모 에너지}}$$

$$= K\frac{CV^2}{GV^2\,T} = K\frac{Cf_0}{G} \tag{2-63}$$

여기서 V는 공진시의 전압이고 K는 상수로서 서셉턴스의 차원을 맞추기 위해 2π로 놓는다면 위의 식은

$$Q_{0P} = \frac{2\pi f_0 C}{G} = \frac{\omega_0 C}{G} = \omega_0 RC \tag{2-64}$$

가 된다. 한편 인덕턴스를 이용한 병렬 공진회로의 선택도 인자는 식(2-63)에서

$$Q_{0P} = 2\pi\frac{L I_L^{\,2}}{GV^2\,T} = 2\pi\frac{L\left(\dfrac{V}{\omega_0 L}\right)^2}{GV^2\,T} \tag{2-65}$$

$$= 2\pi\frac{1}{(2\pi f_0)^2\,GL\times\dfrac{1}{f_0}} = \frac{R}{\omega_0 L}$$

와 같이 구할 수 있다.

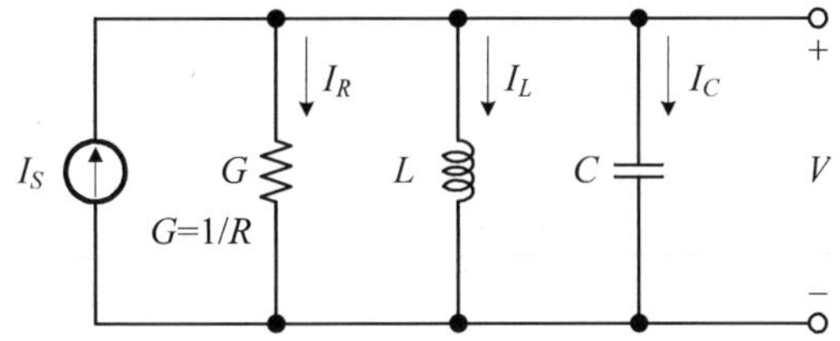

그림 2.16 병렬 공진회로의 선택도 인자

2.7.2 차단 주파수와 대역폭

차단 주파수는 최고 전력의 반이 되는 반전력점의 주파수이므로 전류의 차원(혹은 정규화 어드미턴스)에서는 0.707배가 되는 점이다. 그러므로 고역 차단 주파수를 ω_2, 저역 차단 주파수를 ω_1이라고 할 때 식(2-47)로부터

$$\frac{\omega_2}{\omega_0} - \frac{\omega_0}{\omega_2} = \frac{+1}{Q_0} \tag{2-66}$$

$$\frac{\omega_1}{\omega_0} - \frac{\omega_0}{\omega_1} = \frac{-1}{Q_0} \tag{2-67}$$

의 식이 성립한다. 여기서 식(2-66)과 식(2-67)을 합하여 정리하면

$$\omega_1 \omega_2 = \omega_0{}^2 \tag{2-68}$$

의 관계식을 얻을 수 있고 식(2-66)에서 식(2-67)을 빼고 정리한 후 식(2-68)을 이용하면

$$BW = \Delta\omega = \omega_2 - \omega_1 = \frac{\omega_0}{Q_0}\ [\mathrm{rad/sec}] \tag{2-69}$$

의 식을 얻을 수 있다. 위 식은 고역 차단 주파수와 저역 차단 주파수의 차로서 **대역폭**(Bandwidth)이 된다. 대역폭은 **반전력대폭**(半電力帶幅)이라고도 한다. 식(2-69)로부터 중심 주파수에 대한 대역폭의 비를 **비대역폭**(比帶域幅, Fractional Bandwidth)이라고 하며 다음과 같이 정의한다.

$$\frac{\Delta\omega}{\omega_0} = \frac{1}{Q_0}, \quad \frac{\Delta f}{f_0} = \frac{1}{Q_0} \tag{2-70}$$

비대역폭은 특히 통신 분야에서 중요한 파라미터로 단순히 대역폭의 크기에 따라 **광대역성**(Wide Band)과 **협대역성**(Narrow Band)을 구분하지 않고 비대역폭으로 구분한다. 즉, 대역폭이 10[kHz]라고 하더라도 중심 주파수가 100[kHz]라면 비대역폭이 0.1이 되지만 대역폭이 50[kHz]로서 보다 넓더라도 중심 주파수가 10[MHz]라면 비대역폭은 0.005로서 협대역에 해당된다. 이와 같이 비대역폭은 통신 시스템의 주파수 천이시에 특히 중요한 파라미터이다.

다음으로 식(2-68)과 식(2-69)를 이용하여 고역 차단 주파수와 저역 차단 주파수를 구해보자. 식(2-69)를 식(2-68)에 대입하여 정리하면

$$\omega_1{}^2 + 2\frac{\omega_0}{2Q_0}\omega_1 - \omega_0{}^2 = 0 \tag{2-71}$$

와 같다. 근의 공식을 이용하여 ω_1을 구하면

$$\omega_1 = \frac{-\omega_0}{2Q_0} + \sqrt{\left(\frac{\omega_0}{2Q_0}\right)^2 + \omega_0{}^2} \tag{2-72}$$

로서 저역 차단 주파수가 된다. 식(2-72)를 식(2-69)에 대입하여 정리하면

$$\omega_2 = \frac{\omega_0}{2Q_0} + \sqrt{\left(\frac{\omega_0}{2Q_0}\right)^2 + \omega_0{}^2} \tag{2-73}$$

와 같이 고역 차단 주파수를 구할 수 있다. 그러나 위와 같은 방법으로 해를 구하는 것보다 공진 주파수가 대역의 거의 중앙에 위치한다는 것에 착안한다면 다음의 식을 이용하여 구하면 더욱 간단하다.

$$\omega_1 = \omega_0 - \frac{\Delta\omega}{2}, \quad \omega_2 = \omega_0 + \frac{\Delta\omega}{2} \tag{2-74}$$

단, 위의 식은 $Q_0 \gg 1$인 조건하에서만 유효하다.

예제 2.5

저항 $R = 20[\Omega]$, 인덕턴스 $L = 1[\mathrm{mH}]$인 직렬회로에 가변용량기(Variable Condenser)가 직렬로 연결되어 있다. 주파수 1[MHz]에서 공진 현상이 발생했을 때 다음을 각각 구하여라. (a) 커패시턴스, (b) 선택도 인자, (c) 대역폭, (d) 비대역폭, (e) 고역 차단 주파수, (f) 저역 차단 주파수.

풀이 (a) 공진 주파수와 L, C의 관계는

$$\omega_0 = \frac{1}{\sqrt{LC}}$$

이므로

$$C = \frac{1}{(2\pi f_0)^2 L} = \frac{1}{\sqrt{(2\pi \times 1 \times 10^6)^2 \times 1 \times 10^{-3}}} = 5[\mu\mathrm{F}]$$

(b) 선택도 인자 Q_0는

$$Q_0 = \frac{\omega_0 L}{R} = \frac{2\pi \times 1 \times 10^6 \times 10^{-3}}{20} = 314$$

(c) 대역폭 $BW[\mathrm{Hz}]$는

$$BW = \frac{f_0}{Q_0} = \frac{1 \times 10^6}{314} \cong 3.185[\mathrm{kHz}]$$

(d) 비대역폭

$$\frac{\Delta f}{f_0} = \frac{1}{Q_0} = \frac{1}{314} = 0.00318$$

(e) 고역 차단 주파수는 Q_0가 314로서 $Q_0 \gg 1$이기 때문에 식(2-74)를 이용하면

$$f_2 \cong f_0 + \frac{\Delta f}{2} = 10^6 + \frac{3185}{2} = 1001.592[\mathrm{kHz}]$$

(f) 저역 차단 주파수는

$$f_1 \cong f_0 - \frac{\Delta f}{2} = 10^6 - \frac{3185}{2} = 998.408[\text{kHz}]$$ ↵

2.8 직렬 공진회로의 전압응답

R-L-C 직렬 공진회로에서 공진시에는 전류값 I_0는 최대가 되므로 저항단의 전압이 최대가 된다. 이때의 전압을 V_0라고 할 때,

$$I_0 = \frac{V_0}{R} \tag{2-75}$$

가 된다. 그러므로 공진시의 코일이나 콘덴서 양단의 전압 V_L과 V_C는 각각

$$V_L = j\omega_0 L I_0 = \frac{j\omega_0 L V_0}{R} = jQ_0 V_0 \tag{2-76}$$

$$V_C = \frac{I_0}{j\omega_0 C} = \frac{V_0}{j\omega_0 CR} = -jQ_0 V_0 \tag{2-77}$$

이므로 다음과 같은 식이 성립한다. 즉,

$$V_L = -V_C = jQ_0 V_0 \text{ 또는 } |V_L| = |V_C| = Q_0 V_0 \tag{2-78}$$

이므로 공진시 코일이나 콘덴서 양단의 전압은 저항단 전압의 Q_0배가 된다. 즉, 코일의 양단에 나타나는 전압은 콘덴서 전압의 위상과 역위상(180° 위상차)이며 회로의 선택도 인자가 클수록 저항단 전압에 비례적으로 커진다. 예로서 Q_0가 100이라면 코일이나 콘덴서의 전압은 저항단 전압의 100배가 된다.

다음으로 리액턴스의 변화에 따른 코일이나 콘덴서의 전압에 대한 응답 특성을 살펴보자. 앞에서 살펴본 것은 주파수의 변화에 따른 응답으로서 코일이나 콘덴서의 리액턴스가 동시에 변화하였다. 그러나 여기서는 코일이나 콘덴서의 인덕턴스나 커패시턴스를 직접 가변시키는 것으로서 해석을 달리 해야 한다. 즉, 유도성 리액턴스와 용량성 리액턴스의 변화에서 나머지 하나는 상수로 해석된다. 이 해석은 통신 시스템에서 수신 시스템의 해석과 설계시에 매우 중요하다.

R-L-C 직렬 회로에서 전류의 크기는 식(2-38)로부터

$$I = \frac{V}{Z} = \frac{V}{\sqrt{R^2 + X^2}} = \frac{V}{\sqrt{R^2 + (X_L + X_C)^2}} \tag{2-79}$$

이다. 여기서 V는 입력전압의 크기이다. 그러므로 코일과 콘덴서 양단의 전압의 크기는 각각 다음과 같이 표현된다.

$$V_L = IX_L = \frac{VX_L}{\sqrt{R^2 + (X_L + X_C)^2}} \tag{2-80}$$

$$V_C = IX_C = \frac{VX_C}{\sqrt{R^2 + (X_L + X_C)^2}} \tag{2-81}$$

그러므로 L의 변화에 따른 코일의 최대 전압점은

$$\frac{dV_L}{dX_L} = 0 \tag{2-82}$$

에서 존재하므로

$$\frac{dV_L}{dX_L} = V\frac{[R^2+(X_L+X_C)^2]^{1/2} - 1/2\,X_L[R^2+(X_L+X_C)^2]^{-1/2}\cdot 2(X_L+X_C)}{[R^2+(X_L+X_C)^2]^{1/2}} = 0$$

로부터

$$X_L = -\frac{R^2 + X_C{}^2}{X_C} = -X_C + \frac{R^2}{|X_C|} \quad (\because\ X_C < 0) \tag{2-83}$$

가 된다. 여기서 $X_L = -X_C$가 되는 점이 공진점이므로 코일 양단의 최대 전압은 이 공진점보다 높은 곳에서 나타난다. 이때의 인덕턴스는 식(2-83)으로부터

$$L = C\times(R^2 + X_C{}^2) \tag{2-84}$$

이다. L의 변화에 따른 정규화된 진폭 응답 특성은 그림 2.17과 같다.

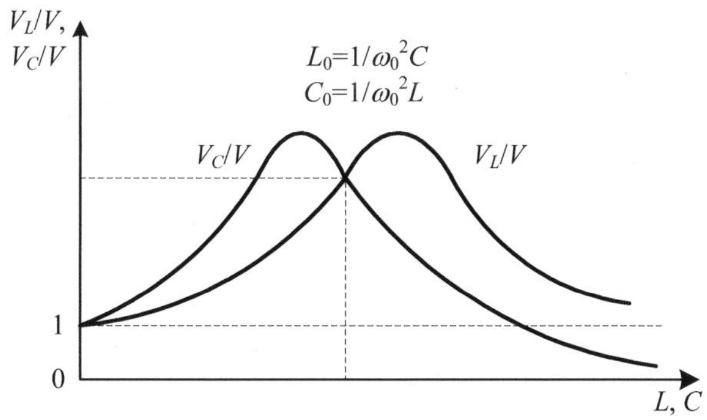

그림 2.17 L과 C의 가변에 의한 진폭응답 곡선

한편 코일이 고정된 상태에서 콘덴서를 가변시킬 때 콘덴서 양단의 전압은 식(2-82)와 같은 조건하에서 구할 수 있으므로 앞에서와 같은 방법에 의해

$$X_C = -\frac{R^2 + X_L{}^2}{X_L} = -X_L - \frac{R^2}{X_L}(\because\ X_L > 0) \tag{2-85}$$

에서 최대 전압이 나타나며 $X_C = -X_L$이 공진점이고 $|X_C| = X_L + R_2/X_L$에서 최대 전압이 나타난다. 여기서 $|X_C| = 1/\omega C$로서 커패시턴스 C에 반비례하므로 공진시의 커패시턴스 C_0보다 낮은 값에서 최대 전압이 나타난다. 이때의 커패시턴스는

$$C = \frac{L}{R^2 + X_L{}^2} \tag{2-86}$$

이다. 커패시턴스의 변화에 따른 정규화된 진폭응답 특성을 코일에서와 함께 그림 2.17에 나타냈다.

예제 2.6

예제 2.5에서 입력전압이 1[mV]이고 신호원의 주파수는 공진 주파수점에 고정되어 있다면 다음을 각각 구하여라.

(a) 공진시 콘덴서 전압의 크기

(b) 가변 콘덴서의 가변시 콘덴서에 걸리는 최대 전압

(c) 콘덴서에 최대 전압이 나타날 때 코일의 전압

풀이 (a) 공진시 콘덴서 전압의 크기는 입력전압의 Q_0배가 되므로

$$|V_C| = Q_0 V_0 = 314 \times 1 = 314[\text{mV}]$$

(b) 가변 콘덴서의 가변시 콘덴서에 걸리는 최대 전압은 식(2-85)가 만족될 때에 발생한다. 그러므로 식(2-85)를 식(2-81)에 대입하면

$$|V_C|_{\max} = \frac{V \times |X_C|}{[R^2 + (X_L + X_C)^2]^{1/2}} = \frac{V \times (R^2 + X_L{}^2) \times \dfrac{1}{X_L}}{\left[R^2 + \left(\dfrac{R^2}{X_L}\right)^2\right]^{1/2}}$$

이다. 여기서 X_L은 공진시의 코일에 대한 리액턴스이므로

$$X_L = \omega_0 L = 2\pi \times 1 \times 10^6 \times 1 \times 10^{-3} = 6283.2[\Omega]$$

이것과 입력전압 및 저항값을 식에 대입하면

$$|V_C|_{max} = \frac{1\times(20^2+6283.2^2)\times\dfrac{1}{6283.2}}{\left[20^2+\left(\dfrac{20^2}{6283.2}\right)^2\right]^{1/2}} = 314.2[\text{mV}]$$

(c) 콘덴서에 최대 전압이 나타날 때 커패시턴스는 식(2-86)으로부터

$$C = \frac{L}{R^2+{X_L}^2} = \frac{1\times 10^{-3}}{20^2+6283.2^2} = 25.33[\text{pF}]$$

그러므로 용량성 리액턴스는

$$X_C = \frac{-1}{2\pi\times 1\times 10^6\times 25.33\times 10^{-12}} = -6283.26[\Omega]$$

이다. X_L과 위의 X_C를 식(2-80)에 대입하면

$$|V_L| = \frac{VX_L}{[R^2+(X_L+X_C)^2]^{1/2}}$$

$$= \frac{1\times 6283.2}{[20^2+(6283.2-6283.26)^2]^{1/2}} = 314.1[\text{mV}]$$

2.9 병렬 공진회로

2.9.1 R-L-C 병렬 공진회로

R-L-C 병렬 회로에서 주파수 가변의 전류원에 대한 회로의 전압 특성에 대해 살펴보자. 그림 2.18(a)와 같은 R-L-C 병렬회로에서 전원의 전류가 I_0로서 일정하고 주파수가 가변일 때 정상 상태에서 회로의 전압응답 특성을 살펴보자. 회로의 복소 어드미턴스는

$$Y = G+j\omega C+\frac{1}{j\omega L} = G+j(B_C+B_L) = G+jB \tag{2-87}$$

여기서 용량성 서셉턴스와 유도성 서셉턴스 및 전체 서셉턴스는 각각

$$B_C = \omega C,\quad B_L = \frac{-1}{\omega L},\quad B = B_C+B_L \tag{2-88}$$

이다. 주파수의 변화에 따른 서셉턴스 곡선을 그림 2.18(b)에 나타냈다.

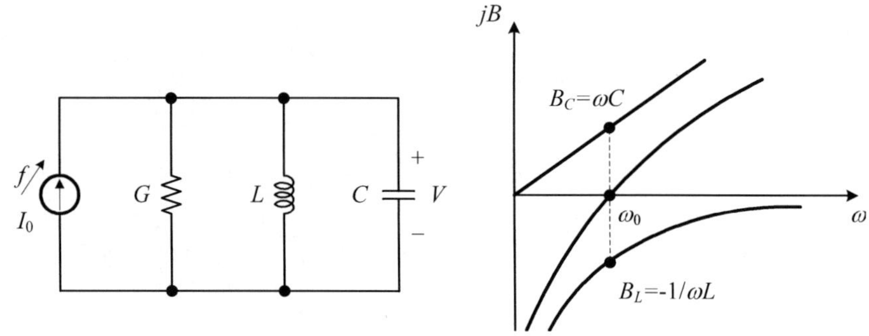

(a) R-L-C 병렬 공진회로 (b) R-L-C 병렬회로의 서셉턴스 곡선

그림 2.18 R-L-C 병렬 공진회로와 서셉턴스 곡선

그림에서 B의 값이 0이 되는 주파수점에서 전체 어드미턴스($Y=G+jB$)가 최소가 되고 $V=I_0/Y$로부터 최대 전압이 된다. 이 때 회로는 **병렬 공진**(Parallel Resonance) 상태라고 말하며 한편 **반공진**(Anti-resonance)이라고도 한다. 또한 병렬 공진회로의 공진 주파수는 반공진 주파수라고 한다. 그림 2.18(b)로부터 서셉턴스가 0이 되는 점이 반공진점으로서

$$B=\omega_0 C-\frac{1}{\omega_0 L}=0 \tag{2-89}$$

으로부터

$$\omega_0=\frac{1}{\sqrt{LC}},\quad f_0=\frac{1}{2\pi\sqrt{LC}} \tag{2-90}$$

가 된다. 주파수의 변화에 따른 어드미턴스의 크기는

$$Y=\sqrt{G^2+B^2} \tag{2-91}$$

이므로 그림 2.18(b)를 고려하여 그림으로 나타내면 그림 2.19(a)와 같다. 또한 전압은

$$V=\frac{I_0}{Y}=\frac{I_0}{\sqrt{G^2+B^2}} \tag{2-92}$$

이므로 주파수의 변화에 따른 전압 특성은 그림 2.19(b)와 같다. 여기서 컨덕턴스 G가 크다면 측로로 흐르는 전류가 증대하여 응답 곡선이 완만하지만 컨덕턴스 G가 작아질수록 에너지는 L과 C로 흐르게 되어 응답 곡선은 첨예해진다. 이와 같이 병렬 공진회로의 반공진 특성은 컨덕턴스에 크게 의존한다.

한편 회로의 어드미턴스에 대한 위상각은

$$\theta = \tan^{-1}\frac{\omega C - \dfrac{1}{\omega L}}{G} \tag{2-93}$$

로서 주파수에 따른 어드미턴스각은 그림 2.19(c)와 같다.

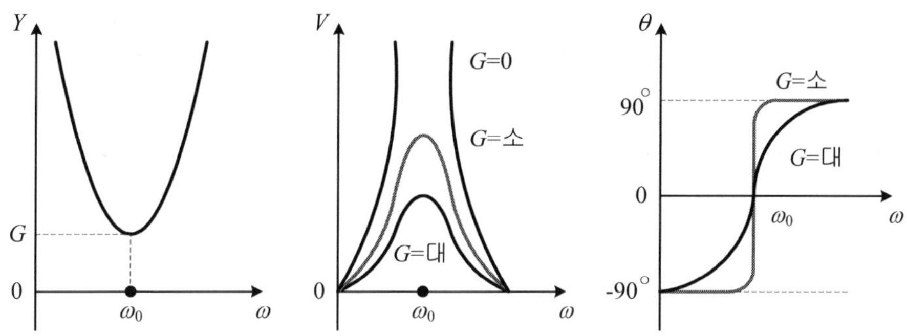

(a) 어드미턴스 곡선 (b) 전압 특성 (c) 어드미턴스각

그림 2.19 병렬공진회로의 주파수에 따른 어드미턴스, 전압 및 어드미턴스각

R-L-C 병렬 공진회로에서 전압은

$$V = \frac{I_0}{\boldsymbol{Y}} = I_0\boldsymbol{Z} = \frac{I_0}{G + j\left(\omega C - \dfrac{1}{\omega L}\right)} \tag{2-94}$$

이고 공진시의 전압은

$$V_0 = \frac{I_0}{G} = RI_0\,, \quad \left(R = \frac{1}{G}\right) \tag{2-95}$$

이므로

$$\frac{\boldsymbol{V}}{V_0} = \frac{\boldsymbol{Z}}{Z_0} = \frac{G}{G + j\left(\omega C - \dfrac{1}{\omega L}\right)} = \frac{1}{1 + j\left[\dfrac{\omega C}{G} - \dfrac{1}{\omega GL}\right]} \tag{2-96}$$

의 정규화된 전압식(임피던스식)을 구할 수 있다. 반공진(각) 주파수 ω_0라고 할 때 식(2-96)은 다음과 같이 고쳐 쓸 수 있다.

$$\frac{\boldsymbol{Z}}{Z_0} = \frac{1}{1 + j\dfrac{\omega_0 C}{G}\left[\dfrac{\omega}{\omega_0} - \dfrac{\omega_0}{\omega}\right]} \tag{2-97}$$

식(2-64)와 같은 병렬 공진회로의 선택도 인자 Q_0P를 도입하여 위의 식을 다시 쓰면

$$\frac{Z}{Z_0} = \frac{1}{1 + jQ_{0P}\left[\frac{\omega}{\omega_0} - \frac{\omega_0}{\omega}\right]} \tag{2-98}$$

가 된다. 직렬 공진회로에서와 마찬가지의 방법으로 식(2-49)의 정규화 파라미터를 도입하여 정리하면

$$\frac{Z}{Z_0} = \frac{1}{1 + j2Q_{0P}\delta} \tag{2-99}$$

와 같이 간략화된다. 그러므로 정규화 임피던스의 크기 및 위상각을 표현하면 다음과 같다. 이것은 전압에 대한 정규화 곡선과 같다.

$$\left|\frac{Z}{Z_0}\right| = \frac{1}{\sqrt{1 + (2Q_{0P}\delta)^2}} \tag{2-100}$$

$$\theta = -\tan^{-1}(2Q_{0P}\delta) \tag{2-101}$$

2.9.2 L-C 병렬 공진회로(탱크회로)

지금까지는 주어진 병렬 공진회로에 대해 직접적인 해석을 했지만 일반적인 병렬 공진회로는 그림 2.20(a)와 같이 코일단의 회로에 저항이 직렬로 연결된 회로가 대부분이다. 이것을 **탱크회로**(Tank Circuit)라고 한다. 이것은 신호원으로부터 에너지가 L-C 병렬회로의 에너지 저장소(Tank)에 비축된다는 의미에서 온 용어이다.

탱크회로에서 순수한 인덕턴스를 가지는 코일이나 순수한 커패시턴스를 가지는 콘덴서는 실제의 시스템에서 실현할 수 없기 때문에 대부분의 탱크회로는 그림 2.20(a)와 같이 그릴 수 있다. 즉, R-L 직렬단에서 내부 저항 R은 작은 값을 가지며 이때 코일단의 선택도 인자 Q_0는 아래와 같이 된다.

$$Q_0 = \frac{\omega_0 L}{R} \quad (Q_0 \gg 1) \tag{2-102}$$

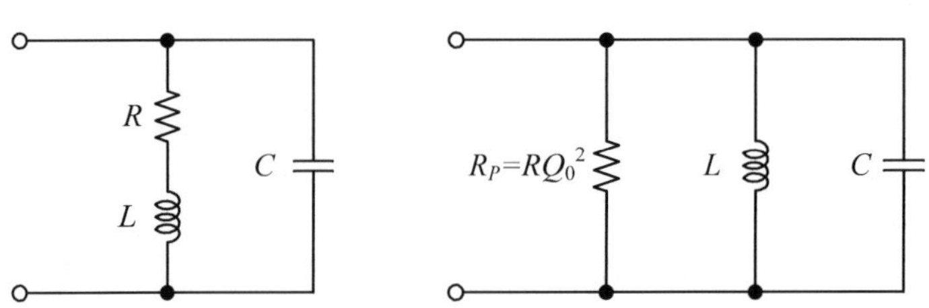

(a) L-C 병렬 공진회로 (b) 등가 R-L-C 병렬 공진회로

그림 2.20 L-C 병렬 공진회로와 등가회로

그림 2.20(a)의 탱크회로의 R-L 직렬단에 대한 공진점 부근에서의 어드미턴스를 구해 보자. 어드미턴스는 임피던스의 역으로 나타내지므로

$$\boldsymbol{Y}_{\mathrm{R-L}} = \frac{1}{\boldsymbol{Z}_{\mathrm{R-L}}} = \frac{1}{R + j\omega_0 L} \tag{2-103}$$

$$= \frac{R}{R^2 + {\omega_0}^2 L^2} - j\frac{\omega_0 L}{R^2 + {\omega_0}^2 L^2}$$

로 표현할 수 있다. 식(2-102)를 이용하여 식(2-103)을 다시 표현하면

$$\boldsymbol{Y}_{\mathrm{R-L}} = \frac{\frac{1}{R}}{1 + {Q_0}^2} + \frac{\frac{1}{j\omega_0 L}}{\frac{1}{{Q_0}^2} + 1} \cong \frac{1}{R{Q_0}^2} + \frac{1}{j\omega_0 L} \tag{2-104}$$

가 된다. 그러므로 등가적으로 그림 2.20(b)와 같은 회로로 나타낼 수 있다. 그러므로 반공진 주파수는 R-L-C 병렬 공진회로의 반공진 주파수 식(2-90)과 동일하다. 또한 공진시의 임피던스는

$$Z_0 = R_P = R{Q_0}^2 \tag{2-105}$$

로서 매우 큰 값을 가진다. 이 식에 식(2-102)를 대입하면

$$Z_0 = RQ_0\frac{\omega_0 L}{R} = Q_0\sqrt{\frac{L}{C}} \tag{2-106}$$

로서 C의 값에도 의존한다. 그림 2.20(b)의 병렬 공진회로에 대한 선택도 인자는 식(2-64)에 의해

$$Q_{0P} = \frac{\omega_0 C}{G_P} = \frac{R_P}{\omega_0 L} = \frac{{Q_0}^2}{\frac{\omega_0 L}{R}} = Q_0 \tag{2-107}$$

가 되므로 R-L 직렬 회로의 선택도 인자와 같다. 위의 식에서 알 수 있는 바와 같이 저항 R이 작아질수록 병렬저항 R_P는 커진다.

직렬 공진회로에서 공진시 코일이나 콘덴서의 전압이 Q_0배가 되었듯이 병렬 공진회로에서는 반공진시 코일이나 콘덴서의 전류가 Q_{0P}배가 되어 큰 자기 에너지가 코일에 축적된다. 그러므로 결합회로를 통해 이 신호를 2차측에서 취하여 수신 시스템에 이용한다.

2.9.3 병렬 공진회로의 구동

앞에서 기술한 탱크 회로에 그림 2.21과 같이 내부 저항 R_S를 가지는 전압원을 가했을 때의 응답 특성을 살펴보자.

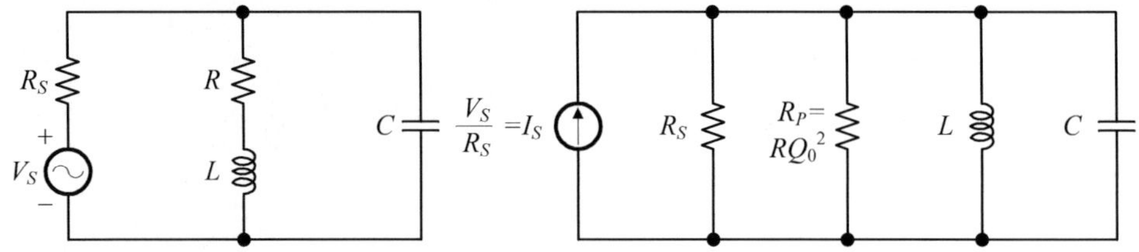

(a) L-C 병렬 공진회로와 전압원 (b) 등가회로

그림 2.21 병렬 공진회로와 구동 전원

그림 2.21(a)의 전압원은 그림 2.21(b)와 같이 등가적으로 변환된다. 그러므로 전류원 I_S는

$$I_S = \frac{\boldsymbol{V_S}}{R_S} \tag{2-108}$$

로 나타낼 수 있으며 그림 2.21(b)의 등가 병렬저항 R_T는

$$R_T = R_S // RQ_0^{\,2} \tag{2-109}$$

가 된다. 그러므로 공진시 탱크회로의 커패시터 양단에 대한 전압 V_C는

$$V_C = Z|_{max} \times \boldsymbol{I_S} = R_S \times \frac{RQ_0^{\,2}}{R_S + RQ_0^{\,2}} \times \frac{V_S}{R_S} = \frac{RQ_0^{\,2} V_S}{R_S + RQ_0^{\,2}} \tag{2-110}$$

로 R_S가 커질수록 V_C는 감소한다. 그러나 식(2-109)에서 R_S가 커지면 R_T도 증가하므로 공진 특성(선택성)이 좋아진다. 한편 R_S가 0이면 식(2.110)으로부터 $V_C = V_S$가 되어 주파수 선택성이 전혀 없다.

위의 사실을 정리하면 아래와 같다.

- □ 내부 저항이 작은 전원에 대한 주파수 선택성은 직렬 공진회로를 이용하여 높일 수 있다.
- □ 내부 저항이 큰 전원에 대해서는 병렬 공진회로를 이용하여 주파수 선택성을 증가시킨다.

2.10 직병렬 공진회로

코일과 콘덴서가 상호간에 직렬이나, 혹은 병렬로 연결된 형태의 회로에서는 주파수의 변동에 따라 공진(Resonance)과 반공진(Anti-resonance)이 교대로 나타난다. 이러한 경우의 공진을 **다중 공진**(Multiple Resonance)이라고 하며 어느 주파수에서 공진이 일어나면 이웃하는 주파수에서는 반공진이 일어나기 때문에 인접하는 주파수대의 신호를 제거하는 데 유용하다. 이러한 목적으로 이용되는 회로를 **동조회로**(Tuning Circuit)라고 한다. 예를 들어서 그림 2.22(a)와 같이 C1과 C2가 가변일 경우의 공진 주파수와 반공진 주파수 및 출력 전압 특성을 살펴보자.

그림 2.22(a)에 주어진 직병렬회로의 리액턴스단에 대한 임피던스를 구해 보자.

$$\boldsymbol{Z} = \frac{1}{j\omega C_1} + \frac{j\omega L_2 \times \dfrac{1}{j\omega C_2}}{j\omega L_2 + \dfrac{1}{j\omega C_2}} = -j\frac{1-\omega^2(L_2C_1+L_2C_2)}{\omega C_2(1-\omega^2 L_2 C_2)} \tag{2-111}$$

여기서 분자항이 0일 때 임피던스는 최소가 되어 전류는 최대가 되며(영점), 이때의 주파수가 공진 주파수가 된다. 즉, 공진 주파수는

$$\omega_1 = \frac{1}{\sqrt{L_2C_1+L_2C_2}} \tag{2-112}$$

이다. 한편 분모항이 0이 되면 임피던스가 무한대가 되어(극점) 전류는 0이 된다. 이것이 반공진 주파수로서 다음과 같다.

$$\omega_0 = 0 \tag{2-113}$$

$$\omega_2 = \frac{1}{\sqrt{L_2C_2}} \tag{2-114}$$

여기서 ω_0는 응답이 0이 되지만 반공진 주파수는 일반적으로 ω_2만을 일컫는다. 공진시의 출력 전압은 리액턴스단이 0이 되어 입력전압과 같다. 또한 반공진시에는 리액턴스가 무한대가 되어 부하단에 전류가 흐르지 못하므로 전압은 0이다. 이러한 출력전압 특성을 정규화된 전압으로서 그림 2.22(b)에 나타냈다.

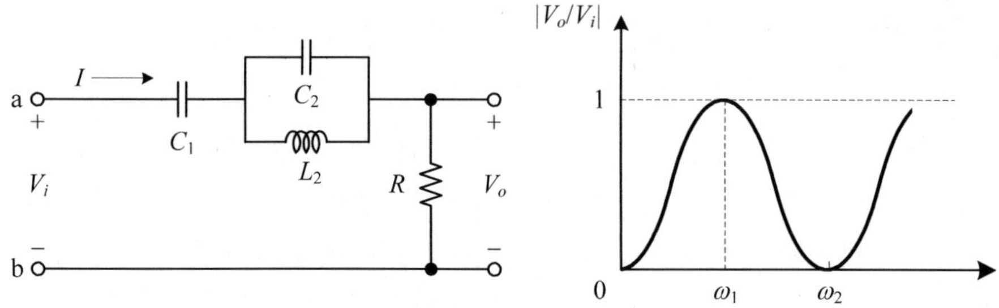

(a) 직병렬 동조회로 (b) 출력전압 특성

그림 2.22 직병렬 동조회로와 출력전압 특성

주파수의 변화에 따른 리액턴스 곡선을 그리면 용이하게 공진 주파수와 반공진주파수를 구할 수 있다. 예를 들어서 그림 2.23(a)와 같은 직병렬회로의 경우, c-d 단에 대한 리액턴스 곡선 X_{cd}를 구한 후, 이것의 역수로서 서셉턴스 B_{cd}를 구하고 e-f 단의 서셉턴스 B_{ef}와 더하여 전체 서셉턴스 B_{eb}를 구한다. 다음으로 서셉턴스의 역수로서 전체 리액턴스 X_{ab}를 구한다.

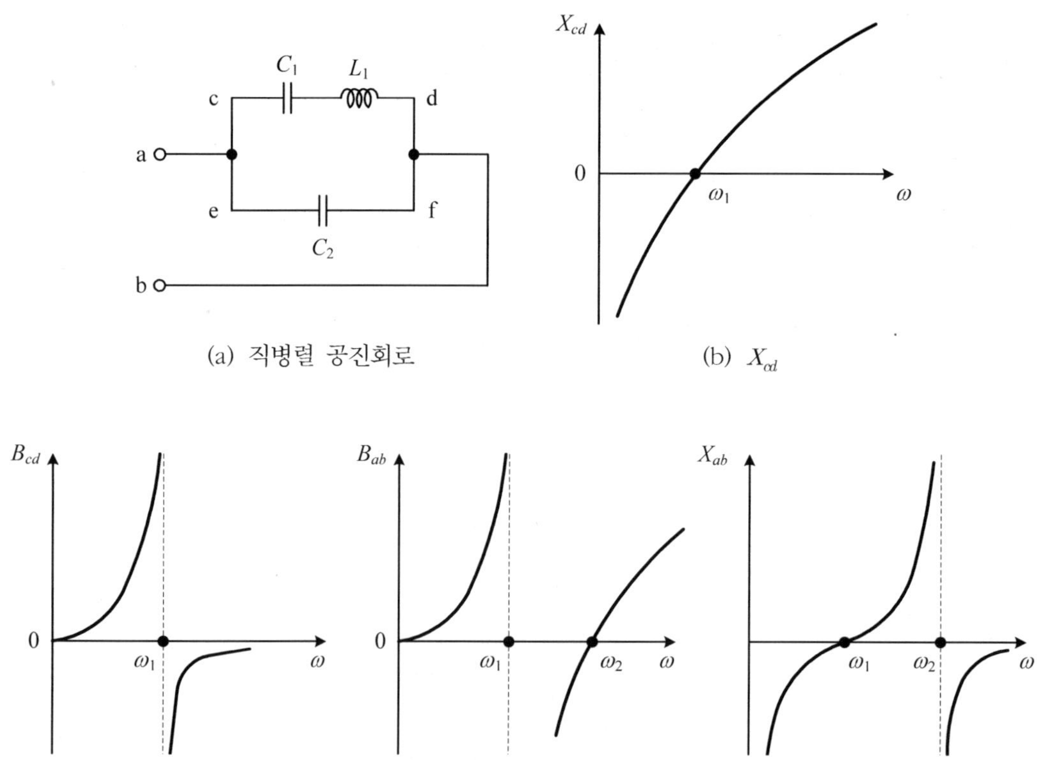

(a) 직병렬 공진회로 (b) X_{cd}

(c) B_{cd} (d) B_{ab} (e) X_{ab}

그림 2.23 직병렬 공지회로(2)와 리액턴스(서셉턴스) 곡선

그림 2.23(b)로부터 직렬 공진 주파수는

$$\omega_1 = \frac{1}{\sqrt{L_1 C_1}} \tag{2-115}$$

이며 반공진 주파수는 코일 L_1에 대해 콘덴서 C_1 및 C_2가 직렬로 연결된 형태를 취하므로 코일 L_1에 대한 등가 커패시턴스는

$$C_E = \frac{C_1 C_2}{C_1 + C_2} \tag{2-116}$$

이다. 그러므로 병렬공진 주파수(반공진 주파수)는

$$\omega_2 = \frac{1}{\sqrt{\dfrac{L_1 C_1 C_2}{C_1 + C_2}}} \tag{2-117}$$

연습문제

2.1 그림 2.24에서 커패시터가 가변일 때 회로의 임피던스에 관한 원선도를 그려라.

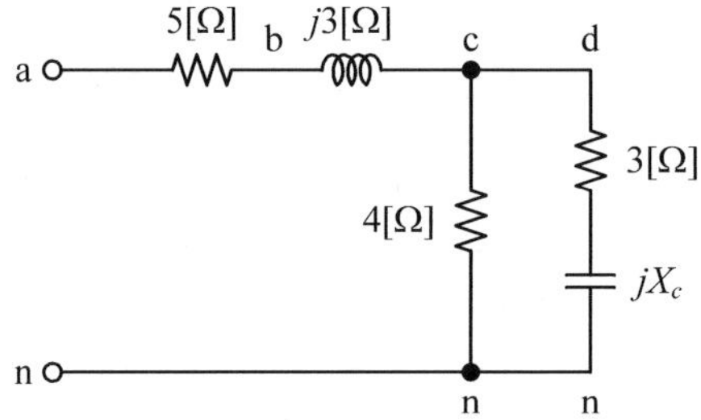

그림 2.24 문제 2.1의 회로

2.2 그림 2.25에서 출력에 대한 주파수 특성을 그리고 차단 주파수를 구하여라.

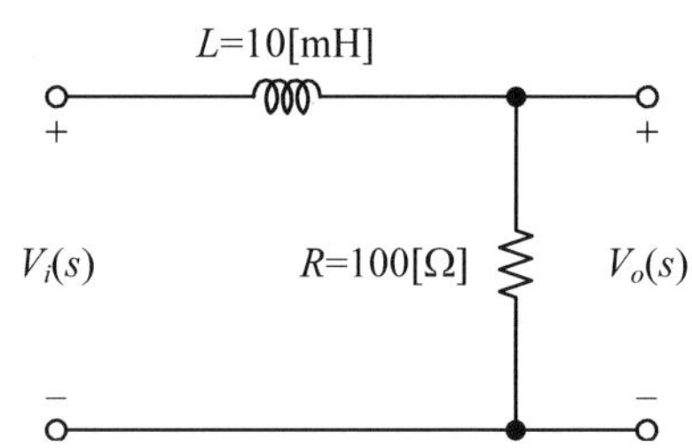

그림 2.25 문제 2.2의 회로

2.3 그림 2.26의 저역통과 필터에서 차단 주파수를 각각 구하여라.

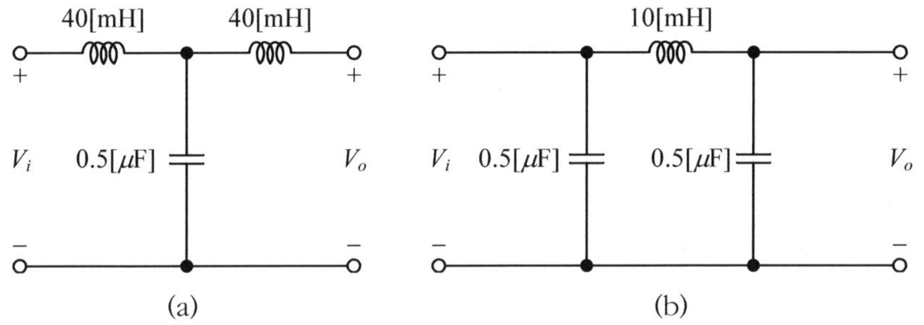

그림 2.26 문제 2.3의 회로

2.4 그림 2.27의 고역통과 필터에서 차단 주파수를 각각 구하여라.

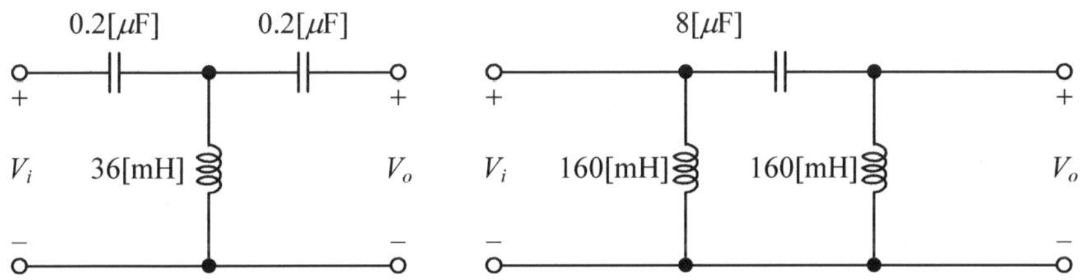

그림 2.27 문제 2.4의 회로

2.5 그림 2.28에서 커패시터 단자의 저항이 가변일 때 전원의 전압과 전류의 위상차가 45° 였다. R_C 저항값을 구하여라.

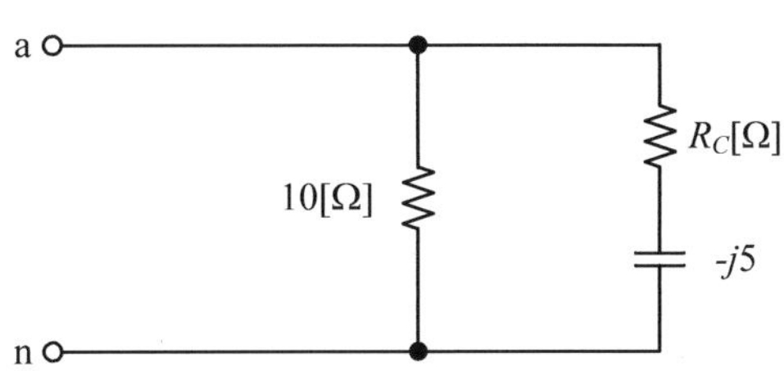

그림 2.28 문제 2.5의 회로

2.6 그림 2.29의 회로에서 출력에 대한 주파수 특성을 그리고 차단 주파수를 구하여라.

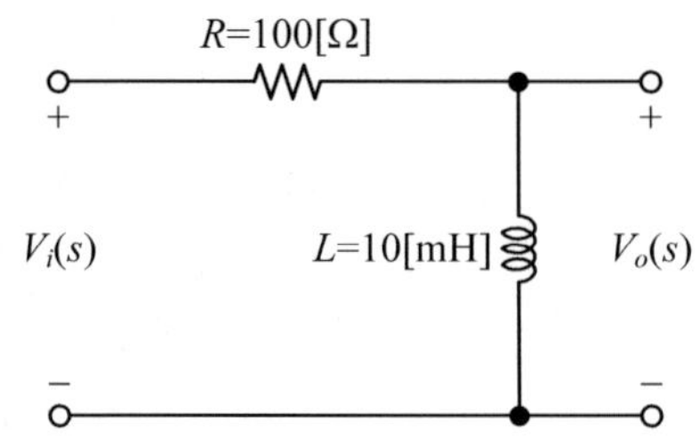

그림 2.29 문제 2.6의 회로

2.7 R-L-C 직렬 공진회로에서 회로가 공진되는 신호원의 주파수[Hz]를 구하여라. 단, $R=10[\Omega]$, $L=0.5[\text{mH}]$, $C=10[\mu\text{F}]$이다.

2.8 문제 2.7에서 (a) 주파수가 공진 주파수보다 50[Hz]만큼 낮은 경우의 임피던스, (b) 주파수가 공진 주파수보다 50[Hz]만큼 높은 경우의 임피던스를 각각 구하여라.

2.9 R-L-C 직렬 공진회로에서 $R=5[\Omega]$, $L=0.1[\text{mH}]$, $C=0.047[\mu\text{F}]$일 때, (a) 공진시 회로의 선택도 인자 Q_0, (b) 대역폭, (c) 입력전압이 1[V]일 때 커패시터의 전압을 각각 구하여라.

2.10 공진 주파수가 710[kHz]인 공진회로의 Q_0가 36일 때 공진시의 최대 전류값의 반의 전류가 흐르는 주파수점을 구하여라.

2.11 문제 2.10에서 중심 주파수로부터 10[kHz]만큼 떨어진 주파수점에서의 전류값은 최대 전류의 몇 배가 되는가?

2.12 동조회로의 L/C 비가 10^5일 때 동조회로의 Q_0는 80, 대역폭은 5.8[kHz]이다. 다음을 각각 구하여라.

(a) 고역 차단 주파수 f_H와 저역 차단주파수 f_L을 구하여라.

(b) 코일의 인덕턴스와 저항을 구하여라.

2.13 R-L-C 직렬 공진회로에서 저항이 20[Ω]이고, 공진 주파수 1[MHz]에서 대역폭이 20[kHz]이다. L과 C의 값을 결정하여라.

2.14 주파수 60[Hz]인 정현파 전압 1[mV]를 R-L-C 직렬 공진회로에 인가했을 때 커패시터에 최대의 전압이 나타났다. 저항값이 5[Ω], 코일의 리액턴스가 150[Ω]이면 (a) 커패시터의 용량, (b) 커패시터의 최대 전압강하는 각각 얼마인가?

2.15 그림 2.30은 실제 탱크회로의 한 예이다. $R_S = 500[\text{k}\Omega]$, $L = 50[\mu\text{H}]$, $C = 100[\text{pF}]$, 공진시의 코일의 $Q_0 = 200$이고, $V_S = 3[\text{V}]$일 때 각각 다음을 구하여라.

(a) 병렬 등가회로
(b) 공진 주파수
(c) 공진시 커패시터 양단의 전압
(d) 공진시 전원단자의 전류
(e) 공진시 코일단자로 흐르는 전류
(f) 회로의 실효 선택도 인자
(g) 반전력 주파수

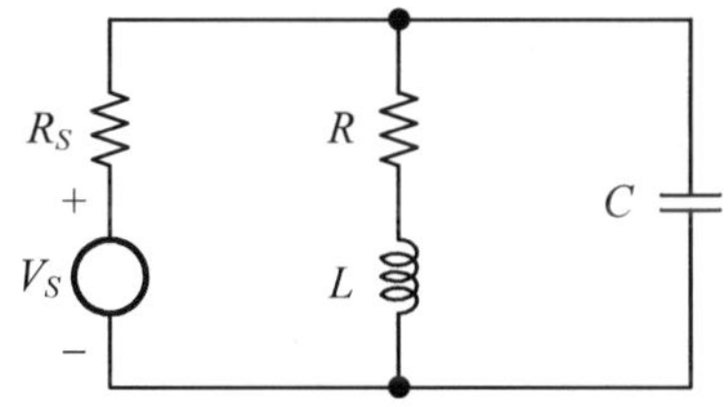

그림 2.30 문제 2.15의 회로

2.16 R-L-C 병렬회로에 주파수가 가변인 1[mA]의 정현파 교류 전류원을 연결하였다. 주파수를 변화시킨 결과, 주파수가 1500[Hz]일 때 커패시터의 전압이 20[V]로 최대가 되었다. 또한 전압이 14.14[V]인 주파수간의 차이가 30[Hz]라면 회로의 정수값(R, L, C)은 얼마인가?

2.17 문제 2.16의 R-L-C 병렬 공진회로에서 중심 주파수로부터 20[Hz] 떨어진 주파수점에서의 전압을 구하여라.

2.18 R-L-C 직렬 공진회로에서 $R = 10[\Omega]$, 인덕턴스 $L = 500[\mu H]$인 직렬회로에 가변 콘덴서가 직렬로 연결되어 있다. 주파수 640[kHz]에서 공진 현상이 발생했을 때 다음 값을 각각 구하여라.

(a) 공진시 가변 콘덴서의 커패시턴스,

(b) 선택도 인자,

(c) 대역폭

2.19 문제 2.18에서 신호원의 전압이 1[mV]이고 신호원의 주파수는 공진 주파수점에 고정되어 있을 때 다음을 각각 구하여라.

(a) 공진시 콘덴서 전압의 크기

(b) 가변 콘덴서의 가변시 콘덴서에 걸리는 최대 전압

(c) 콘덴서에 최대 전압이 나타날 때 코일의 전압

2.20 그림 2.31과 같은 직병렬 동조회로에서 주파수 710[kHz]인 신호를 검출하고자 할 때 주변신호가 1[MHz]라면 용량 C_1과 C_2는 각각 얼마이어야 하는가? 단, $L_2 = 300[\mu H]$이다.

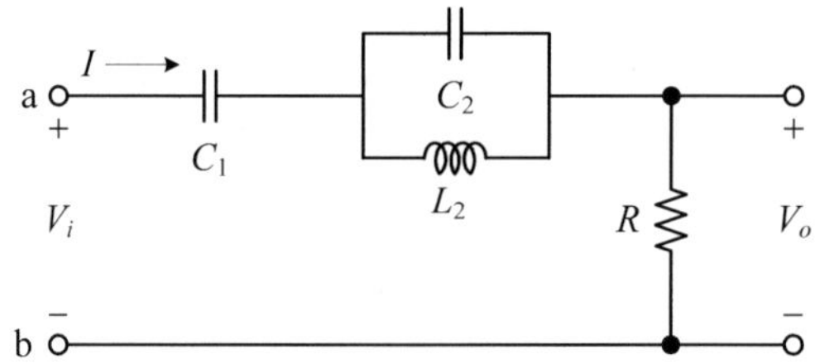

그림 2.31 문제 2.20의 회로

3장

회로망의 일반적 해석법

3.1 회로망의 형태와 용어
3.2 가지 해석법
3.3 폐로(루프) 해석법
3.4 절점(마디) 해석법
3.5 복합회로의 해석
3.6 수동 3단자 회로의 변환

3.1 회로망의 형태와 용어

회로는 구성 방법에 따라 여러 형태를 취할 수 있다. 지금까지는 기본적으로 직렬회로와 병렬회로를 다루었으며 여기에는 전원 등을 포함하는 능동소자와 수동소자가 포함되었다. 직렬로 구성된 회로의 경우, 우선 키르히호프의 전압법칙을 적용시켜 평형 방정식을 세웠고 병렬로 구성된 회로의 경우, 키르히호프의 전류법칙을 적용시켜 평형 방정식을 구성하였다. 이와 같이 회로의 구성 형태에 따라 해석하는 기법이 조금씩 다르다. 또한 미지수는 전류로 할 것인가, 혹은 전압으로 할 것인가를 결정해야 하며 그 갯수는 몇 개로 해야 할 것인가 등을 정해야만 완전하고 완벽한 해를 구할 수 있다. 그러므로 회로망의 형태와 그 용어에 따라 구하고자 하는 미지수를 이용한 방정식을 세울 수 있다. 여기서 **회로망**(Network)이라 함은 더 복잡하고 입출력의 개념을 가지는 회로(Circuit)를 말하지만, 특별히 구분하지 않는다.

3.1.1 회로망 토폴로지

회로 소자가 일렬로 연결되어 있는 형태인지, 혹은 나란히 늘어 놓인 형태인지 등을 나타내는 기하학적인 구조를 **회로망 토폴로지**(Network Topology)라고 한다. 그림 3.1에 여러 형태의 토폴로지를 가지는 회로망을 나타냈다.

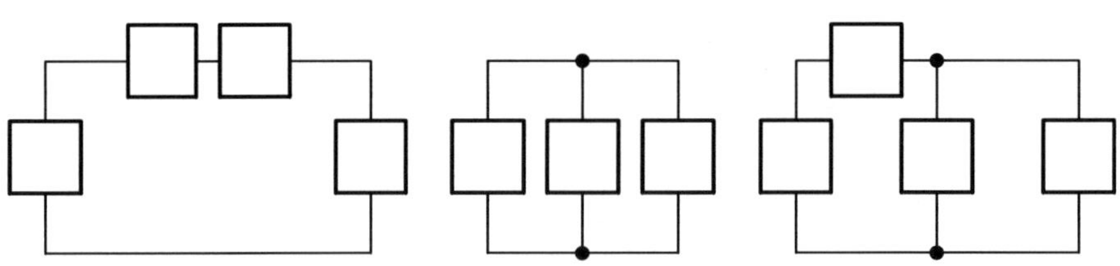

(a) 직렬 회로망 (b) 병렬 회로망 (c) 직병렬 회로망

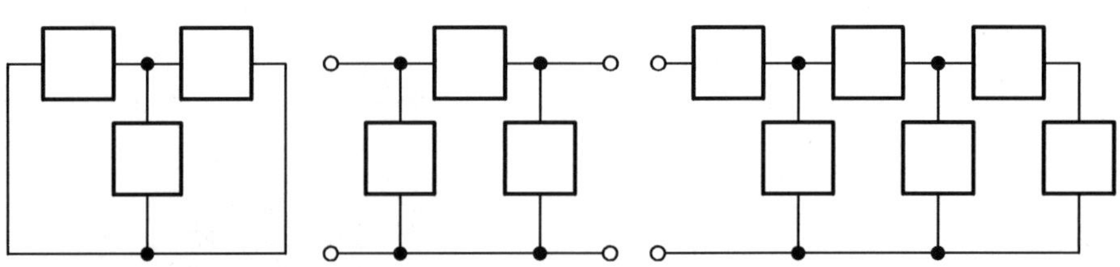

(d) T형 회로망 (e) π형 회로망 (f) 사다리형 회로망

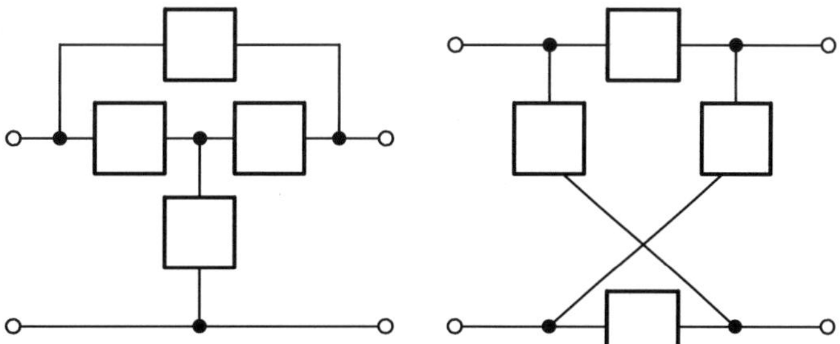

(g) 교각 T형 회로망 (h) 격자형 회로망

그림 3.1 회로망의 여러 가지 형태

3.1.2 마디

마디(Node, Vertex)는 다른 말로 **절점**(節點)이라고 하며 2개 이상의 소자가 연결되어 있는 점을 말한다. 그림 3.2에서 a, b, c, d, e, n이 마디이다.

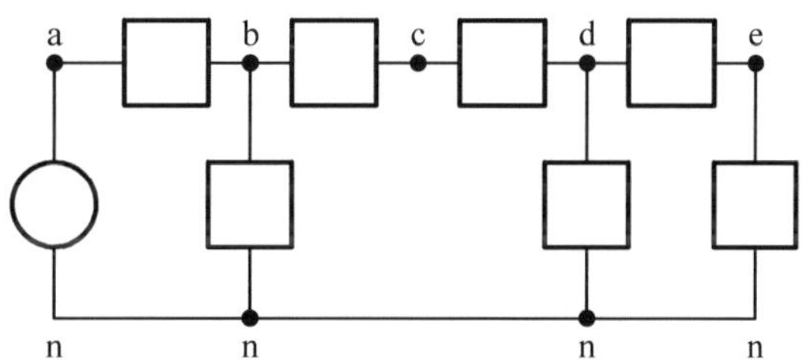

그림 3.2 회로망의 예

3.1.3 접합점

2개의 소자가 연결된 부분은 양측의 두 소자에 대해 임피던스 합으로 표현하므로 회로의 해석에 그다지 중요하지 않다. 그러므로 그림 3.2에서 3개 이상의 소자가 연결된 부분인 b, d, n이 중요한 부분으로 이 점을 **접합점**(Junction)이라고 한다. 이와 같이 엄밀한 의미에서 마디와 접합점이 구분되지만 일반적으로 3개 이상의 소자가 연결된 점을 우리는 보통 마디(또는 절점)라고 부른다. 접합점(마디)에서의 전압을 **마디전압**(Node Voltage)이라고 부른다. 접합점에서는 KCL에 의한 평형 방정식을 세울 수 있기 때문에 이 수는 방정식의 수와 밀접한 관계가 있다. 즉, 키르히호프의 전류법칙을 적용시킬 수 있는 독립적인 전압 방정식의 수 N_V는

$$N_V = \text{접합점의 수} - 1 \tag{3-1}$$

이 된다.

3.1.4 가지

가지(Branch)는 다른 말로 **지로**(枝路)라고 하며 두 접합점을 연결하는 부분을 말한다. 그림 3.2에서는 ban, bn, bcd, dn, den 등이 가지이다. 한편 가지에 수동 소자만을 포함하면 수동 가지(Passive Branch), 능동 소자를 포함하면 **능동 가지**(Active Branch)라고 한다. 한편 가지에 흐르는 전류를 **가지전류**(Branch Current)라고 한다.

3.1.5 폐로

가지를 통해 회로를 일주하여 본래의 위치로 돌아오는 폐경로를 **폐로**(閉路) 또는 **루프**(Loop)라고 한다. 그림 3.2에서는 abna, bcdnb, dend, abcdna, abcdena, bcdenb 등이 폐로이다.

3.1.6 메쉬

회로의 폐로 중에서 다른 폐로를 포함하지 않는 것을 **메쉬**(Mesh, 그물눈)라고 한다. 그림 3.2에서는 abna, bcdnb, dend 등이 메쉬이다. 메쉬는 통칭하여 폐루프라고도 한다. 메쉬의 수는 독립적인 방정식의 수가 되기 때문에 매우 중요하다. 즉, 메쉬마다 미지수의 전류식으로 표현한다면 독립적인 전류 방정식의 수 N_I는

$$N_I = \text{메쉬의 수} \tag{3-2}$$

3.1.7 회로망 그래프

가지를 실선으로 나타내고 접합점을 하나의 점으로 하여 그린 회로망을 **회로망 그래프**(Network Graph)라고 한다. 회로망 그래프는 회로의 전체 구조를 한눈에 볼 수 있는 이점이 있다. 한편 회로망 그래프에 전류의 방향을 설정하여 그리면 방향성 그래프가 되고 회로망 그래프의 일부분만을 그리면 **부분 그래프**(Subgraph)가 된다. 그림 3.2의 회로망 그래프는 그림 3.3(a)와 같으며 같은 그림의 (b)는 방향성 그래프, (c)는 부분 그래프이다.

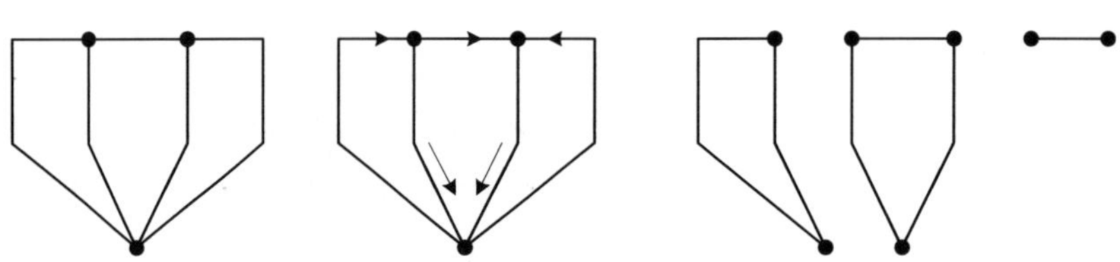

(a) 회로망 그래프 (b) 방향성 그래프 (c) 부분 그래프

그림 3.3 회로망 그래프, 방향성 그래프 및 부분 그래프

3.2 가지 해석법

회로망이 구성되고 소자의 값과 전원 등이 주어지면 각 소자에 대한 전압이나 전류 혹은 구동점과 출력에 대한 임피던스나 어드미턴스 또는 전달함수에 의한 전달비 등을 구하는 것이 회로 해석의 기본이다. 여기서 우리는 이러한 미지수를 구하기 위해 평형 방정식을 세우고 이들을 풀어 답을 구한다.

이 때 각 가지에 대해 전류를 미지수로 하고 KVL을 적용하여 평형 방정식을 세워 해석하면 이것을 **가지전류(Branch Current) 해석법**이라고 한다. 예를 들어서 그림 3.4와 같은 회로에서 가지는 4개이므로 미지수는 각 가지에 대한 전류로서 4개가 된다. 그러므로 방정식도 4개가 될 것이므로 4원 1차 연립방정식으로 해를 구할 수 있다.

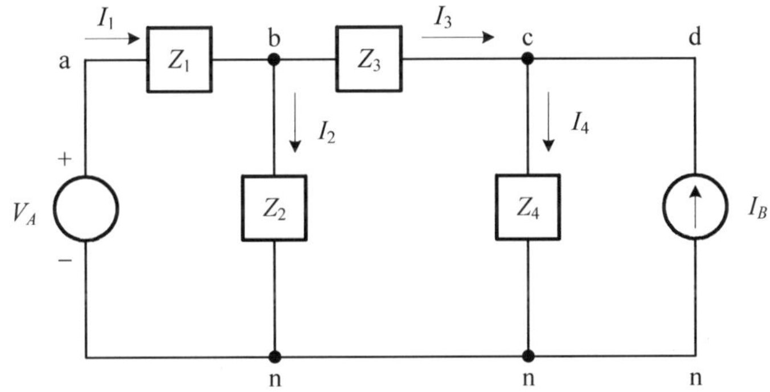

그림 3.4 가지 해석법을 위한 회로

우선 접합점 b와 c에 대해 KCL을 적용하여 식을 세우면

$$I_1 = I_2 + I_3 \tag{3-3}$$

$$I_3 + I_B = I_4 \tag{3-4}$$

가 된다. 또한 루프 abna와 bcnb에 대해 KVL을 적용하여 루프 방정식을 세우면

$$V_A = Z_1 I_1 + Z_2 I_2 \tag{3-5}$$

$$Z_3 I_3 + Z_4 I_4 + Z_2(-I_2) = 0 \tag{3-6}$$

위의 4개 식에서 V_A, I_B, Z_1, Z_2, Z_3, Z_4는 주어진 값이므로 4원 1차 연립 방정식으로 풀어낼 수 있다. 그러나 이 방법은 방정식의 수가 증가하여 복잡한 풀이 과정이 필요해지므로 그림 3.5와 같이 미지수의 수를 줄여 해석할 수도 있다.

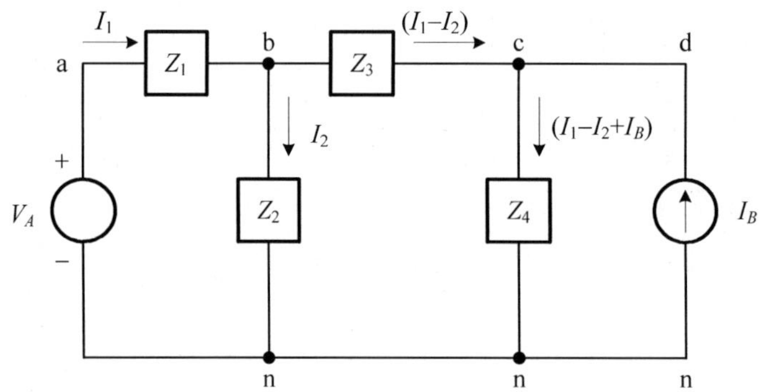

그림 3.5 가지 해석법(2)을 위한 회로

그림 3.5에서 루프 abna와 bcnb에 대해 KVL을 적용하여 루프 방정식을 세우면

$$V_A = Z_1 I_1 + Z_2 I_2 \tag{3-7}$$

$$Z_3(I_1 - I_2) + Z_4(I_1 - I_2 + I_B) + Z_2(-I_2) = 0 \tag{3-8}$$

가 된다. 위의 두 식을 정리하면

$$Z_1 I_1 + Z_2 I_2 = V_A \tag{3-9}$$

$$-(Z_3 + Z_4)I_1 + (Z_2 + Z_3 + Z_4)I_2 = Z_4 I_B \tag{3-10}$$

가 되므로 행렬의 형태로 변환하면 다음과 같이 쓸 수 있다.

$$\begin{bmatrix} Z_1 & Z_2 \\ -(Z_3+Z_4) & Z_2+Z_3+Z_4 \end{bmatrix} \cdot \begin{bmatrix} I_1 \\ I_2 \end{bmatrix} = \begin{bmatrix} V_A \\ Z_4 I_B \end{bmatrix} \tag{3-11}$$

그러므로 크래머(Kramer)의 공식에 의해

$$I_1 = \frac{\begin{vmatrix} V_A & Z_2 \\ Z_4 I_B & Z_2+Z_3+Z_4 \end{vmatrix}}{\begin{vmatrix} Z_1 & Z_2 \\ -(Z_3+Z_4) & Z_2+Z_3+Z_4 \end{vmatrix}}$$

$$= \frac{V_A(Z_2+Z_3+Z_4) - Z_2 Z_4 I_B}{Z_1(Z_2+Z_3+Z_4) + Z_2(Z_3+Z_4)} \tag{3-12}$$

$$I_2 = \frac{\begin{vmatrix} Z_1 & V_A \\ -(Z_3+Z_4) & Z_4 I_B \end{vmatrix}}{\begin{vmatrix} Z_1 & Z_2 \\ -(Z_3+Z_4) & Z_2+Z_3+Z_4 \end{vmatrix}}$$

$$= \frac{Z_1 Z_4 I_B + (Z_3+Z_4)V_A}{Z_1(Z_2+Z_3+Z_4) + Z_2(Z_3+Z_4)} \tag{3-13}$$

와 같이 구할 수 있다. I_1과 I_2가 결정되면 Z_3단의 전류는 $(I_1 - I_2)$에 의해 결정되며 Z_4단의 전류는 $(I_1 - I_2 + I_B)$로서 결정된다.

예제 3.1

그림 3.6의 브리지 회로에서 가지 해석법을 이용하여 각 가지의 전류를 계산하여라.

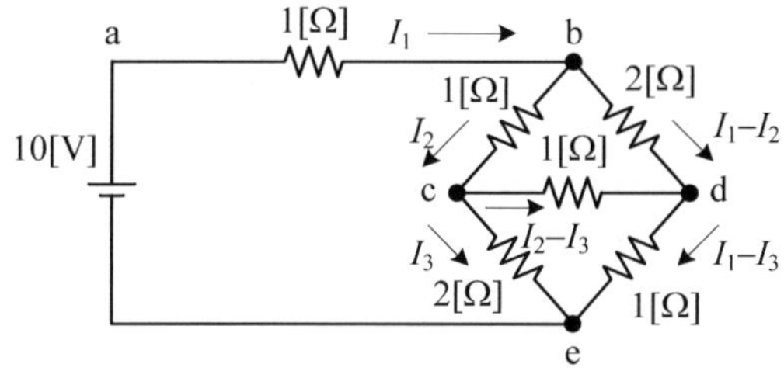

그림 3.6 예제 3.1의 회로

풀이 주어진 회로에 대해 ab단의 전류를 I_1이라고 하고 bc단의 전류를 I_2라고 하면 bd단의 전류는 $I_1 - I_2$가 된다. 또한 ce단의 전류를 I_3로 놓으면 cd단의 전류는 $I_2 - I_3$가 되고 de단의 전류는 bd단의 전류와 cd단의 전류의 합이므로 $I_1 - I_3$가 된다. 이러한 관계를 이용하여 메쉬 abcd, bdcb, cdec에 대해 각각 KVL을 적용하여 식을 세우면 다음과 같다.

$$\left.\begin{aligned} &I_1 + I_2 + 2I_3 = 10 \\ &2(I_1 - I_2) + I_3 - I_2 - I_2 = 0 \\ &I_2 - I_3 + I_1 - I_3 - 2I_3 = 0 \end{aligned}\right\}$$

위의 식을 정리하면

$$\left.\begin{aligned} &I_1 + I_2 + 2I_3 = 10 \\ &2I_1 - 4I_2 + I_3 = 0 \\ &I_1 + I_2 - 4I_3 = 0 \end{aligned}\right\}$$

이다. 그러므로 크래머의 방법에 의해

$$I_1 = \frac{\begin{vmatrix} 10 & 1 & 2 \\ 0 & -4 & 1 \\ 0 & 1 & -4 \end{vmatrix}}{\begin{vmatrix} 1 & 1 & 2 \\ 2 & -4 & 1 \\ 1 & 1 & -4 \end{vmatrix}} = \frac{10 \cdot (-4) \cdot (-4) + 10 \cdot 1 \cdot 1}{\begin{gathered} 1 \cdot (-4) \cdot (-4) + 2 \cdot 2 \cdot 1 + 1 \cdot 1 \cdot 1 \\ -2 \cdot (-4) \cdot 1 - 1 \cdot 1 \cdot 1 - 2 \cdot 1 \cdot (-4) \end{gathered}} = \frac{150}{36}$$

$$I_2 = \frac{\begin{vmatrix} 1 & 10 & 2 \\ 2 & 0 & 1 \\ 1 & 0 & -4 \end{vmatrix}}{36} = \frac{1 \cdot 10 \cdot 1 - 2 \cdot 10 \cdot (-4)}{36} = \frac{90}{36}$$

$$I_3 = \frac{\begin{vmatrix} 1 & 1 & 10 \\ 2 & -4 & 0 \\ 1 & 1 & 0 \end{vmatrix}}{36} = \frac{10 \cdot 2 \cdot 1 - 10 \cdot (-4) \cdot 1}{36} = \frac{60}{36}$$

가 되며 나머지 각 단자의 전류는

$$\left.\begin{aligned} I_{bd} &= I_1 - I_2 = \frac{150}{36} - \frac{90}{36} = \frac{40}{36} \\ I_{cd} &= I_2 - I_3 = \frac{90}{36} - \frac{60}{36} = \frac{30}{36} \\ I_{de} &= I_1 - I_3 = \frac{150}{36} - \frac{60}{36} = \frac{90}{36} \end{aligned}\right\}$$

와 같이 구할 수 있다. ⏎

3.3 폐로(루프) 해석법

앞에서 다룬 지로 해석법은 일정한 틀이 없기 때문에 조직적인 해석에 불편한 점이 있다. 여기서 다루는 폐로 해석법, 혹은 루프 해석법은 각 메쉬에 대해 일정한 방향(여기서는 시계방향)으로 전류를 미지수로 하여 방정식을 세워 푸는 방법이다. 이 방법은 조직적이고 일정한 틀을 가지기 때문에 간편하게 방정식을 직접 세울 수 있어서 널리 이용된다. 예를 들어서 그림 3.7과 같은 회로의 루프 해석법에 대해 살펴보자.

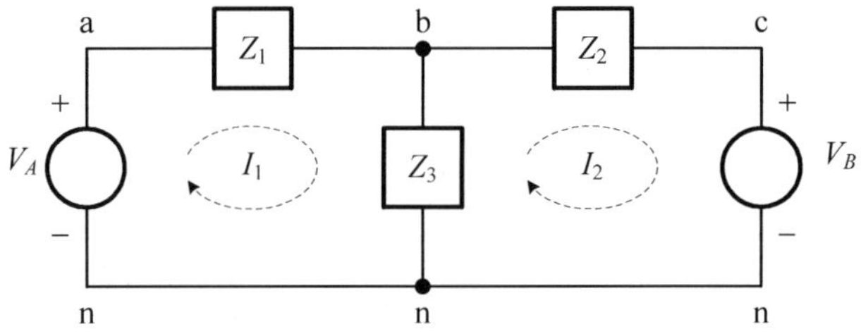

그림 3.7 루프 해석법을 위한 회로

그림에서 독립적인 메쉬의 수는 2개이므로 2개의 전류 I_1과 I_2를 미지수로 택한다. 루프 abna와 bcnb에 대해 KVL을 적용하여 평형 방정식을 세우면

$$\left.\begin{aligned} Z_1 I_1 + Z_3(I_1 - I_2) &= V_A \\ Z_3(I_2 - I_1) + Z_2 I_2 &= -V_B \end{aligned}\right\} \quad (3\text{-}14)$$

가 된다. 위의 식을 정리하면

$$\left.\begin{aligned}(Z_1 + Z_3)I_1 - Z_3 I_2 &= V_A \\ -Z_3 I_1 + (Z_2 + Z_3)I_2 &= -V_B\end{aligned}\right\} \tag{3-15}$$

로 고쳐 쓸 수 있다. 여기서

$$\begin{aligned}Z_{11} &= Z_1 + Z_3 \\ Z_{12} &= -Z_3 = Z_{21} \\ Z_{22} &= Z_2 + Z_3 \\ V_1 &= V_A \\ V_2 &= -V_B\end{aligned} \tag{3-16}$$

으로 놓는다면 평형 방정식은

$$\left.\begin{aligned}Z_{11}I_1 + Z_{12}I_2 &= V_1 \\ Z_{21}I_1 + Z_{22}I_2 &= V_2\end{aligned}\right\} \tag{3-17}$$

와 같다. 그림 3.7과 식(3-16)을 비교해 보면,

- □ Z_{11} : 제1루프에 직렬로 연결되어 있는 모든 임피던스의 합,
- □ $Z_{12}(=Z_{21})$: 제1루프, 제2루프 사이에 공유되는 임피던스에 음의 부호를 붙인 것,
- □ Z_{22} : 제2루프에 연결된 모든 임피던스의 합,
- □ V_1 : 제1루프에 전류의 방향으로 공급되는 전압원,
- □ V_2 : 제2루프의 전류 방향으로 공급되는 전압원

임을 알 수 있으며 예를 들어서 Z_{NM}은 N번째 루프와 M번째 루프가 공유하는 임피던스에 음의 부호를 붙인 것이 된다.

식(3-17)에서 Z_{11}은 1차측 자기 임피던스(Self Impedance)이고 Z_{22}는 2차측 자기 임피던스이다. 또한 Z_{12}와 Z_{21}은 상호 임피던스(Mutual Impedance)이다. 식(3-17)에서 전류 I_1과 I_2를 구하는 것이 목적이다. 이것을 구하는 방법으로서는 크래머의 방법을 앞에서 이용했지만 여기서는 역행렬을 이용하기로 한다.

역행렬을 이용하면 복잡한 다원 방정식이라 하더라도 기계적인 연산 방법에 의해 해석이 이루어지므로 더욱 편리하다. 주어진 행렬 방정식이 다음과 같다고 하자.

$$\left.\begin{array}{l} Z_{11}I_1 + Z_{12}I_2 + \cdots + Z_{1N}I_N = V_1 \\ Z_{21}I_1 + Z_{22}I_2 + \cdots + Z_N I_N = V_2 \\ \quad \cdot \qquad \cdot \qquad \cdots \qquad \cdot \\ Z_{N1}I_1 + Z_{N2}I_2 + \cdots + Z_{NN}I_N = V_N \end{array}\right\} \tag{3-18}$$

위의 방정식을 행렬로 표현하면

$$\begin{bmatrix} Z_{11} & Z_{12} & \cdots & Z_{1N} \\ Z_{11} & Z_{22} & \cdots & Z_{2N} \\ \cdot & \cdot & \cdots & \cdot \\ Z_{N1} & Z_{N2} & \cdots & Z_{NN} \end{bmatrix} \begin{bmatrix} I_1 \\ I_2 \\ \cdot \\ I_N \end{bmatrix} = \begin{bmatrix} V_1 \\ V_2 \\ \cdot \\ V_N \end{bmatrix} \tag{3-19}$$

가 된다. 이에 대한 연산은 양변에 대한 $[Z]$의 역행렬을 곱하면

$$[Z] \cdot [Z]^{-1}[I] = [Z]^{-1} \cdot [V] \tag{3-20}$$

가 되며 여기서 $[Z] \cdot [Z]^{-1} = 1$이므로 위의 식은

$$[I] = [Z]^{-1}[V] \tag{3-21}$$

로서 변량 $[I]$를 구할 수 있다. 그러면 역행렬을 구하는 방법을 살펴보자. 역행렬은 행(Row)의 번호를 j라고 하고 열(Column)의 번호를 k라고 할 때 크래머의 공식 등에 의해

$$[Z]^{-1} = \frac{[\Delta_{jk}]^T}{|Z|} \tag{3-22}$$

와 같이 구할 수 있다. 여기서

$$|Z| = \begin{vmatrix} Z_{11} & Z_{12} & \cdots & Z_{1N} \\ Z_{21} & Z_{22} & \cdots & Z_{2N} \\ \cdot & \cdot & \cdots & \cdot \\ Z_{N1} & Z_{N2} & \cdots & Z_{NN} \end{vmatrix} \tag{3-23}$$

로서 $[Z]$ 행렬의 행렬식의 값이며, $[\Delta jk]^T$는 $[\Delta jk]$의 전이 행렬로서

$$[\Delta_{jk}]^T = [\Delta_{kj}] \tag{3-24}$$

가 된다. 또한 Δjk는 식(3-19)의 $|Z|$ 행렬식에 대한 **여인자**(Cofactor)로 j번째 행과 k번째 열을 제외한 나머지의 **소행렬식**(Minor)에 $(-1)^{j+k}$를 곱한 것이다. 예를 들어 Δjk는

$$\Delta_{jk} = \begin{array}{c|ccc|c|} & \multicolumn{3}{c}{k\text{열}} \\ & Z_{11} & Z_{12} & Z_{1N} \\ j\text{행} & Z_{21} & Z_{22} & Z_{2N} \\ \hline & Z_{N1} & Z_{N2} & Z_{NN} \end{array} \times (-1)^{j+k} \tag{3-25}$$

이다. 식(3-22)~식(3-25)를 이용하여 식(3-21)을 다시 쓰면 아래와 같다.

$$\begin{bmatrix} I_1 \\ I_2 \\ \cdot \\ I_N \end{bmatrix} = \frac{1}{|Z|} \begin{bmatrix} \Delta_{11} & \Delta_{21} & \cdots & \Delta_{N1} \\ \Delta_{12} & \Delta_{22} & \cdots & \Delta_{N2} \\ \cdot & \cdot & \cdots & \cdot \\ \Delta_{1N} & \Delta_{2N} & \cdots & \Delta_{NN} \end{bmatrix} \begin{bmatrix} V_1 \\ V_2 \\ \cdot \\ V_N \end{bmatrix} \tag{3-26}$$

위의 관계를 이용하여 식(3-17)의 해를 구하면

$$\begin{bmatrix} I_1 \\ I_2 \end{bmatrix} = \frac{\begin{bmatrix} \Delta_{11} & \Delta_{21} \\ \Delta_{12} & \Delta_{22} \end{bmatrix} \begin{bmatrix} V_1 \\ V_2 \end{bmatrix}}{\begin{vmatrix} Z_{11} & Z_{12} \\ Z_{21} & Z_{22} \end{vmatrix}} = \frac{\begin{bmatrix} Z_{22} & -Z_{12} \\ -Z_{21} & Z_{11} \end{bmatrix} \begin{bmatrix} V_1 \\ V_2 \end{bmatrix}}{Z_{11}Z_{22} - Z_{12}Z_{21}}$$

$$= \frac{\begin{bmatrix} Z_{22}V_1 - Z_{12}V_2 \\ -Z_{21}V_1 + Z_{11}V_2 \end{bmatrix}}{Z_{11}Z_{22} - Z_{12}Z_{21}} \tag{3-27}$$

가 되며 식(3-16)의 값을 대입하여 전류 I_1과 I_2를 구한다. 그림 3.7의 I_1과 I_2는

$$\left. \begin{aligned} I_1 &= \frac{(Z_2 + Z_3)V_A - Z_3 V_B}{(Z_1 + Z_3)(Z_2 + Z_3) - Z_3^2} \\ I_2 &= \frac{Z_3 V_A - (Z_1 + Z_3)V_B}{(Z_1 + Z_3)(Z_2 + Z_3) - Z_3^2} \end{aligned} \right\} \tag{3 - 28}$$

이다. 위의 예에서 $V_B = 0$시 V_A/I_1을 **구동점 임피던스**(Driving Impedance)라고 하며 V_A/I_2를 **전달 임피던스**(Transfer Impedance)라고 한다.

앞에서 해석해 온 루프 해석법은 전원이 모두 전압원인 경우이기 때문에 곧바로 루프에서 KVL을 적용할 수 있었지만 전류원이 포함되어 있는 경우에는 전류원을 등가 전압원으로 변경시켜 해석해야 한다. 그러므로 전류원으로 표시되는 회로는 루프 방정식을 위한 메쉬의 수가 한 개 줄어든다.

예제 3.2

그림 3.8의 회로에서 정현파 전압원이 가해졌을 때 각 메쉬의 전류를 복소 주파수 s를 이용하여 구하여라.

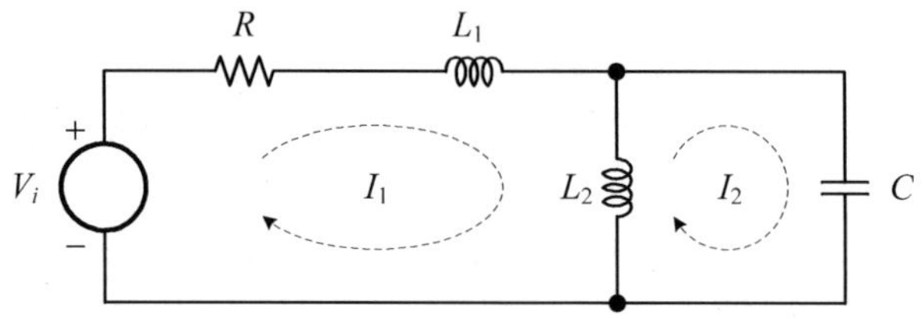

그림 3.8 예제 3.2의 회로

풀이 그림의 회로 소자값을 복소 주파수로 표현하면 $[\Omega]$ 단위의 각 소자값은 R, sL_1, sL_2, $1/sC$로 표현되므로 루프 방정식을 세우면

$$\begin{bmatrix} R+sL_1+sL_2 & -sL_2 \\ -sL_2 & sL_2+\dfrac{1}{sC} \end{bmatrix}\begin{bmatrix} I_1 \\ I_2 \end{bmatrix}=\begin{bmatrix} V_i \\ 0 \end{bmatrix}$$

이다. 그러므로 역행렬을 이용하면

$$\begin{bmatrix} I_1 \\ I_2 \end{bmatrix}=\begin{bmatrix} R+sL_1+sL_2 & -sL_2 \\ -sL_2 & sL_2+\dfrac{1}{sC} \end{bmatrix}^{-1}\cdot\begin{bmatrix} V_i \\ 0 \end{bmatrix}$$

$$=\frac{\begin{bmatrix} sL_2+\dfrac{1}{sC} & sL_2 \\ sL_2 & R+sL_1+sL_2 \end{bmatrix}\cdot\begin{bmatrix} V_i \\ 0 \end{bmatrix}}{\begin{vmatrix} R+sL_1+sL_2 & -sL_2 \\ -sL_2 & sL_2+\dfrac{1}{sC} \end{vmatrix}}$$

가 되어 전류 I_1과 I_2는 각각 아래 식과 같다.

$$I_1=\frac{(sL_2+\dfrac{1}{sC})\times V_i}{(R+sL_1+sL_2)(sL_2+\dfrac{1}{sC})-(sL_2)^2}$$

$$I_2=\frac{sL_2\,V_i}{(R+sL_1+sL_2)\,(sL_2+\dfrac{1}{sC})-(sL_2)^2}$$

↵

예제 3.3

그림 3.9의 브리지 회로에서 루프전류 I_1, I_2, I_3를 루프 방정식을 이용하여 구하여라.

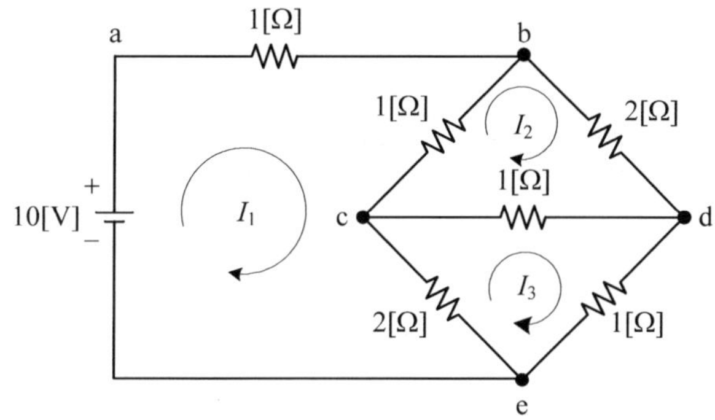

그림 3.9 예제 3.3의 회로

풀이 위의 회로로부터 각 루프에 대한 회로 방정식을 세워 행렬의 형태로 정리하면

$$\begin{bmatrix} 1+1+2 & -1 & -2 \\ -1 & 2+1+1 & -1 \\ -2 & -1 & 1+1+2 \end{bmatrix}\begin{bmatrix} I_1 \\ I_2 \\ I_3 \end{bmatrix}=\begin{bmatrix} 10 \\ 0 \\ 0 \end{bmatrix}$$

$$\begin{bmatrix} I_1 \\ I_2 \\ I_3 \end{bmatrix}=\begin{bmatrix} 4 & -1 & -2 \\ -1 & 4 & -1 \\ -2 & -1 & 4 \end{bmatrix}^{-1}\times\begin{bmatrix} 10 \\ 0 \\ 0 \end{bmatrix}=\frac{\begin{bmatrix} 15 & \cdot & \cdot \\ 6 & \cdot & \cdot \\ 9 & \cdot & \cdot \end{bmatrix}\times\begin{bmatrix} 10 \\ 0 \\ 0 \end{bmatrix}}{\begin{vmatrix} 4 & -1 & -2 \\ -1 & 4 & -1 \\ -2 & -1 & 4 \end{vmatrix}}$$

$$=\frac{\begin{bmatrix} 150 \\ 60 \\ 90 \end{bmatrix}}{\begin{matrix}(4)(4)(4)+(-2)(-1)(-1)+(-1)(-1)(-2) \\ -(-2)(4)(-2)-(4)(-1)(-1)-(-1)(-1)(4)\end{matrix}}=\begin{bmatrix} 150/36 \\ 60/36 \\ 90/36 \end{bmatrix}$$

그러므로

$$I_1=\frac{150}{36}[\mathrm{A}],\quad I_2=\frac{60}{36}[\mathrm{A}],\quad I_3=\frac{90}{36}$$

3.4 절점(마디) 해석법

접합점에서는 3개 이상의 가지가 연결되어 있으므로 KCL을 적용하는 것이 편리하다. 절점이나 마디는 2개 이상의 소자가 연결된 점이지만 2개의 소자가 직렬로 연결된 부분은 하나의 임피던스로 간주되기 때문에 여기서는 절점과 접합점을 혼용하기로 한다. 식(3-1)에서와 같이 각 절점의 전압을 변량으로 하여 독립적인 전압 방정식을 세우면 절점의 수에서 1이 적은 방정식이 되므로 그림 3.10과 같은 회로에서는 2개의 독립적인 방정식을 세울 수 있다.

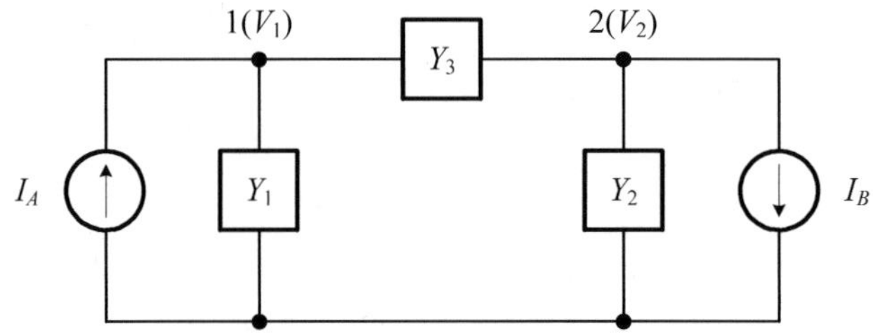

그림 3.10 절점 해석법을 위한 회로

그림에서 절점(접합점)은 3개이므로 독립적인 절점의 전압은 2개로서 V_1과 V_2를 미지수로 한다. 절점 1과 절점 2에서 KCL을 적용하여 평형 방정식을 세우면

$$\left.\begin{aligned} Y_1V_1 + Y_3(V_1 - V_2) &= I_A \\ Y_3(V_2 - V_1) + Y_2V_2 &= -I_B \end{aligned}\right\} \tag{3-29}$$

가 된다. 위의 식을 정리하면

$$\left.\begin{aligned} (Y_1 + Y_3)V_1 - Y_3V_2 &= I_A \\ -Y_3V_1 + (Y_2 + Y_3)V_2 &= -I_B \end{aligned}\right\} \tag{3-30}$$

로 고쳐 쓸 수 있다. 여기서

$$Y_{11} = Y_1 + Y_3$$

$$Y_{12} = -Y_3 = Y_{21}$$

$$Y_{22} = Y_2 + Y_3$$

$$I_1 = I_A$$

$$I_2 = -I_B \tag{3-31}$$

로 놓는다면 평형 방정식은

$$\left.\begin{aligned} Y_{11}V_1 + Y_{12}V_2 = I_1 \\ Y_{21}V_1 + Y_{22}V_2 = I_2 \end{aligned}\right\} \tag{3-32}$$

와 같다. 그림 3.10과 식(3-32)를 비교해 보면,

- □ Y_{11} : 제1절점에 병렬로 연결되어 있는 모든 어드미턴스의 합,
- □ $Y_{12}(=Y_{21})$: 제1절점과 제2절점 사이에 공유되는 어드미턴스에 음의 부호를 붙인 것,
- □ Y_{22} : 제2절점에 연결된 모든 어드미턴스의 합,
- □ I_1 : 제1절점으로 유입되는 전류원,
- □ I_2 : 제2절점으로 유입되는 전류원

임을 알 수 있으며 예를 들어서 Y_{NM}은 N번째 절점과 M번째 절점이 공유하는 어드미턴스에 음의 부호를 붙인 것이 된다.

식(3-32)에서 Y_{11}은 1차측 자기 어드미턴스(Self Admittance)이고 Y_{22}는 2차측 자기 어드미턴스이다. 또한 Y_{12}와 Y_{21}은 상호 어드미턴스(Mutual Admittance)이다.

식(3-32)에서 앞의 절에서와 같은 방법으로 역행렬을 이용하여 전압 V_1과 V_2를 구한다. 역행렬의 연산에서

$$[Y][V]=[I] \tag{3-33}$$

의 해는 $[Y]$의 역행렬을 $[Y]^{-1}$라고 할 때,

$$[Y]\cdot[Y]^{-1}[V]=[Y]^{-1}\cdot[I] \tag{3-34}$$

가 되며 여기서 $[Y]\cdot[Y]^{-1}=1$이므로 위의 식은

$$[V]=[Y]^{-1}\cdot[I] \tag{3-35}$$

로서 변량 $[I]$를 구할 수 있다. $[Y]$의 역행렬은 앞절에서와 같은 방법에 의해

$$[Y]^{-1}=\frac{[\Delta_{jk}]^T}{|Y|} \tag{3-36}$$

이므로 식(3-32)의 해는

$$\begin{bmatrix} V_1 \\ V_2 \end{bmatrix} = \frac{\begin{bmatrix} \Delta_{11} & \Delta_{21} \\ \Delta_{12} & \Delta_{22} \end{bmatrix}\begin{bmatrix} I_1 \\ I_2 \end{bmatrix}}{\begin{vmatrix} Y_{11} & Y_{12} \\ Y_{21} & Y_{22} \end{vmatrix}} = \frac{\begin{bmatrix} Y_{22} & -Y_{12} \\ -Y_{21} & Y_{11} \end{bmatrix}\begin{bmatrix} I_1 \\ I_2 \end{bmatrix}}{Y_{11}Y_{22}-Y_{12}Y_{21}}$$

$$= \frac{\begin{bmatrix} Y_{22} I_1 & - Y_{12} I_2 \\ - Y_{21} Y_{22} + Y_{11} I_2 \end{bmatrix}}{Y_{11} Y_{22} - Y_{12} Y_{21}} \tag{3-37}$$

가 되며 식(3-31)의 값을 대입하여 전압 V_1과 V_2를 구한다. 그림 3.10의 V_1과 V_2는 각각 다음과 같다.

$$\left.\begin{aligned} V_1 &= \frac{(Y_2 + Y_3)I_A - Y_3 I_B}{(Y_1 + Y_3)(Y_2 + Y_3) - {Y_3}^2} \\ V_2 &= \frac{Y_3 I_A - (Y_1 + Y_3) I_B}{(Y_1 + Y_3)(Y_2 + Y_3) - {Y_3}^2} \end{aligned}\right\} \tag{3-38}$$

예제 3.4

그림 3.11(a)의 회로에서 절점 방정식을 이용하여 절점 1, 2, 3의 전압을 구하고자 한다. 행렬로서 표현되는 방정식은 다음과 같다. 여기서 $[Y]$ 행렬과 $[I]$ 행렬을 구하여라.

$$[Y] \cdot [V] = [I]$$

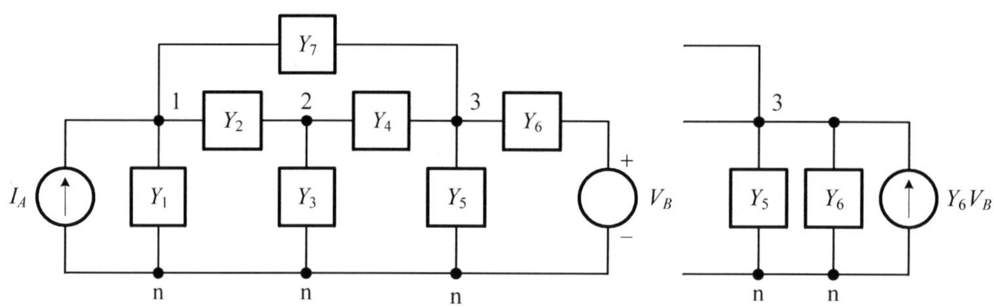

(a) 예제 3.4의 회로 (b) 등가 전류원 일부 회로

그림 3.11 예제 3.4의 회로와 등가 전류원 회로

풀이 그림의 회로에서 절점 방정식을 구하려면 미지수는 1, 2, 3 점의 전압으로서 V_1, V_2, V_3가 되며 각 절점에 유입되는 전원은 전류원으로 표기되어야 한다. 그러므로 그림 3.11(a)의 전압원 V_B는 그림 3.11(b)와 같이 등가 전류원으로 변환되어야 한다. 그러므로

$$\begin{bmatrix} Y_{11} & Y_{12} & Y_{13} \\ Y_{21} & Y_{22} & Y_{23} \\ Y_{31} & Y_{32} & Y_{33} \end{bmatrix} \cdot \begin{bmatrix} V_1 \\ V_2 \\ V_3 \end{bmatrix} = \begin{bmatrix} I_1 \\ I_2 \\ I_3 \end{bmatrix}$$

로부터 아래 식과 같다.

$$Y_{11} = Y_1 + Y_2 + Y_7,\quad Y_{12} = -Y_2,\quad Y_{13} = -Y_7$$
$$Y_{21} = -Y_2,\quad Y_{22} = Y_2 + Y_3 + Y_4,\quad Y_{23} = -Y_4$$
$$Y_{31} = -Y_7,\quad Y_{32} = -Y_4,\quad Y_{33} = Y_4 + Y_5 + Y_6 + Y_7$$
$$I_1 = I_A,\quad I_2 = 0,\quad I_3 = Y_6 V_B$$

3.5 복합회로의 해석

회로가 그림 3.12와 같이 전원이 전압원, 전류원 등으로 구성되어 있고 형태가 직렬과 병렬이 혼성되어 있는 경우 어떠한 방법으로 해석하는 것이 편리할 것인지를 판단해야 한다. 또한 수동 소자로서 주어진 값들이 임피던스나 어드미턴스로 주어진 형태에 따라 해석상의 선택 기준이 달라진다.

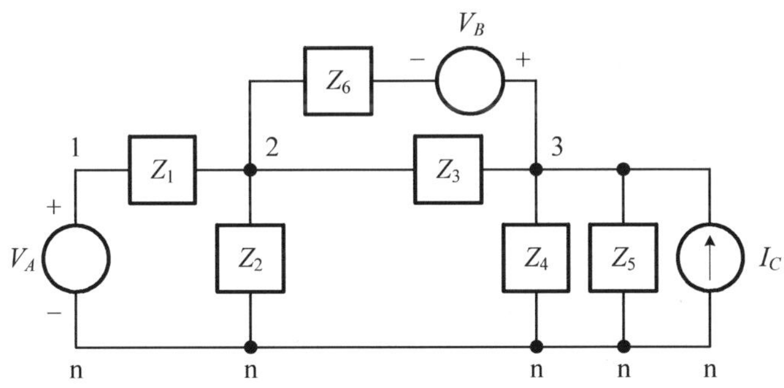

그림 3.12 직병렬 연결과 전압, 전류원의 복합회로

그림에서 절점(접합점)은 절점 2, 절점 3 및 절점 n의 3개로서 독립적인 절점 방정식은 절점 2와 절점 3에 대한 V_1과 V_2를 미지수로 하는 2개가 된다. 그러나 루프 방정식을 세운다면 독립된 루프의 수는 4개가 되므로 4원 연립 방정식이 된다. 한편 전원은 전압원으로서 주어진 V_A와 V_B의 2개가 있고 전류원으로 주어진 것은 I_C의 한 개이다. 또한 수동 소자의 값들은 모두 임피던스로 주어졌다. 전압원이 많고 소자값이 임피던스로 주어진 상태라면 루프 방정식으로 해결해야 되나 방정식의 수가 4개가 되어 풀이 과정에서 시간이 많이 소요된다. 전류원이 많고 어드미턴스 형태로서 수동 소자의 값들이 주어진 상태라면 절점 방정식으로 해결해야 되지만 위의 그림에서는 전압원이 많고 임피던스값으로 주어진 형태이므로 이것도 쉽게 판단

할 수 없다.

위의 검토로부터 우리는 어떤 방법으로 주어진 문제를 해결하는 것이 시간과 노력을 가장 적게 들일 수 있을 것인지 판단하기가 어렵다. 이와 같이 몇 가지의 조건들이 상충될 때에는 계산의 편리성과 목적하는 최종의 해에 따라 판단 기준이 설정된다. 예를 들어서 그림으로부터 각 가지의 전류를 구하는 것이라면 루프 방정식이 편리하겠지만 출력단의 전압만을 구하는 것이면 절점 방정식이 편리할 것이다. 그리고 4원 1차 연립 방정식의 해보다는 2원 1차 연립 방정식의 해가 계산에서 매우 간단하다. 그러므로 그림 3.12의 해는 절점 방정식을 이용하는 것이 편리할 것이다. 즉, 그림 3.1은 그림 3.13(a)와 같이 등가 변환이 가능하다. 또한 각 병렬단을 등가 어드미턴스로 나타낸다면 그림 3.13(b)와 같이 변환되므로 이에 대한 절점 방정식은 다음과 같다.

$$\left.\begin{aligned}(Y_A + Y_B) - Y_B V_2 &= I_A - I_B \\ -Y_B V_1 + (Y_B + Y_C) V_2 &= I_B + I_C\end{aligned}\right\} \tag{3-39}$$

단,

$$Y_A = Y_1 + Y_2,\quad Y_B = Y_3 + Y_6,\quad Y_C = Y_4 + Y_5$$

$$Y_1 = \frac{1}{Z_1},\quad Y_2 = \frac{1}{Z_2},\quad Y_3 = \frac{1}{Z_3},\quad Y_4 = \frac{1}{Z_4}$$

$$Y_5 = \frac{1}{Z_5},\quad Y_6 = \frac{1}{Z_6}$$

$$I_A = \frac{V_A}{Z_1},\quad I_B = \frac{V_B}{Z_6} \tag{3-40}$$

이다. 식(3-39)는

$$\begin{bmatrix} Y_{11} & Y_{12} \\ Y_{21} & Y_2 \end{bmatrix} \cdot \begin{bmatrix} V_1 \\ V_2 \end{bmatrix} = \begin{bmatrix} I_1 \\ I_2 \end{bmatrix} \tag{3-41}$$

가 되므로 역행렬에 의해 V_1과 V_2를 구한다.

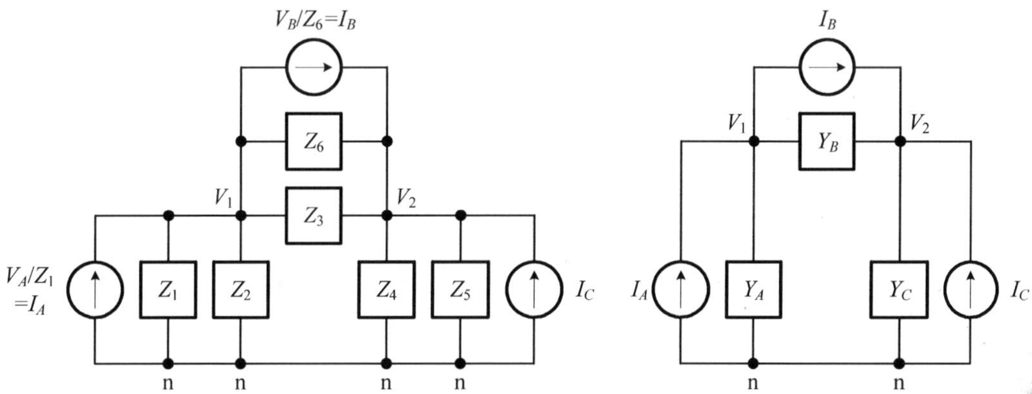

(a) 그림 3.12의 등가회로 (b) 그림 (a)의 등가회로

그림 3.13 그림 3.12의 등가회로

예제 3.5

그림 3.14에서 절점 2의 전압 V_2를 구하여라. $V_A = 10\angle 0°$ [V], $V_B = 2\angle 0°$ [A] 그리고 $I_C = 3\angle 0°$ [A]이고 각 수동 소자의 단위는 [Ω]이다.

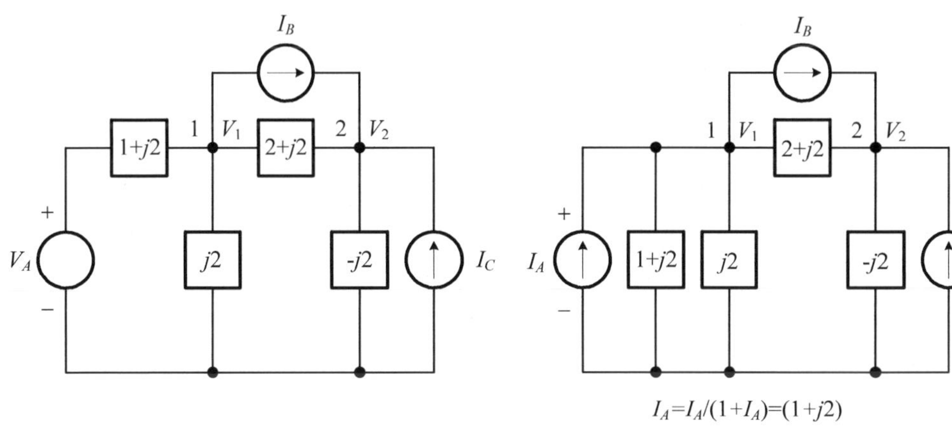

(a) 예제 3.5의 회로 (b) 등가회로

그림 3.14 예제 3.5의 회로와 등가회로

풀이 그림 3.14(a)의 회로는 그림 3.14(b)와 같은 등가회로로 고칠 수 있다. 각 소자의 어드미턴스와 전류는

$$\left.\begin{aligned} Y_1 &= \frac{1}{Z_1} = \frac{1}{1+j2} = 0.2-j0.4 \\ Y_2 &= \frac{1}{Z_2} = \frac{1}{j2} = -j0.5 \\ Y_3 &= \frac{1}{Z_3} = \frac{1}{-j2} = j0.5 \\ Y_4 &= \frac{1}{Z_4} = \frac{1}{2+j2} = 0.25-j0.25 \end{aligned}\right\}$$

$$\left.\begin{aligned} I_A &= \frac{V_A}{1+j2} = \frac{10}{1+j2} = 2-j4 \\ I_B &= 2 \\ I_C &= 3 \end{aligned}\right\}$$

이므로 절점 방정식을 행렬의 형태로 세우면

$$\begin{bmatrix} Y_1+Y_2+Y_4 & -Y_4 \\ -Y_4 & Y_3+Y_4 \end{bmatrix} \cdot \begin{bmatrix} V_1 \\ V_2 \end{bmatrix} = \begin{bmatrix} I_A - I_B \\ I_B + I_C \end{bmatrix}$$

이다. 위의 세 식을 대입하여 정리하면

$$\begin{bmatrix} 0.2-j0.4-j0.5+0.25-j0.25 & -0.25+j0.25 \\ -0.25+j0.25 & j0.5+0.25-j0.25 \end{bmatrix}\begin{bmatrix} V_1 \\ V_2 \end{bmatrix} = \begin{bmatrix} 2-j4-2 \\ 2+3 \end{bmatrix}$$

그러므로 절점 2의 전압 V_2는

$$V_2 = \frac{\begin{vmatrix} 0.45-j1.15 & -j4 \\ -0.25+j0.25 & 5 \end{vmatrix}}{\begin{vmatrix} 0.45-j1.15 & -0.25+j0.25 \\ -0.25+j0.25 & 0.25+j0.25 \end{vmatrix}} = \frac{1.25-j6.75}{0.4+j0.125}$$

$$= -1.957-j16.263 = 16.38\angle-96.8^\circ$$

↵

3.6 수동 3단자 회로의 변환

앞절에서 다룬 복합회로의 경우 전원의 등가 변환이나 직병렬 변환 등의 방법에 의해 회로를 간단히 하여 해석하였다. 그러나 그림 3.15(a)와 같은 회로는 가운데에 T자형의 회로가 있기 때문에 이러한 직병렬 변환이 불가능하여 절점 방정식을 3개로 세울 수밖에 없다. 그러나 만일 같은 그림의 (b)와 같이 변환된다면 각 병렬 소자에 의한 해석이 되므로 보다 간략히

할 수 있을 것이다. 이러한 변환을 수동 3단자 회로의 등가 변환이라고 한다.

그러면 그림 3.16(a)와 같은 T자형의 회로를 그림 3.16(b)와 같은 π자형의 등가회로로 변환시키는 방법을 고찰해 보자. 이것을 **T-π 변환**이라고 하며 이것은 Y자형과 Δ형을 닮았기 때문에 **Y-Δ 변환**이라고도 한다. 그림 3.15의 접지 부분은 하나의 점으로 간주될 수 있기 때문에 편의상 그림 3.16과 같이 그릴 수 있다. 등가회로가 되려면 외부 단자에 대한 전류나 전압이 같아야 한다. 즉, 등가회로로 변환되더라도 외부 회로에는 하등의 영향을 주지 않아야 한다.

우선 그림 3.16(a)의 회로에 대해 해석하자. 단자 1과 단자 2 사이의 전압 V_{12} 및 단자 3과 단자 1 사이의 전압 V_{31}은

$$V_{12} = V_{1n} + V_{n2} = V_{1n} - V_{2n} = Z_1 I_1 - Z_2 I_2 \tag{3-42}$$

$$V_{31} = V_{3n} + V_{n1} = V_{3n} - V_{1n} = Z_3 I_3 - Z_1 I_1 \tag{3-43}$$

이다.

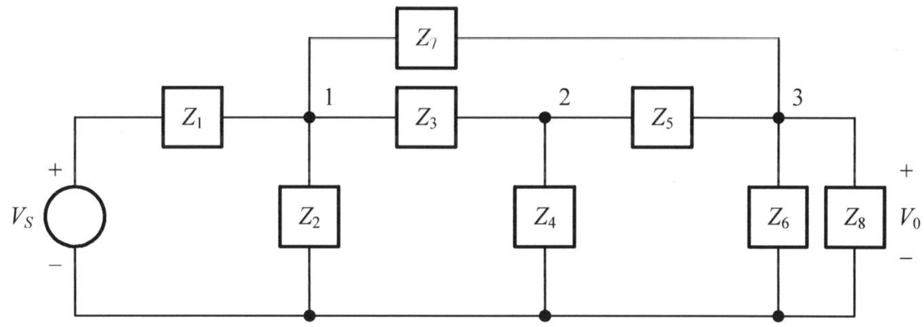

(a) T자형의 복합회로

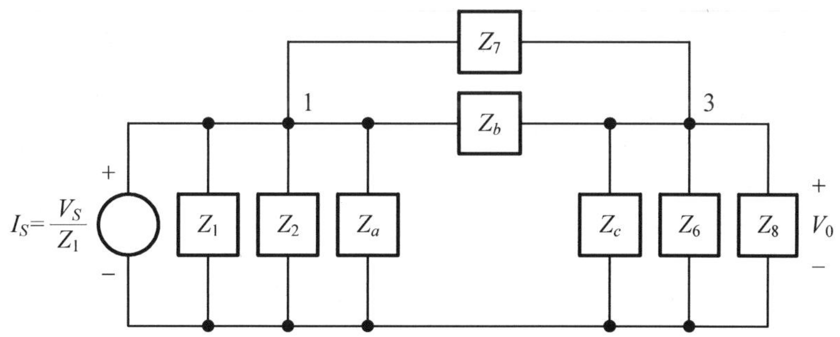

(b) π자형의 복합회로

그림 3.15 T-π 변환에 의한 회로의 간략화 회로

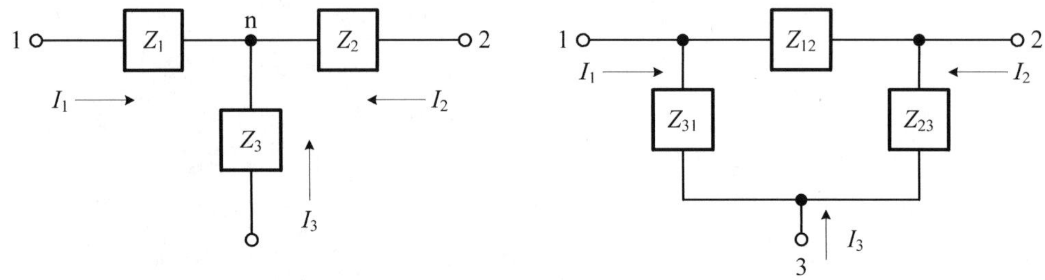

(a) T자형 회로 (b) π자형 회로

그림 3.16 T자형 π 자형 등가회로

또한 KCL로부터

$$I_1 + I_2 + I_3 = 0 \tag{3-44}$$

이므로 식(3-42), 식(3-43) 및 식(3-44)를 연립으로 I_1에 관해 풀면

$$I_1 = \frac{Z_3 V_{12} - Z_2 V_{31}}{Z_1 Z_2 + Z_2 Z_3 + Z_3 Z_1} \tag{3-45}$$

가 된다. 한편 등가회로를 위해 식(3-45)에 제시된 전류와 전압에 관계되도록 그림 3.16(b)의 회로에서 단자 1의 전류를 전압 V_{12}와 V_{31}로 나타내 보자. 그림 3.16(b)에서 단자 1의 전류는 단자 1에 대해 KCL을 적용하면

$$I_1 = I_{12} + I_{13} = I_{12} - I_{31} = \frac{V_{12}}{Z_{12}} - \frac{V_{31}}{Z_{31}} \tag{3-46}$$

로 쓸 수 있다. 여기서 식(3-45)로 표기되는 그림 3.16(a)의 전류와 식(3-46)으로 표기되는 그림 3.16(b)의 전류는 같은 것이며, 또한 전압도 같으므로

$$\frac{Z_3 V_{12} - Z_2 V_{31}}{Z_1 Z_2 + Z_2 Z_3 + Z_3 Z_1} = \frac{V_{12}}{Z_{12}} - \frac{V_{31}}{Z_{31}} \tag{3-47}$$

로부터

$$Z_{12} = \frac{Z_1 Z_2 + Z_2 Z_3 + Z_3 Z_1}{Z_3} \tag{3-48}$$

$$Z_{31} = \frac{Z_1 Z_2 + Z_2 Z_3 + Z_3 Z_1}{Z_2} \tag{3049}$$

가 되며 마찬가지 방법으로

$$Z_{23} = \frac{Z_1 Z_2 + Z_2 Z_3 + Z_3 Z_1}{Z_1} \tag{3-50}$$

로 쓸 수 있다. 식(3-48)~식(3-50)의 관계를 살펴보면 다음과 같은 법칙성이 있 다. 즉, T →π 형 변환에서는

$$Z(\pi) = \frac{\sum ZZ}{\text{반대편 } Z} \tag{3-51}$$

의 관계가 있으며 이러한 방법에 의해 식을 기억하면 편리할 것이다.

한편 π 형으로 주어진 회로를 T형 등가회로로 변환하려면 앞에서와 유사한 방법에 의해 다음과 같은 변환식을 구할 수 있다. 즉,

$$Z_1 = \frac{Z_{12}Z_{31}}{Z_{12}+Z_{23}+Z_{31}} \tag{3-52}$$

$$Z_2 = \frac{Z_{12}Z_{23}}{Z_{12}+Z_{23}+Z_{31}} \tag{3-53}$$

$$Z_3 = \frac{Z_{23}Z_{31}}{Z_{12}+Z_{23}+Z_{31}} \tag{3-54}$$

이며 식(3-52)~식(3-54)의 관계는 다음과 같은 법칙성이 있다. 즉, π →T형 변환에서는

$$Z(T) = \frac{\text{인접하는 } Z\text{의 곱}}{\sum Z} = \frac{\text{인접 } ZZ}{\sum Z} \tag{3-55}$$

가 있으며 이러한 방법에 의해 식을 기억하면 편리할 것이다.

예제 3.6

그림 3.17의 브리지 회로에서 T-π 변환 방법을 이용하여 전류 I를 구하여라.

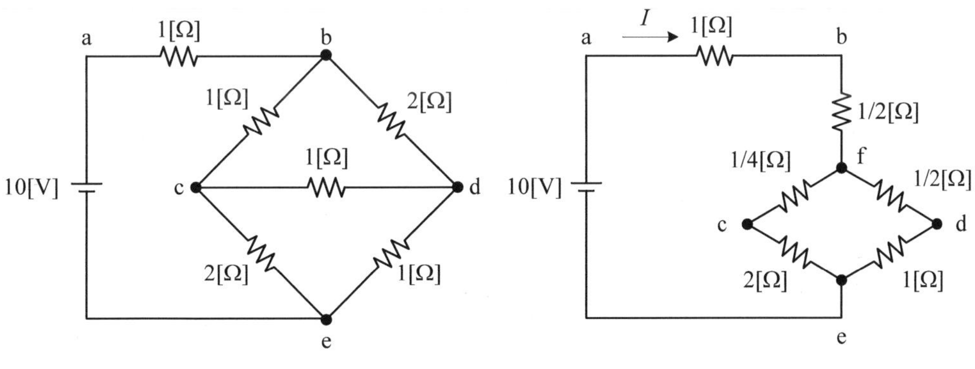

(a) 예제 3.6의 회로 (b) 등가회로

그림 3.17 예제 3.6의 회로와 π →T 형 변환에 의한 등가회로

풀이 그림 3.16(a)에서 π형의 bcd에 대해 $\pi \rightarrow$T 변환을 적용하면 그림 3.17(b)의 T형 회로 bcdf에서 bf단의 저항, cf단의 저항, df단의 저항은 각각

$$R_{bf} = \frac{\text{인접저항의곱}}{\sum R} = \frac{R_{bc}R_{bd}}{R_{bc}+R_{bd}+R_{cd}} = \frac{1 \cdot 2}{1+2+1} = \frac{1}{2}$$

$$R_{cf} = \frac{R_{bc}R_{cd}}{R_{bc}+R_{bd}+R_{cd}} = \frac{1 \cdot 1}{1+2+1} = \frac{1}{4}$$

$$R_{df} = \frac{R_{bd}R_{cd}}{R_{bc}+R_{bd}+R_{cd}} = \frac{2 \cdot 1}{1+2+1} = \frac{1}{2}$$

이다. 그러므로 전체 저항은

$$R = R_{ab} + R_{bf} + (R_{cf} + R_{ce})//(R_{df} + R_{de})$$
$$= 1 + \frac{1}{2} + (\frac{1}{4} + 2)//(\frac{1}{2} + 1) = \frac{12}{5} \ [\Omega]$$

∴ 전류 I는

$$I = \frac{10}{12/5} = \frac{25}{6} \left(= \frac{150}{36} \right) \ [\text{A}]$$

으로서 예제 3.1이나 예제 3.3에서 구한 전류와 같다. ↵

연습문제

3.1 그림 3.18의 회로에서 검류계로 흐르는 전류값 I_G를 폐로 해석법을 이용하여 구하여라.

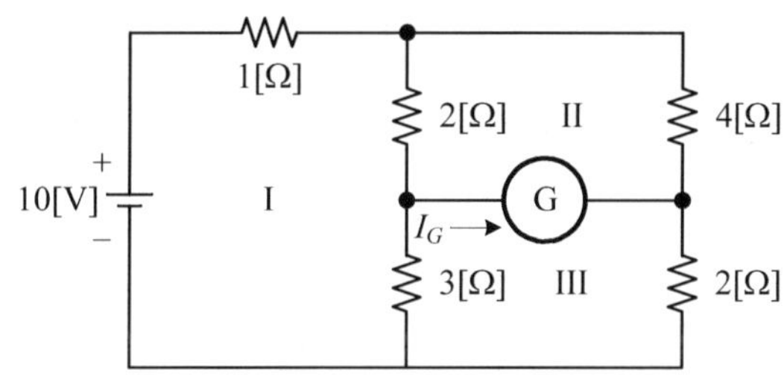

그림 3.18 문제 3.1의 회로

3.2 그림 3.19에서 4[Ω] 저항에 흐르는 전류를 폐로 해석법을 이용하여 구하여라.

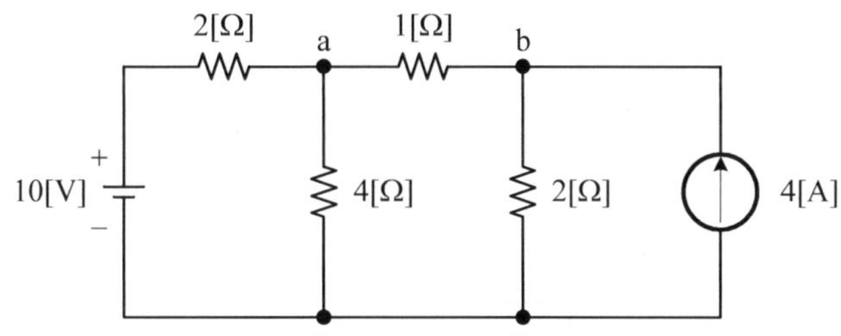

그림 3.19 문제 3.2의 회로

3.3 그림 3.20의 회로에서 정현파 전압원이 인가되었다. 폐로 해석법을 이용하여 (a) 커패시터로 흐르는 전류 페이저, (b) 전류 순시치 $i_C(t)$의 정상응답을 구하여라. 단, $v_i(t)=100 \cdot \sin 4t$, $R=10[\Omega]$, $L_1=1[\mathrm{H}]$, $L_2=2[\mathrm{H}]$, $C=0.1[\mathrm{F}]$이다.

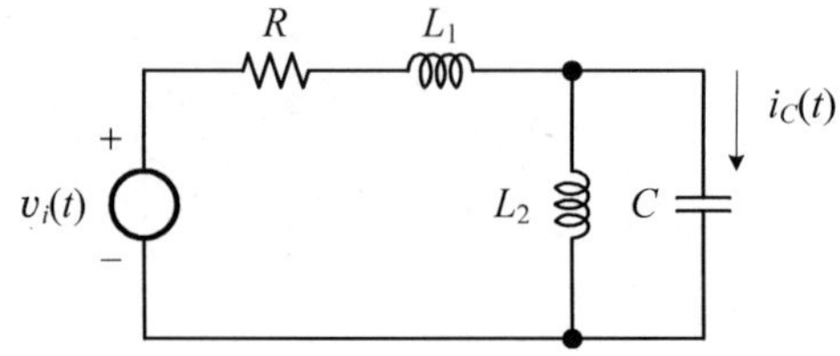

그림 3.20 문제 3.3의 회로

3.4 그림 3.19의 회로에서 단자 a-n간의 전압 V_{an}을 절점 해석법을 이용하여 구하여라.

3.5 시계방향으로 설정된 폐로 방정식이 다음과 같이 표현되는 저항회로의 회로도를 그려라.

$$\begin{bmatrix} 5 & -2 & 0 \\ -2 & 11 & -5 \\ 0 & -5 & 9 \end{bmatrix} \cdot \begin{bmatrix} I_1 \\ I_2 \\ I_3 \end{bmatrix} = \begin{bmatrix} 10 \\ 0 \\ -5 \end{bmatrix}$$

3.6 그림 3.20에서 (a) 자기 임피던스 Z_{11}, (b) 상호 임피던스 Z_{12}, (c) 구동점 임피던스 Z_d를 각각 구하여라.

3.7 그림 3.21에서 1번 단자 및 2번 단자의 전압 V_1과 V_2를 구하여라.

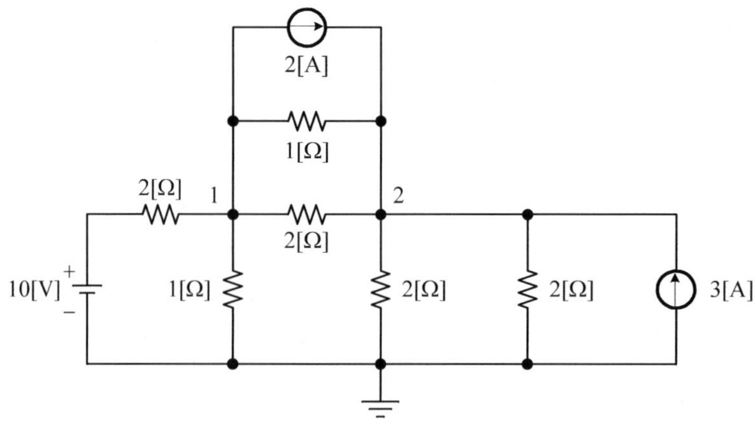

그림 3.21 문제 3.7의 회로

3.8 그림 3.22의 회로에서 (a) 구동점 임피던스, (b) 전달 임피던스, (c) 마디 전압을 각각 구하여라.

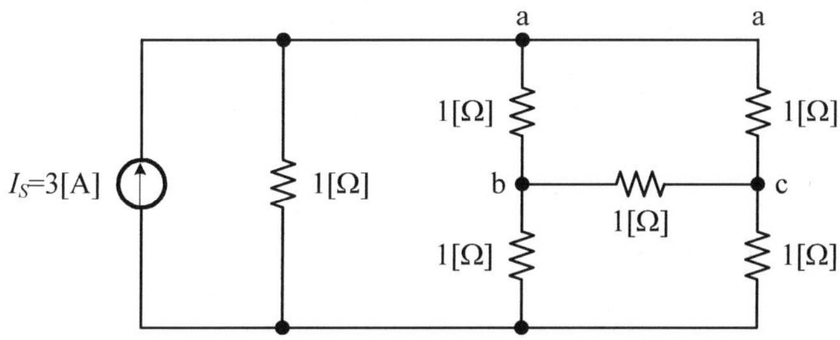

그림 3.22 문제 3.8의 회로

3.9 그림 3.23과 같이 두 개의 부하 Z_{L1}, Z_{L2}가 서로 다른 전원 V_{S1}, V_{S2}에 1[m]당 1[Ω]의 도선을 통해 5[m] 거리에 연결되어 있고 하나의 공통선을 가지고 있다. 공통선의 전류 I_G를 구하여라. 단, $V_{S1} = 110\angle 0°$ [V], $V_{S2} = 110\angle 0°$ [V], $Z_{L1} = 20\angle 15°$ [Ω], $Z_{L2} = 25\angle 30°$ [Ω]이다.

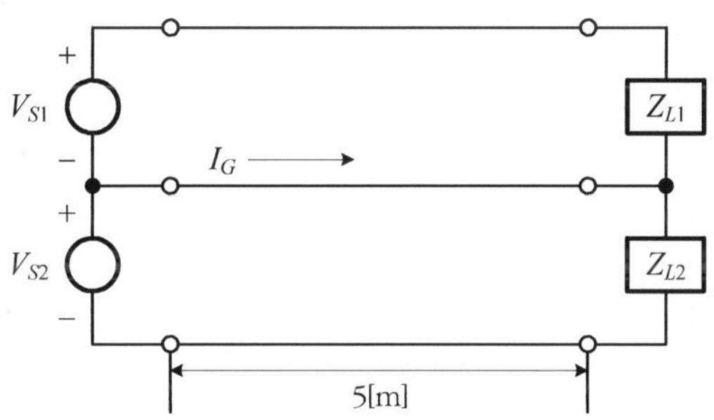

그림 3.23 문제 3.9의 회로

3.10 그림 3.16으로부터 식(3-52)~식(3-54)의 식을 유도하여라.

3.11 그림 3.24에서 주파수가 400[Hz]일 때 T형 회로로 변환하여라.

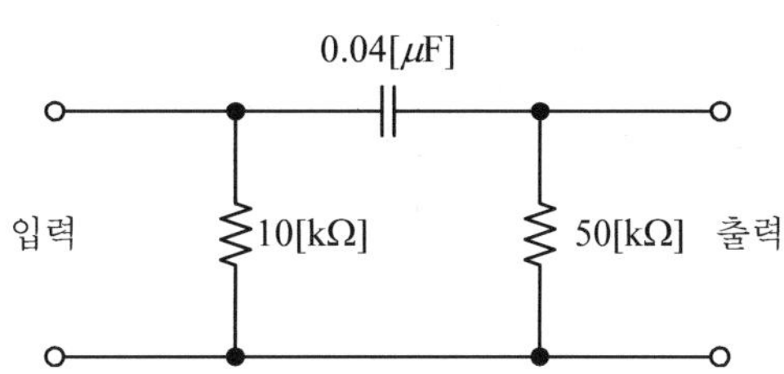

그림 3.24 문제 3.11의 회로

3.12 그림 3.25의 3단자 회로망을 (a) Y형 회로, (b) Δ형 회로로 그려라.

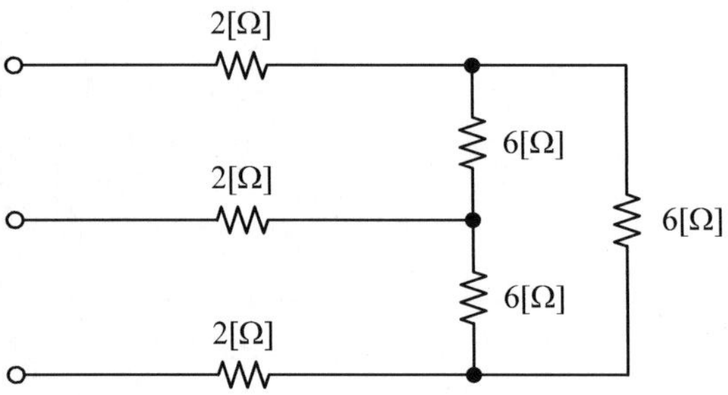

그림 3.25 문제 3.12의 회로

3.13 그림 3.26의 회로에서 커패시터의 전압 $v_C(t)$를 절점 해석법을 이용하여 구하여라. 단, $i_A(t) = 10\sin 2t$, $i_B(t) = 4\sin(2t-90^\circ)$이다.

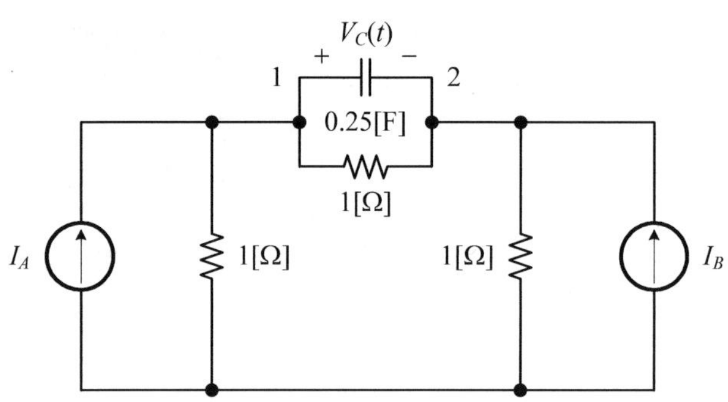

그림 3.26 문제 3.13의 회로

3.14 그림 3.26에서 A전원에 의한 구동점 임피던스를 구하여라.

3.15 문제 3.9의 그림 3.23에서 (a) 부하 1의 소모전력, (b) 부하 2의 소모전력을 각각 구하고 공통선을 분리하여 설치한 경우 (c) 부하 1의 소모전력, (d) 부하 2의 소모전력을 각각 구하여라.

3.16 그림 3.27의 회로에서 커패시터 전압을 구하여라.
단, $v_A(t) = 4\sin 2t$, $v_B(t) = 2\sin(2t + 45^\circ)$이다.

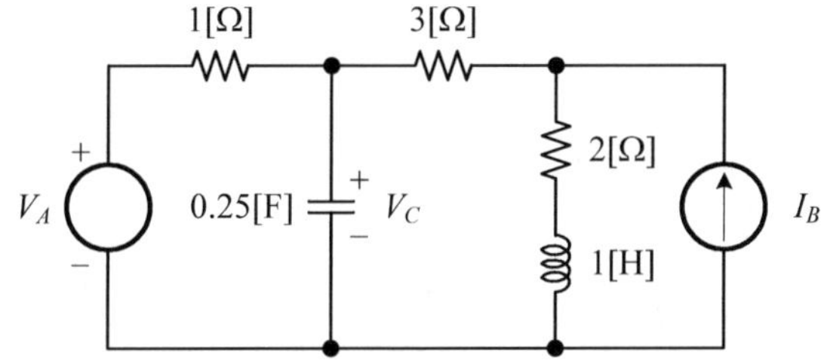

그림 3.27 문제 3.16의 회로

3.17 그림 3.28은 이상 발진기이다. 증폭기의 출력단 신호가 귀환블럭을 거쳐 180° 위상반전이 되면 반전 증폭기에 의해 반전 증폭되어 발진을 일으킨다. 귀환 소자 블럭에 대한 귀환위상이 180° 가 되는 조건을 쓰고 발진 주파수를 구한 다음, 이 때의 증폭기의 이득 $-R_f/R$을 구하여라.

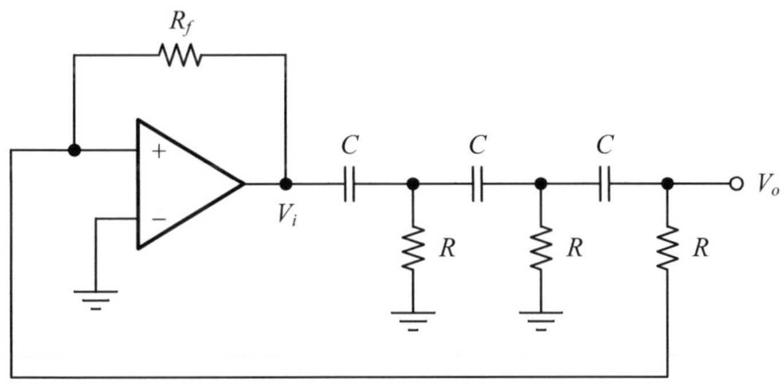

그림 3.28 문제 3.17의 회로

4장

유도결합 회로

4.1 상호 유도작용
4.2 상호 인덕턴스
4.3 코일의 극성과 회로 방정식
4.4 상호인덕턴스와 극성의 측정
4.5 결합회로의 등가회로
4.6 결합계수
4.7 이상 변압기

4.1 상호 유도 작용

일찍이 자기장을 이용한 예는 나침반을 이용하여 항해에 적용한 경우를 들 수 있다. 전선을 어떤 물질에 일정하게 감아 전류를 흘리면 전선으로 감은 내부에는 자기장이 집중되므로 밀도가 높다. 이 자기장은 연속적이며 앙페르의 오른손 법칙에 의해 코일의 N극에서 나와 S극으로 들어간다. 이때의 자기장을 그림 4.1과 같이 철심 등을 이용하여 유도할 수 있다면 2차측에 다른 코일을 감아서 자장의 변화로부터 기전력을 얻을 수 있다. 2차측에 회로가 형성되어 있다면 유도된 기전력에 의해 전류가 흐르게 되며 2차측 전류는 또 다른 자장을 형성하므로 다시 철심 등을 통해 1차측으로 유도된다. 그러므로 1차측의 전압에 영향을 주게 된다. 이러한 일련의 유도 작용을 **상호 유도 작용**(Mutual Induction)이라고 한다. 여기서 첨자로 사용되는 1과 2는 1차측과 2차측을 나타낸다. 예를 들어 ϕ_{12}라고 하는 것은 1차측 전류에 의해 2차측에 유도되는 자장을, ϕ_{11}은 1차측에서 생성되어 1차측에서 누설되는 자장을 의미한다. 그러므로 ϕ_{21}은 2차측 전류에 의해 1차측에 유도되는 자장을, ϕ_{22}는 2차측에서 생성되어 2차측에서 누설되는 자장을 의미한다. 이처럼 상호유도 작용에 의해 1차측과 2차측이 연결되어 있는 회로를 **유도 결합회로**(Inductively Coupled Circuit)라고 하고 연결하는 기기를 **유도 결합기** 또는 **트랜스**(Transformer)라고 하며 전압만의 변환을 목적으로 하는 것은 **변압기**라고 한다.

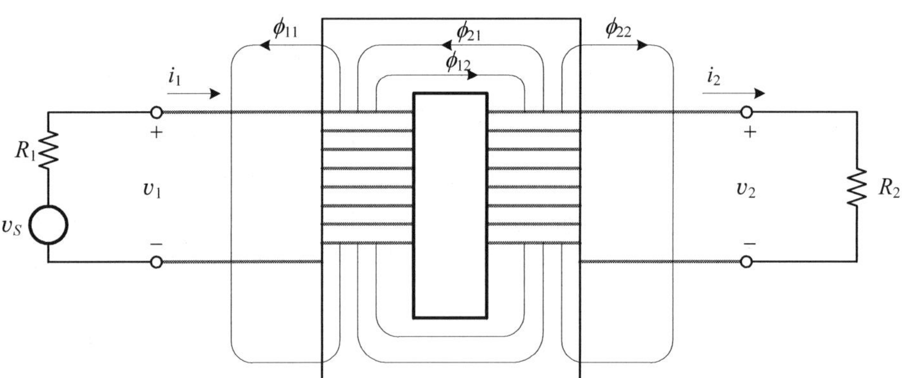

그림 4.1 전류에 의한 자력선과 상호 유도 작용

4.2 상호 인덕턴스

상호 인덕턴스가 정의되는 과정을 고찰하기 위해 그림 4.1은 그림 4.2와 같이 간단히 그릴 수 있다.

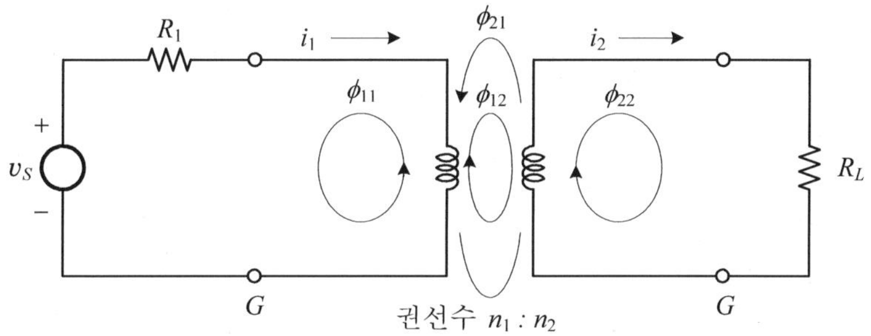

그림 4.2 상호 유도 결합회로와 자속의 성분

그림 4.2에서 1차측의 코일에서 생성된 자속을 Φ_1이라고 할 때 1차측에서 누실되는 성분과 1차측에서 2차측으로 전달된 성분으로 나눌 수 있다. 즉,

$$\phi_1 = \phi_{11} + \phi_{12} \tag{4-1}$$

이며 여기서 ϕ_{11}을 **누설자속**(Leakage Flux)이라 하고 ϕ_{12}를 **상호자속**(Mutual Flux)이라고 한다. 만일에 2차측이 개방되어 있다면 1차측의 코일의 권선수를 n_1이라고 할 때 1차측의 전류에 의해 생성된 자속이 1차측에서 코일에 쇄교(鎖交)하는 수(쇄교수)는

$$\lambda_{11} = n_1\phi_1 \tag{4-2}$$

이 된다. 여기서 ϕ_1은 1차측 전류에 비례하므로 λ_{11}도 1차측 전류에 비례한다. 그러므로 비례상수를 L_1이라고 하면

$$n_1\phi_1 = L_1 i_1 \tag{4-3}$$

으로부터

$$L_1 = \frac{n_1\phi_1}{i_1} \tag{4-4}$$

의 식을 구할 수 있다. 이것을 1차측 **자기 인덕턴스**(Self Inductance)라고 한다.

또한 1차측 전류에 의해 생성된 자속이 2차측에서 코일에 쇄교하는 수(쇄교수)는

$$\lambda_{12} = n_2\phi_{12} \tag{4-5}$$

이다. 이것은 분명히 1차측 전류에 비례하므로 비례상수를 M_{12}라고 할 때,

$$n_2\phi_{12} = M_{12}i_1 \tag{4-6}$$

으로부터 아래와 같이 된다.

$$M_{12} = \frac{n_2\phi_{12}}{i_1} \tag{4-7}$$

이것은 1차측에서 2차측으로의 **상호 인덕턴스**(Mutual Inductance)라고 한다.

한편 앞에서와 같은 방법에 의해 1차측이 개방된 상태에서 2차측에 전원을 두고 2차측의 전류에 의한 해석을 할 수 있다. 2차측의 코일에서 생성된 자속을 ϕ_2라고 할 때 2차측에서 누설되는 성분과 2차측에서 1차측으로 전달된 성분으로 나눌 수 있다. 즉,

$$\phi_2 = \phi_{22} + \phi_{21} \tag{4-8}$$

이며 여기서 ϕ_{22}를 2차측 누설자속이라고 하고 ϕ_{21}을 상호자속이라고 한다. 2차측의 코일의 권선수를 n_2라고 할 때 2차측의 전류에 의해 생성된 자속이 2차측에서 코일에 쇄교하는 수는

$$\lambda_{22} = n_2\phi_2 \tag{4-9}$$

가 된다. 이것은 2차측 전류에 비례하므로 비례상수를 L_2라고 하면

$$n_2\phi_2 = L_2i_2 \tag{4-10}$$

로부터

$$L_2 = \frac{n_2\phi_2}{i_2} \tag{4-11}$$

의 식을 구할 수 있다. 이것을 2차측 자기 인덕턴스라고 한다.

또한 2차측의 전류에 의해 생성된 자속이 1차측에서 코일에 쇄교하는 수는

$$\lambda_{21} = n_1\phi_{21} \tag{4-12}$$

이다. 이것은 분명히 2차측 전류에 비례하므로 비례상수를 M_{21}이라고 할 때

$$n_1\phi_{21} = M_{21}i_2 \tag{4-13}$$

로부터

$$M_{21} = \frac{n_1\phi_{21}}{i_2} \tag{4-14}$$

이 된다. 이것을 2차측에서 1차측으로의 상호 인덕턴스라고 하며 식(4-7)과 같기 때문에 다음과 같이 상호 인덕턴스를 정의한다.

$$M = M_{12} = M_{21} \tag{4-15}$$

예제 4.1

식(4-15)가 성립함을 증명하여라.

풀이 식(4-14)를 식(4-7)과 비교해 보면

$$\frac{M_{12}}{M_{21}} = \frac{\dfrac{n_2\phi_{12}}{i_1}}{\dfrac{n_1\phi_{21}}{i_2}} = \frac{n_2 i_2}{n_1 i_1} \cdot \frac{\phi_{12}}{\phi_{21}}$$

에서 권선비에 따른 전류는

$$n_1 : n_2 = i_2 : i_1$$

이므로

$$n_2 i_2 = n_1 i_1$$

이다. 또한 유도 결합기의 구조가 일정하고 쌍향성이라면

$$\phi_{12} = \phi_{21}$$

로 나타낼 수 있으므로 첫 번째 식의 값은 1이 되어 상호 인덕턴스는

$$M_{12} = M_{21} = M$$

이다. ↵

4.3 코일의 극성과 회로 방정식

4.3.1 유도 결합기의 극성과 평형 방정식

유도 결합기의 권선 방향에 따라 자속의 방향이 달라진다. 예를 들어서 1절에서 설명한 바와 같이 그림 4.3과 같은 경우, 1차측의 전류에 의해 자속 ϕ_{12}가 2차측에 전달되고 이 자속에 의해 2차측에는 자속을 억제하는 방향(ϕ_{12}의 반대 방향)으로 유도전압이 생성된다. 2차측에 회로가 형성되어 있다면 이 유도전압에 의해 2차측 전류가 흐르게 되므로 2차측으로부터 1차측으로 전달되는 자속 ϕ_{21}이 발생한다. 이 때 2차측에서 1차측으로 전달된 자속은 ϕ_{12}와 반대

방향이 되므로 실제의 경우, 1차측의 전체 자속 ϕ_1은

$$\phi_1 = \phi_{11} + \phi_{12} - \phi_{21} \tag{4-16}$$

이 된다. 그러므로 1차측 자속 쇄교수는

$$\lambda_1 = n_1(\phi_{11} + \phi_{12}) - n_1\phi_{21} = L_1 i_1 - M i_2 \tag{4-17}$$

로 표현할 수 있다. 또한 패러데이의 법칙으로부터 1차측의 전압은 자속 쇄교수의 시간당 변화량이므로

$$v_1 = \frac{d\lambda_1}{dt} = L_1\frac{di_1}{dt} - M\frac{di_2}{dt} \tag{4-18}$$

로 표시된다. 여기서 i_2의 부호는 실제의 전류 방향으로 놓았을 때로서 양이다. 마찬가지의 방법으로 2차측의 전압을 구하면 2차측 전체 자속과 자속 쇄교수는

$$\phi_2 = \phi_{22} + \phi_{21} - \phi_{12} \tag{4-19}$$

$$\lambda_2 = n_2(\phi_{22} + \phi_{21}) - n_2\phi_{12} = L_2 i_2 - M i_1 \tag{4-20}$$

이므로

$$v_2 = \frac{d\lambda_2}{dt} = L_2\frac{di_2}{dt} - M\frac{di_1}{dt} \tag{4-21}$$

로 표시할 수 있다. 여기서 전류의 방향을 다르게 놓고 해석을 할 때에는 부호를 바꾸어 놓으면 된다.

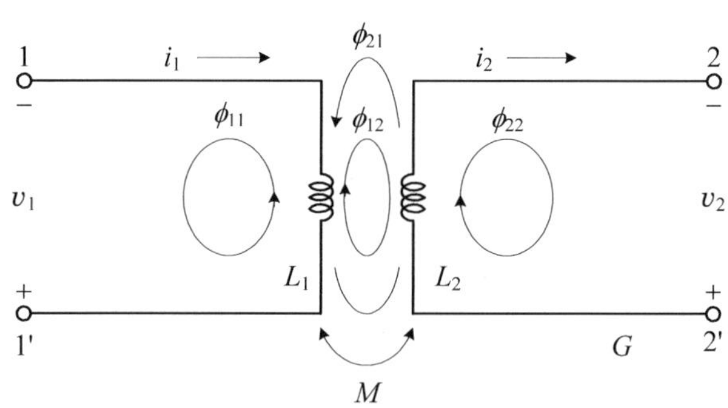

그림 4.3 상호 유도 결합회로의 전압 표현

앞에서 해석한 방법은 실제의 경우에 대한 해석이지만 또한 코일을 그릴 때 평면상에 나타내므로 코일이 감긴 방향을 알 수 없기 때문에 우리는 일반적으로 자속의 방향을 알 수 없다. 그러므로 그림 4.4(a)와 같이 1차측에서 생성된 자속의 방향과 2차측 자속의 방향이 일치되도

록 1차측과 2차측에 전류가 유입되는 쪽에 점을 찍기로 약속한다. 그러므로 그림 4.4(b)의 경우에는 해석상 설정한 2차측 전류에 의한 자속의 방향이 1차측 전류에 의한 자속의 방향과 반대가 되므로 자속의 방향이 일치되는 반대편에 점을 찍는다.

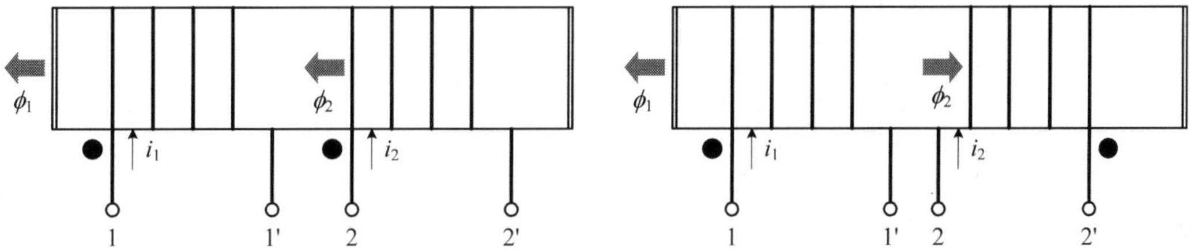

(a) 같은 방향의 경우 (b) 다른 방향의 경우

그림 4.4 코일의 극성 표시

일반적인 유도 결합기는 그림 4.5(a)와 같이 나타낸다. 여기서 1차측과 2차측은 모두 유입되는 쪽에 점이 찍혀 있으므로 자속의 방향이 일치된다. 그러므로 상호 유도 작용에 의한 영향은 +의 방향으로 작용하여 회로 방정식은 다음과 같이 표현된다.

$$\left.\begin{aligned} v_1 &= L_1\frac{di_1}{dt} + M\frac{di_2}{dt} \\ v_2 &= M\frac{di_1}{dt} + L_2\frac{di_2}{dt} \end{aligned}\right\} \tag{4-22}$$

만일 그림 4.5(b)와 같이 점이 반대편에 찍혀 있거나, 혹은 그림 4.5(a)에서 전류의 방향이 반대이면 M 대신 $-M$으로 대치하면 된다. 즉, 회로 방정식은 다음과 같이 표현할 수 있다.

$$\left.\begin{aligned} v_1 &= L_1\frac{di_1}{dt} - M\frac{di_2}{dt} \\ v_2 &= -M\frac{di_1}{dt} + L_2\frac{di_2}{dt} \end{aligned}\right\} \tag{4-23}$$

전원이 각주파수 ω를 가지는 정현파 교류라면 위의 식(4-22)와 식(4-23)에서 미분연산자는 $j\omega$로 대체해도 된다. 또한 일반적인 신호라면 제1장에서와 같은 복소주파수 s로 대체해도 될 것이다. 그러므로 위의 식은 다음과 같은 식으로 표현할 수 있다.

$$\left.\begin{aligned} V_1 &= sL_1I_1 \pm sMI_2 \\ V_2 &= \pm sMI_1 + sL_2I_2 \end{aligned}\right\} \tag{4-24}$$

여기서 상호 인덕턴스의 부호는 자속이 일치될 때 '+'이고 자속이 불일치될 때 '-'이다.

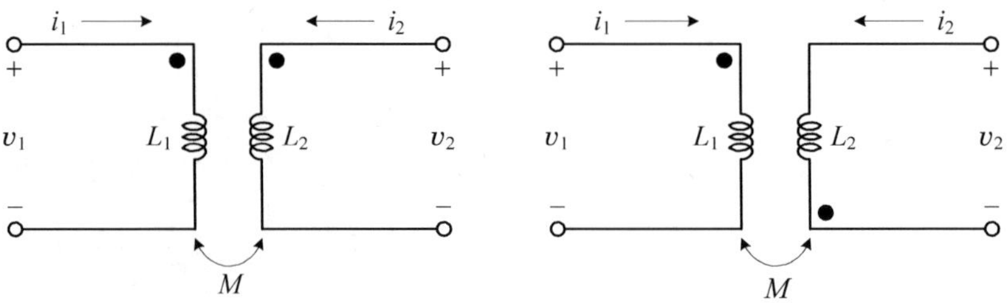

(a) 같은 자속 방향의 경우 (b) 다른 자속 방향의 경우

그림 4.5 유도 결합기의 등가회로

4.3.2 회로의 해석

다음으로 위에서 다룬 등가회로를 이용하여 1차측과 2차측에 모두 회로가 구성된 경우의 회로 방정식을 세우고 해법에 대해 고찰하자. 예를 들어서 가장 일반적인 경우인 그림 4.6과 같은 회로에 대해 부하단의 전류와 전압을 구하는 과정을 살펴보자. 그림에서 전원은 Z_S의 내부 임피던스를 가지고 있고, 코일의 내부 저항은 무시할 정도로 작다고 가정한다. 변압기를 거쳐서 2차측에 유도된 전압에 의해 전류가 생성되어 부하 Z_L에 에너지가 전달되는 과정이다.

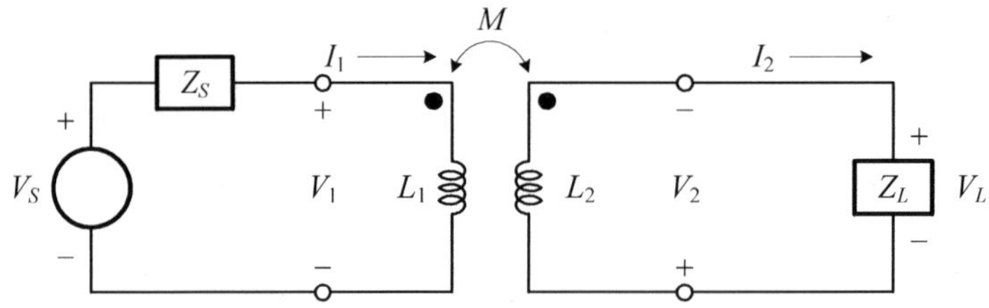

그림 4.6 전원과 부하를 가지는 유도 결합 회로

우선 결합 회로만에 대해 회로 방정식을 세우자. 1차측에서는 점이 찍힌 단자로 전류가 유입되고 2차측에서는 점이 찍힌 단자에서 전류가 유출되므로 1차측 전류에 의한 2차측의 자속이나, 2차측 전류에 의한 1차측의 자속의 방향이 다르기 때문에 변압기의 전압은

$$\left.\begin{aligned} V_1 &= sL_1I_1 - sMI_2 \\ V_2 &= -sMI_1 + sL_2I_2 \end{aligned}\right\} \tag{4-25}$$

로 쓸 수 있다. 또한 1차측의 루프와 2차측의 루프에 대해 KVL을 적용하여 평형 방정식을 세우면

$$\left.\begin{aligned} Z_S I_1 + V_1 &= V_S \\ Z_L I_2 + V_2 &= 0 \end{aligned}\right\} \tag{4-26}$$

이며 식(4-25)를 이용하여 다시 쓰면

$$\left.\begin{aligned} (Z_S + sL_1) I_1 - sMI_2 &= V_S \\ -sMI_1 + (Z_L + sL_2) I_2 &= 0 \end{aligned}\right\} \tag{4-27}$$

가 되며 이것은 대표적으로 다음과 같이 나타낼 수 있다.

$$\left.\begin{aligned} Z_{11} I_1 + Z_{12} I_2 &= V_S \\ Z_{21} I_1 + Z_{22} I_2 &= 0 \end{aligned}\right\} \tag{4-28}$$

단,

$$Z_{11} = Z_S + sL_1, \quad Z_{12} = -sM = Z_{21}, \quad Z_{22} = Z_L + sL_2 \tag{4-29}$$

이다. 그러므로 역행렬을 이용하면 I_1과 I_2는

$$\begin{bmatrix} I_1 \\ I_2 \end{bmatrix} = \frac{\begin{bmatrix} \Delta_{11} & \Delta_{21} \\ \Delta_{12} & \Delta_{22} \end{bmatrix} \begin{bmatrix} V_S \\ 0 \end{bmatrix}}{\begin{vmatrix} Z_{11} & Z_{12} \\ Z_{21} & Z_{22} \end{vmatrix}} = \frac{\begin{bmatrix} Z_{22} & -Z_{12} \\ -Z_{21} & Z_{11} \end{bmatrix} \begin{bmatrix} V_S \\ 0 \end{bmatrix}}{Z_{11} Z_{22} - Z_{12}^{\,2}}$$

$$= \frac{\begin{bmatrix} Z_{22} V_S \\ -Z_{21} V_S \end{bmatrix}}{Z_{11} Z_{22} - Z_{12}^{\,2}} \quad (\because \; Z_{21} = Z_{12}) \tag{4-30}$$

와 같이 구할 수 있다. 식(4-30)에서 I_1과 I_2에 대한 V_S와의 관계를 살펴보면 I_1은 V_S와 같은 방향의 극성을 나타낸다. 또한 I_2는 V_S와 Z_{21}을 계수로 하여 극성이 바뀌어 있다(부호 $-$). 그러나 Z_{21}은 $-sM$이므로 실제의 극성은 같아진다. 즉, 그림 4.16에서 2차측의 전류는 V_S에 의해 흐르는 실제의 전류 방향과 일치한다. 역으로 말하면 1차측과 2차측의 전류 방향을 모두 점이 찍힌 단자로 유입되도록 설정하면 실제의 2차측 전류는 전원과 극성이 반대가 되므로 점이 찍힌 곳에서 유출하는 것이 된다.

식(4-30)에서 구동점 전원부의 전류와 전압원은 관계에서 구동점 임피던스(Driving Point Impedance)를 다음과 같이 정의할 수 있다. 즉,

$$Z_d = \frac{V_S}{I_1} = \frac{Z_{11} Z_{22} - Z_{12}^{\,2}}{Z_{22}} = Z_{11} - \frac{Z_{12}^{\,2}}{Z_{22}} \tag{4-31}$$

로 쓸 수 있다. 여기서 구동점 임피던스는 상호 인덕턴스로 인해 Z_{11}에 추가하여 $-Z_{12}^{\,2}/Z_{22}$

만큼 합해진 꼴이다. 여기서 후자를 **결합 임피던스**(Coupled Impedance)라고 하며 다음과 같다.

$$Z_C = \frac{-Z_{12}{}^2}{Z_{22}} = \frac{-(-sM)^2}{Z_{22}}\Bigg|_{s=j\omega} = \frac{(\omega M)^2}{Z_{22}} \tag{4-32}$$

즉, 실질적으로 구동점 임피던스에 미치는 영향에서 결합 임피던스는 Z_{11}에 더해지는 꼴로서 2차측의 유도 결합으로 인해 1차측에 부하로서 작용하므로 **반사 임피던스**(Reflected Impedance)라고도 한다.

식(4-30)을 이용하면 출력 전압은

$$V_L = Z_L I_2 = \frac{-Z_{12} Z_L V_S}{Z_{11} Z_{22} - Z_{12}{}^2} = \frac{j\omega M Z_L V_S}{Z_{11} Z_{22} - Z_{12}{}^2} \tag{4-33}$$

로 표현할 수 있다. 또한 1차측 전류와 2차측의 전류비 I_2/I_1은

$$\frac{I_2}{I_1} = \frac{-Z_{12}}{Z_{22}} \tag{4-34}$$

이다.

예제 4.2

그림 4.6과 같이 $Z_S = 50[\Omega]$, $Z_L = 30[\Omega]$, $L_1 = 212[\text{mH}]$, $L_2 = 106[\text{mH}]$ 그리고 $M = 80[\text{mH}]$, $v_S(t) = 100\sqrt{2}\sin 377t$이다. 부하단의 전류 $i_2(t)$를 구하여라.

풀이 주어진 회로에 대한 평형 방정식을 세우면

$$\left.\begin{aligned} (Z_S + j\omega L_1) I_1 - j\omega M I_2 &= 100\angle 0^\circ \\ -j\omega M I_1 + (Z_L + j\omega L_2) I_2 &= 0 \end{aligned}\right\}$$

이다. 여기서 $\omega = 377$이므로 주어진 소자값을 대입하여 정리하면

$$\left.\begin{aligned} (50 + j377\times 212\times 10^{-3}) I_1 - j377\times 80\times 10^{-3}\times I_2 &= 100\angle 0^\circ \\ -j377\times 80\times 10^{-3}\times I_1 + (30 + j377\times 106\times 10^{-3}) I_2 &= 0 \end{aligned}\right\}$$

이다. 그러므로 부하단의 전류는

$$I_2 = \frac{\begin{vmatrix} 50+j80 & 100 \\ -j30 & 0 \end{vmatrix}}{\begin{vmatrix} 50+j80 & -j30 \\ -j30 & 30+j40 \end{vmatrix}} = \frac{j30\times 100}{(50+j80)(30+j40) - (-j30)^2}$$

$$= \frac{j15}{-4+j22} = 0.67\angle -5°$$

가 된다. 그러므로 순시치 전류는 최대치 표현으로 되어야 하므로

$$i_2(t) = 0.948\sin(377t - 5°)$$

이다. ⏎

4.4 상호 인덕턴스와 극성의 측정

유도 결합회로의 상호 인덕턴스를 결정하는 방법으로 1차측과 2차측을 연결하여 측정하는 방법이 있다. 가장 널리 이용되는 방법이 직렬 연결 방법으로 그림 4.7과 같이 연결하는 방식이다.

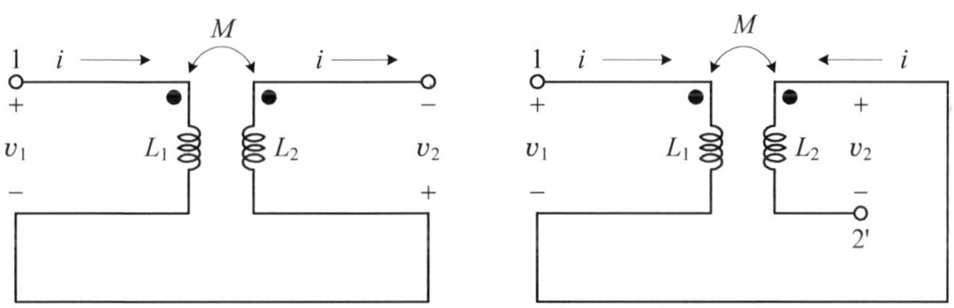

(a) 직렬 접속(1) (b) 직렬 접속(2)

그림 4.7 결합 회로 코일의 직렬 연결

그림 4.7(a)와 같이 연결된 회로에서 앞절의 풀이를 참고로 하면 1차측과 2차측의 전류는 같은 값이므로 v_1과 v_2는 각각

$$v_1 = L_1\frac{di}{dt} - M\frac{di}{dt} = (L_1 - M)\frac{di}{dt} \tag{4-35}$$

$$v_2 = -M\frac{di}{dt} + L_2\frac{di}{dt} = (-M + L_2)\frac{di}{dt} \tag{4-36}$$

로 쓸 수 있다. 그러므로 단자 1과 단자 2 사이의 전압 v_{12}는 그림을 참고로 하면

$$v_{12} = v_1 + v_2 = (L_1 + L_2 - 2M)\frac{di}{dt} \tag{4-37}$$

이므로 등가 인덕턴스 L_E^-는

$$L_E^- = L_1 + L_2 - 2M \tag{4-38}$$

으로 나타낼 수 있다.

한편 그림 4.7(b)와 같이 직렬 접속하면

$$v_1 = L_1 \frac{di}{dt} + M \frac{di}{dt} = (L_1 + M) \frac{di}{dt} \tag{4-39}$$

$$v_2 = M \frac{di}{dt} + L_2 \frac{di}{dt} = (M + L_2) \frac{di}{dt} \tag{4-40}$$

로 표현되며 단자 1과 단자 2' 사이의 전압 v_{12}'는

$$v_{12}' = v_1 + v_2 = (L_1 + L_2 + 2M) \frac{di}{dt} \tag{4-41}$$

이므로 등가 인덕턴스 L_E^+는

$$L_E^+ = L_1 + L_2 + 2M \tag{4-42}$$

으로 나타낼 수 있다. 그러므로 식(4-38)과 식(4-42)로부터

$$M = \frac{L_E^+ - L_E^-}{4} \quad (☆☆☆) \tag{4-43}$$

로서 직렬접속 후 측정한 인덕턴스 중 큰 인덕턴스에서 작은 인덕턴스를 뺀 다음 4로 나누어주면 이 결합회로의 상호 인덕턴스가 구해진다. 이때 직렬접속 후의 인덕턴스는 **인덕턴스 브리지**(Inductance Bridge) 등을 이용하여 측정한다. 이 측정 방법은 상호 인덕턴스 뿐만 아니라 식(4-38)과 그림 4.7(a)에서 알 수 있는 바와 같이 1차측과 2차측간에 접속된 단자 이외의 개방된 단자에 점을 찍어 극성을 파악할 수 있다.

예제 4.3

어떤 변압기의 상호 인덕턴스를 측정하기 위하여 우선 1차측의 한 단자와 2차측의 한 단자를 연결하여 인덕턴스 브리지를 이용하여 인덕턴스를 측정하고 다음 2차측의 단자를 바꾸어 측정하였다. 전자의 측정에 의해 20[mH], 후자의 측정에 의해 60[mH]의 인덕턴스를 얻었다. 상호 인덕턴스는 얼마인가?

풀이 이 문제의 경우 앞의 풀이 과정을 이용하여 상호 인덕턴스는

$$M = \frac{L_E^+ - L_E^-}{4} = \frac{60 - 20}{4} = 10 \text{ [mH]}$$

이다. ↵

4.5 결합회로의 등가회로

유도 결합 회로의 해석에서는 3절에서 다룬 방식을 적용하는 것이 일반적이지만, 때로는 변압기를 등가적으로 도전 결합회로로 변환시켜 해석하는 것이 편리할 때도 있다. 예를 들어서 그림 4.8(a)와 같은 변압기를 같은 그림의 (b)와 같은 T형 등가회로로 변환시켜 보자.

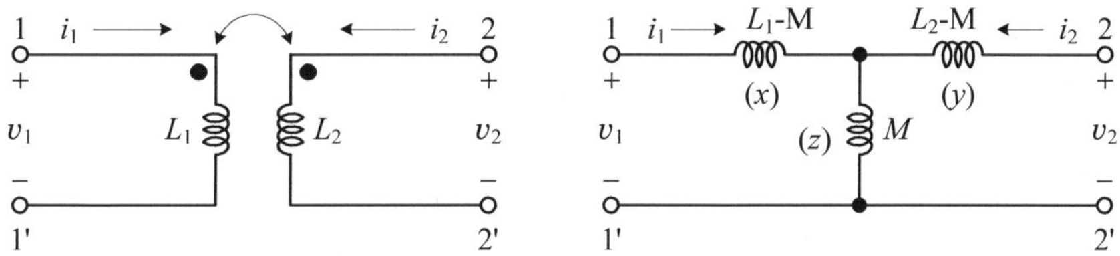

(a) 2차측 유입 전류 변압기 (b) T형 등가회로

그림 4.8 결합회로의 T형 등가회로 변환(1)

그림 4.8(a)에서 회로 방정식은

$$\left.\begin{aligned} V_1 &= sL_1I_1 + sMI_2 \\ V_2 &= sMI_1 + sL_2I_2 \end{aligned}\right\} \qquad (4\text{-}44)$$

이다. 또한 그림 4.8(b)의 회로에서 등가적인 코일의 인덕턴스를 x, y, z라고 할 때 회로의 방정식은

$$\left.\begin{aligned} V_1 &= sxI_1 + sz(I_1 + I_2) = (sx + sz)I_1 + szI_2 \\ V_2 &= syI_2 + sz(I_1 + I_2) = szI_1 + (sy + sz)I_2 \end{aligned}\right\} \qquad (4\text{-}45)$$

이다. 이 식은 그림 4.8(a)의 회로 방정식인 식(4-44)와 등가이므로 두 식을 비교하면

$$\left.\begin{aligned} sL_1 &= sx + sz \\ sM &= sz \\ sL_2 &= sy + sz \end{aligned}\right\} \qquad (4\text{-}46)$$

로부터

$$\left.\begin{aligned} x &= L_1 - M \\ y &= L_2 - M \\ z &= M \end{aligned}\right\} \qquad (4\text{-}47)$$

으로 나타낼 수 있다.

한편 그림 4.9(a)의 회로와 같이 2차측의 점이 찍힌 곳에서 전류가 유출하는 경우에는 식 (4-44)에서 M 대신에 $-M$으로 대체하면 되므로 결과식만 나타내면 등가적인 코일의 인덕턴스를 x, y, z라고 할 때

$$\left.\begin{aligned} x &= L_1 + M \\ y &= L_2 + M \\ z &= -M \end{aligned}\right\} \tag{4-48}$$

이 된다. 그러므로 T형 등가회로는 그림 4.9(b)와 같다.

2차측의 전류의 방향이 반대인 경우에도 같은 방법에 의해 해석한다.

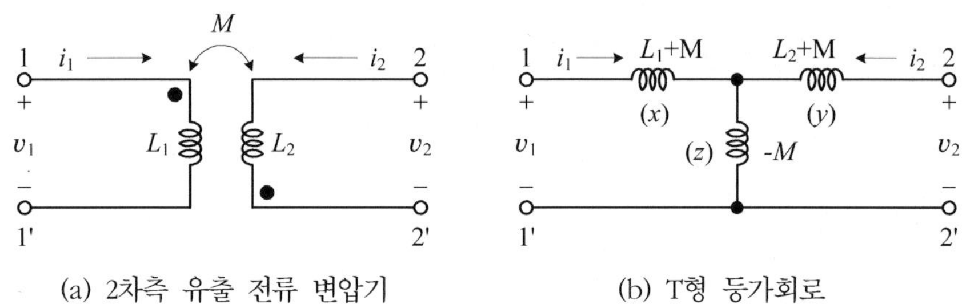

그림 4.9 결합회로의 T형 등가회로 변환(2)

예제 4.4

그림 4.10의 유도 결합 회로에서 변압기의 T형 변환 기술을 이용하여 부하단의 전류 $i_2(t)$를 구하여라. 여기서 $L_1 = 212[\mathrm{mH}]$, $L_2 = 106[\mathrm{mH}]$, $M = 80[\mathrm{mH}]$ 그리고 $v_S(t) = 100\sqrt{2}\sin 377t$이다.

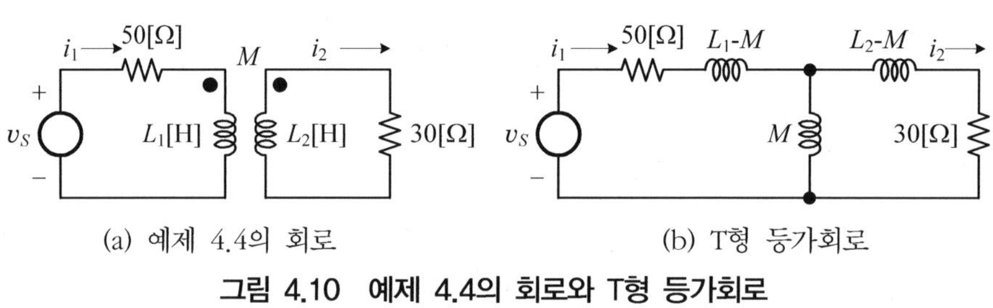

그림 4.10 예제 4.4의 회로와 T형 등가회로

풀이 주어진 회로에서 변압기의 1, 2차측의 전압을 각각 V_1 및 V_2라고 할 때 평형 방정식을 세우면

$$\left.\begin{aligned} V_1 &= sL_1I_1 - sMI_2 \\ V_2 &= -sMI_1 + sL_2I_2 \end{aligned}\right\}$$

이며 T형 등가회로의 코일에 대한 인덕턴스 변환값을 1차측 x, 2차측 y, 공통항 z라고 한다면 회로의 방정식은

$$\left.\begin{aligned} V_1 &= sxI_1 + sz(I_1 - I_2) = (sx+sz)I_1 - szI_2 \\ V_2 &= syI_2 + sz(I_2 - I_1) = -szI_1 + (sy+sz)I_2 \end{aligned}\right\}$$

이다. 위의 식을 평형 방정식과 비교하면

$$\left.\begin{aligned} x &= L_1 - M \\ y &= L_2 - M \\ z &= M \end{aligned}\right\}$$

으로 나타낼 수 있다. 그러므로 그림 4.10(b)로부터

$$\left.\begin{aligned} &(Z_S + j\omega L_1)I_1 - j\omega MI_2 = 100\angle 0^\circ \\ &-j\omega MI_1 + (Z_L + j\omega L_2)I_2 = 0 \end{aligned}\right\}$$

로서 예제 4.2의 평형 방정식과 같은 형태가 되고 같은 계수값을 가지므로 예제 4.2의 풀이를 참고로 하면 아래와 같다.

$$i_2(t) = 0.948\sin(377t - 5^\circ)$$

4.6 결합계수

유도 결합회로에서는 1차측에서 생성된 자속이 2차측에 전달되고 이것에 의해 2차측에 유도 기전력이 발생함으로써 그 기능을 나타낸다. 그러면 여기서 1차측에서 생성된 자속이 2차측에 어느 정도 전달되는가, 혹은 2차측에서 생성된 자속이 1차측에 어느 정도 전달되는가를 나타내는 파라미터를 정의할 필요가 있다. 즉, 1차측에서 생성된 자속을 ϕ_1이라고 할 때 식(4-1)에서와 같이 1차측에서 누설되는 성분 ϕ_{11}과 1차측에서 2차측으로 전달된 성분 ϕ_{12}로 나눌 수 있다. 이 때 생성된 성분에 대한 전달된 성분의 비를 1차측에서 2차측으로의 결합계수 k_1으로 정의하면

$$k_1 = \frac{\phi_{12}}{\phi_{11} + \phi_{12}} \tag{4-49}$$

와 같다. 또한 2차측에서 1차측으로의 해석도 같은 방법으로 하여 2차측에서 생성된 성분에 대한 전달된 성분의 비를 2차측에서 1차측으로의 결합 계수 k_2로 정의하면

$$k_2 = \frac{\phi_{21}}{\phi_{22} + \phi_{21}} \tag{4-50}$$

이 된다. 그러므로 **결합계수**(Coupling Coefficient) k를 k_1과 k_2에 대한 기하평균으로 정의하면

$$k = \sqrt{k_1 \times k_2} = \sqrt{\frac{\phi_{12}}{\phi_{11} + \phi_{12}} \times \frac{\phi_{21}}{\phi_{22} + \phi_{21}}} \tag{4-51}$$

로 쓸 수 있다. 위의 식을 변형시켜 식(4-4), 식(4-7), 식(4-11) 및 식(4-14)를 이용하여 표현하면

$$k = \sqrt{\frac{\frac{n_2 \phi_{12}}{i_1}}{\frac{n_1 (\phi_{11} + \phi_{12})}{i_1}} \times \frac{\frac{n_1 \phi_{21}}{i_2}}{\frac{n_2 (\phi_{22} + \phi_{21})}{i_2}}}$$

$$= \sqrt{\frac{M_{12}}{L_1} \times \frac{M_{21}}{L_2}} = \frac{M}{\sqrt{L_1 L_2}} \tag{4-52}$$

로 표현할 수 있다. 식(4-51)로부터 살펴보아도 자명한 바와 같이 결합계수는

$$0 \le k \le 1 \tag{4-53}$$

의 관계가 있다. 여기서 k의 값이 크면 **밀결합**(密結合, Close Coupling)이라 하고 k의 값이 작으면 **소결합**(疎結合, Loose Coupling)이라고 한다. 만일 k의 값이 1이면 완전 결합된 상태로서 상호 인덕턴스는 1차측과 2차측 인덕턴스의 기하평균에 해당한다. 이것을 **단위 결합**(Unity Coupling)이라고 한다.

예제 4.5

변압기의 1, 2차측 인덕턴스가 각각 40[mH] 및 10[mH]이다. (a) 완전 결합된 경우, (b) 결합계수가 0.1인 경우에 대한 상호 인덕턴스를 구하여라.

풀이 결합계수 k는

$$k = \frac{M}{\sqrt{L_1 L_2}}$$

이므로

$$M = k\sqrt{L_1 L_2}$$

(a) 완전 결합된 경우 $k=1$이므로

$$M = \sqrt{40 \times 10}\ [\mathrm{mH}] = 20\ [\mathrm{mH}]$$

(b) $k=0.1$이므로 상호 인덕턴스는

$$M = 0.1 \times \sqrt{40 \times 10}\ [\mathrm{mH}] = 2\ [\mathrm{mH}]$$

4.7 이상 변압기

변압기에 관해 앞에서 다룬 내용 중에서 우리는 변압기의 고유 역할만을 담당하도록 **이상 변압기**(Ideal Transformer)를 정의할 수 있다. 즉, 한 코일에 의해 생성된 자속은 모두 다른 코일로 전달되어야 하고 손실이 없어야 하며 인덕턴스에 무관하게 일정한 **권선비**(捲線比) 등에 의해 전압이나 전류비가 결정되어야 한다. 이것을 정리하면 다음과 같다.

- 두 코일간에는 완전 결합되어 있다($k=1$).
- 코일의 내부 저항이나 철심 등의 **와류 손실** 등이 없다(銅損$=0$, 鐵損$=0$).
- 코일의 인덕턴스가 무한대면서 일정한 비례 관계를 유지한다.

이러한 이상적인 조건을 갖춘 변압기를 그림 4.11(a)에 나타냈다.

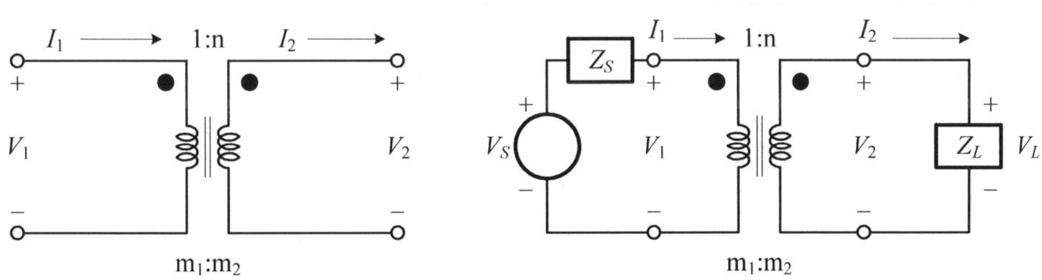

(a) 이상 변압기　　(b) 이상 변압기를 갖는 회로

그림 4.11 이상 변압기

이상 변압기의 첫 번째 조건으로부터 완전 결합되어 있는 상태의 상호 인덕턴스는 누설자속이 없기 때문에

$$\frac{n_2\phi_1}{i_1} = \frac{n_1\phi_2}{i_2} \tag{4-54}$$

이다. 그러므로 권선비 n은

$$n = \frac{n_2}{n_1} = \frac{\phi_2 / i_2}{\phi_1 / i_1} \tag{4-55}$$

로 쓸 수 있으며 1, 2차측 인덕턴스는 각각

$$L_1 = \frac{n_1\phi_1}{i_1}, \quad L_2 = \frac{n_2\phi_2}{i_2} \tag{4-56}$$

이므로 식(4-56)을 식(4-55)에 대입하면

$$n = \frac{n_2}{n_1} = \frac{L_2/n_2}{L_1/n_1} \tag{4-57}$$

로 쓸 수 있다. 위의 식을 정리하면

$$\frac{n_2}{n_1} = \sqrt{\frac{L_2}{L_1}} = \frac{M}{L_1} = \frac{L_2}{M} \tag{4-58}$$

의 식을 구할 수 있다.

한편 그림 4.11(b)에서 Z_S를 가지는 전원에 변압기를 통해 부하 Z_L이 연결된 경우, 전압비는 권선수에 비례하므로

$$\frac{V_2}{V_1} = \frac{n_2}{n_1} = n \tag{4-59}$$

이며 전류는 권선수에 반비례하므로

$$\frac{I_2}{I_1} = \frac{n_1}{n_2} = \frac{1}{n} \tag{4-60}$$

이다. 그러므로 1차측에서 부하단을 본 임피던스는 식(4-59)와 식(4-60)을 참고로 했을 때

$$Z_1 = \frac{V_1}{I_1} = \frac{V_2/n}{nI_2} = \frac{1}{n^2}\frac{V_2}{I_2} = \frac{1}{n^2}Z_L \tag{4-61}$$

이다.

전원의 임피던스와 부하임피던스가 같지 않은 경우 식(4-61)의 변환 원리에 의해

$$Z_S = \frac{1}{n^2}Z_L, \quad n = \sqrt{\frac{Z_L}{Z_S}} \tag{4-62}$$

이 되도록 권선비를 조절한다. 이것은 변성기의 원리로서 변압기의 권선비에 의해 전원단에서 본 부하 임피던스가 변한다. 여기서 위상은 변화가 없고 크기만 변하기 때문에 공액정합은 이룰 수 없다.

구동점 임피던스는

$$Z_d = Z_S + \frac{1}{n^2} Z_L \tag{4-63}$$

이 된다.

이러한 이상 변압기로 결합된 회로에서는 테브난의 등가회로로 나타내어 해석하는 것이 편리하다. 식(4-59)와 식(4-60)으로부터

$$V_2 = nV_1, \quad I_1 = nI_2 \tag{4-64}$$

로 쓸 수 있으므로 테브난의 등가 전압원은 부하단 개방시의 전압으로 2차측 전류는 0($I_2 = 0$)이고 또한 식(4-64)로부터 1차측 전류도 0($I_1 = nI_2 = 0$)이므로

$$V_{TE} = V_2 = nV_1 = n(V_S - I_1 Z_S) = nV_S \tag{4-65}$$

가 된다. 또한 노턴의 등가 전류원은 2차측을 단락시켰을 때의 전류로서 2차측 전압이 0 ($V_2 = 0$)이고 식(4-64)로부터 1차측 전압도 0($V_1 = V_2/n = 0$)이므로

$$I_{NE} = I_2 = I_1/n = \frac{V_S/Z_S}{n} = \frac{V_S}{nZ_S} \tag{4-66}$$

로 쓸 수 있다. 전원의 등가 변환 방법에 의해 $V_{TE}/Z_E = I_{NE}$이므로 테브난의 등가 임피던스는

$$Z_E = \frac{V_{TE}}{I_{NE}} = n^2 Z_S \tag{4-67}$$

로 표현된다. 그러므로 식(4-65)의 등가 전압원과 식(4-67)의 등가 임피던스를 이용하여 등가회로를 그리면 그림 4.12(a)와 같다. 여기서 주의할 것은 부하단의 전압과 전류에 대해서만 등가이므로 1차측에 대해서는 식(4-64)를 이용하여 구해야 한다.

한편 전원부에서 이상 변압기를 통해 부하를 보았을 때의 임피던스는 식(4-63)과 같으므로 다음과 같은 식이 성립한다.

$$V_S = Z_d I_1 = \left(Z_S + \frac{1}{n^2} Z_L\right) I_1 \tag{4-68}$$

그러므로 전원부의 전류를 구하기 위한 등가회로는 그림 4.12(b)와 같이 그릴 수 있다. 앞에서와 마찬가지로 그림 4.12(b)에서 주의할 것은 전원부의 전류와 전압에 대해서만 등가이고 2차측에 대한 해석은 식(4-64)를 이용해야 한다.

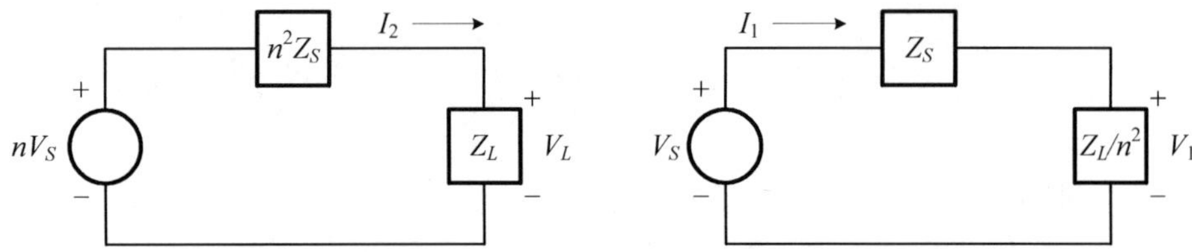

(a) 테브난의 등가회로 (b) 1차측을 위한 등가회로

그림 4.12 이상 변압기회로의 등가회로

예제 4.6

음성 주파수대의 스피커를 저주파 전력 증폭기를 이용하여 구동시키고자 한다. 스피커의 저항이 5[Ω]이고 증폭기의 출력 임피던스가 200[Ω]일 때 (a) 증폭기를 스피커에 직접 연결할 때의 전력 효율[%], (b) 효율 개선 방법, (c) 가청주파 변성기를 삽입시킬 때의 권선비, (d) 이때의 효율을 각각 구하여라.

풀이 (a) 증폭기의 출력 전압을 V_0라고 하자. 이때의 전류는

$$I_L = \frac{V_0}{200+5} = \frac{V_0}{205}$$

이므로 스피커의 소모 전력은

$$P_L = R_L I_L^{\ 2} = 5 \times \frac{V_0^{\ 2}}{(205)^2} = 0.118\, V_0^{\ 2}[\text{mW}]$$

이다. 또한 증폭기의 공급 전력은

$$P_S = V_0 I_L = \frac{V_0^{\ 2}}{205} = 4.8788\, V_0^{\ 2}[\text{mW}]$$

이므로 효율은

$$\eta = \frac{P_L}{P_S} \times 100 = 2.44[\%]$$

로서 효율이 극히 낮다.

(b) (a)항과 같은 경우 가청주파 변성기를 삽입하여 임피던스 변환을 꾀하여 임피던스 정합을 취한다.

(c) 식(4-61)로부터 증폭기의 출력단에서 변성기를 거쳐 스피커를 본 임피던스가 증폭기의 임피던스와 같으면 임피던스 정합이 이루어진다. 즉,

$$\frac{1}{n^2} \times R_L = R_S$$

로부터

$$n^2 = \frac{R_L}{R_S} = \frac{5}{200} = 0.025, \ n = 0.158$$

그러므로 1차측 대 2차측의 권선비는

$$n_1 : n_2 = 1000 : 158$$

(d) 임피던스 정합이 이루어진 상태에서는

$$P_L = R_L I_L^2 = \frac{V_0^2}{4R_L} = \frac{V_0^2}{4 \times 200}$$

이고,

$$P_S = V_0 I_L = \frac{V_0^2}{2R_L} = \frac{V_0^2}{2 \times 200}$$

이므로 효율은

$$\eta = \frac{P_L}{P_S} \times 100 = 50[\%]$$

◻

연습문제

4.1 이상적인 변압기의 1차측 권선과 2차측 권선의 비가 10 : 1이고, 1차측에 110[V]의 교류전압이 인가되었다. 2차측에 5[Ω]의 저항이 연결되었을 때 (a) 2차측 전압, (b) 2차측 전류, (c) 1차측 전류, (d) 1차측 전력과 2차측 전력을 각각 구하여라.

4.2 변압기의 1차측 전류가 1[A], 1차측의 자속 쇄교수는 2[Weber-turns]이다. 이 때 1차측 전류에 의해 2차측에 쇄교하는 쇄교수는 1.6[Weber-turns]이라면 (a) 1차측 자기 인덕턴스, (b) 상호 인덕턴스는 각각 얼마인가?

4.3 가청 주파수 변성기의 1차측 권선이 1500회, 2차측 권선이 40회 감겨 있다. 부하저항이 4[Ω]일 때, 1차측 저항은 얼마인가?

4.4 그림 4.14에서 $R_S = 10[\Omega]$, $R_L = 50[\Omega]$, $\omega L_1 = 200[\Omega]$, $\omega L_2 = 50[\Omega]$, $\omega M = 70[\Omega]$, $V_S = 100\angle 0°$ 이다. 다음을 각각 구하여라.

(a) I_1, I_2　　　　(b) 부하단 전력

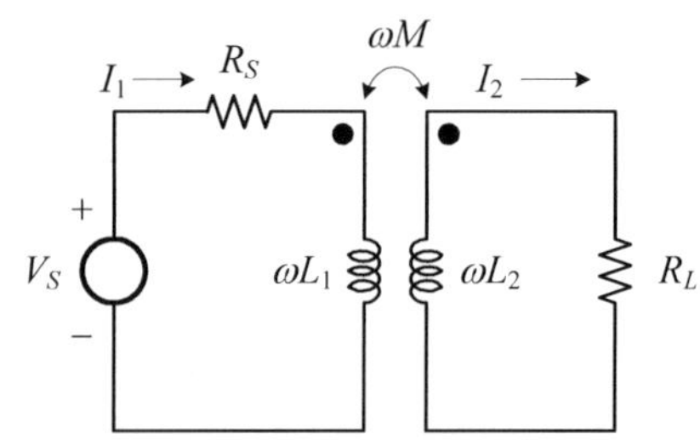

그림 4.14 문제 4.4의 회로

4.5 그림 4.15에서 $v_S(t) = 141\sin 377t$ 일 때, 출력단의 전압 $v_O(t)$를 구하라.
단, $jX_O = -j40[\Omega]$, $R_O = 40[\Omega]$이다.

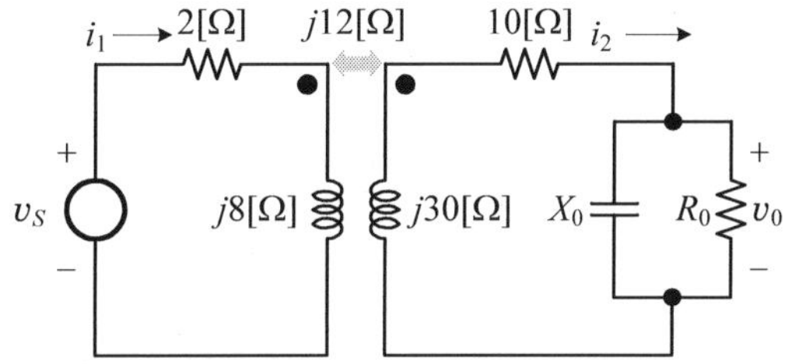

그림 4.15 문제 4.5의 회로

4.6 문제 4.4에서 $v_S(t) = 155.6\sin 377t$ 일 때, T형 등가회로를 이용하여 2차측 전류 $i_2(t)$를 구하여라.

4.7 그림 4.16은 캠벨(Campbell) 브리지이다. 2차측에 전류가 흐르지 않는 조건을 구하여라.

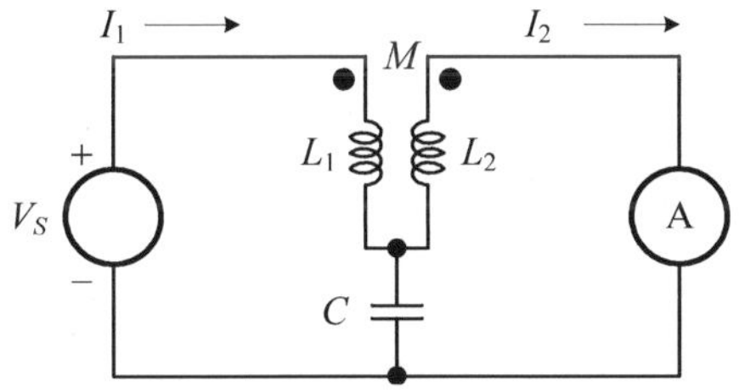

그림 4.16 문제 4.7 회로

4.8 그림 4.17은 미지의 저항 R_x와 미지의 커패시터 용량 C_x를 구하는 케어리 포스터(Carely-Forster) 브리지이다. 평형시에 R_x와 C_x는 어떻게 표현되는가? 회로에서 G는 검류계이다.

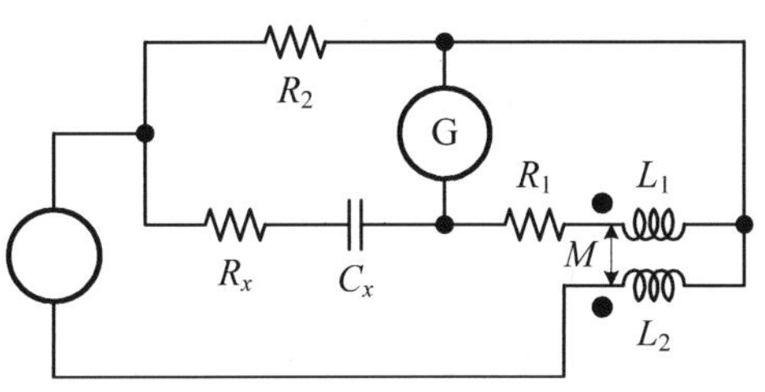

그림 4.17 문제 4.8의 회로

4.9 어떤 변압기의 1차측의 한 단자와 2차측의 한 단자를 접속한 다음, 인덕턴스 브리지를 이용하여 전체 인덕턴스를 측정했더니 300[mH]이고, 2차측의 단자를 바꾸어 접속한 후에 전체 인덕턴스를 측정했더니 40[mH]였다. 상호 인덕턴스는 얼마인가?

4.10 그림 4.18에서 상호 결합된 두 코일의 병렬 연결에서 등가 인덕턴스를 구하여라.

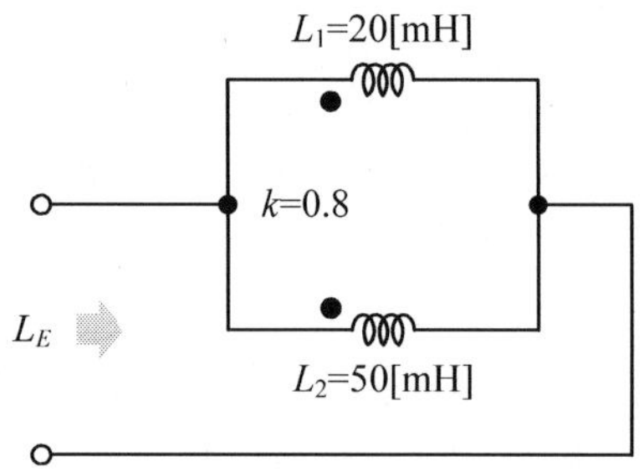

그림 4.18 문제 4.10의 회로

4.11 그림 4.18에서 상호 인덕턴스의 작용 방향이 반대이면(점이 반대로 찍힌 경우), 등가 인덕턴스는 얼마인가?

4.12 그림 4.19와 같이 유도 결합과 도전 결합이 공존하는 회로에서 출력단의 전압 페이저를 구하여라.

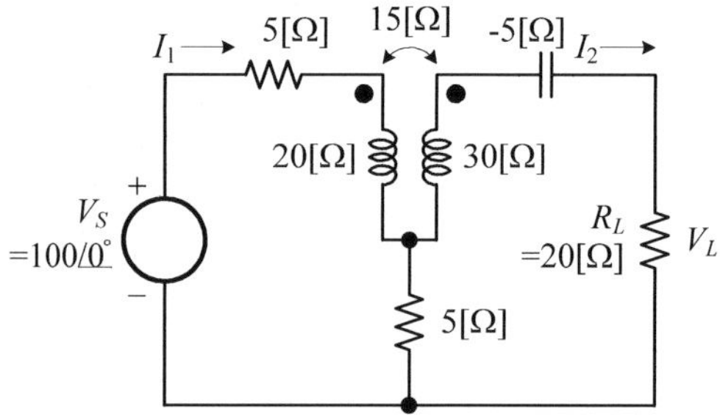

그림 4.19 문제 4.12의 회로

4.13 변압기의 실효 저항과 실효 리액턴스를 측정하기 위해 2차측을 단락시키고 1차측의 전압, 전류, 전력을 측정했을 때 각각 6[V], 4[A], 12[W]였다. 변압기의 실효 저항 R_e와 실효 리액턴스 X_e를 계산하여라.

4.14 문제 4.13의 회로에서 2차측에 대한 1차측의 권선비가 10일 때, 2차측에 부하를 연결한 상태에서 부하단의 전압과 전류를 측정했더니 12[V], 40[A]이고, 역률이 0.866이었다. 출력 단자 개방 상태에서의 코어 손실이 5[W]라고 할 때, 이 부하에서의 변압기 효율을 계산하여라.

4.15 저주파 증폭기의 출력 임피던스가 1936[Ω]이고 여기에 연결되는 스피커는 4[Ω]의 임피던스를 가지고 있다.

(a) 두 시스템을 정합시키기 위한 변성기의 권선비를 구하여라.

(b) 1차측에 500[Hz]의 20[mA] 실효 전류가 흐를 때, 이 주파수에서 2차측에 흐르는 실효 전류를 계산하여라.

(c) 부하에 전달되는 전력은 얼마인가?

4.16 권선비 $n_1 : n_2 = 8 : 1$인 철심 변압기의 2차측에 2[kΩ]의 부하가 연결되어 있고, 부하에 100[mA]의 전류가 흐르고 있다. (a) 1차측 전류, (b) 1차측 전압, (c) 변압기의 입력 저항을 각각 구하여라.

4.17 그림 4.20의 변압기는 권선비가 $2:1(n = n_2/n_1 = 1/2)$인 이상 변압기이다.

(a) 부하를 제외한 등가 저항 R_E와 등가 리액턴스 X_E를 구하여라.

(b) 입력 전압 페이저 V_S를 구하여라. 단, $Z_S = 2 + j2[\Omega]$, $Z_2 = 2 + j3[\Omega]$, $Z_L = 30[\Omega]$, $I_1 = 100\angle 0^\circ$ [A]이다.

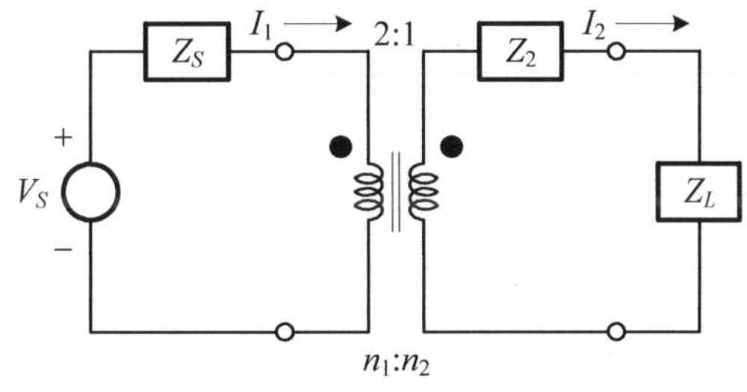

그림 4.20 문제 4.17의 회로

5장

4단자망

5.1 4단자망의 정의와 종류
5.2 어드미턴스 파라미터
5.3 임피던스 파라미터
5.4 하이브리드 파라미터
5.5 ABCD 파라미터
5.6 영상 파라미터
5.7 4단자망의 직렬연결
5.8 4단자망의 병렬연결
5.9 4단자망의 종속연결
5.10 임피던스 정합회로
5.11 감쇠기

5.1 4단자망의 정의와 종류

지금까지 우리가 다룬 회로는 회로의 임피던스와 입력단에 대한 전류와 전압 등으로 해석되었다. 이 경우 전원부에는 2개의 단자로 구성되므로 **2단자망**(Two Terminal Network)이라고 하고 2개의 단자는 하나의 쌍이 되어 입력단이 되므로 이것을 **1-포트 회로망**(One Port Network)이라고도 한다. 그러나 대부분의 경우, 예를 들어 증폭기나 필터 혹은 변압기 등은 모두 입력단과 출력단을 가지며 이들은 모두 2개씩의 단자를 가진다. 즉, 그림 5.1과 같이 특정의 회로망이 1차측의 입력 포트와 2차측의 출력 포트를 가진다면 이것을 **2-포트 회로망**(Two Port Network) 또는 **4단자망**(Four Terminal Network)이라고 한다. 여기서 우리는 비교적 간단한 회로의 경우 "Circuit"라는 용어를 사용하고 4단자망과 같이 비교적 복잡한 회로망에는 "Network"라는 용어를 사용하기로 하지만, 엄밀하게 구분되는 것은 아니다. 또한 그림 5.1에서 회로망이 능동 소자나 전원을 포함하는 경우에는 능동 4단자망이라고 하고 수동소자만을 포함하는 경우에는 수동 4단자망이라고 한다. 여기서는 오직 수동 4단자망에 관해서만 고찰하기로 한다.

그림 5.1 4단자망

그림 5.1에서 편의상 1차측을 입력 단자로 정의하고 2차측을 출력 단자로 정의한다. 입력측에는 변수로서 V_1과 I_1이 있고 출력측에는 변수로서 V_2와 I_2가 있다. 즉, V_1, I_1, V_2, I_2의 4개 변수 중 2개를 독립변수로 하고 나머지 2개를 종속변수로 하여 파라미터를 정의한다. 그러므로 해석을 위한 파라미터의 수는 4개 중 2개를 택하는 조합의 수와 같으므로

$$N = {}_4C_2 = \frac{4!}{(4-2)!2!} = 6 \tag{5-1}$$

가 되어 6개의 파라미터를 정의할 수 있다. 즉, 이들의 파라미터를 정리하면

① $I_1,\ I_2 = f_1(V_1,\ V_2)$: 어드미턴스 파라미터(y)

② $V_1,\ V_2 = f_2(I_1,\ I_2)$: 임피던스 파라미터(z)

③ $V_1,\ I_2 = f_3(I_1,\ V_2)$: 하이브리드 파라미터(h)

④ $I_1,\ V_2 = f_4(V_1,\ I_2)$: 역하이브리드 파라미터(g)

⑤ $V_1,\ I_1 = f_5(V_2,\ -I_2)$: 전송 파라미터($T,\ ABCD$)

⑥ $V_2,\ I_2 = f_6(V_1,\ -I_1)$: 역전송 파라미터($T^{-1},\ DBCA$)

의 6가지이다. 이들 중에서 4단자망의 해석에 가장 널리 이용되는 것이 ①항, ②항, ③항 및 ⑤항으로서 이어지는 절부터 각각 설명하기로 한다.

4단자망을 접속하는 방법에는 기본적으로 그림 5.2와 같이 3가지가 있다. 각 접속 방법은 회로망의 해석을 용이하게 한다. 직렬 접속은 회로망(I)과 회로망(II)의 전류값이 같은 경우에 이용되고, 병렬 접속은 회로망 (I)과 회로망(II)의 전압값이 같은 경우에 이용되며, 종속 접속은 회로망(I)의 출력이 그대로 회로망(II)의 입력이 되는 일반적인 시스템에서 이용된다.

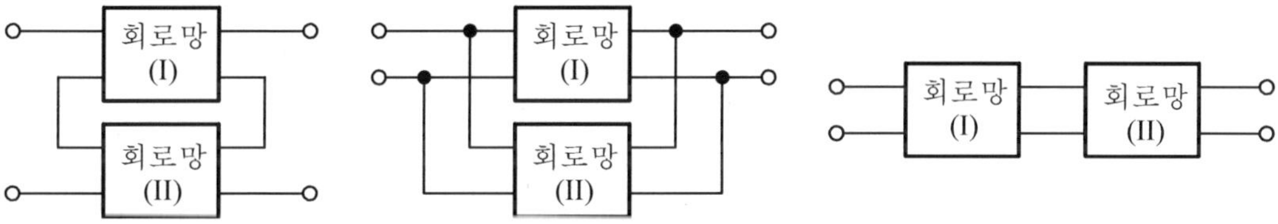

(a) 직렬 접속 (b) 병렬 접속 (c) 종속 접속

그림 5.2 4단자망의 접속법

5.2 어드미턴스 파라미터

회로망의 특성을 결정짓는 파라미터가 어드미턴스의 형태를 취하는 것으로서 **어드미턴스 파라미터**(Admittance Parameter)의 정의는 그림 5.1을 참고로 했을 때 제1장의 5절에서 일부 다룬 바와 같이 다음의 식으로 정의된다.

$$\left.\begin{aligned} I_1 &= y_{11}V_1 + y_{12}V_2 \\ I_2 &= y_{21}V_1 + y_{22}V_2 \end{aligned}\right\} \tag{5-2}$$

여기서 각 파라미터는 제1장 5절의 회로망 함수에서 용어와 의미를 정의한 것을 참고로 하면 다음과 같이 물리적 의미를 부여할 수 있다.

$$\left.\begin{aligned} y_{11} &= \frac{I_1}{V_1}\bigg|_{V_2=0} &&: \text{출력 단락 입력 어드미턴스} \\ y_{12} &= \frac{I_1}{V_2}\bigg|_{V_1=0} &&: \text{입력 단락 역방향 전달 어드미턴스} \\ y_{21} &= \frac{I_2}{V_1}\bigg|_{V_2=0} &&: \text{출력 단락 순방향 전달 어드미턴스} \\ y_{22} &= \frac{I_2}{V_2}\bigg|_{V_1=0} &&: \text{입력 단락 출력 어드미턴스} \end{aligned}\right\} \tag{5-3}$$

만일 주어진 회로망이 쌍향성의 선형회로라면 가역정리가 성립되므로

$$y_{12} = y_{21} \tag{5-4}$$

이다. 한편 입력측과 출력측이 대칭(Symmetrical)이면 아래 식과 같이 된다.

$$y_{11} = y_{22} \tag{5-5}$$

예제 5.1

그림 5.3에 주어진 회로망에 대해 어드미턴스 파라미터를 구하여라.

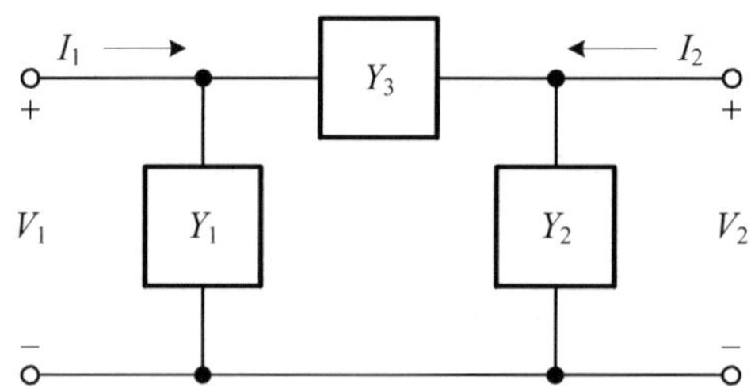

그림 5.3 예제 5.1의 회로

풀이 어드미턴스 파라미터를 구하기 위해서는 식(5-3)에 주어진 정의에 따라 2차측의 단락 후, I_1과 I_2에 대한 V_1과의 관계를 구하거나 또는 1차측의 단락 후 I_1과 I_2에 대한 V_2와의 관계를 구할 수 있다. 그러나 주어진 회로와 같이 병렬 회로에 소자값이 어드미턴스로 주어진 경우에는 절점 방정식으로부터 구하는 것이 편리할 것이다. 주어진 회로에 대한 절점 방정식은

$$\left.\begin{aligned} I_1 &= Y_1V_1 + Y_3(V_1 - V_2) = (Y_1 + Y_3)V_1 - Y_3V_2 = y_{11}V_1 + y_{12}V_2 \\ I_2 &= Y_2V_2 + Y_3(V_2 - V_1) = -Y_3V_1 + (Y_2 + Y_3)V_2 = y_{21}V_1 + y_{22}V_2 \end{aligned}\right\}$$

로부터

$$\left.\begin{aligned} y_{11} &= Y_1 + Y_3 \\ y_{12} &= -Y_3 = y_{21} \\ y_{22} &= Y_2 + Y_3 \end{aligned}\right\}$$

와 같이 구할 수 있다. ⏎

5.3 임피던스 파라미터

회로망의 특성을 결정짓는 파라미터가 임피던스의 형태를 취하는 것으로서 **임피던스 파라미터**(Impedance Parameter)의 정의는 그림 5.1을 참고했을 때 다음의 식으로 정의된다.

$$\left.\begin{aligned} V_1 &= z_{11}I_1 + z_{12}I_2 \\ V_2 &= z_{21}I_1 + z_{22}I_2 \end{aligned}\right\} \tag{5-6}$$

여기시 각 파라미터는 제1장 5절의 회로망 함수에서 용어와 의미를 정의한 것을 참고로 하면 다음과 같이 물리적 의미를 부여할 수 있다.

$$\left.\begin{aligned} z_{11} &= \frac{V_1}{I_1}\bigg|_{I_2=0} &&: \text{출력 개방 입력 임피던스} \\ z_{12} &= \frac{V_1}{I_2}\bigg|_{I_1=0} &&: \text{입력 개방 역방향 전달 임피던스} \\ z_{21} &= \frac{V_2}{I_1}\bigg|_{I_2=0} &&: \text{출력 개방 순방향 전달 임피던스} \\ z_{22} &= \frac{V_2}{I_2}\bigg|_{I_1=0} &&: \text{입력 개방 출력 임피던스} \end{aligned}\right\} \tag{5-7}$$

임피던스 파라미터를 구하려면 식(5-7)에 주어진 정의에 따라 등가회로를 그리고, 이 등가회로로부터 각 파라미터를 구할 수 있다. 그러나 적어도 3개의 등가회로를 그려야 하므로 매우 번거롭다. 그러므로 출력단의 전류 방향을 고려하여 루프 방정식을 세우면 용이하게 임피던스 파라미터를 구할 수 있으며 또 하나의 방법으로는 만일 어드미턴스 파라미터가 주어졌다면 역행렬을 이용하는 것도 손쉽게 임피던스 파라미터를 구하는 방법이 될 것이다. 예를 들어 식(5-2)와 같이 어드미턴스 파라미터가 주어졌을 때에는

$$\begin{bmatrix} y_{11} & y_{12} \\ y_{21} & y_{22} \end{bmatrix} \cdot \begin{bmatrix} V_1 \\ V_2 \end{bmatrix} = \begin{bmatrix} I_1 \\ I_2 \end{bmatrix} \tag{5-8}$$

로부터 [V]는

$$\begin{bmatrix} V_1 \\ V_2 \end{bmatrix} = \frac{\begin{bmatrix} \Delta_{11} & \Delta_{21} \\ \Delta_{12} & \Delta_{22} \end{bmatrix} \cdot \begin{bmatrix} I_1 \\ I_2 \end{bmatrix}}{|y|} = \frac{\begin{bmatrix} y_{22} & -y_{12} \\ -y_{21} & y_{11} \end{bmatrix} \cdot \begin{bmatrix} I_1 \\ I_2 \end{bmatrix}}{|y|}$$

$$= \begin{bmatrix} z_{11} & z_{12} \\ z_{21} & z_{22} \end{bmatrix} \cdot \begin{bmatrix} I_1 \\ I_2 \end{bmatrix} \tag{5-9}$$

로부터

$$\begin{bmatrix} z_{11} & z_{12} \\ z_{21} & z_{22} \end{bmatrix} = \begin{bmatrix} y_{22}/|y| & -y_{12}/|y| \\ -y_{21}/|y| & y_{11}/|y| \end{bmatrix} \tag{5-10}$$

단,

$$|y| = \begin{vmatrix} y_{11} & y_{12} \\ y_{21} & y_{22} \end{vmatrix} \tag{5-11}$$

이다. 임피던스 파라미터와 어드미턴스 파라미터의 관계는 역행렬의 특징으로부터 알 수 있지만 식(5-10)을 이용하여 임피던스 파라미터의 행렬식을 구하면

$$|z| = \begin{vmatrix} z_{11} & z_{12} \\ z_{21} & z_{22} \end{vmatrix} = z_{11}z_{22} - z_{12}z_{21} = \frac{y_{11}y_{22} - y_{12}y_{21}}{|y|^2} \tag{5-12}$$

로부터

$$|z| \cdot |y| = 1 \tag{5-13}$$

의 관계식을 구할 수 있다.

식(5-4)와 같이 쌍향성의 선형회로라면

$$z_{12} = z_{21} \tag{5-14}$$

이 되며 식(5-5)와 같이 대칭회로의 특징을 가진다면 임피던스 파라미터도

$$z_{11} = z_{22} \tag{5-15}$$

의 특징이 있다.

예제 5.2

그림 5.4에 주어진 회로망에 대해 임피던스 파라미터를 구하여라.

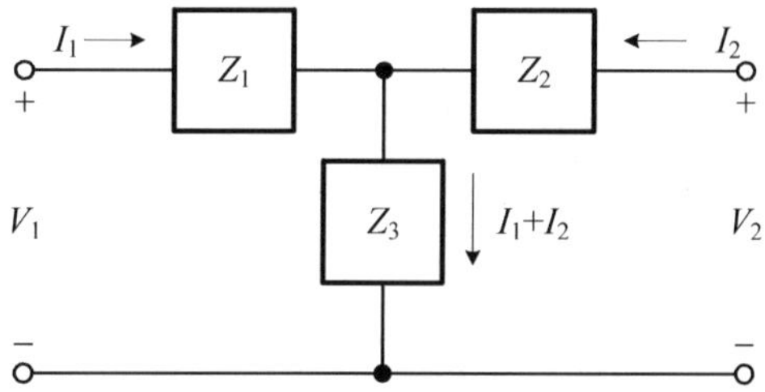

그림 5.4 예제 5.2의 회로

풀이 임피던스 파라미터를 구하기 위해서는 식(5-3)에 주어진 정의에 따라 2차측의 개방 후, V_1과 V_2에 대한 I_1과의 관계를 구하거나, 또는 1차측의 개방 후 V_1과 V_2에 대한 I_2와의 관계를 구할 수 있다. 그러나 주어진 회로와 같이 직렬 회로에 소자값이 임피던스로 주어진 경우에는 루프 방정식으로부터 구하는 것이 편리할 것이다. 주어진 회로에 대한 루프 방정식은

$$\left.\begin{aligned} V_1 &= Z_1 I_1 + Z_3(I_1+I_2) = (Z_1+Z_3)I_1 + Z_3 I_2 = z_{11}I_1 + z_{12}I_2 \\ V_2 &= Z_2 I_2 + Z_3(I_1+I_2) = Z_3 I_1 + (Z_2+Z_3)I_2 = z_{21}I_1 + z_{22}I_2 \end{aligned}\right\}$$

로부터

$$\left.\begin{aligned} z_{11} &= Z_1 + Z_3 \\ z_{12} &= Z_3 = z_{21} \\ z_{22} &= Z_2 + Z_3 \end{aligned}\right\}$$

와 같이 구할 수 있다. ↵

5.4 하이브리드 파라미터

하이브리드(Hybrid)라는 말이 "혼성"이라는 어원을 가지듯이 독립변수와 종속변수에 전압과 전류가 혼성된 경우이다. 즉, 전압 및 입출력 관계가 혼성이므로

$$V_1, I_2 = f(I_1, V_2) \tag{5-16}$$

의 관계가 있으며 h 파라미터의 정의는 다음과 같다.

$$\left.\begin{aligned} V_1 &= h_{11} I_1 + h_{12} V_2 \\ I_2 &= h_{21} I_1 + h_{22} V_2 \end{aligned}\right\} \tag{5-17}$$

여기서 각 파라미터는 다음과 같다.

$$\left.\begin{aligned} h_{11} &= \frac{V_1}{I_1}\bigg|_{V_2=0} &&: \text{출력 단락 입력 임피던스} \\ h_{12} &= \frac{V_1}{V_2}\bigg|_{I_1=0} &&: \text{입력 개방 역방향 전압이득} \\ h_{21} &= \frac{I_2}{I_1}\bigg|_{V_2=0} &&: \text{출력 단락 순방향 전류이득} \\ h_{22} &= \frac{I_2}{V_2}\bigg|_{I_1=0} &&: \text{입력 개방 출력 어드미턴스} \end{aligned}\right\} \tag{5-18}$$

h 파라미터(하이브리드 파라미터)는 트랜지스터(Transistor)와 같은 능동회로의 등가회로를 그리는데 유용하게 이용되며 예를 들어서 h 파라미터를 이용한 접합 트랜지스터의 등가회로는 식(5-17)로부터 그림 5.5와 같이 그릴 수 있다.

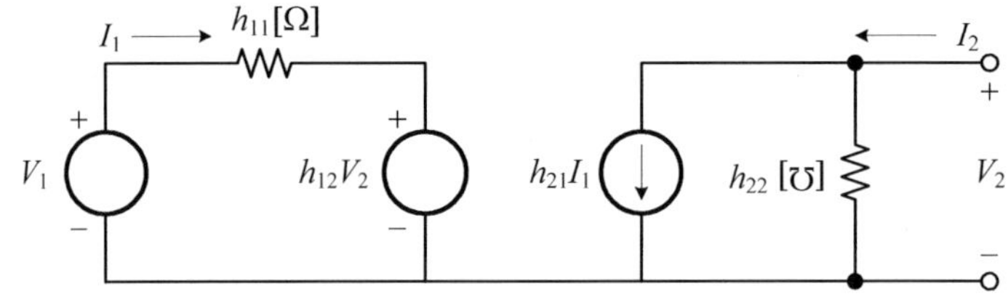

그림 5.5 접합 트랜지스터의 h 파라미터를 이용한 등가회로

한편 하이브리드 파라미터의 입출력단을 바꾸어 정의한 것을 역하이브리드 g 파라미터라고 하며 다음과 같이 정의할 수 있다.

$$\left.\begin{aligned} I_1 &= g_{11} V_1 + g_{12} I_2 \\ V_2 &= g_{21} V_1 + g_{22} I_2 \end{aligned}\right\} \tag{5-19}$$

이 파라미터는 트랜지스터의 입출력단을 바꾸어 놓은 상태로서 예를 들어 접합 트랜지스터의 콜렉터를 입력으로 하고 이미터단을 출력으로 하는 방식으로서 실질적인 해석이 되지 못하여 널리 이용되지는 못한다.

5.5 ABCD 파라미터

5.5.1 정의

앞에서 다룬 어드미턴스 파라미터나 임피던스 파라미터, 혹은 하이브리드 파라미터는 특정 회로에 대해서만 해석이 가능하였다. 그러나 시스템으로 확장된 회로의 연결에서는 그림 5.2(c)와 같이 종속 접속되는 경우가 대부분이다. 이 때 2차측의 전류 방향이 다음 단의 입력전류와 반대이므로 해석에 어려움이 있다. 그러므로 2차측의 변량이 그대로 다음단의 입력이 된다면 곧바로 해석이 전이되어 간편해진다. 이러한 목적으로 쓰이는 파라미터가 **ABCD 파라미터**이다. 이 파라미터는 전송을 중심으로 하므로 **전송 파라미터**(Transmission Parameter)라고도 하며 줄여서 **T 파라미터**라고도 부른다. ABCD 파라미터를 정의하는 변수의 구성은 그림 5.6과 같다.

그림 5.6 ABCD 파라미터를 위한 전압, 전류의 방향

그림 5.6과 같이 설정된 전압과 전류의 방향에 따라 ABCD 파라미터는 다음과 같이 정의된다.

$$\left.\begin{aligned} V_1 &= AV_2 + BI_2 \\ I_1 &= CV_2 + DI_2 \end{aligned}\right\} \tag{5-20}$$

식(5-20)으로부터 ABCD 파라미터의 각 파라미터의 정의와 물리적 의미는 다음과 같이 표현할 수 있다.

$$\left.\begin{aligned} A &= \frac{V_1}{V_2}\bigg|_{I_2=0} &&: \text{출력 개방 역방향 전압이득} \\ B &= \frac{V_1}{I_2}\bigg|_{V_2=0} &&: \text{출력 단락 역방향 전달 임피던스} \\ C &= \frac{I_1}{V_2}\bigg|_{I_2=0} &&: \text{출력 개방 역방향 전달 어드미턴스} \\ D &= \frac{I_1}{I_2}\bigg|_{V_1=0} &&: \text{출력 단락 역방향 전류이득} \end{aligned}\right\} \tag{5-21}$$

위에서 알 수 있는 바와 같이 ABCD 파라미터는 결국 입력단에 대한 출력단의 비례 관계를 나타내는 계수로서 ABCD 파라미터는 위와 같은 방법에 의해 구할 수도 있지만 식(5-2)의 어드미턴스 파라미터를 이용하여 표현할 수도 있다.

식(5-2)로부터 2차측의 전류 방향이 반대이므로

$$\left.\begin{aligned} I_1 &= y_{11} V_1 + y_{12} V_2 \\ -I_2 &= y_{21} V_1 + y_{22} V_2 \end{aligned}\right\} \tag{5-22}$$

로 쓸 수 있다. 이 식을 V_1과 I_1에 관해 풀면

$$\left.\begin{aligned} V_1 &= (-y_{22}/y_{21}) V_2 + (-1/y_{21}) I_2 \\ I_1 &= (-|y|/y_{21}) V_2 + (-y_{11}/y_{21}) I_2 \end{aligned}\right\} \tag{5-23}$$

가 되며 식(5-20)과 비교해 보면

$$A = \frac{-y_{22}}{y_{21}}, \quad B = \frac{-1}{y_{21}}, \quad C = -\frac{|y|}{y_{21}}, \quad D = \frac{-y_{11}}{y_{21}} \tag{5-24}$$

이다. 위의 식으로부터 ABCD 파라미터에 대한 행렬식의 값을 계산해 보자.

$$\begin{vmatrix} A & B \\ C & D \end{vmatrix} = AD - BC = \left.\frac{y_{11} y_{22} - |y|}{{y_{21}}^2}\right|_{y_{12} = y_{21}} = 1 \tag{5-25}$$

로서 파라미터 A, B, C, D 중에서 독립적인 것은 3개뿐이다. 만일 회로망의 해석에서 선로에 관한 해석이라면 대칭 회로로서 y_{11}과 y_{22}는 같기 때문에

$$A = D \ (\text{대칭 회로}) \tag{5-26}$$

이다. 그러므로 대칭 회로망의 독립적인 파라미터는 2개로 줄어든다. 일반적으로 선로 등의 대칭 회로에서는 독립적인 파라미터로 B와 C가 주어진다.

5.5.2 개방 임피던스와 단락 임피던스

선로 등의 특성을 결정짓는 요인으로서 단자의 개방이나 단락에 따른 회로의 임피던스는 매우 중요한 역할을 차지한다. 예를 들어서 단락되었다는 것은 부하가 단락(Short)되었을 때를 말하며 개방되었다는 것은 부하단이 끊어졌거나(Open) 부하가 무한대인 경우에 해당하는 것으로서 이때의 임피던스는 선로의 특성에 좌우된다. 그러므로 여기서는 입력단이나 출력단의 개방 및 단락시에 대한 임피던스를 $ABCD$파라미터를 이용하여 표현하기로 한다. 여기서 $ABCD$ 파라미터를 이용한 2차측에서의 해석은 그림 5.6으로부터 2차측 전류가 반대 방향이므로 부호를 바꾸어 해석해야 한다. **단락 임피던스**와 **개방 임피던스**는 각각 다음과 같이 구할 수 있다.

$$\left.\begin{aligned} Z_{O1} &= \left.\frac{V_1}{I_1}\right|_{I_2=0} = \frac{A}{C} \\ Z_{S1} &= \left.\frac{V_1}{I_1}\right|_{V_2=0} = \frac{B}{D} \\ Z_{O2} &= \left.\frac{V_2}{-I_2}\right|_{I_1=0} = \frac{D}{C} \\ Z_{S2} &= \left.\frac{V_2}{-I_2}\right|_{V_1=0} = \frac{B}{A} \end{aligned}\right\} \tag{5-27}$$

5.5.3 역전송 파라미터

1차측에서 2차측 방향으로 전류가 흐르는 것으로 가정하여 파라미터를 정의한 것이 $ABCD$ 파라미터라면 2차측에서 1차측 방향으로 전류가 흐르는 것으로 가정하여 파라미터를 정의한 것이 역전송 파라미터로서 T^{-1} **파라미터** 혹은 ***DBCA*** **파라미터**가 된다.

전류의 방향을 바꾼 다음 입력단을 2차측으로 하고 출력단을 1차측으로 한 파라미터는 식(5-20)을 참고로 했을 때 다음과 같이 쓸 수 있다.

$$\left.\begin{aligned} V_1 &= AV_2 + B(-I_2) \\ -I_1 &= CV_2 + D(-I_2) \end{aligned}\right\} \tag{5-28}$$

로부터

$$\begin{bmatrix} V_1 \\ I_1 \end{bmatrix} = \begin{bmatrix} A & -B \\ -C & D \end{bmatrix} \cdot \begin{bmatrix} V_2 \\ I_2 \end{bmatrix} \tag{5-29}$$

로 쓸 수 있으며, 역행렬을 이용하여 정리하면 아래와 같다.

$$\begin{bmatrix} V_2 \\ I_2 \end{bmatrix} = \begin{bmatrix} D & B \\ C & A \end{bmatrix} \cdot \begin{bmatrix} V_1 \\ I_1 \end{bmatrix} \tag{5-30}$$

그러므로 입출력단을 바꾼 파라미터를 $ABCD$ 파라미터를 이용하여 표현할 때 식(5-30)과 같이 각 파라미터가 D, B, C, A가 되어 $DBCA$ 파라미터라고도 부른다.

5.5.4 단일 소자의 직병렬회로 *ABCD* 파라미터

그림 5.7과 같이 단일 소자인 임피던스 소자의 직렬 연결과 어드미턴스 소자의 병렬 연결 회로에서 *ABCD* 파라미터는 유용하게 이용될 수 있다. 이에 대한 *ABCD* 파라미터를 구해 보자.

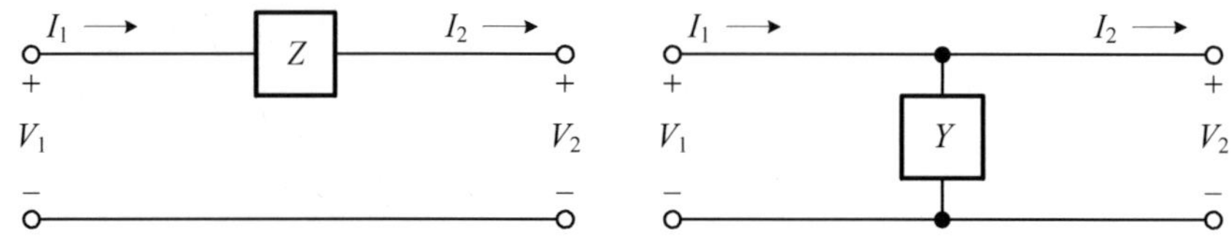

그림 5.7 단일소자의 직/병렬회로와 ABCD 파라미터

그림 5.7(a)로부터 각 파라미터는 정의에 따라 다음과 같이 구할 수 있다.

$$\left.\begin{aligned} A &= \left.\frac{V_1}{V_2}\right|_{I_2=0} = \left.\frac{V_1}{V_2}\right|_{V_2=V_1} = 1 \\ B &= \left.\frac{V_1}{I_2}\right|_{V_2=0} = \left.\frac{V_1}{I_2}\right|_{V_1=ZI_2} = Z \\ C &= \left.\frac{I_1}{V_2}\right|_{I_2=0} = \left.\frac{I_1}{V_2}\right|_{I_1=0} = 0 \\ D &= \left.\frac{I_1}{I_2}\right|_{V_2=0} = \left.\frac{I_1}{I_2}\right|_{I_2=I_1} = 1 \end{aligned}\right\} \quad (☆☆☆) \tag{5-31}$$

또한 그림 5.17(b)로부터 *ABCD* 파라미터는 정의에 의해 아래와 같다.

$$\left.\begin{aligned} A &= \left.\frac{V_1}{V_2}\right|_{I_2=0} = \left.\frac{V_1}{V_2}\right|_{V_2=V_1} = 1 \\ B &= \left.\frac{V_1}{I_2}\right|_{V_2=0} = \left.\frac{V_1}{I_2}\right|_{V_1=0} = 0 \\ C &= \left.\frac{I_1}{V_2}\right|_{I_2=0} = \left.\frac{I_1}{V_2}\right|_{I_1=YV_2} = Y \\ D &= \left.\frac{I_1}{I_2}\right|_{V_2=0} = \left.\frac{I_1}{I_2}\right|_{I_2=I_1} = 1 \end{aligned}\right\} \quad (☆☆☆) \tag{5-32}$$

위의 식(5-31)과 식(5-32)는 전송 문제에 있어서 기억해 두면 매우 편리하다. 즉, "1 Z 0 1", "1 0 Y 1"이다.

예제 5.3

그림 5.8의 회로에 대한 *ABCD* 파라미터를 구하여라.

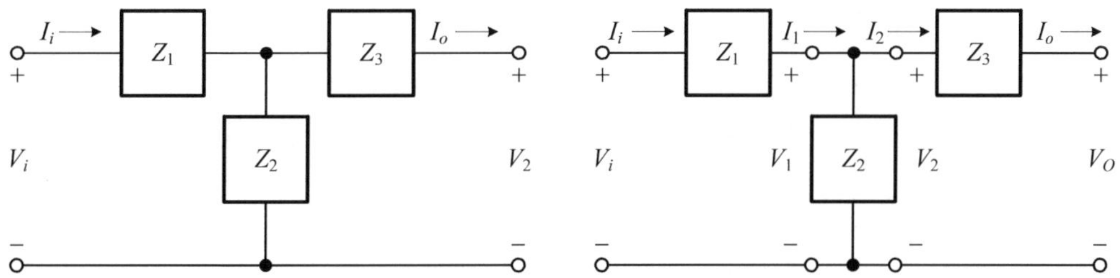

그림 5.8 예제 5.3의 회로와 해석을 위한 등가회로

풀이 주어진 회로의 해석을 위해 전압과 전류의 표현을 확대하면 그림 5.8(b)와 같다. 여기서 첫 번째 회로에 대해 *ABCD* 파라미터의 정의를 행렬로 표현하면

$$\begin{bmatrix} V_i \\ I_i \end{bmatrix} = \begin{bmatrix} A_1 & B_1 \\ C_1 & D_1 \end{bmatrix} \cdot \begin{bmatrix} V_1 \\ I_1 \end{bmatrix}$$

으로 나타낼 수 있다. 또한 두 번째 회로의 입력은 첫 번째 회로의 출력에 해당하고 세 번째 회로의 입력은 두 번째 회로의 출력에 해당하므로 행렬로 표현하면 다음과 같다.

$$\begin{aligned}
\begin{bmatrix} V_i \\ I_i \end{bmatrix} &= \begin{bmatrix} A_1 & B_1 \\ C_1 & D_1 \end{bmatrix} \cdot \begin{bmatrix} A_2 & B_2 \\ C_2 & D_2 \end{bmatrix} \cdot \begin{bmatrix} A_3 & B_3 \\ C_3 & D_3 \end{bmatrix} \cdot \begin{bmatrix} V_O \\ I_O \end{bmatrix} \\
&= \begin{bmatrix} 1 & Z_1 \\ 0 & 1 \end{bmatrix} \cdot \begin{bmatrix} 1 & 0 \\ 1/Z_2 & 1 \end{bmatrix} \cdot \begin{bmatrix} 1 & Z_3 \\ 0 & 1 \end{bmatrix} \cdot \begin{bmatrix} V_O \\ I_O \end{bmatrix} \\
&= \begin{bmatrix} 1+\dfrac{Z_1}{Z_2} & Z_1 \\ \dfrac{1}{Z_2} & 1 \end{bmatrix} \cdot \begin{bmatrix} 1 & Z_3 \\ 0 & 1 \end{bmatrix} \cdot \begin{bmatrix} V_O \\ I_O \end{bmatrix} \\
&= \begin{bmatrix} 1+\dfrac{Z_1}{Z_2} & Z_3+\dfrac{Z_1 Z_3}{Z_2}+Z_1 \\ \dfrac{1}{Z_2} & \dfrac{Z_3}{Z_2}+1 \end{bmatrix} \cdot \begin{bmatrix} V_O \\ I_O \end{bmatrix}
\end{aligned}$$

그러므로 그림 5.8(a)에 대한 *ABCD* 파라미터는 각각 다음과 같다.

$$A = 1+\frac{Z_1}{Z_2}, \quad B = Z_1+Z_3+\frac{Z_1 Z_3}{Z_2}, \quad C = \frac{1}{Z_2}, \quad D = 1+\frac{Z_3}{Z_2}$$ ↵

5.6 영상 파라미터

앞 절까지 우리는 어드미턴스 파라미터에서부터 임피던스 파라미터, h 파라미터, g 파라미터, *ABCD* 파라미터, *DBCA* 파라미터까지 6가지의 파라미터를 다루었다. 여기서는 이들의 기본적인 파라미터의 정의를 이용하여 임피던스 정합이나 감쇠기의 설계에 유용한 **영상 파라미터**(Image Parameter)를 정의하고 이것을 구하는 방법에 대해 고찰한다.

5.6.1 영상 임피던스

그림 5.9와 같이 *ABCD* 파라미터로 주어진 회로에서 1차측에 임피던스 Z_{i1}이 연결되어 있고 2차측에 임피던스 Z_{i2}가 연결되어 있을 때 1차측과 2차측에서 4단자망을 본 임피던스가 단자상에 연결된 임피던스와 거울에 비친 영상(Image)처럼 각각 같은 값을 가진다면 이때의 Z_{i1}과 Z_{i2}를 **영상 임피던스**(Image Impedance)라고 한다.

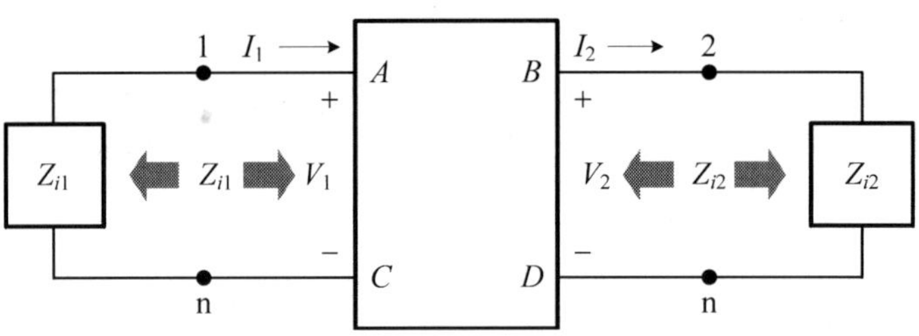

그림 5.9 영상 임피던스의 정의

ABCD 파라미터로 주어진 4단자망의 영상 임피던스를 구해 보자. 식(5-20)의 *ABCD* 파라미터에 대한 정의식으로부터

$$Z_{i1} = \frac{V_1}{I_1} = \frac{A\dfrac{V_2}{I_2} + B}{C\dfrac{V_2}{I_2} + D} = \frac{A Z_{i2} + B}{C Z_{i2} + D} \tag{5-33}$$

이다. 또한 입출력단을 바꾸어 전류의 방향을 바꾸어 생각하면 같은 방법에 의해

$$Z_{i2} = \frac{V_2}{I_2} = \frac{D\dfrac{V_1}{I_1} + B}{C\dfrac{V_1}{I_1} + A} = \frac{D Z_{i1} + B}{C Z_{i1} + A} \tag{5-34}$$

의 식을 구할 수 있다. 여기서 식(5-34)의 Z_{i2}를 식(5-33)에 대입하여 Z_{i1}에 관해 정리하고 식(5-33)의 Z_{i1}을 식(5-34)에 대입하여 Z_{i2}에 관해 정리하면

$$Z_{i1} = \sqrt{\frac{AB}{CD}} \tag{5-35}$$

$$Z_{i2} = \sqrt{\frac{DB}{CA}} \tag{5-36}$$

와 같다. 위의 식을 식(5-27)과 비교해 보면 식(5-27)에 의한 표현이 가능한 것을 알 수 있다. 즉,

$$Z_{i1} = \sqrt{Z_{O1} \times Z_{S1}} \tag{5-37}$$

$$Z_{i2} = \sqrt{Z_{O2} \times Z_{S2}} \tag{5-38}$$

가 된다. 즉, 이것은 4단자망의 영상 임피던스가 반대편 단자에 대한 개방시 및 단락시의 임피던스에 대한 기하평균값과 같다는 것을 의미한다. 위의 식은 선로의 경우 **특성 임피던스**(Characteristic Impedance)라고도 하며 이때에는 대칭회로이기 때문에 $A = D$로서 특성 임피던스는

$$Z_0 = Z_{i1} = Z_{i2} = \sqrt{\frac{B}{C}} \tag{5-39}$$

로서 표현된다.

5.6.2 영상 전달 정수

선로 등의 4단자망에 영상 정합된 신호원과 부하가 그림 5.10과 같이 연결되어 있다고 하자.

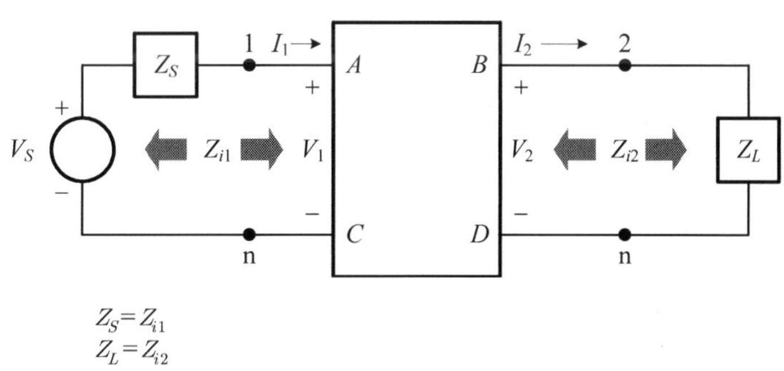

그림 5.10 영상 정합된 신호원과 부하회로

일반적인 물리 현상에서 신호의 감쇠는 지수함수적이다. 즉, 주어진 4단자망의 1차측과 2차측에 대한 전압 전류를 각각 V_1, I_1 및 V_2, I_2라고 하면 감쇠 정도를 나타내는 파라미터를 θ로 표현할 때 전압이나 전류 차원의 감쇠도로서 정의된다. 즉,

$$e^{\theta v} = \frac{V_1}{V_2}, \quad e^{\theta i} = \frac{I_1}{I_2} \tag{5-40}$$

로서 표현된다. 선로의 경우 전압과 전류의 감쇠가 병행하여 발생하므로 이들에 대한 기하평균으로서 복합된 **영상 전달 정수**(Image Transfer Constant)를 다음과 같이 정의한다.

$$e^{\theta} = \sqrt{e^{\theta v} \times e^{\theta i}} = \sqrt{\frac{V_1 I_1}{V_2 I_2}} \tag{5-41}$$

위의 식에서 영상 정합된 상태를 고려하여 V_1/V_2 및 I_1/I_2를 구해 보자.

$$\left.\begin{aligned} \frac{V_1}{V_2} &= A + B\frac{I_2}{V_2} = A + B\frac{1}{Z_{i2}} \\ \frac{I_1}{I_2} &= C\frac{V_2}{I_2} + D = CZ_{i2} + D \end{aligned}\right\} \tag{5-42}$$

이므로 식(5-36)의 Z_{i2}를 대입하여 정리하면

$$\left.\begin{aligned} \frac{V_1}{V_2} &= \sqrt{\frac{A}{D}}\,(\sqrt{AD} + \sqrt{BC}\,) \\ \frac{I_1}{I_2} &= \sqrt{\frac{D}{A}}\,(\sqrt{AD} + \sqrt{BC}\,) \end{aligned}\right\} \tag{5-43}$$

가 되므로 식(5-43)을 식(5-41)에 대입하면

$$e^{\theta} = \sqrt{AD} + \sqrt{BC} \tag{5-44}$$

이다. 또한 $ABCD$ 파라미터의 특징인 식(5-25)의 "$AD - BC = 1$"의 관계를 이용하여 식(5-44)를 표현하면

$$e^{-\theta} = \sqrt{AD} - \sqrt{BC} \tag{5-45}$$

이므로 하이퍼볼릭(Hyperbolic) 함수의 정의인

$$\left.\begin{aligned} \cosh\theta &= \frac{1}{2}(e^{\theta} + e^{-\theta}) \\ \sinh\theta &= \frac{1}{2}(e^{\theta} - e^{-\theta}) \\ \tanh\theta &= \frac{\sinh\theta}{\cosh\theta} \end{aligned}\right\} \tag{5-46}$$

를 이용하면

$$\cosh\theta = \sqrt{AD}, \quad \sinh\theta = \sqrt{BC}, \quad \tanh\theta = \sqrt{\frac{BC}{AD}} \tag{5-47}$$

로 표현할 수 있다. 특히 하이퍼볼릭 탄젠트(hyperbolic tangent) 함수는 식(5-27)을 이용하여 표현할 때 아래 식과 같다.

$$\tanh\theta = \sqrt{\frac{Z_{S1}}{Z_{O1}}} = \sqrt{\frac{Z_{S2}}{Z_{O2}}} \tag{5-48}$$

영상 전달 정수는 복소수로 표현될 수 있으므로 다음과 같이 놓을 수 있다. 즉,

$$\theta = \alpha + j\beta \tag{5-49}$$

여기서 α는 **영상 감쇠 정수**(Image Attenuation Constant)이고 β는 **영상 위상 정수**(Image Phase Constant)이다. 일반적으로 영상 감쇠 정수는 전압이나 전류비에 대해 자연대수를 취하여 네퍼 단위로 표현하고 영상 위상 정수는 라디안으로 표현한다.

예제 5.4

그림 5.11에서 (a) 영상 임피던스, (b) 영상 전달 정수를 각각 구하여라.

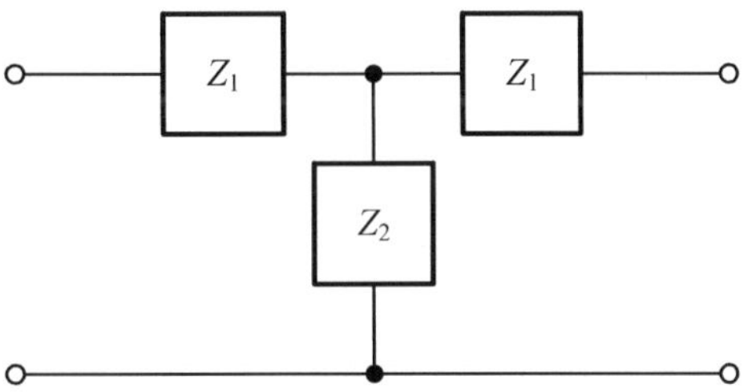

그림 5.11 예제 5.4의 회로

풀이 (a) 그림 5.11의 회로는 대칭 회로이므로 1차측과 2차측의 영상 임피던스는 같다. 식(5-37)과 같이 영상 임피던스는 개방 임피던스와 단락 임피던스의 기하 평균이다. 즉,

$$Z_O = Z_1 + Z_2$$

$$Z_S = Z_1 + Z_1 // Z_2$$

를 식(5-37)에 대입하면

$$Z_{i1} = Z_{i2} = \sqrt{Z_O \times Z_S} = \sqrt{Z_1^{\,2} + 2Z_1Z_2}$$

(b) 영상 전달 정수는 식(5-48)을 이용하여

$$\theta = \tanh^{-1}\sqrt{\frac{Z_S}{Z_O}} = \tanh^{-1}\frac{\sqrt{Z_1(Z_1+2Z_2)}}{Z_1+Z_2} = \tanh^{-1}X$$

또는 $\theta = \tanh\sqrt{\frac{1+X}{1-X}}$ 와 같이 구할 수 있다. ⏎

5.7 4단자망의 직렬 연결

제1절에서 다룬 바와 같이 4단자망을 접속하는 방법에는 기본적으로 그림 5.2와 같은 직렬 접속, 병렬 접속 및 종속 접속의 3가지가 있다. 이 중에서 회로망(I)과 회로망(II)의 전류값이 같을 때 **직렬 접속**(Series Connection)으로 해석한다. 예를 들어서 그림 5.12와 같이 임피던스 파라미터로 정의된 회로망에서 회로망(I)과 회로망(II)의 임피던스 파라미터에 의한 방정식은

$$\begin{bmatrix} V_1' \\ V_2' \end{bmatrix} = \begin{bmatrix} Z_{11}' & Z_{12}' \\ Z_{21}' & Z_{22}' \end{bmatrix} \cdot \begin{bmatrix} I_1' \\ I_2' \end{bmatrix} \tag{5-50}$$

$$\begin{bmatrix} V_1'' \\ V_2'' \end{bmatrix} = \begin{bmatrix} Z_{11}'' & Z_{12}'' \\ Z_{21}'' & Z_{22}'' \end{bmatrix} \cdot \begin{bmatrix} I_1'' \\ I_2'' \end{bmatrix} \tag{5-51}$$

이다. 그림으로부터

$$V_1 = V_1' + V_1'', \quad V_2 = V_2' + V_2'' \tag{5-52}$$

$$I_1 = I_1' = I_1'', \quad I_2 = I_2' = I_2'' \tag{5-53}$$

이므로

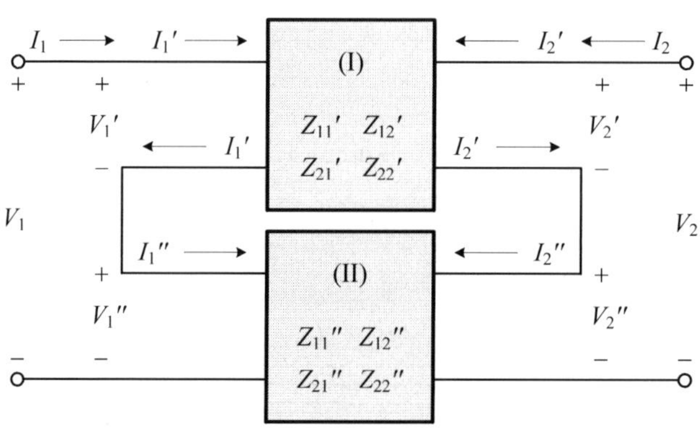

그림 5.12 4단자망의 직렬 접속

$$\begin{bmatrix} V_1 \\ V_2 \end{bmatrix} = \begin{bmatrix} V_1' \\ V_2' \end{bmatrix} + \begin{bmatrix} V_1'' \\ V_2'' \end{bmatrix}$$

$$= \left(\begin{bmatrix} Z_{11}' & Z_{12}' \\ Z_{21}' & Z_{22}' \end{bmatrix} + \begin{bmatrix} Z_{11}'' & Z_{12}'' \\ Z_{21}'' & Z_{22}'' \end{bmatrix} \right) \cdot \begin{bmatrix} I_1 \\ I_2 \end{bmatrix}$$

$$= \begin{bmatrix} Z_{11}' + Z_{11}'' & Z_{12}' + Z_{12}'' \\ Z_{21}' + Z_{21}'' & Z_{22}' + Z_{22}'' \end{bmatrix} \cdot \begin{bmatrix} I_1 \\ I_2 \end{bmatrix} \tag{5-54}$$

로서 전체의 임피던스 파라미터는 각 임피던스 파라미터의 합과 같다.

예제 5.5

그림 5.13(a)의 회로에 대한 임피던스 파라미터를 구하여라.

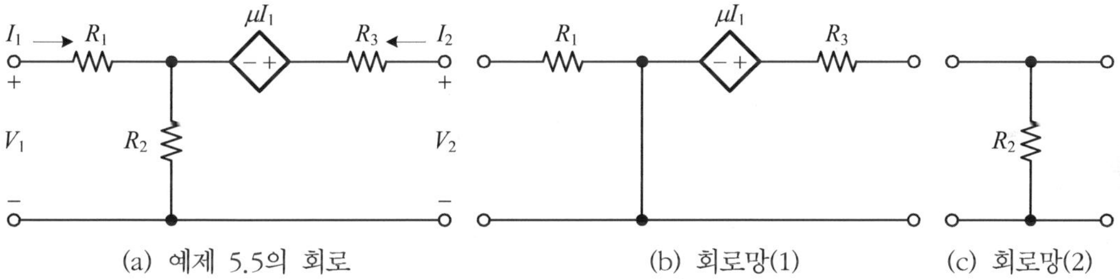

그림 5.13 예제 5.5의 회로

풀이 그림 5.13(a)의 회로는 같은 그림의 (b)와 (c)의 회로에 대한 직렬 접속과 등가이다. 그러므로 그림 5.13(b)에 대한 임피던스 파라미터를 구하면

$$\left. \begin{aligned} V_1 &= R_1 I_1 \\ V_2 &= \mu I_1 + R_3 I_2 \end{aligned} \right\}$$

로부터

$$\begin{bmatrix} Z_{11}' & Z_{12}' \\ Z_{21}' & Z_{22}' \end{bmatrix} = \begin{bmatrix} R_1 & 0 \\ \mu & R_3 \end{bmatrix}$$

이고 그림 5.13(c)에 대한 임피던스 파라미터를 구하면

$$V_1 = R_2(I_1 + I_2) = R_2 I_1 + R_2 I_2 = V_2$$

로부터

$$\begin{bmatrix} Z_{11}'' & Z_{12}'' \\ Z_{21}'' & Z_{22}'' \end{bmatrix} = \begin{bmatrix} R_2 & R_2 \\ R_2 & R_2 \end{bmatrix}$$

이다. 그러므로 식(5-54)로부터 원래의 회로에 대한 임피던스 파라미터는

$$\begin{bmatrix} Z_{11} & Z_{12} \\ Z_{21} & Z_{22} \end{bmatrix} = \begin{bmatrix} R_1 + R_2 & R_2 \\ \mu + R_2 & R_2 + R_3 \end{bmatrix}$$

이다. ↵

5.8 4단자망의 병렬 연결

직렬 접속 방법에 이어서 **병렬 접속**(Parallel Connection) 방법은 제1절에서 다룬 바와 같이 그림 5.14와 같다. 병렬 접속에서는 어드미턴스 파라미터를 이용하면 편리하다. 병렬 접속에서는 전압이 같고 각 회로망 단자로 흐르는 전류의 합이 전체 전류가 되기 때문이다. 즉, 그림 5.14의 병렬 접속회로에서 각 단자 전압과 전류의 관계는

$$I_1 = I_1' + I_1'', \quad I_2 = I_2' + I_2'' \tag{5-55}$$

$$V_1 = V_1' = V_1'', \quad V_2 = V_2' = V_2'' \tag{5-56}$$

이다. 또한 회로망(I)과 회로망(II)의 어드미턴스 파라미터에 의한 방정식은

$$\begin{bmatrix} I_1' \\ I_2' \end{bmatrix} = \begin{bmatrix} Y_{11}' & Y_{12}' \\ Y_{21}' & Y_{22}' \end{bmatrix} \cdot \begin{bmatrix} V_1' \\ V_2' \end{bmatrix} \tag{5-57}$$

$$\begin{bmatrix} I_1'' \\ I_2'' \end{bmatrix} = \begin{bmatrix} Y_{11}'' & Y_{12}'' \\ Y_{21}'' & Y_{22}'' \end{bmatrix} \cdot \begin{bmatrix} V_1'' \\ V_2'' \end{bmatrix} \tag{5-58}$$

이므로 식(5-57)과 식(5-58)을 식(5-55)와 식(5-56)에 대입하여 정리하면

$$\begin{aligned} \begin{bmatrix} I_1 \\ I_2 \end{bmatrix} &= \begin{bmatrix} I_1' \\ I_2' \end{bmatrix} + \begin{bmatrix} I_1'' \\ I_2'' \end{bmatrix} \\ &= \left(\begin{bmatrix} Y_{11}' & Y_{12}' \\ Y_{21}' & Y_{22}' \end{bmatrix} + \begin{bmatrix} Y_{11}'' & Y_{12}'' \\ Y_{21}'' & Y_{22}'' \end{bmatrix} \right) \cdot \begin{bmatrix} V_1 \\ V_2 \end{bmatrix} \\ &= \begin{bmatrix} Y_{11}' + Y_{11}'' & Y_{12}' + Y_{12}'' \\ Y_{21}' + Y_{21}'' & Y_{22}' + Y_{22}'' \end{bmatrix} \cdot \begin{bmatrix} V_1 \\ V_2 \end{bmatrix} \end{aligned} \tag{5-59}$$

로서 전체의 어드미턴스 파라미터는 각 어드미턴스 파라미터의 합과 같다.

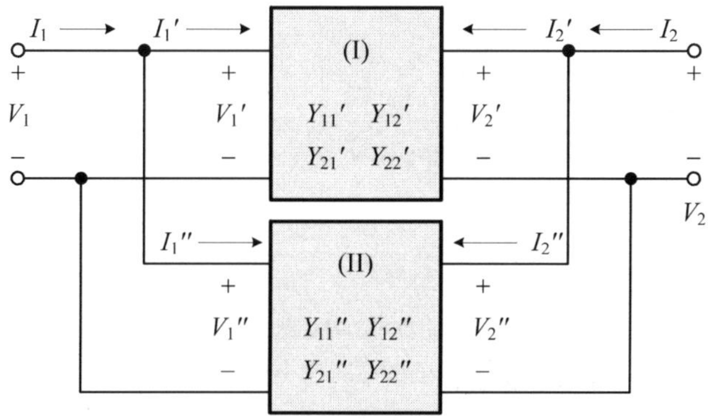

그림 5.14 4단자망의 병렬 접속

예제 5.6

그림 5.15(a)에서 병렬회로의 접속 방법에 의해 어드미턴스 파라미터를 구하여라.

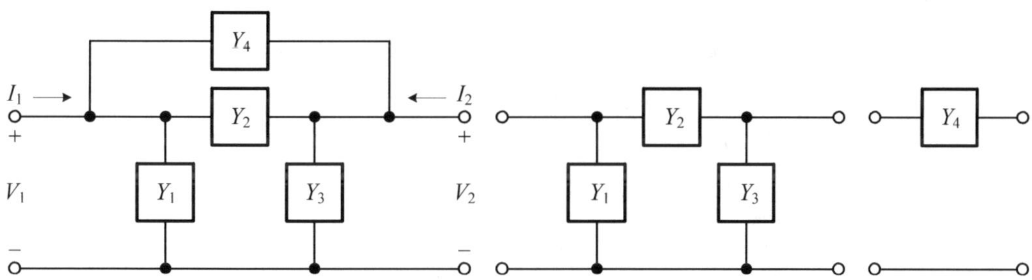

(a) 예제 5.6의 회로　(b) 회로망(1)　(c) 회로망(2)

그림 5.15 예제 5.6의 회로

풀이 그림 5.15(a)의 회로는 같은 그림의 (b)와 (c)의 회로에 대한 병렬 접속과 등가이다. 그러므로 그림 5.15(b)에 대한 어드미턴스 파라미터를 구하면

$$\left.\begin{aligned} I_1 &= Y_1V_1 + Y_2(V_1 - V_2) = (Y_1 + Y_2)V_1 - Y_2V_2 \\ I_2 &= Y_3V_2 + Y_2(V_2 - V_1) = -Y_2V_1 + (Y_2 + Y_3)V_2 \end{aligned}\right\}$$

로부터

$$\begin{bmatrix} Y_{11}' & Y_{12}' \\ Y_{21}' & Y_{22}' \end{bmatrix} = \begin{bmatrix} Y_1 + Y_2 & -Y_2 \\ -Y_2 & Y_2 + Y_3 \end{bmatrix}$$

이고 그림 5.13(c)에 대한 어드미턴스 파라미터를 구하면

$$\left.\begin{aligned} I_1 &= Y_4(V_1 - V_2) = Y_4 V_1 - Y_4 V_2 \\ I_2 &= Y_4(V_2 - V_1) = -Y_4 V_1 + Y_4 V_2 \end{aligned}\right\}$$

로부터

$$\begin{bmatrix} Y_{11}'' & Y_{12}'' \\ Y_{21}'' & Y_{22}'' \end{bmatrix} = \begin{bmatrix} Y_4 & -Y_4 \\ -Y_4 & Y_4 \end{bmatrix}$$

이다. 그러므로 식(5.59)로부터 원래의 회로에 대한 어드미턴스 파라미터는

$$\begin{bmatrix} Y_{11} & Y_{12} \\ Y_{21} & Y_{22} \end{bmatrix} = \begin{bmatrix} Y_1 + Y_2 + Y_4 & -Y_2 - Y_4 \\ -Y_2 - Y_4 & Y_2 + Y_3 + Y_4 \end{bmatrix}$$

이다. ↵

5.9 4단자망의 종속 연결

각 기능을 가지는 회로가 연결되어 어떠한 목적을 가지는 시스템이 구성되면 특정 회로의 출력이 다음 단의 입력이 되므로 해석을 위한 파라미터로서는 *ABCD* 파라미터가 적당하다. 이러한 접속 방법을 **종속 접속**(Cascade Connection)이라고 한다. 종속 접속에 의한 그림 5.16에서는 출력 전압과 전류가 곧바로 다음단의 입력 전압과 전류가 된다. 즉,

$$V_1 = V_1', \quad V_2' = V_1'', \quad V_2'' = V_2 \tag{5-60}$$

$$I_1 = I_1', \quad I_2' = I_1'', \quad I_2'' = I_2 \tag{5-61}$$

$$\begin{bmatrix} V_1' \\ I_1' \end{bmatrix} = \begin{bmatrix} A' & B' \\ C' & D' \end{bmatrix} \cdot \begin{bmatrix} V_2' \\ I_2' \end{bmatrix} \tag{5-62}$$

$$\begin{bmatrix} V_1'' \\ I_1'' \end{bmatrix} = \begin{bmatrix} A'' & B'' \\ C'' & D'' \end{bmatrix} \cdot \begin{bmatrix} V_2'' \\ I_2'' \end{bmatrix} \tag{5-63}$$

이므로 식(5-60)~식(5-63)을 이용하여 정리하면

$$\begin{aligned} \begin{bmatrix} V_1 \\ I_1 \end{bmatrix} &= \begin{bmatrix} V_1' \\ I_1' \end{bmatrix} = \begin{bmatrix} A' & B' \\ C' & D' \end{bmatrix} \cdot \begin{bmatrix} V_2' \\ I_2' \end{bmatrix} \\ &= \begin{bmatrix} A' & B' \\ C' & D' \end{bmatrix} \cdot \begin{bmatrix} A'' & B'' \\ C'' & D'' \end{bmatrix} \cdot \begin{bmatrix} V_2 \\ I_2 \end{bmatrix} \\ &= \begin{bmatrix} A'A'' + B'C'' & A'B'' + B'D'' \\ C'A'' + D'C'' & C'B'' + D'D'' \end{bmatrix} \cdot \begin{bmatrix} V_2 \\ I_2 \end{bmatrix} \end{aligned} \tag{5-64}$$

로서 표현된다.

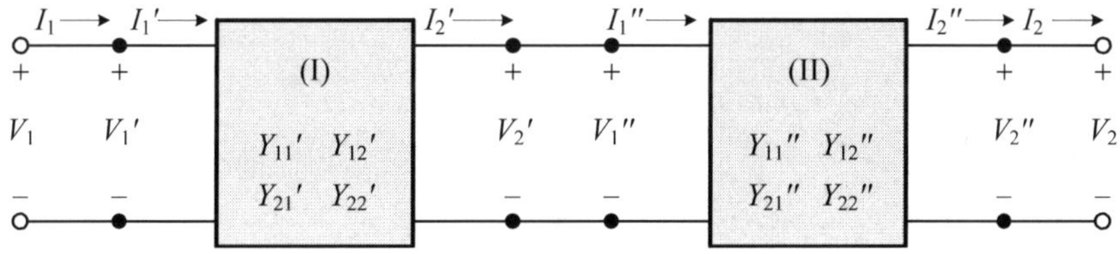

그림 5.16 회로망의 종속 접속

예제 5.7

그림 5.17(a)의 회로에 대한 *ABCD* 파라미터를 구하여라.

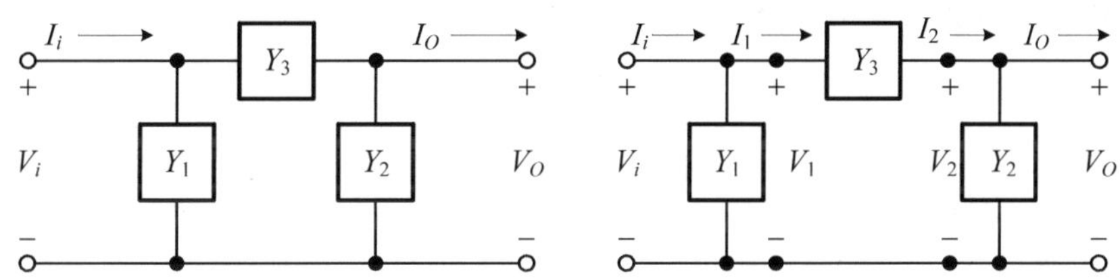

(a) 예제 5.7의 회로 (b) 해석을 위한 등가 회로

그림 5.17 예제 5.7의 회로와 해석을 위한 등가회로

풀이 주어진 회로를 해석하기 위해 그림 5.17(b)와 같은 종속 접속의 등가회로로 나타낸다. 여기서 첫 번째 회로에 대해 *ABCD* 파라미터의 정의를 행렬로 표현하면

$$\begin{bmatrix} V_i \\ I_i \end{bmatrix} = \begin{bmatrix} A_1 & B_1 \\ C_1 & D_1 \end{bmatrix} \cdot \begin{bmatrix} V_1 \\ I_1 \end{bmatrix}$$

으로 나타낼 수 있다. 또한 두 번째 회로의 입력은 첫 번째 회로의 출력에 해당하고 세 번째 회로의 입력은 두 번째 회로의 출력에 해당하므로 행렬로 표현하면 다음과 같다.

$$\begin{bmatrix} V_i \\ I_i \end{bmatrix} = \begin{bmatrix} A_1 & B_1 \\ C_1 & D_1 \end{bmatrix} \cdot \begin{bmatrix} A_2 & B_2 \\ C_2 & D_2 \end{bmatrix} \cdot \begin{bmatrix} A_3 & B_3 \\ C_3 & D_3 \end{bmatrix} \begin{bmatrix} V_o \\ I_o \end{bmatrix}$$

여기서 식(5-32)를 이용하여 표현하면

$$\begin{bmatrix} V_i \\ I_i \end{bmatrix} = \begin{bmatrix} 1 & 0 \\ Y_1 & 1 \end{bmatrix} \cdot \begin{bmatrix} 1 & \dfrac{1}{Y_3} \\ 0 & 1 \end{bmatrix} \cdot \begin{bmatrix} 1 & 0 \\ Y_2 & 1 \end{bmatrix} \cdot \begin{bmatrix} V_o \\ I_o \end{bmatrix}$$

$$= \begin{bmatrix} 1 & \dfrac{1}{Y_3} \\ Y_1 & \dfrac{Y_1}{Y_3}+1 \end{bmatrix} \cdot \begin{bmatrix} 1 & 0 \\ Y_2 & 1 \end{bmatrix} \cdot \begin{bmatrix} V_o \\ I_o \end{bmatrix}$$

$$= \begin{bmatrix} 1+\dfrac{Y_2}{Y_3} & \dfrac{1}{Y_3} \\ Y_1+Y_2+\dfrac{Y_1 Y_2}{Y_3} & \dfrac{Y_1}{Y_3}+1 \end{bmatrix} \cdot \begin{bmatrix} V_o \\ I_o \end{bmatrix}$$

그러므로 그림 5.17(a)에 대한 ABCD 파라미터는

$$A = 1+\frac{Y_2}{Y_3},\quad B = \frac{1}{Y_3},\quad C = Y_1+Y_2+\frac{Y_1 Y_2}{Y_3},\quad D = 1+\frac{Y_1}{Y_3}$$

이다. ↵

5.10 임피던스 정합회로

부하나 신호원의 임피던스가 가변(Variable)이 아닌 경우에는 그림 5.18과 같이 신호원과 부하의 사이에 **임피던스 정합회로**(Impedance Matching Network)를 삽입하여 최대 전력의 전송을 꾀할 수 있다. 즉, 정합회로의 입력단이 신호원 임피던스의 공액 정합이 되도록 하고 정합회로의 출력단이 부하 임피던스의 공액 정합이 되도록 하면 전체적으로 정합이 된다. 한편 앞에서 다룬 **영상 정합**(Image Matching)의 경우에는 반사파가 발생하지 않는 조건으로서 임피던스 정합과는 구별된다. 그러나 순수 저항 소자인 경우에는 특별히 구분하지 않는다.

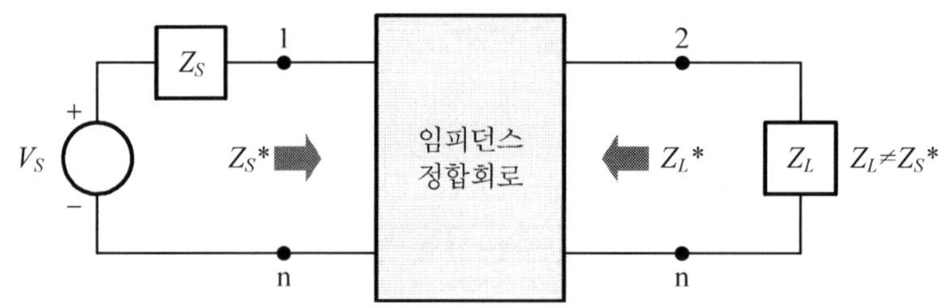

그림 5.18 임피던스 정합회로의 연결

정합회로는 일반 임피던스 소자를 이용하면 손실이 많이 발생하므로 일반적으로 리액턴스 소자를 이용한다. 예를 들어서 그림 5.19와 같이 코일이나 콘덴서의 리액턴스 소자를 이용하는 방법과 제4장에서 다룬 것과 같이 트랜스를 이용하여 부하의 임피던스를 변환시키는 방법이 있다. 후자의 방법에 이용되는 변압기를 일명 변성기라고도 한다. 여기서는 코일이나 콘덴서를 이용하여 임피던스 정합을 꾀하는 방법에 대해 고찰해 보자.

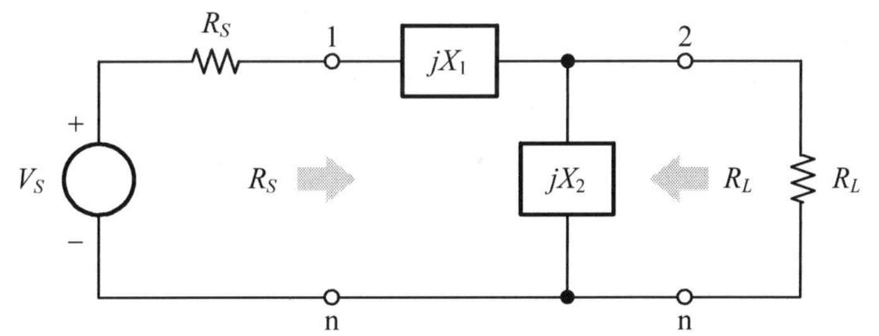

그림 5.19 리액턴스 소자에 의한 임피던스 정합

단자 1-n에서 정합회로를 본 임피던스는 식(5-37)과 식(5-38)로부터

$$R_S = \sqrt{-X_1(X_1+X_2)} \tag{5-65}$$

$$R_L = \sqrt{X_2 \cdot \frac{-X_1X_2}{X_1+X_2}} \tag{5-66}$$

로 쓸 수 있다. 위의 두 식에 대해 제곱을 취한 다음 곱하면

$$R_S^2 R_L^2 = X_1^2 X_2^2 \tag{5-67}$$

이다. 여기서 두 리액턴스 소자는 각각 다른 극성을 보여야 손실이 없으므로 X_1과 X_2의 부호는 다르다. 그러므로

$$R_S R_L = -X_1 X_2 \tag{5-68}$$

가 되며 위의 식을 식(5-65)에 대입하면

$$R_S^2 = -X_1^2 + R_S R_L \tag{5-69}$$

이다. 그러므로 X_1에 관해 풀면

$$X_1 = \pm\sqrt{R_S(R_L-R_S)} \quad (R_L > R_S) \tag{5-70}$$

이며 이것을 식(5-68)에 대입하여 X_2에 관해 정리하면

$$X_2 = \mp R_L \sqrt{\frac{R_S}{R_L-R_S}} \tag{5-71}$$

와 같다. 식(5-70)과 식(5-71)은 복호 동순으로서 X_1이 코일이면 X_2는 콘덴서가 되고 X_1이 콘덴서라면 X_2는 코일이 된다. 위의 결과는 $R_L > R_S$인 경우에 대한 해석이지만 한편 $R_L < R_S$인 경우에는 그림 5.19에서 병렬단 리액턴스 소자를 전원부 쪽으로 배치하고 직렬단 리액턴스 소자를 부하단 쪽으로 배치하면 된다.

5.11 감쇠기

각종 전자기기의 외부에는 신호의 레벨을 연속적으로, 혹은 일정한 단위로 조절하는 단자가 있다. 오디오 기기의 음량(Volume)을 조절하거나 신호 발생기 등의 이득을 조절할 때는 주파수에 무관하게 레벨이 조정되어야 한다. 그러므로 주파수에 무관한 소자로서 저항 소자가 있으며 이러한 신호 레벨의 이득 조절용으로 사용되는 저항 4단자망을 **감쇠기**(減衰器, Attenuator)라고 한다. 여기서는 L형 감쇠기를 소개하고 T형 감쇠기는 예제에서 다루기로 한다. L형 감쇠기는 그림 5.20과 같다.

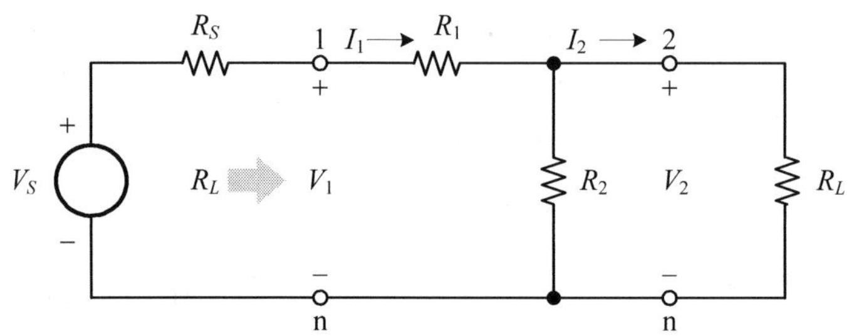

그림 5.20 저항 L형 감쇠기

감쇠기의 1차측에서 부하와 함께 본 저항값은 감쇠기가 없을 때의 부하 저항과 같아야 한다. 그러므로

$$R_1 + R_2 // R_L = R_L \tag{5-72}$$

이며, 전압비 V_1/V_2를 감쇠 전압비 A_v로 나타내고 전류비 I_1/I_2를 감쇠 전류비 A_i로 나타낼 때,

$$A_v = \frac{V_1}{V_2} = \frac{(R_1 + R_2 // R_L) I_1}{R_L I_2} = \frac{R_L I_1}{R_L I_2} = \frac{I_1}{I_2} = A_i \tag{5-73}$$

로서 전류비와 전압비는 같다. 감쇠 전압비와 감쇠 전류비를 A로 표시한다면 그림 5.20으로부터

$$\frac{R_2}{R_2 + R_L} I_1 = I_2 \tag{5-74}$$

로부터

$$\frac{I_1}{I_2} = 1 + \frac{R_L}{R_2} = A \tag{5-75}$$

이다. 그러므로 식(5-75)로부터

$$R_2 = \frac{1}{A-1} R_L \tag{5-76}$$

식(5-76)을 식(5-72)에 대입하면

$$R_1 = \frac{A-1}{A} R_L \tag{5-77}$$

의 식을 구할 수 있다. 여기서 식(5-76)과 식(5-77)은 L형 감쇠기의 설계 공식이다. 이 감쇠기의 설계 자체가 부하저항이 연결된 상태를 가정한 해석이므로 항상 부하가 연결되어야 소정의 감쇠도를 얻을 수 있다.

예제 5.8

그림 5.21의 대칭 T형 감쇠기에서 전압 및 전류 감쇠비를 A라고 할 때 가변저항 R_1과 R_2의 값을 결정하여라.

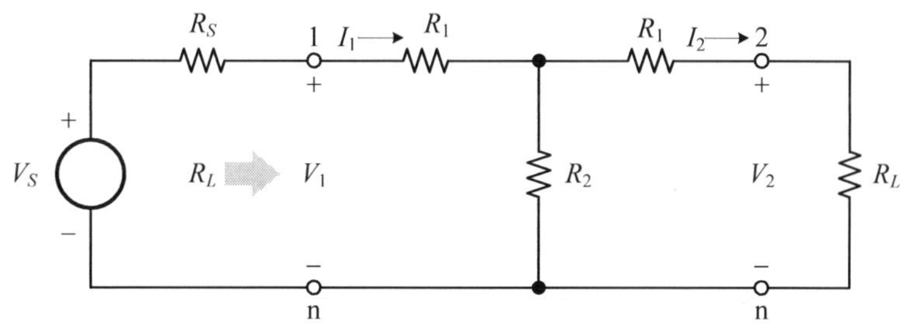

그림 5.21 예제 5.8의 대칭 T형 감쇠기

풀이 감쇠기의 1차측에서 부하와 함께 본 저항값은 부하 저항값과 같으므로

$$R_1 + R_2 // (R_1 + R_L) = R_1 + \frac{R_2(R_1 + R_L)}{R_2 + R_1 + R_L} = R_L$$

이다. 감쇠 전압비나 감쇠 전류비 A라고 한다면

$$A = \frac{V_1}{V_2} = \frac{\{R_1 + R_2 // (R_1 + R_L)\} I_1}{R_L I_2} = \frac{R_L I_1}{R_L I_2} = \frac{I_1}{I_2}$$

가 된다. 그림에서

$$\frac{R_2}{R_2+R_1+R_L}I_1 = I_2$$

로부터

$$R_2+R_1+R_L = R_2A$$

이다. 위의 식을 첫 번째 식에 대입하면

$$R_1+\frac{R_2(R_1+R_L)}{R_2A} = R_L$$

로부터

$$R_1 = \frac{A-1}{A+1}R_L$$

이며 위의 식을 네 번째 식에 대입하여 정리하면

$$R_2 = \frac{2A}{A^2-1}R_L$$

로서 R_1과 R_2를 구할 수 있다. ↵

연습문제

5.1 그림 5.22에 대해 (a) 어드미턴스 파라미터(y), (b) 임피던스 파라미터(z), (c) 하이브리드 파라미터(h), (d) *ABCD* 파라미터(*ABCD*)를 각각 구하여라.

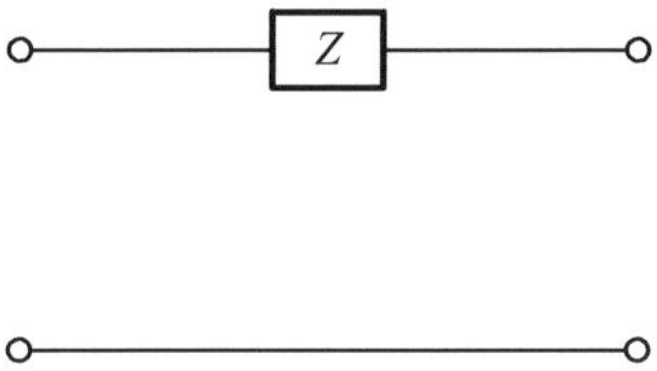

그림 5.22 문제 5.1의 회로

5.2 그림 5.23의 단일 병렬소자로 구성된 4단자망에서 (a) 어드미턴스 파라미터(y), (b) 임피던스 파라미터(z), (c) 하이브리드 파라미터(h), (d) *ABCD* 파라미터(*ABCD*)를 각각 구하여라.

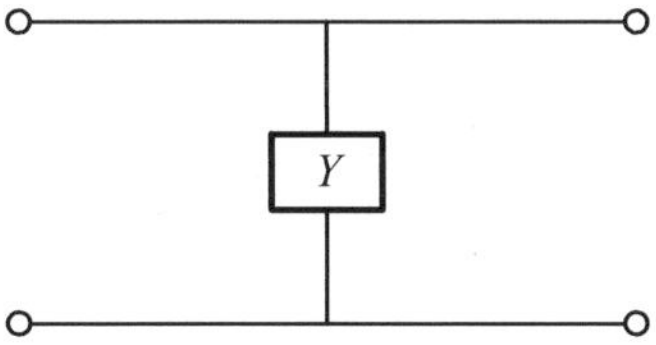

그림 5.23 문제 5.2의 회로

5.3 그림 5.24의 회로에 대한 어드미턴스 파라미터를 구하여라.

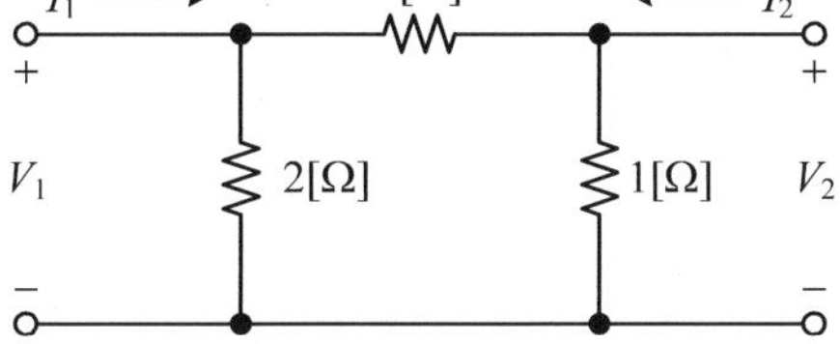

그림 5.24 문제 5.3의 회로

5.4 그림 5.25의 회로에서 전원 주파수가 60[Hz]일 때, 임피던스 파라미터를 구하여라.

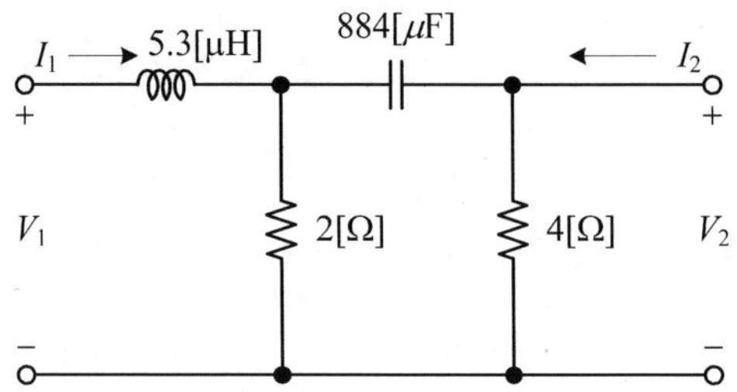

그림 5.25 문제 5.4의 회로

5.5 그림 5.25에서 문제 5.4의 결과를 이용하여 어드미턴스 파라미터를 구하여라.

5.6 접합 트랜지스터에서 에미터를 공통으로, 베이스 단자를 입력, 콜렉터 단자를 출력으로 할때 이 트랜지스터의 파라미터는 $V_B = h_{ie} I_B + h_{re} V_C$, $I_C = h_{fe} I_B + h_{oe} V_C$로서 정의된다. 여기서 $h_{ie} = 1[\text{k}\Omega]$, $h_{re} = 0.003$, $h_{fe} = 100$, $h_{oe} = 50[\mu\Omega]$이다.

(a) 등가회로를 그리고,

(b) 콜렉터 단자에 2[kΩ] 저항을 부하로서 연결했을 때, 입력단에 500[Ω]의 내부저항을 가지는 전압원이 10[mV]라면 출력 전압은 얼마인가?

5.7 그림 5.26의 변압기에 대한 *ABCD* 파라미터를 구하여라.

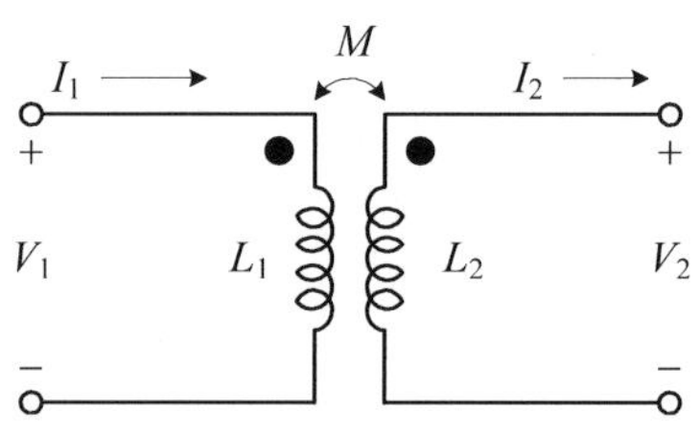

그림 5.26 문제 5.7의 회로

5.8 그림 5.27의 회로에서 (a) *ABCD* 파라미터, (b) 2차측 단락 1차측 임피던스 Z_{S1}, (c) 2차측 개방 1차측 임피던스 Z_{O1}, (d) 특성 임피던스를 구하여라.

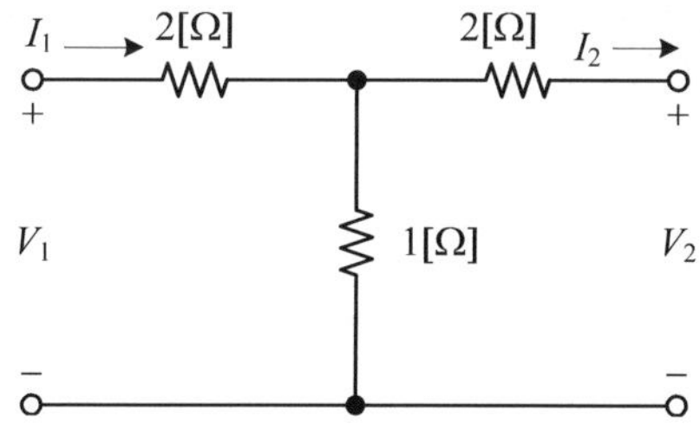

그림 5.27 문제 5.8의 회로

5.9 그림 5.27에서 (a) 영상 임피던스, (b) 영상 전달 정수를 각각 구하여라.

5.10 그림 5.28(a)는 그림 5.28(b), 5.28(c)의 직렬 접속에 의해 이루어진 회로이다. 그림 (b)와 (c)를 이용하여 그림 (a)의 임피던스 파라미터를 구하여라.

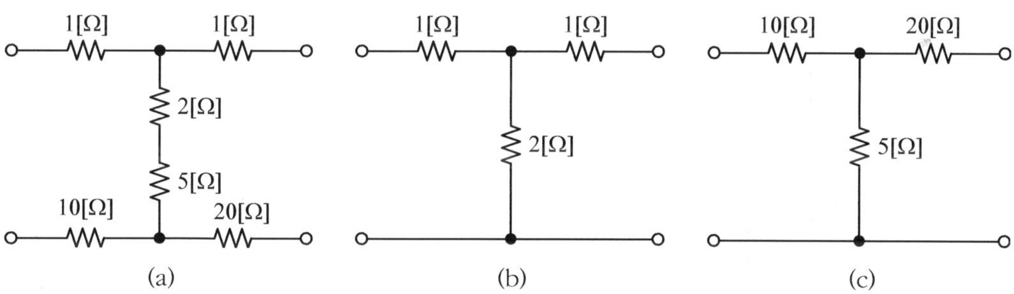

그림 5.28 문제 5.10의 회로

5.11 그림 5.29에서 병렬회로의 접속 방법에 의해 어드미턴스 파라미터를 구하여라.

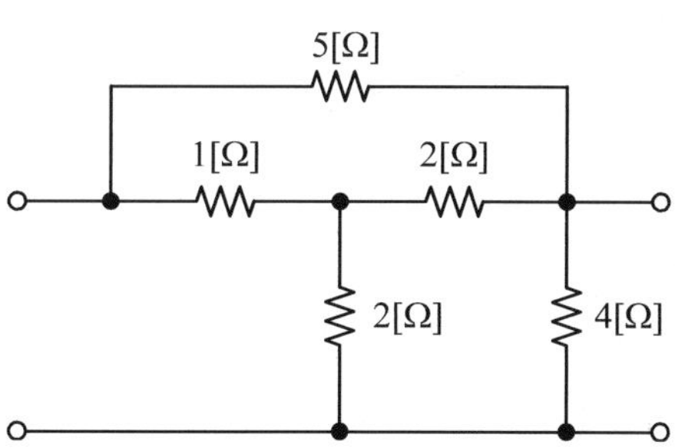

그림 5.29 문제 5.11의 회로

5.12 그림 5.30에서 전송 파라미터(*ABCD* 파라미터)를 구하고, $AD-BC=1$이 되는 관계를 증명하여라.

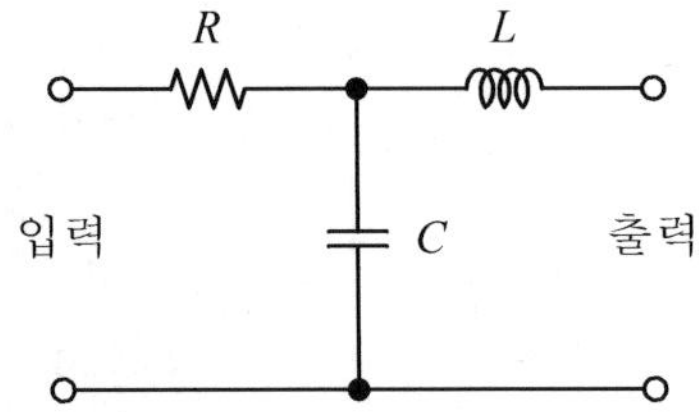

그림 5.30 문제 5.12의 회로

5.13 그림 5.30에서 (a) 입력단과 출력단을 바꾸어 *ABCD* 파라미터를 정의하고 (b) 문제 5.12에서 전류의 방향을 고려하여($I_1 \to -I_1$, $I_2 \to -I_2$) 구한 *ABCD* 파라미터의 역행렬을 계산하여 (a)와 비교하여라.

5.14 $R_S=50[\Omega]$의 내부저항을 가지는 전원에 $R_L=5[\Omega]$의 부하를 연결하고자 한다. 두 저항은 가변이 불가능하기 때문에 L형 임피던스 정합회로를 삽입하고자 한다. 회로를 설계하여라.

5.15 $R_S=100[\Omega]$의 내부저항을 가지는 전원에 $10[\Omega]$의 부하를 연결하였다. L형 감쇠기를 삽입하여 감쇠비를 10으로 하고자 할 때, 이 L형 감쇠기에서 직렬단의 저항 R_1과 병렬단의 저항 R_2를 구하여라.

5.16 문제 5.15에서 L형 감쇠기를 대칭 T형 감쇠기로 대체하고자 한다. 대칭 T형 감쇠기의 직렬단의 저항 R_1과 병렬단의 저항 R_2를 구하여라.

6장

전송선로회로 해석

6.1 분포정수회로의 회로방정식
6.2 특성 임피던스와 전파정수
6.3 무손실 선로와 무왜조건
6.4 복합회로

6.1 분포 정수회로의 회로 방정식

회로의 형성은 지금까지 해석해 온 바와 같이 특정의 장소에 집중된 소자값으로 대표되는 회로가 중심이었다. 그러나 회로의 형성은 이것뿐만 아니라 전송 선로상에서도 형성되며 전자를 **집중 정수회로**(Lumped Circuit)라고 할 때 후자를 **분포 정수회로**(Distributed Circuit)라고 한다. 전송 선로는 그림 6.1의 해석 모델에서와 같이 일정한 길이 당 존재하는 인덕턴스나 저항 성분, 그리고 누설 컨덕턴스나 정전 용량 등에 의해 회로가 형성된다.

그림 6.1(a)에서 송신단을 원점으로 하여 수신단의 방향으로 거리를 x라고 하자. 단위 길이 당([m]당, 혹은 [km]당) 저항, 인덕턴스, 정전 용량, 누설 컨덕턴스를 각각 $R[\Omega/\mathrm{km}]$, $L[\mathrm{H/km}]$, $C[\mathrm{F/km}]$, $G[\mho/\mathrm{km}]$라고 할 때 단위 길이당 직렬 임피던스와 병렬 어드미턴스는 각각 다음과 같다.

$$Z = R + j\omega L\,[\Omega/\mathrm{km}] \tag{6-1}$$

$$Y = G + j\omega C\,[\mho/\mathrm{km}] \tag{6-2}$$

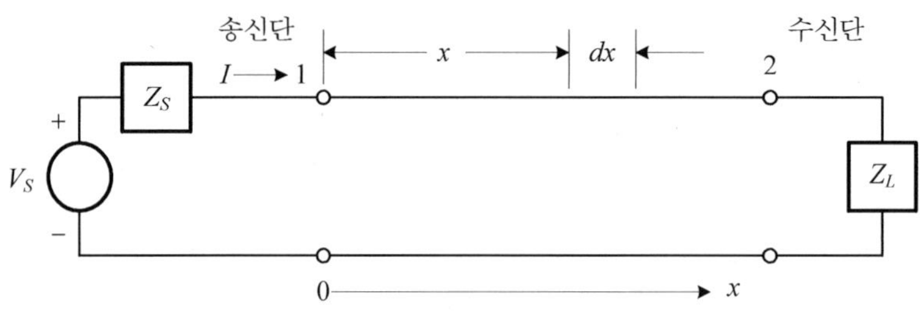

(a) 송수신단간의 거리함수 모델

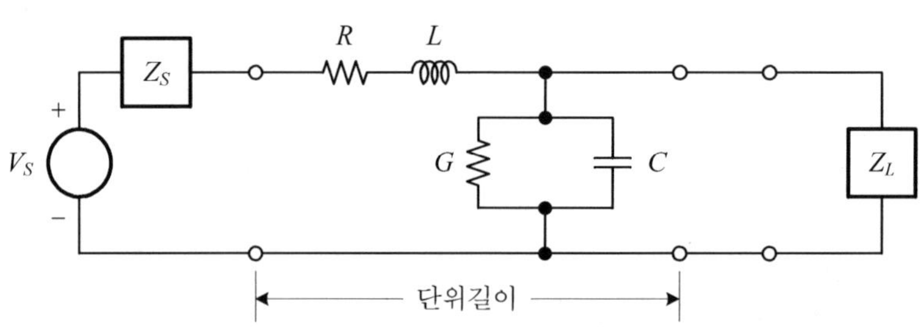

(b) 단위 길이당 소자값

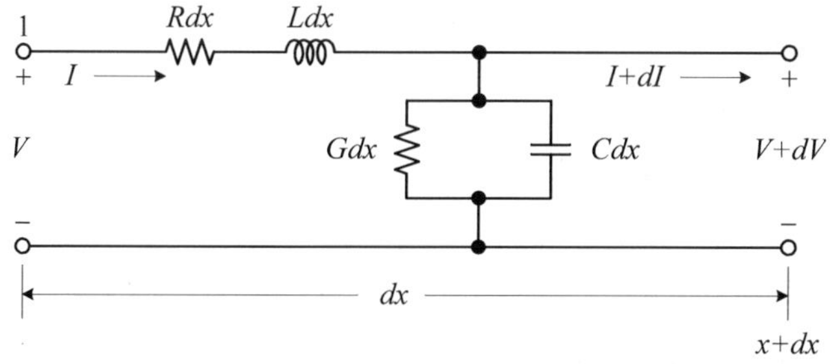

(c) 미소 구간에서의 전압, 전류의 변화

그림 6.1 전송선로의 해석 모델

그림 6.1(c)의 미소 구간에서의 해석 모델로부터 KVL과 KCL을 적용하여 미소구간 dx에서의 전압 강하와 전류 감소를 부호를 고려하여 식을 세우면 다음과 같다. 즉,

$$V-(V+dV)=Rdx\,I+j\omega Ldx\,I=I(R+j\omega L)dx \tag{6-3}$$

$$I-(I+dI)=Gdx\,V+j\omega Cdx\,V=V(G+j\omega C)dx \tag{6-4}$$

가 되며 식(6-1)과 식(6-2)를 대입하여 정리하면

$$\frac{dV}{dx}=-ZI \tag{6-5}$$

$$\frac{dI}{dx}=-YV \tag{6-6}$$

가 되며 위 두 식을 x에 관해 미분한 후 각각 식(6-6)과 식(6-5)를 각각 대입하면

$$\frac{d^2V}{dx^2}=ZY\cdot V \tag{6-7}$$

$$\frac{d^2I}{dx^2}=ZY\cdot I \tag{6-8}$$

로 2계 1차 미분 방정식을 얻을 수 있다. 식(6-7)로부터 특성 방정식을 세우면

$$(s^2-ZY)V=0 \tag{6-9}$$

이 되므로 여기서 특성 방정식의 근을 $\pm\gamma$로 정의할 때

$$s_1,\, s_2=\pm\gamma=\pm\sqrt{ZY} \tag{6-10}$$

이다. 그러므로 전압에 관한 일반해는

$$V=Ae^{-\gamma x}+Be^{+\gamma x} \tag{6-11}$$

가 된다. 여기서 A와 B는 적분 상수로서 초기치 등의 **경계조건**(Boundary Condition)에 의해

결정되는 값이다. 전류 방정식도 마찬가지의 방법으로 구할 수 있으나 전압 방정식이 구해졌다면 식(6-5)를 이용하여

$$I = \frac{-1}{Z}\frac{dV}{dx} = \sqrt{\frac{Y}{Z}}\,(Ae^{-\gamma x} - Be^{+\gamma x}) \tag{6-12}$$

와 같다.

6.2 특성 임피던스와 전파정수

6.2.1 특성 임피던스

식(6-1)과 식(6-2)로 표현되는 단위 길이당 직렬 임피던스와 병렬 어드미턴스로 나타나는 선로의 표현은 그림 6.2와 같다.

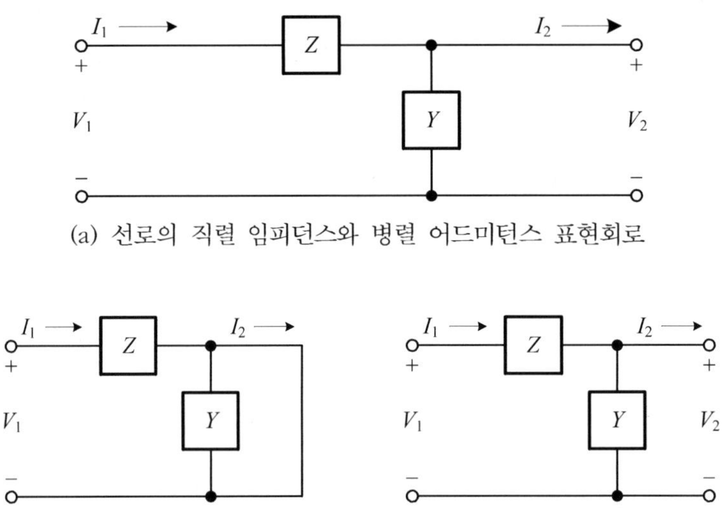

(a) 선로의 직렬 임피던스와 병렬 어드미턴스 표현회로

(b) 파라미터 B의 계산회로　　(c) 파라미터 C의 계산회로

그림 6.2 선로의 특성 임피던스 계산

특성 임피던스(Characteristic Impedance)는 선로의 고유한 성질을 나타내는 것으로서 대칭회로의 영상 임피던스와 같다. 즉, 식(5-39)에 의해

$$Z_0 = \sqrt{\frac{B}{C}} \tag{6-13)}$$

이므로 그림 6.2로부터 $ABCD$ 파라미터의 B와 C를 구해 보자. 먼저 파라미터 B는 그림 6.2(b)를 참고로 했을 때,

$$B = \left.\frac{V_1}{I_2}\right|_{V_2=0} = \left.\frac{V_1}{I_2}\right|_{V_1=ZI_1} = Z \tag{6-14}$$

이며 파라미터 C는 그림 6.2(c)를 참고로 했을 때,

$$C = \left.\frac{I_1}{V_2}\right|_{I_2=0} = \left.\frac{I_1}{V_2}\right|_{V_2=I_1/Y} = Y \tag{6-15}$$

와 같다. 그러므로 특성 임피던스 Z_0는

$$Z_0 = \sqrt{\frac{Z}{Y}} \tag{6-16}$$

로 쓸 수 있다. 직렬 임피던스와 병렬 어드미턴스로 나타내면

$$Z_0 = \sqrt{\frac{R+j\omega L}{G+j\omega C}} \tag{6-17}$$

과 같다. 여기서 손실이 적은 선로의 경우에는 $R \ll \omega L$, $G \ll \omega C$이므로 특성 임피던스는

$$Z_0 \cong \sqrt{\frac{L}{C}} \tag{6-18}$$

이 된다.

[주] 위의 식에서 C는 단위 길이당 정전용량으로서 식(6-15)의 파라미터 C와 다른 값이다.

예제 6.1

분포정수회로에서 1차정수의 값이 각각 $R = 10[\Omega/\text{km}]$, $L = 3.5[\text{mH/km}]$, $C = 10.05[\mu\text{F/km}]$, $G = 1[\mu\mho/\text{km}]$이고 주파수가 8[kHz]일 때, 이 선로의 특성 임피던스를 구하여라.

풀이

$$\omega L = 2\pi \times 8 \times 10^3 \times 3.5 \times 10^{-3} = 175.9[\Omega/\text{km}],$$

$$\omega C = 2\pi \times 8 \times 10^3 \times 0.05 \times 10^{-6} = 2513.3[\mu\mho/\text{km}],$$

$$R = 10[\Omega/\text{km}],$$

$$G = 1[\mu\mho/\text{km}]$$

이므로 $\omega L \gg R$, $\omega C \gg G$ 의 조건을 만족하여 특성임피던스는 다음의 식으로 간략화시킬 수 있다.

$$|Z_0| = \sqrt{\frac{R+j\omega L}{G+j\omega C}} \cong \sqrt{\frac{L}{C}} = \sqrt{\frac{3.5\times 10^{-3}}{0.05\times 10^{-6}}} = 264.6\,[\Omega]$$ ↵

6.2.2 전파정수

식(6-11)의 전압 방정식이나 식(6-12)의 전류 방정식은 모두 지수함수적으로 감소하거나, 혹은 수신단에서 송신단으로의 신호(반사파 등)에 대한 지수함수 감쇠의 항으로 표현되고 있다. 즉, 지수값 γ 에 따라서 감쇠의 정도나 위상값이 결정되기 때문에 γ 를 우리는 **전파정수**(Propagation Constant)라고 한다. 즉, 전압 방정식과 전류 방정식으로부터 전파정수는

$$\gamma = \sqrt{ZY} = \sqrt{(R+j\omega L)(G+j\omega C)} \tag{6-19}$$

와 같다. 위의 식에서 알 수 있는 바와 같이 전파정수는 실수항과 허수항으로 구성되므로 각각 α 와 β 로 표현할 때

$$\gamma = \alpha + j\beta \tag{6-20}$$

이다. 여기서 α 는 **감쇠정수**(Attenuation Constant)로서 진폭에 관계되며 β 는 **위상정수**(Phase Constant)로서 위상과 파장에 의존한다. 식(6-19)와 식(6-20)을 등식으로 놓고 α 와 β 에 관해 풀면 다음과 같다. 즉,

$$RG-\omega^2 LC + j\omega(LG+RC) = \alpha^2-\beta^2+j2\alpha\beta \tag{6-21}$$

로부터

$$\left.\begin{aligned} RG-\omega^2 LC &= \alpha^2-\beta^2 \\ \omega(LG+RC) &= 2\alpha\beta \end{aligned}\right\} \tag{6-22}$$

의 관계를 이용하면

$$\left.\begin{aligned} 2\alpha^2 &= (RG-\omega^2 LC) \pm \sqrt{(RG-\omega^2 LC)^2+\omega^2(LG+RC)^2} \\ &= (RG-\omega^2 LC) \pm \sqrt{(R^2+\omega^2 L^2)(G^2+\omega^2 C^2)} \\ 2\beta^2 &= -(RG-\omega^2 LC) \pm \sqrt{(RG-\omega^2 LC)^2+\omega^2(LG+RC)^2} \\ &= -(RG-\omega^2 LC) \pm \sqrt{(R^2+\omega^2 L^2)(G^2+\omega^2 C^2)} \end{aligned}\right\} \tag{6-23}$$

와 같다. 여기서 α 와 β 는 양수이므로 위의 식을 정리하면 다음과 같이 된다.

$$\alpha = \sqrt{\frac{1}{2}\left\{(RG-\omega^2 LC) + \sqrt{(R^2+\omega^2 L^2)(G^2+\omega^2 C^2)}\right\}} \tag{6-24}$$

$$\beta = \sqrt{\frac{1}{2}\left\{(\omega^2 LC-RG) + \sqrt{(R^2+\omega^2 L^2)(G^2+\omega^2 C^2)}\right\}} \tag{6-25}$$

앞에서 다룬 선로의 소자값 R, L, C, G를 1차정수라고 부르면 뒷부분에서 살펴본 Z_0, γ, α, β를 2차정수라고 한다. 즉, 이 8가지의 정수는 분포 정수 회로를 해석하는 데 매우 중요한 파라미터이다.

예제 6.2

감쇠정수가 $\alpha = 150\,[\text{dB/km}]$이고 위상정수가 $\beta = 16.5\,[\text{rad/km}]$인 선로에 최대 12[V], 주파수 $f = 800\,[\text{Hz}]$인 신호파를 인가했을 때, 반사파가 없을 때의 파동함수를 시간과 거리함수로 나타내어라.

풀이 데시벨로 주어진 감쇠정수를 네퍼로 고치면

$$\alpha = \frac{50[\text{dB/km}]}{8.686} = 5.7564[\text{Nep/km}]$$

네퍼를 감쇠비로 나타내기 위해 비율로 고치면

$$\ln\left(\frac{V_S}{V_L}\right) = 5.7564$$

로부터 전압 감쇠비 α는

$$\alpha = \frac{V_S}{V_L} = 316.2[/\text{km}]$$

한편 위상정수는 $\beta = 6.5[\text{rad/km}]$이고 각주파수는

$$\omega = 2\pi \times f = 2\pi \times 800 = 5.027 \times 10^3[\text{rad/sec}]$$

이므로 파동함수는

$$\begin{aligned} v(x,\ t) &= V_S Im\,[e^{-\gamma x} e^{j\omega t}] \\ &= 12\,Im\,[e^{-(316.2 + j6.5)x}\, e^{j5.027 \times 10^3 t}] \\ &= 12\,e^{-316.2x}\, Im\,[e^{j(5.027 \times 10^3 t - 6.5x)}] \\ &= 12\,e^{-316.2x} \sin(5.027 \times 10^3 t - 6.5x) \end{aligned}$$

6.2.3 주파수에 따른 전파정수

(1) 극저주파의 경우

극저주파는 수백 [Hz] 이내로서 상용 주파수라고도 한다. 이 경우에는 $R \gg \omega L$, $G \gg \omega C$이므로 식(6-24)와 식(6-25)의 α와 β는 각각 다음과 같이 간략화된다.

$$\alpha = \sqrt{\frac{1}{2}\{(RG-\omega^2LC)+\sqrt{(R^2+\omega^2L^2)(G^2+\omega^2C^2)}\}}$$

$$\cong \sqrt{\frac{1}{2}\left\{(RG-\omega^2LC)+RG\left(1+\frac{1}{2}\frac{\omega^2L^2}{R^2}\right)\left(1+\frac{1}{2}\frac{\omega^2C^2}{G^2}\right)\right\}}$$

$$\cong \sqrt{RG\left\{1+\frac{1}{4}\left(\frac{\omega L}{R}-\frac{\omega C}{G}\right)\right\}}$$

$$\cong \sqrt{RG}\left\{1+\frac{1}{8}\left(\frac{\omega L}{R}-\frac{\omega C}{G}\right)^2\right\} \tag{6-26}$$

식(6-26))에서 $R \gg \omega L$, $G \gg \omega C$이므로 우변의 제2항은 1보다 매우 작으므로 식(6-24)은 다음과 같이 간략화된다.

$$\alpha \cong \sqrt{RG} \tag{6-27}$$

마찬가지 방법으로 식(6-25)의 β에 대해 간략화하면

$$\beta = \sqrt{\frac{1}{2}\{(\omega^2LC-RG)+\sqrt{(R^2+\omega^2L^2)(G^2+\omega^2C^2)}\}}$$

$$\cong \sqrt{\frac{1}{2}\left\{(\omega^2LC-RG)+RG\left(1+\frac{1}{2}\frac{\omega^2L^2}{R^2}\right)\left(1+\frac{1}{2}\frac{\omega^2C^2}{G^2}\right)\right\}}$$

$$\cong \sqrt{\frac{RG}{4}\left(\frac{\omega L}{R}+\frac{\omega C}{G}\right)^2}$$

$$= \omega\left(\frac{L}{2}\sqrt{\frac{G}{R}}+\frac{C}{2}\sqrt{\frac{R}{G}}\right) \tag{6-28}$$

또한 특성임피던스는 식(6-17)로부터

$$|Z_0| = \sqrt{\left|\frac{R+j\omega L}{G+j\omega C}\right|}$$

$$\cong \sqrt{\frac{R}{G}}\left\{1+\frac{1}{4}\left(\frac{\omega^2L^2}{R^2}-\frac{\omega^2C^2}{G^2}\right)\right\}$$

$$\cong \sqrt{\frac{R}{G}} \tag{6-29}$$

(2) 저주파의 경우

가청주파수대(음성주파수대)의 수 [kHz]대를 나타내는 저주파에서는 $R \gg \omega L$, $G \ll \omega C$의 특성을 보이므로 식(6-24)와 식(6-25)의 α와 β는 각각 다음과 같이 간략화된다.

$$\begin{aligned}\alpha &= \sqrt{\frac{1}{2}\left\{(RG-\omega^2 LC)+\sqrt{(R^2+\omega^2 L^2)(G^2+\omega^2 C^2)}\right\}} \\ &\cong \sqrt{\frac{1}{2}(RG-\omega^2 LC)+\frac{1}{2}\omega RC\left(1+\frac{1}{2}\frac{\omega^2 L^2}{R^2}\right)\left(1+\frac{1}{2}\frac{G^2}{\omega^2 C^2}\right)} \\ &\cong \sqrt{\frac{\omega RC}{2}}\left\{1-\frac{1}{2}\left(\frac{\omega L}{R}-\frac{G}{\omega C}\right)\right\} \\ &\cong \sqrt{\frac{\omega RC}{2}} \qquad (6\text{-}30)\end{aligned}$$

마찬가지 방법으로 식(6-25)의 β에 대해 간략화하면

$$\begin{aligned}\beta &= \sqrt{\frac{1}{2}\left\{(\omega^2 LC-RG)+\sqrt{(R^2+\omega^2 L^2)(G^2+\omega^2 C^2)}\right\}} \\ &\cong \sqrt{\frac{\omega RC}{2}}\left\{1+\frac{1}{2}\left(\frac{\omega L}{R}-\frac{G}{\omega C}\right)\right\} \qquad (6\text{-}31)\end{aligned}$$

또한 특성 임피던스는 식(6-17)로부터

$$\begin{aligned}|Z_0| &= \sqrt{\left|\frac{R+j\omega L}{G+j\omega C}\right|} \\ &\cong \sqrt{\frac{R}{\omega C}}\left\{1+\frac{1}{4}\left(\frac{\omega^2 L^2}{R^2}-\frac{G^2}{\omega^2 C^2}\right)\right\} \\ &\cong \sqrt{\frac{R}{\omega C}} \qquad (6\text{-}32)\end{aligned}$$

(3) 고주파의 경우

신호의 변조 후 반송파를 포함하는 반송주파수대인 수백 [kHz] 이상의 주파수대를 나타내는 고주파에서는 $R \ll \omega L$, $G \ll \omega C$의 특성을 보이므로 식(6-24)와 식(6-25)의 α와 β는 각각 다음과 같이 간략화된다.

$$\begin{aligned}\alpha &= \sqrt{\frac{1}{2}\left\{(RG-\omega^2 LC)+\sqrt{(R^2+\omega^2 L^2)(G^2+\omega^2 C^2)}\right\}} \\ &\cong \sqrt{\frac{1}{2}(RG-\omega^2 LC)+\frac{1}{2}\omega^2 LC\left(1+\frac{1}{2}\frac{R^2}{\omega^2 L^2}\right)\left(1+\frac{1}{2}\frac{G^2}{\omega^2 C^2}\right)} \\ &\cong \sqrt{\frac{\omega^2 LC}{4}\left(\frac{R}{\omega L}+\frac{G}{\omega C}\right)^2} \\ &= \frac{R}{2}\sqrt{\frac{C}{L}}+\frac{G}{2}\sqrt{\frac{L}{C}} \qquad (6\text{-}33)\end{aligned}$$

마찬가지 방법으로 식(6-25)의 β에 대해 간략화하면

$$\beta = \sqrt{\frac{1}{2}\{(\omega^2 LC - RG) + \sqrt{(R^2+\omega^2 L^2)(G^2+\omega^2 C^2)}\}}$$

$$\cong \omega\sqrt{LC} \tag{6-34}$$

또한 특성임피던스는 식(6-17)로부터

$$|Z_0| = \sqrt{\left|\frac{R+j\omega L}{G+j\omega C}\right|}$$

$$\cong \sqrt{\frac{L}{C}}\left(1+\frac{1}{4}\frac{R^2}{\omega^2 L^2}\right)\left(1-\frac{1}{4}\frac{G^2}{\omega^2 C^2}\right)$$

$$\cong \sqrt{\frac{L}{C}} \tag{6-35}$$

예제 6.3

우리가 전화선에서 흔히 보는 나선로는 특성임피던스가 약 600[Ω]이다. 선로의 1차정수인 단위 길이당 저항이 $R = 10\,[\Omega/\text{km}]$일 때 단위길이당 정전용량을 구하여라. 단, 음성주파수는 $f = 1\,[\text{kHz}]$로 가정한다.

풀이 음성주파수급에서의 특성임피던스는

$$Z_0 = \sqrt{\frac{R}{\omega C}}$$

이므로

$$C = \frac{R}{\omega \times Z_0^2} = \frac{10}{2\pi \times 1 \times 10^3 \times 600^2} = 4421[\text{pF/km}]$$ ↵

예제 6.4

고주파 선로에서 위상정수가 $\beta = \omega\sqrt{LC}$가 됨을 유도하여 증명하여라.

풀이 위상정수의 일반해는

$$\beta = \sqrt{\frac{1}{2}\{(\omega^2 LC - RG) + \sqrt{(R^2+\omega^2 L^2)(G^2+\omega^2 C^2)}\}}$$

이다. 고주파에서는 $R \ll \omega L$, $G \ll \omega C$의 특성을 보이므로 위의 식을 $(1+x)^2|_{x \ll 1} \cong 1+2x$의 관계식을 이용하고자 변환하면

$$\begin{aligned}\beta &= \sqrt{\frac{1}{2}\left\{(\omega^2 LC - RG) + \omega^2 LC\sqrt{\left(1+\frac{R^2}{\omega^2 L^2}\right)\left(1+\frac{G^2}{\omega^2 C^2}\right)}\right\}} \\ &\cong \sqrt{\frac{1}{2}\left\{(\omega^2 LC - RG) + \omega^2 LC\left(1+\frac{R}{\omega L}\right)\left(1+\frac{G}{\omega C}\right)\right\}} \\ &\cong \sqrt{\frac{1}{2}\left\{(\omega^2 LC - RG + \omega^2 LC + RG + \frac{R}{\omega L} + \frac{G}{\omega C}\right\}} \\ &\cong \omega\sqrt{LC}\end{aligned}$$

6.3 무손실 선로와 무왜조건

6.3.1 무손실 선로

직렬저항이 없고($R=0$) 누설 컨덕턴스가 0($G=0$)이라고 가정할 때 이러한 선로를 **무손실 선로**라고 한다. 무손실 선로의 경우, 특성 임피던스는 식(6-18)과 같으며 감쇠정수는 식(6-24)로부터

$$\alpha = 0 \tag{6-36}$$

이고 마찬가지 방법에 의해 식(6-25)로부터 위상정수는

$$\beta = \omega\sqrt{LC} \tag{6-37}$$

이다. 그러므로 전파정수는

$$\gamma = \alpha + j\beta = j\omega\sqrt{LC} \tag{6-38}$$

로 나타낼 수 있다.

6.3.2 위상 속도

위상속도는 송신단으로부터 수신단으로의 단위시간당 파동의 위상 진행속도로서 무손실선로의 경우에는 **전파속도**(Propagation Velocity)가 된다. 여기서 **위상속도**(Phase Velocity) v_p를 정의해 보자.

먼저, 식(6-11)에 식(6-20)을 대입하면

$$V = Ae^{-(\alpha + j\beta)x} + Be^{+(\alpha + j\beta)x} \tag{6-39}$$

가 된다. 여기서 식(6-39)의 우변에 대한 두 번째 항은 방향이 수신단으로부터 송신단으로 진행하는 파가 되므로 반사파에 해당한다. 여기서는 정방향으로의 전송파에 대해서만 고려하므로 각주파수 ω인 감쇠 진동 정현파의 표현은

$$v(t) = \mathrm{Im}[Ke^{-(\alpha + j\beta)x}e^{j\omega t}] = Ke^{-\alpha x}\sin(\omega t - \beta x) \tag{6-40}$$

이다. 여기서 정현파의 위상 θ는

$$\theta = \omega t - \beta x \tag{6-41}$$

이므로

$$x = \frac{\omega t}{\beta} - \frac{\theta}{\beta} \tag{6-42}$$

로부터 위상 속도는

$$v_p = \frac{dx}{dt} = \frac{\omega}{\beta} = \frac{\omega}{\omega\sqrt{LC}} = \frac{1}{\sqrt{LC}} \tag{6-43}$$

이다. 한편, 선로가 유선이 아닌 무선전송로의 경우에는 유전률 ϵ_0 와 투자율 μ_0 에 의해 전파의 속도가 결정되며 자유공간(Free Space)에서의 전파속도는

$$v = \frac{1}{\sqrt{\epsilon_0 \mu_0}} \tag{6-44}$$

의 식으로 나타낼 수 있다.

단, $\epsilon_0 (= 8.85434 \times 10^{-12}[\mathrm{F/m}])$; 자유공간의 **유전률**(Permittivity),

$\mu_0 (= 1.25664 \times 10^{-6}[\mathrm{H/m}])$; 자유공간의 **투자율**(Permeability)

이다. 예로서 자유공간에서의 전파속도는

$$v = \frac{1}{\sqrt{\epsilon_0 \mu_0}} = \frac{1}{\sqrt{8.85434 \times 10^{-12} \times 1.25664 \times 10^{-6}}}$$
$$= 299{,}789\ [\mathrm{km/sec}]$$

로서 빛의 속도와 같다.

또한 전파의 파장은 식(6-41)로부터 구할 수 있다. βx는 거리에 따른 위상값이므로 1파장을 λ로 표시할 때

$$\beta\lambda = 2\pi \tag{6-45}$$

로부터

$$\lambda = \frac{2\pi}{\beta} \tag{6-46}$$

와 같다.

6.3.3 무왜조건

앞에서 다룬 무손실 선로는 실질적으로 존재할 수 없다. 또한 감쇠정수나 위상속도가 주파수에 따라 다르게 나타나면 전파왜곡이 발생하므로 주파수에 따라 일정한 감쇠나 위상 속도를 가지게 한다면 파형왜곡이 발생하지 않을 것이다. 이렇게 될 수 있는 조건을 **무왜조건**(Distortionless Condition)이라고 한다. 무왜조건을 구해보자. 무왜조건은 식(6-24)로부터 감쇠정수 α가 주파수에 무관하게 일정해지는 점이 되므로 각주파수에 관해 미분하여 0으로 놓으면 된다. 즉,

$$\frac{\partial \alpha}{\partial \omega} = 0 \tag{6-47}$$

으로부터

$$RC = LG \tag{6-48}$$

의 식을 얻을 수 있다. 위의 식은 무왜조건이나 일반적인 선로의 경우 인덕턴스가 작기 때문에 위의 식에 맞도록 인덕턴스를 보강하는 **장하**(Coil Loading)를 가한다.

예제 6.5

위상정수가 $\beta = 6.5\,[\text{rad/km}]$일 때 이 파동의 파장은 몇 m인가?

풀이 파장과 위상정수의 관계는

$$\lambda = \frac{2\pi}{\beta}$$

이므로 주어진 값을 대입하면

$$\lambda = \frac{2\pi}{6.5} = 966.6[\text{m}]$$

예제 6.6

어떤 선로의 단위길이(km)당 저항이 100[Ω], 누설컨덕턴스가 10[μ℧]이다. 이 선로의 손실과 왜곡이 가장 적게 하기 위한 특성 임피던스는 얼마로 해야 하는가?

풀이 무왜조건은 $RC = LG$이다.

그러므로 $\frac{R}{G} = \frac{L}{C}$와 $Z_0 = \sqrt{\frac{L}{C}}$의 관계로부터

$$Z_0 = \sqrt{\frac{L}{C}} = \sqrt{\frac{R}{G}} = \sqrt{\frac{100}{10 \times 10^{-6}}} = 3.16\,[\mathrm{k\Omega}]$$ ↵

예제 6.7

위상정수가 $\beta = 250\pi$ [rad/km]인 전송선로가 있다. 주파수가 5[MHz]인 파동의 전파속도는 몇 [km/sec]인가?

풀이 위상정수와 주파수에 의한 전파속도는

$$v = \frac{\omega}{\beta}$$

이므로

$$v = \frac{\omega}{\beta} = \frac{2\pi f}{\beta} = \frac{2\pi \times 5 \times 10^6}{250\pi} = 4 \times 10^4[\mathrm{km/sec}]$$ ↵

6.4 복합회로

6.4.1 반사계수

반사는 신호가 정상적으로 전달되지 못하고 반사파가 발생하여 수신단으로 역류하는 현상을 말한다. 즉, 선로의 접속점에서 임피던스 정합이 이루어지지 못하면 신호파가 반사되며 주로 부하단에서 발생한다. 부하단에서는 반사파의 정도를 **반사계수**(Reflection Coefficient)로 나타내며 전달전압에 대한 반사전압의 비로 나타낸다. 전달 전압을 V^+ 라 하고, 반사 전압을 V^- 라고 할 때, **전압반사계수**는 다음과 같이 정의된다.

$$\Gamma_V \equiv \frac{V^-}{V^+} \tag{6-49}$$

전송선로상의 전압방정식과 전류방정식은 식(6-11) 및 식(6-12)로 표현되므로 부하단의 입장에서 선로방정식을 고쳐 쓰면

$$V = A' e^{+\gamma l} + B' e^{-\gamma l} \tag{6-50}$$

$$I = \frac{1}{Z_0}(A' e^{+\gamma l} - B' e^{-\gamma l}) \tag{6-51}$$

가 된다. 단, l 은 수신단에서 신호단 방향으로의 거리변수이다. 여기서 A' 과 B' 은 수신단의 조건에 의해 결정되는 상수이다. 수신단에서는 $l = 0$ 이며, 이 때의 부하단 전압과 전류를 각각 V_L 과 I_L 이라고 할 때 다음의 식이 성립한다.

$$V_L = A' + B' \tag{6-52}$$

$$Z_0 I_L = A' - B' \tag{6-53}$$

그러므로 계수 A' 와 B' 은

$$A' = \frac{1}{2}(V_L + Z_0 I_L) \tag{6-54}$$

$$B' = \frac{1}{2}(V_L - Z_0 I_L) \tag{6-55}$$

식(6-54)와 식(6-55)를 이용하여 선로방정식을 다시 쓰면

$$\begin{aligned} V &= \frac{1}{2}(V_L + Z_0 I_L)e^{+\gamma l} + \frac{1}{2}(V_L - Z_0 I_L)e^{-\gamma l} \\ &= V^+ e^{+\gamma l} + V^- e^{-\gamma l} \end{aligned} \tag{6-56}$$

$$\begin{aligned} I &= \frac{1}{2Z_0}(V_L + Z_0 I_L)e^{+\gamma l} - \frac{1}{2Z_0}(V_L - Z_0 I_L)e^{-\gamma l} \\ &= I^+ e^{+\gamma l} + I^- e^{-\gamma l} \end{aligned} \tag{6-57}$$

그러므로 식(6-49)를 이용하여 부하단(수신단)에서의 전압반사계수를 구하면 다음과 같다.

$$\Gamma_V = \frac{V^-}{V^+} = \frac{\frac{1}{2}(V_L - Z_0 I_L)}{\frac{1}{2}(V_L + Z_0 I_L)} = \left.\frac{\frac{V_L}{I_L} - Z_0}{\frac{V_L}{I_L} + Z_0}\right|_{\frac{V_L}{I_L} = Z_L}$$

$$= \frac{Z_L - Z_0}{Z_L + Z_0} = \frac{\dfrac{Z_L}{Z_0} - 1}{\dfrac{Z_L}{Z_0} + 1} \tag{6-58}$$

여기서 부하단을 개방이나 단락 혹은 선로의 특성임피던스와의 임피던스 정합에 따라 반사계수는 각각 다음과 같이 된다.

(i) 부하단 개방 시($Z_L = \infty$)

$$\Gamma_{L(Z_L = \infty)} = \frac{\infty - 1}{\infty + 1} = 1 \tag{6-59}$$

(ii) 부하단 단락 시($Z_L = 0$)

$$\Gamma_{L(Z_L = 0)} = \frac{0 - 1}{0 + 1} = -1 \tag{6-60}$$

(iii) 임피던스 정합시($Z_L = Z_0$)

$$\Gamma_{L(Z_L = Z_0)} = \frac{1 - 1}{1 + 1} = 0 \tag{6-61}$$

위의 식에서 반사계수가 '±1'인 경우에는 완전반사가 되며 '0'인 경우에는 무반사이다.

한편 식(6-57)과 같이 전달 전류를 I^+ 라 하고, 반사 전류를 I^- 라고 할 때, 전류반사계수는 다음과 같다.

$$\Gamma_I = \frac{I^-}{I^+} = \frac{\dfrac{-1}{2Z_0}(V_L - Z_0 I_L)}{\dfrac{1}{2Z_0}(V_L + Z_0 I_L)} = \left.\frac{-\dfrac{V_L}{I_L} + Z_0}{\dfrac{V_L}{I_L} + Z_0}\right|_{\frac{V_L}{I_L} = Z_L}$$

$$= \frac{Z_0 - Z_L}{Z_0 + Z_L} = \frac{1 - \dfrac{Z_L}{Z_0}}{1 + \dfrac{Z_L}{Z_0}} \quad (= -\Gamma_V) \tag{6-62}$$

예제 6.8

600[Ω]의 특성임피던스를 가지는 선로에 300[Ω]의 특성임피던스를 가지는 선로를 직접 연결하였다. 전압반사계수는 얼마인가?

풀이 전압반사계수는

$$\Gamma_V = \frac{Z_L - Z_0}{Z_L + Z_0}$$

이므로 연결된 선로의 특성임피던스 300[Ω]을 부하로 간주한다면

$$\Gamma_V = \frac{Z_L - Z_0}{Z_L + Z_0} = \frac{300 - 600}{300 + 600} = -0.33$$

예제 6.9

예제 6.8에서 300[Ω]의 특성임피던스를 가지는 선로에 600[Ω]의 특성임피던스를 가지는 선로를 직접 연결하였다면 반사계수는 얼마가 되며, 반사계수의 부호가 달라지는 것은 무엇을 뜻하는가?

풀이 연결된 선로의 특성임피던스 600[Ω]을 부하로 볼 수 있으므로 전압반사계수는

$$\Gamma_V = \frac{Z_L - Z_0}{Z_L + Z_0} = \frac{600 - 300}{600 + 300} = 0.33$$

예제 6.8의 결과와 비교해 볼 때, 크기는 같고 부호가 다르다. 부호가 '+' 일 때에는 반사파의 위상이 입사파의 위상과 같은 방향으로 반사되는 것을 나타내고, 부호가 '−' 일 때에는 반사파의 위상이 입사파의 위상과 180° 반전되어 반사되는 것을 뜻한다.

6.4.2 투과계수

반사계수와 상대되는 개념으로서 투과계수가 있다. **전압투과계수**는 입사전압에 대한 투과전압의 비로 정의하며 다음 식과 같다.

$$n_V = \frac{V_L}{V^+} = \frac{V_L}{\frac{1}{2}(V_L + Z_0 I_L)} = \left.\frac{\frac{2V_L}{I_L}}{\frac{V_L}{I_L} + Z_0}\right|_{V_L/I_L = Z_L}$$

$$= \frac{2Z_L}{Z_L + Z_0} = 1 + \Gamma_V \tag{6-63}$$

한편 **전류투과계수**는 입사전류에 대한 투과전류의 비로 정의하며 다음 식과 같다.

$$n_I = \frac{I_L}{I^+} = \frac{I_L}{\frac{1}{2Z_0}(V_L + Z_0 I_L)} = \left.\frac{2Z_0}{\frac{V_L}{I_L} + Z_0}\right|_{V_L/I_L = Z_L}$$

$$= \frac{2Z_0}{Z_L + Z_0} = 1 + \Gamma_I \, (= 1 - \Gamma_V) \tag{6-64}$$

위의 관계를 정리하면 다음 표 6.1과 같다.

표 6.1 반사계수와 투과계수의 관계

구 분	정 의	표현식	관계식
전압반사계수	$\frac{\text{반사전압}}{\text{입사전압}}$	$\frac{Z_L - Z_0}{Z_L + Z_0}$	Γ_V
전류반사계수	$\frac{\text{반사전류}}{\text{입사전류}}$	$\frac{Z_0 - Z_L}{Z_0 + Z_L}$	$-\Gamma_V$
전압투과계수	$\frac{\text{투과전압}}{\text{입사전압}}$	$\frac{2Z_L}{Z_L + Z_0}$	$1 + \Gamma_V$
전류투과계수	$\frac{\text{투과전류}}{\text{입사전류}}$	$\frac{2Z_0}{Z_L + Z_0}$	$1 - \Gamma_V$

예제 6.10

선로의 종단이 단락되었을 때 (a) 전압반사계수, (b) 전류반사계수, (c) 전압투과계수, (d) 전류투과계수를 각각 구하여라.

풀이 (a) 종단이 단락되었다는 것은 부하임피던스가 0이라는 것이므로 전압반사계수는

$$\Gamma_V = \frac{Z_L - Z_0}{Z_L + Z_0} = \frac{0 - Z_0}{0 + Z_0} = -1$$

(b) 전류반사계수는

$$\Gamma_I = -\Gamma_V = -(-1) = +1$$

(c) 전압투과계수는

$$n_V = \frac{2Z_L}{Z_L + Z_0} = 1 + \Gamma_V = 1 + (-1) = 0$$

(d) 전류투과계수는

$$n_I = \frac{2Z_0}{Z_L + Z_0} = 1 - \Gamma_V = 1 - (-1) = 2$$

6.4.3 정재파비

파동이 부하단에서 반사되어 송신단으로 되돌아가는 동안 파동의 마루와 골이 상호간에 일치하거나, 혹은 반전되어 합성되면 파동의 마루가 높아지거나 혹은 작아진다. 이 때 최대 전압과 최소 전압의 비를 **정재파비**(Voltage Standing Wave Ratio; **VSWR**)라고 하며 정재파비 S_V 는 다음의 식으로 정의된다.

$$S_V \equiv \frac{V_{\max}}{V_{\min}} = \frac{V^+ + V^-}{V^+ - V^-} = \frac{(Z_L + Z_0) + (Z_L - Z_0)}{(Z_L + Z_0) - (Z_L - Z_0)} = \frac{Z_L}{Z_0}$$

$$= \frac{1 + \Gamma_V}{1 - \Gamma_V} \tag{6-65}$$

또는 정재파비에 의한 전압반사계수의 표현은

$$\Gamma_V = \frac{S_V - 1}{S_V + 1} \tag{6-66}$$

예제 6.11

선로의 종단이 개방되었을 때 정재파비를 구하여라.

풀이 선로의 종단이 개방되었다는 것은 부하임피던스가 무한대라는 것이므로 전압반사계수는

$$\Gamma_V = \frac{Z_L - Z_0}{Z_L + Z_0} = \frac{\infty - Z_0}{\infty + Z_0} = +1$$

정재파비는

$$S_V = \frac{1 + \Gamma_V}{1 - \Gamma_V} = \frac{1+1}{1-1} = \infty$$

연습문제

6.1 분포 정수 회로에서 1차 정수값이 $R=11.3[\Omega/\text{km}]$, $L=2.36[\text{mH/km}]$, $C=4930[\text{pF/km}]$, $G=0.0625[\mu\mho/\text{km}]$이고, 주파수가 800[Hz]일 때, 다음의 값을 각각 구하여라.

(a) 특성 임피던스 Z_0

(b) 감쇠 정수 α

(c) 위상정수 β

(d) 전파정수 γ

6.2 문제 6.1에서 무손실 선로($R=0$, $G=0$)라면, (a) 감쇠정수, (b) 위상정수, (c) 위상속도, (d) 이 선로에서 주파수 800[Hz]의 주어진 전파의 파장을 각각 구하여라.

6.3 감쇠도가 다음과 같을 때 실제의 송신단에 24[V]의 신호전압이 가해졌다면 2[km] 지점에서의 전압은 몇 [mV]인가?

(a) 40[dB/km]

(b) 5[dB/km]

(c) 3[Nep/km]

6.4 위상정수가 $\pi/4$ [rad/m]인 전송선로에서 주파수가 10[MHz]인 전파의 전파 속도는 얼마인가?

6.5 무한히 긴 전송선로의 전압반사계수는 얼마인가?

6.6 문제 6.1에 주어진 선로의 1차 정수에서 선로가 무왜조건을 만족하도록 하기 위해 단위 길이 당 가하는 장하의 직렬 성분 인덕턴스를 구하여라.

6.7 선로의 종단을 개방하고 임피던스를 측정했을 때 $400\angle 60°$ [Ω], 단락시키고 임피던스를 측정했을 때 $300\angle 15°$ [Ω]였다. 이 선로의 특성임피던스를 구하여라.

6.8 선로의 종단이 개방되었을 때 (a) 전압반사계수, (b) 전류반사계수, (c) 전압투과계수, (d) 전류투과계수를 각각 구하여라.

6.9 무한장의 무손실 전송선로에서 어떤 지점의 전압을 측정하니 8[V]였다. 이 선로의 단위길이 당 인덕턴스가 5[μH/m]이고, 단위길이 당 커패시턴스가 0.001[μF/m]일 때, 이 지점에서의 전류값을 구하여라.

6.10 위상정수가 $\pi/60$ [rad/m]인 선로에서 주파수 1[MHz]인 신호파가 거리 30[m] 떨어진 두 점 사이의 위상차는 몇 도 [°]인가?

7장

종속전원

7.1 종속전원의 개요
7.2 종속전원의 구성
7.3 증폭회로와 종속전원
7.4 종속전원회로의 해석
7.5 연산증폭기의 응용회로 해석

7.1 종속전원의 개요

지금까지 회로이론과 회로망 해석에서 다루어 온 회로는 전원과 수동소자를 중심으로 한 선형회로가 대부분이었다. 그러나 정류나 증폭, 혹은 연산 등을 위해서는 능동소자가 필요하며 능동소자는 비선형성으로 인해 기존의 해석방법에 의한 해석이 곤란해진다.

즉, 수동소자 만에 의한 회로 구성에서는 입력과 출력에 관한 해석이 중심이 되지만, 능동소자 특히 다이오드나 트랜지스터 회로에서는 전압이나 전류의 신호성분을 증폭하거나 비선형 영역을 가지기 때문에 매개적인 함수가 필요해진다. 이 매개함수는 독립적으로 작용하는 것이 아니고 입력의 제어를 받아 출력단에 전달해 주는 역할을 하기 때문에 입력에 종속된다는 의미에서 **종속전원**(Dependent Source)이라고 한다.

종속전원은 외부의 신호원과 내부의 회로에 의존하여 생성된 종속적인 제2, 제3의 전원을 말하는 것으로서 대부분의 경우 능동소자와 결합된 회로의 해석 시 발생되며, 복합적인 해석을 필요로 한다.

종속전원회로의 대표적인 것으로서는 접합트랜지스터와 전계효과 트랜지스터를 이용한 회로가 있으며, 연산증폭기를 이용하는 경우 매우 다양하고 강력한 회로를 구성할 수 있기 때문에 널리 이용된다. 여기서는 접합트랜지스터 회로를 간단히 소개하고 다용도로 이용되는 연산증폭기의 응용회로에 대해 두루 살펴보기로 한다.

7.2 종속전원의 구성

종속전원의 표기는 일반 전압원이나 전류원 표기에서 그림 7.1과 같이 원형 대신에 마름모 모양을 한다. 전압형의 전원을 가지고 있으면 **종속 전압원**(Dependent Voltage Source), 전류형의 전원을 가지면 **종속 전류원**(Dependent Current Source)이라고 한다.

(a) 종속 전압원 (b) 종속 전류원

그림 7.1 종속전원의 회로 표기

입력 신호원과 종속전원 사이에는 이들을 매개해 주는 매개함수가 필요하다. 이것은 항상 입력으로부터 출력으로 전달되므로 순방향 특성을 가지며 입력 신호원과 종속전원의 차원(Dimension)에 따라 정의할 수 있다. 즉, 입력단이 기준이 되므로 **제어원**(Controller)이 되며 종속전원은 출력단의 전원(Source)이 된다. 여기서 매개함수란 전달함수(Transfer Function)를 말하는 것으로 전달함수란 기준에 대한 출력을 말하고 다음과 같이 정의된다. 전달함수 H는 제어전원을 x라고 하고 종속전원을 y라고 할 때 아래와 같다.

$$H(f) = \frac{y(f)}{x(f)} \tag{7-1}$$

여기서 f는 임의의 공유되는 매개변수이다. 분모항은 제어원으로서 전압원 v_c와 전류원 i_c가 있으며 분자항은 종속전원으로서 전압형의 v_s와 전류형의 i_s가 있다. 이들에 대한 조합은 다음과 같이 4가지가 있다. 즉,

$$H_1(f) = \frac{v_s}{v_c} \ [-] \tag{7-2}$$

$$H_2(f) = \frac{v_s}{i_c} \ [\Omega] \tag{7-3}$$

$$H_3(f) = \frac{i_s}{v_c} \ [\mho] \tag{7-4}$$

$$H_4(f) = \frac{i_s}{i_c} \ [-] \tag{7-5}$$

위의 4개 식에서 차원을 살펴보면 각각 **전압이득**(Voltage Gain), **전달저항**(Transfer Resistance), **전달 컨덕턴스**(Transfer Conductance) 및 **전류이득**(Current Gain)이므로 다음과 같이 다시 쓸 수 있다.

$$\mu = \frac{v_s}{v_c} \ [-] \ (\mu \ : \ \text{mu[mju:]}) \tag{7-6}$$

$$r = \frac{v_s}{i_c} \ [\Omega] \tag{7-7}$$

$$g = \frac{i_s}{v_c} \ [\mho] \tag{7-8}$$

$$\beta = \frac{i_s}{i_c} \ [-] \tag{7-9}$$

식(7-6)~식(7-9)로부터 종속전원은 분모항이 제어원이고 분자항이 전원이므로 **전압제어 전압원**(Voltage Controlled Voltage Source, VCVS), **전류제어 전압원**(Current Controlled Voltage

Source, CCVS), **전압제어 전류원**(Voltage Controlled Current Source, VCCS) 및 **전류제어 전류원**(Current Controlled Current Source, CCCS)은 순서대로 다음과 같이 정의할 수 있다.

전압제어 전압원, VCVS $v_s = \mu v_c$ [V] (7-10)

전류제어 전압원, CCVS $v_s = r i_c$ [V] (7-11)

전압제어 전류원, VCCS $i_s = g v_c$ [A] (7-12)

전류제어 전류원, CCCS $i_s = \beta i_c$ [A] (7-13)

위에서 정의한 함수를 회로로 나타내면 그림 7.2와 같다.

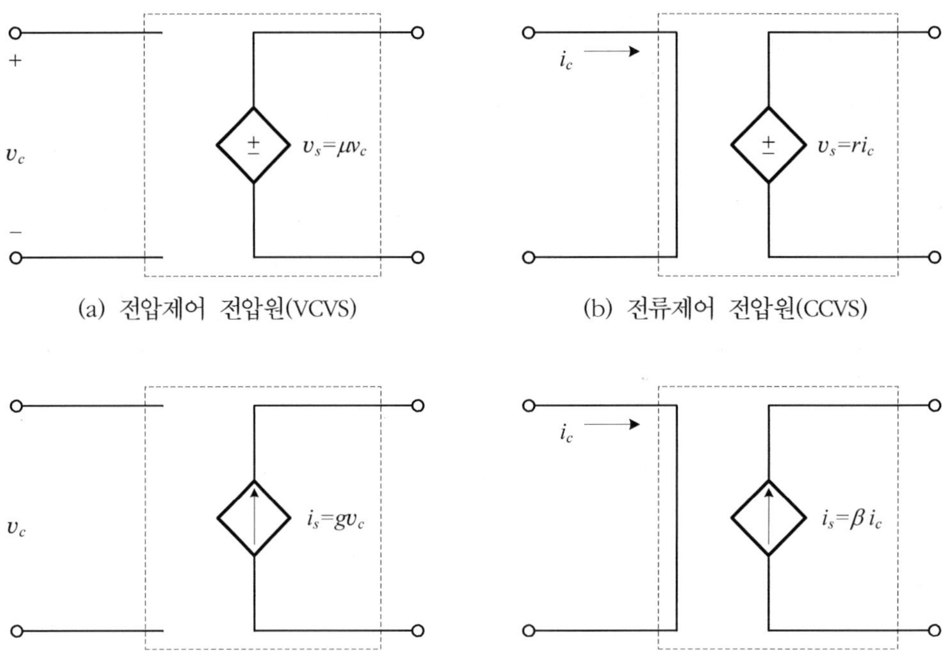

(a) 전압제어 전압원(VCVS) (b) 전류제어 전압원(CCVS)

(c) 전압제어 전류원(VCCS) (d) 전류제어 전류원(CCCS)

그림 7.2 종속전원의 종류와 표기

종속전원을 가지는 회로에는 하나의 회로에 포함되는 경우와 분리된 회로가 있다. 이는 모두 입력신호와 전달함수에 의존한다. 각각에 대한 구체적인 해석 방법을 다음의 예제에서 살펴보자.

예제 7.1

그림 7.3과 같은 회로에서 입력신호 v_s에 대한 출력신호 v_o의 전달함수 v_o/v_s를 구하여라.

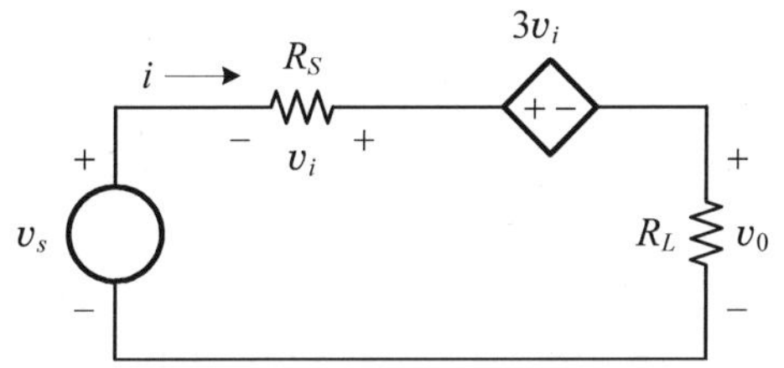

그림 7.3 예제 7.1의 회로

풀이 그림의 회로에 대해 키르히호프의 전압법칙을 적용시켜 루프를 일주하는 방정식을 세우면

$$v_s = R_S i + 3v_i + R_L i$$

이며 R_S단의 전압 v_i는

$$v_i = -R_S i$$

로 두 번째 식을 첫 번째 식에 대입하여 전류를 구한다. 즉,

$$v_s = R_S i + 3(-R_S i) + R_L i$$

로부터

$$i = \frac{v_s}{R_L - 2R_S}$$

출력전압 v_o는 $R_L i$이므로

$$\frac{v_o}{v_s} = \frac{R_L}{R_L - 2R_S}$$

예제 7.2

그림 7.4의 회로에서 출력전압 v_o를 구하여라.

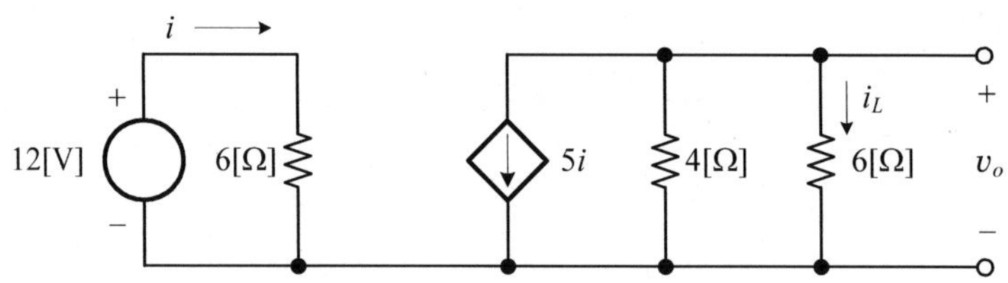

그림 7.4 예제 7.2의 회로

풀이 입력단의 회로를 1차회로라 하고 출력단의 회로를 2차회로라고 하자. 1차회로에서 KVL을 적용하여 전류를 구하면

$$12 = 6i$$

로부터

$$i = 2[\mathrm{A}]$$

이다. 2차회로에서 부하저항으로 흐르는 전류 i_L은

$$i_L = \frac{4}{4+6} \times (-5i) = \frac{-4 \times 5 \times 2}{10} = -4[\mathrm{A}]$$

이므로 출력전압 v_o는

$$v_o = 6i_L = -24[\mathrm{V}]$$

7.3 증폭회로와 종속전원

종속전원이 이용되는 경우는 대부분 트랜지스터(Transistor, TR) 증폭회로나 **연산증폭기**(Operational Amplifier, OP Amp) 회로이다. 먼저 트랜지스터 증폭회로에 대해 살펴보자.

트랜지스터는 입력전압 v_1과 전류 i_1, 출력전압 v_2와 전류 i_2의 4가지 변량 중 v_1과 i_2는 i_1과 v_2의 제어를 받는다. 즉,

$$v_1 = f_1(i_1, v_2) \quad (7\text{-}14)$$

$$i_2 = f_2(i_1, v_2) \quad (7\text{-}15)$$

로서 함수표현이 가능하다. 독립변수 i_1과 v_2, 종속변수 v_1과 i_2가 혼성(Hybrid) 상태이므로 매개변수를 "하이브리드"라는 의미에서 h를 이용하면 다음과 같은 **하이브리드 파라미터**(Parameter)로 위의 식을 다시 쓸 수 있다.

$$v_1 = h_{11} i_1 + h_{12} v_2 \ [\mathrm{V}] \tag{7-16}$$

$$i_2 = h_{21} i_1 + h_{22} v_2 \ [\mathrm{A}] \tag{7-17}$$

각 파라미터의 정의는 다음과 같이 표현할 수 있다.

$$h_{11} = \left.\frac{v_1}{i_1}\right|_{v_2=0} \ : \text{출력단락 입력저항}(h_i[\Omega]) \tag{7-18}$$

$$h_{12} = \left.\frac{v_1}{v_2}\right|_{i_1=0} \ : \text{입력개방 역방향 전압이득}(h_r[-]) \tag{7-19}$$

$$h_{21} = \left.\frac{i_2}{i_1}\right|_{v_2=0} \ : \text{출력단락 순방향 전류이득}(h_f[-]) \tag{7-20}$$

$$h_{22} = \left.\frac{i_2}{v_2}\right|_{i_1=0} \ : \text{입력개방 출력컨덕턴스}(h_o[\mho]) \tag{7-21}$$

식(7-18)에서부터 식(7-21)까지를 이용하여 식(7-16)과 식(7-17)을 다시 나타내면 다음과 같다.

$$v_1 = h_i i_1 + h_r v_2 \ [\mathrm{V}] \tag{7-22}$$

$$i_2 = h_f i_1 + h_o v_2 \ [\mathrm{A}] \tag{7-23}$$

식(7-22)와 식(7-23)을 이용하여 등가회로를 그리면 그림 7.5와 같다.

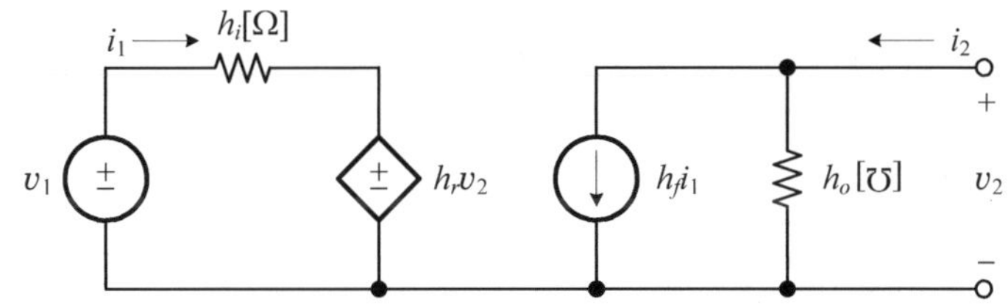

그림 7.5 트랜지스터 등가회로

여기서 $h_r v_2$는 종속전압원이 되고 $h_f i_1$은 종속 전류원이 된다.

다음으로 OP Amp 회로에 관해 살펴보자. OP Amp란 이득이 매우 높고 입력저항이 매우 큰 증폭기이다. 일반적으로 OP Amp의 해석에서는 이득이나 입력저항, 출력저항 등이 있지만 다른 회로에 비해 매우 크거나 혹은 매우 작기 때문에 이상적인 OP Amp로 간주하여 해석해도 오차는 매우 작다. 그러므로 여기서는 이상적인 OP Amp로 가정하여 해석하기로 한다. OP Amp의 기호는 그림 7.6(a)과 같으며 이상적인 OP Amp의 성질은 다음과 같다.

- □ 전압이득 $A_V = \infty$
- □ 입력저항 $R_i = \infty$
- □ 출력저항 $R_O = 0$
- □ 입력전류 $I_i = 0$
- □ 입력전압 $v_i = 0$

OP Amp의 입력에는 반전 단자와 비반전 단자의 2개 입력이 있으며 일반적으로 연산증폭기의 동작을 위한 동작전압(바이어스전압, Bias Voltage)원은 $+V$와 $-V$의 2개이다. 입력저항이 매우 크므로 입력전류가 거의 0이다. 또한 전압이득은

$$A_V = \frac{v_0}{v_i} \tag{7-24}$$

로서 정의되므로 출력전압이 유한한 상태에서 전압이득이 매우 크다면 입력전압은 $v_i = v_0 / A_V$로서 거의 0이다. 이와 같이 입력전압도 0이고 입력전류도 0인 상태를 가상접지(Virtual Ground, VG)라고 한다.

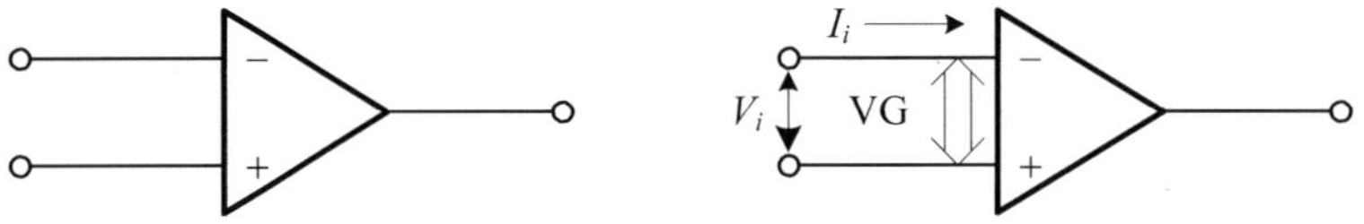

(a) OP Amp의 기호 (b) OP Amp의 특성

그림 7.6 연산 증폭기(OP Amp)의 기호와 특성

연산 증폭기를 이용하는 실제의 응용에서는 그림 7.6의 회로를 그대로 이용할 수 없다. 해석의 대상이 대부분 0이거나 무한대이기 때문에 입 - 출력 단자의 사이에 귀환소자를 연결하여 실제의 회로로 이용한다. 대표적인 연결 방법은 그림 7.7과 같다. 즉, 그림 7.7(a)와 같이 입력 신호를 '−' 단자에 연결하면 위상이 반전되는 반전 증폭기로서 동작하며 그림 7.7(b)와 같이 입력 신호를 '+' 단자에 연결하면 출력이 입력과 동위상인 비반전 증폭기로서 동작한다. 각 회로에 대한 입 - 출력 전압 특성을 살펴보자.

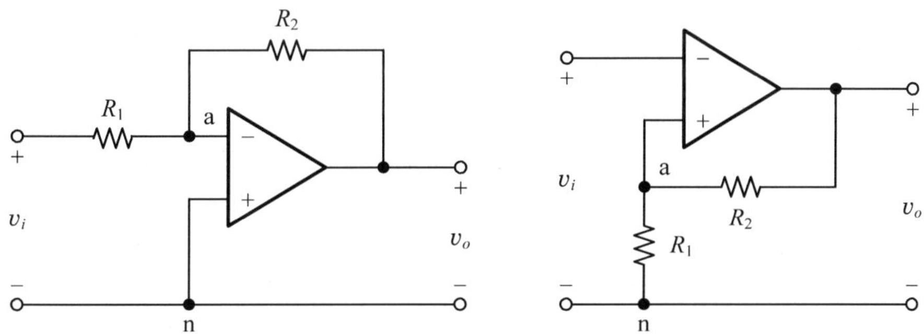

그림 7.7 반전 증폭회로와 비반전 증폭회로

그림 7.7(a)에서 OP Amp의 입력 단자는 가상접지 상태로써 절점 a와 절점 n의 전위는 같다. 또한 절점 a에서 OP Amp로 유입되는 전류는 없으므로 R_1을 거쳐 흐르는 전류는 모두 R_2 귀환소자로 흐른다. 그러므로 절점 a에서 KCL을 적용하면 다음과 같은 식이 성립한다.

$$\frac{v_i}{R_1} = \frac{0 - v_0}{R_2} \tag{7-25}$$

위의 식을 정리하면 반전 증폭회로의 출력 전압은

$$v_0 = \frac{-R_2}{R_1} v_i \tag{7-26}$$

가 된다. 또한 식(7-25)의 좌변에서 R_1 단자로 흐르는 전류가 입력전류가 되므로 입력전류 i_1은

$$i_1 = \frac{v_i}{R_1} \tag{7-27}$$

가 되므로 식(7-26)과 식(7-27)을 이용하면 그림 7.8(a)와 같은 반전 증폭회로의 등가회로를 그릴 수 있다. 이것은 입력전압 v_i에 의해 출력전압 v_0가 생성되므로 전압제어 종속 전압원(VCVS)이 된다.

식(7-27)에서 $v_i = i_1 R_1$이므로 식(7-26)을 다시 쓰면

$$v_0 = -R_2 i_1 \tag{7-28}$$

가 된다. 이것은 입력전류에 의해 출력전압이 제어를 받으므로 전류제어 종속 전압원(CCVS)이 된다. 이에 대한 등가회로를 그림 7.8(b)에 나타냈다.

한편 식(7-28)에서 전류원 i_1과 저항 R_2의 연결로 생각할 수 있기 때문에 그림 7.8(c)와

같이 출력단에 대해 등가적인 회로를 구성할 수 있다. 이것을 전류제어 종속 전류원(CCCS)이라고 한다.

또한 식(7-27)을 이용하여 종속 전류원 i_1을 전압원으로 나타내면 v_i/R_1이므로 그림 7.8(d)와 같이 등가회로를 그릴 수 있다. 이것을 전류제어 종속 전압원(CCVS)이라고 한다.

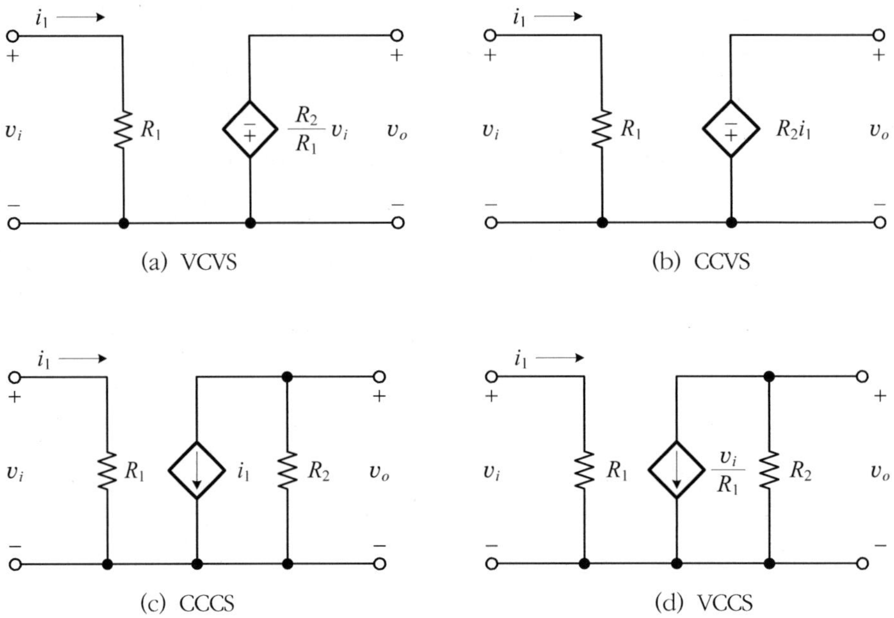

그림 7.8 반전 증폭회로의 등가회로

그림 7.7(b)의 비반전 증폭회로에 대한 전압이득 v_0/v_i에 대해 살펴보자. OP Amp의 입력단이 가상접지 상태이므로 그림의 절점 a는 입력전압 v_i와 같다. 절점 a에서 KCL을 적용하면 OP Amp로 유입되는 전류가 0이므로 저항 R_1단으로 흐르는 전류는 출력단에서 저항 R_2를 거쳐 흐르는 전류와 같다. 그러므로

$$\frac{v_i}{R_1} = \frac{v_0 - v_i}{R_2} \tag{7-29}$$

로서 식을 세울 수 있다. 위의 식을 정리하면 그림 7.7(b)와 같은 비반전 증폭회로의 전압이득 A_S는 다음과 같다.

$$A_S = \frac{v_0}{v_i} = 1 + \frac{R_2}{R_1} \tag{7-30}$$

예제 7.3

다음 그림 7.9의 반전 증폭기에 대한 전압이득을 구하고 그림 7.8(d)의 VCCS 등가회로에 의한 해석과 비교하여라.

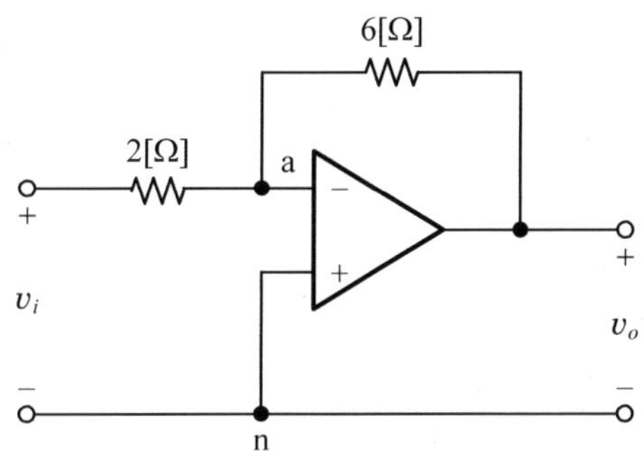

그림 7.9 예제 7.3의 회로

풀이 그림 7.9의 회로에서 OP Amp로 유입되는 전류가 0이므로 2[Ω]의 저항으로 흐르는 전류는 절점 a에서 6[Ω]의 저항을 거쳐 출력단으로 흐르는 전류와 같다. 또한 OP Amp의 입력단은 가상접지 상태이므로 절점 a의 전압은 0이다. 그러므로

$$\frac{v_i}{2} = \frac{0 - v_0}{6}$$

으로부터 전압이득 A_S는

$$A_S = \frac{v_0}{v_i} = \frac{-6}{2} = -3$$

또한 그림 7.8(d)의 등가회로에서 종속 전류원은

$$i_s = \frac{v_i}{R_1} = \frac{v_i}{2}$$

이고 출력전압 v_0는 R_2 양단의 전압이 되므로

$$v_0 = -R_2 i_s = \frac{-6v_i}{2} = -3v_i$$

이다. 그러므로 전압이득 A_S는 v_0/v_i로 두 번째 식과 같다. ↵

7.4 종속전원회로의 해석

능동회로의 해석에서는 거의 대부분의 회로가 종속전원으로 해석된다. 여기서는 여러 가지 능동회로에 대한 종속전원의 예와 이의 해석법에 대해 예제를 가지고 설명하기로 한다.

예제 7.4

그림 7.10의 회로에서 부하저항 R_L 양단의 전압 v_L을 구하여라.

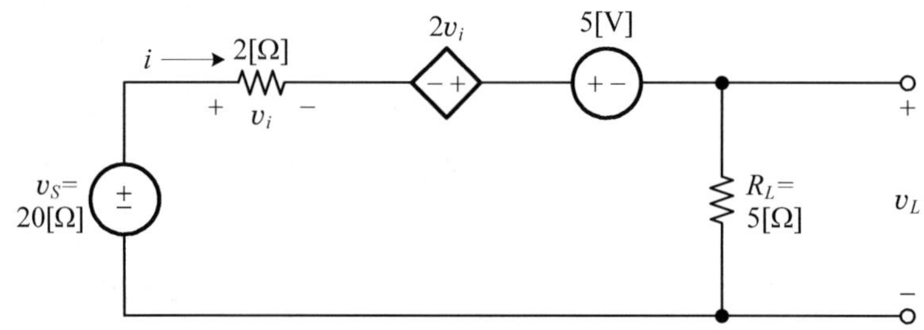

그림 7.10 예제 7.4의 회로

풀이 회로에 대해 시계방향으로 일주하면서 상승전압의 경우 '+' 부호를, 하강전압의 경우 '-' 부호를 붙여 KVL을 적용하면

$$20 - v_i + 2v_i - 5 - v_L = 0$$

이다. 또한 회로의 전류를 i라고 할 때

$$v_i = 2i$$

이고 출력전압 v_L은

$$v_L = 5i$$

이므로 두 번째 식과 세 번째 식을 첫 번째 식에 대입하면 전류 i는

$$20 - 2i + 4i - 5 - 5i = 0, \quad i = 5[\text{A}]$$

그러므로 출력전압 v_L은 세 번째 식으로부터

$$v_L = 5 \times 5 = 25[\text{V}]$$

예제 7.5

그림 7.11의 회로에서 부하저항 R_L로 흐르는 전류 i_L을 구하여라.

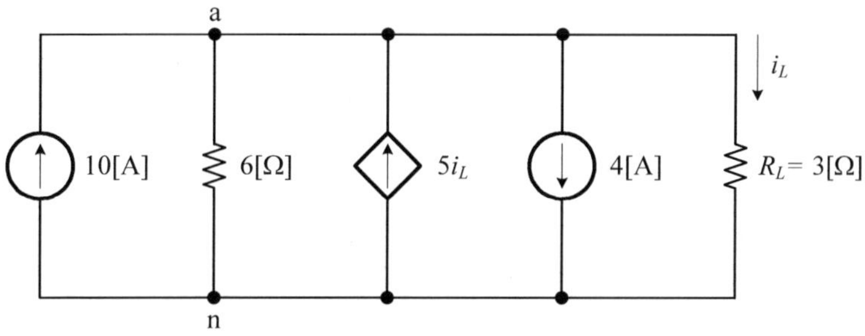

그림 7.11 예제 7.5의 회로

풀이 절점 n을 기준으로 한 절점 a의 전압을 v_a라고 할 때 절점 a에서 유입되는 전류를 '+' 부호로 하고 유출되는 전류를 '−' 부호로 하여 KCL을 적용한 방정식을 세우면 다음과 같다.

$$10-\frac{v_a}{6}+5i_L-4-\frac{v_a}{3}=0$$

회로로부터 전압 v_a는 부하전류 i_L과 다음의 관계식이 있다.

$$v_a=3i_L$$

위의 식을 평형방정식에 대입하여 정리하면

$$i_L=\frac{-12}{7}\ [\mathrm{A}]$$

↵

예제 7.6

그림 7.12의 회로에서 부하저항 R_L로 흐르는 전류가 3[mA]일 때 출력전압 v_0와 부하저항 R_L을 구하여라.

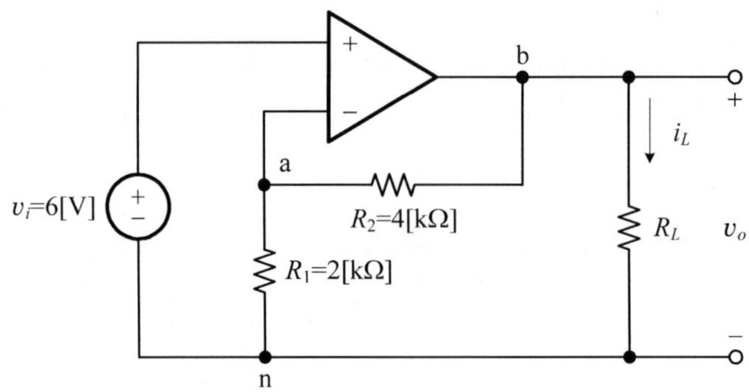

그림 7.12 예제 7.6의 회로

풀이 연산 증폭기의 입력단이 가상접지 상태이므로 절점 a의 전압은 v_i와 같다. 또한 R_1단으로 흐르는 전류는 b 절점에서 a 절점으로 흐르는 전류와 같으므로

$$\frac{v_i}{R_1} = \frac{v_0 - v_i}{R_2}, \qquad \frac{6}{2\times 10^3} = \frac{v_o - 6}{4\times 10^3}$$

의 식을 쓸 수 있으며 이것을 정리하면

$$v_0 = 18\,[\mathrm{V}]$$

이다. 또한 부하단에서

$$R_L = \frac{v_0}{i_L} = \frac{18\,[\mathrm{V}]}{3\,[\mathrm{mA}]} = 6\,[\mathrm{k\Omega}]$$

↵

7.5 연산증폭기의 응용회로 해석

7.5.1 신호 버퍼

신호버퍼(Signal Buffer)는 입력된 신호가 증폭기 등을 거친 후 출력되어 다른 단자의 입력으로 쓰일 때 다른 단자의 임피던스 등에 입력 신호가 영향을 받지 않도록 하기 위해 사이에 삽입하는 것으로서 부하손실을 줄이기 위해 사용된다. 이 회로는 다른 용어로 **전압폴로워**(Voltage Follower)라고도 하며 기본 구성도를 그림 7.13에 나타냈다.

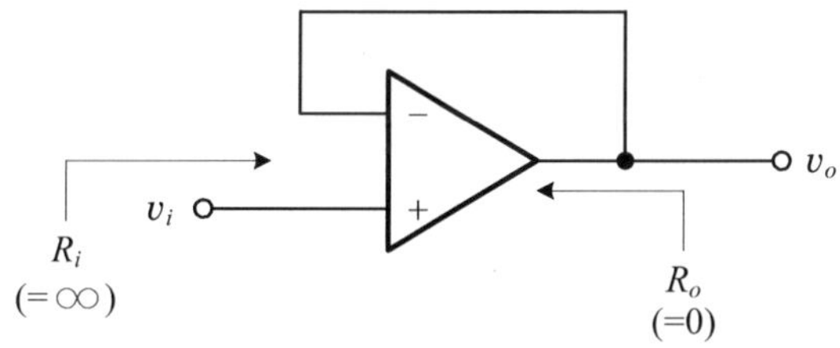

그림 7.13 신호 버퍼 회로

그림 7.13에서 '+' 단자와 '−' 단자의 사이는 가상접지 상태이므로 입력 전압은 출력전압과 같다. 즉,

$$v_0 = v_i \tag{7-31}$$

$$\therefore\ A_v = \frac{v_0}{v_i} = 1 \tag{7-32}$$

전압이득이 '1'이라는 것은 증폭이나 위상반전 등의 변환이 없기 때문에 아무 의미가 없는 것처럼 보이지만 다음 예제를 풀어보면 곧바로 이해할 수 있을 것이다.

예제 7.7

내부 임피던스가 500[Ω]인 12[V]의 전압원을 그림 7.14(a)와 같이 부하저항 1[kΩ]에 직접 연결했을 때와 그림 7.14(b)와 같이 신호버퍼를 거쳐 연결했을 때의 출력 전압과 전달전력을 각각 구하여 비교하여라.

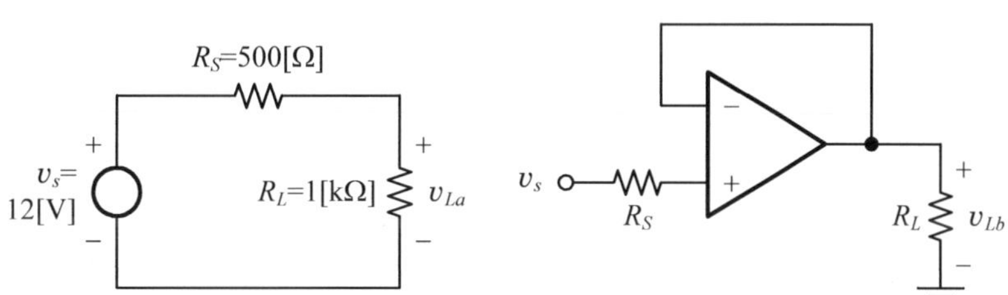

(a) 부하에 직접 연결　　(b) 신호버퍼를 이용하여 부하에 연결

그림 7.14 예제 7.7의 회로

풀이 (a) 그림 7.14(a)에서와 같이 전원을 부하에 직접 연결했을 때에는 전압분배법칙에 의해

$$v_{La} = \frac{R_L}{R_S + R_L} \times v_s = \frac{1 \times 12}{0.5 + 1} = 8[\text{V}],$$

$$P_{La} = \frac{{v_{La}}^2}{R_L} = \frac{8^2}{1000} = 64[\mathrm{mW}]$$

(b) 그림 7.14(b)에서와 같이 전원을 신호버퍼를 통해 부하에 연결한다면 OP Amp의 입력저항이 매우 크기 때문에 입력단에는 전류의 흐름이 없다. 즉, R_S단에서의 전압강하가 없으므로

$$v_{Lb} = v_s = 12[\mathrm{V}]$$

이다. 또한 부하에서의 전력은

$$P_{Lb} = \frac{{v_{Lb}}^2}{R_L} = \frac{12^2}{1000} = 144[\mathrm{mW}]$$

가 되며 신호원에서는 전류가 흐르지 않으므로 전력손실이 없다. 즉, 신호원의 내부저항값에도 영향을 받지 않고 부하단에 정상신호 전압을 전달할 수 있으며 부하에 의해 신호원측의 임피던스 변화가 없다. ↵

7.5.2 비교기

비교기는 신호검출에 널리 이용되는 회로로서 저항소자나 제너다이오드 등을 이용하여 여러 가지 용도의 회로를 꾸밀 수 있다. 비교기는 귀환소자를 삽입하지 않은 Op Amp의 포화특성을 이용한 것으로서 여기서는 그림 7.15와 같은 가변 전위 검출을 위한 비교기를 소개한다.

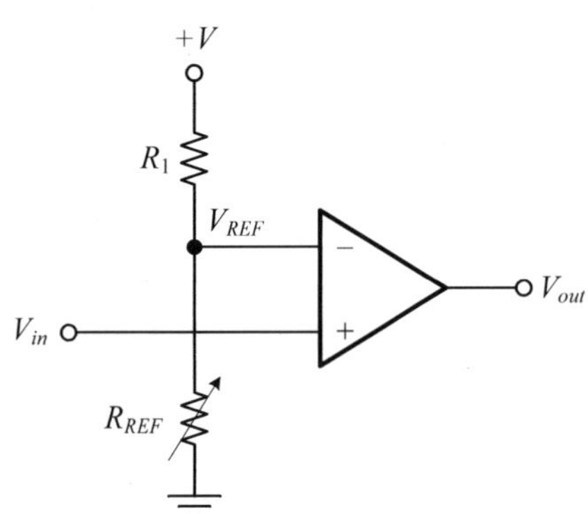

(a) 회로

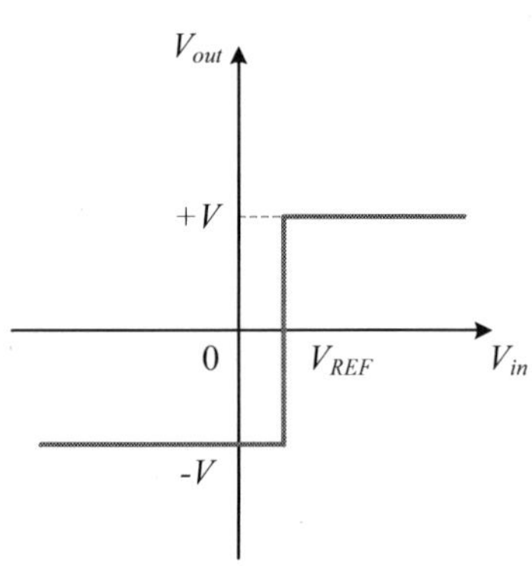

(b) 전달함수 그래프

그림 7.15 가변 전위 검출 비교기

그림 7.15에서 '−' 단자의 기준전압은 전원전압 V의 전압분배에 의해

$$V_{REF} = \frac{R_{REF}}{R_1 + R_{REF}} \times V \tag{7-33}$$

이다. 즉, 입력 전압 V_{in}이 기준전압 V_{REF}를 넘어서면 출력은 Op Amp의 $+V_{CC}$ 전압인 $+V$로 포화되고, 기준전압 V_{REF}를 이하가 되면 출력은 Op Amp의 $-V_{EE}$ 전압인 $-V$로 포화된다. 그러므로 입력에 대한 출력의 전달함수는 그림 7.15(b)와 같이 구할 수 있다. 이때 판정전압인 V_{REF}는 가변저항 R_{REF}에 의해 제어된다. 여기서 'R_{REF}'는 기준을 의미한다.

7.5.3 가산기

가산기는 2개 이상의 입력에 대해 가산 연산과정을 거쳐 합성시켜 출력시키는 것으로서 반전증폭 회로를 이용한다. 그림 7.16은 3-입력 가산기의 예로서 각 입력 단자는 입력저항을 거쳐 Op Amp의 '−' 단자에 연결된다.

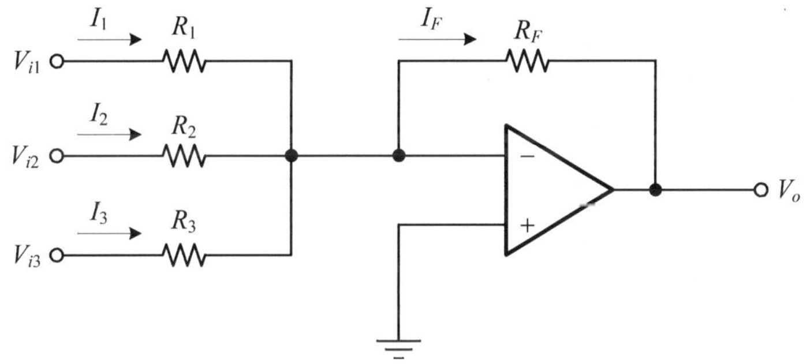

그림 7.16 3-입력 가산기 회로

각 입력 단자의 전류는 '−'단자에 연결되었지만 Op Amp의 입력저항이 매우 크므로 전류는 모두 귀환저항을 거쳐 출력단으로 흐른다. 즉,

$$I_F = I_1 + I_2 + I_3 \tag{7-34}$$

이며 연산 증폭기의 입력단자인 '+' 단자와 '−' 단자는 가상접지 상태이므로 전류는 흐르지 않고 전압강하는 0인 접지상태이다. 그러므로 입력 전류와 귀환소자의 전류는 각각

$$I_F = \frac{0 - V_o}{R_F} = \frac{-V_o}{R_F} \tag{7-35}$$

$$I_1 = \frac{V_{i1} - 0}{R_1} = \frac{V_{i1}}{R_1} \tag{7-36}$$

$$I_2 = \frac{V_{i2} - 0}{R_2} = \frac{V_{i2}}{R_2} \tag{7-37}$$

$$I_3 = \frac{V_{i3} - 0}{R_3} = \frac{V_{i3}}{R_3} \tag{7-38}$$

이다. 식(7-35)~식(7-38)을 식(7-34)에 대입하여 정리하면

$$V_o = -R_F \times \left\{ \frac{V_{i1}}{R_1} + \frac{V_{i2}}{R_2} + \frac{V_{i3}}{R_3} \right\} \tag{7-39}$$

여기서 $R_1 = R_2 = R_3 = R$이라면

$$V_o = \frac{-R_F}{R} \times (V_{i1} + V_{i2} + V_{i3}) \tag{7-40}$$

로서 입력 전압의 가산 연산이 이루어진다.

예제 7.8

그림 7.16에서 입력단자의 저항이 모두 1[kΩ]이고 귀환저항 R_F가 2[kΩ]이다. 연산증폭기의 바이어스전압이 -15[V]~+15[V]일 때 출력전압을 구하여라. 단, $V_{i1} = 2\,[\mathrm{V}]$, $V_{i2} = 4\,[\mathrm{V}]$, $V_{i3} = 8\,[\mathrm{V}]$이다.

풀이 식(7-40)을 이용하여 각 값을 대입하고 출력전압을 구하면

$$V_o = \frac{-R_F}{R} \times (V_{i1} + V_{i2} + V_{i3})$$

$$= \frac{-2}{1} \times (2 + 4 + 8) = -28\ [V]$$

이다. 그러나 연산증폭기의 바이어스 전압의 범위가 -15[V]~+15[V]이므로 -15[V] 이하로 내려갈 수 없다. 즉, 출력 전압은 -15[V]로 포화된다. ⏎

7.5.4 미분기와 적분기

수동소자만을 이용한 미분기나 적분기는 근본적으로 여파기와 유사하지만 소자값을 조절하여 **적분기**(Integrator)나 **미분기**(Differentiator)를 구성할 수 있다. 한편 연산 증폭기를 이용하면 오차가 적은 회로를 구성할 수 있다. 그림 7.17에 미분기를 나타냈다.

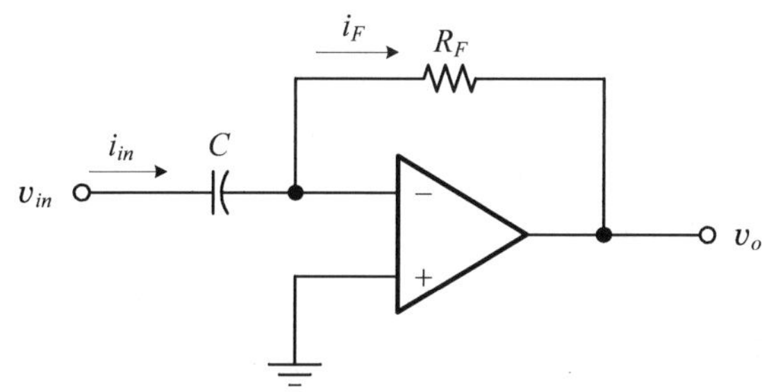

그림 7.17 연산증폭기를 이용한 미분기

그림 7.17에서 입력단자 전류는 콘덴서로 흐르는 전류이므로 연산증폭기의 입력단자에 대한 가상접지 상태를 고려하면

$$i_{in} = C\frac{d\,(v_{in} - 0\,)}{dt} = C\frac{d\,v_{in}}{dt} \tag{7-41}$$

가 되며, 귀환소자로 흐르는 전류는

$$i_F = \frac{0 - v_0}{R_F} = -\frac{v_0}{R_F} \tag{7-42}$$

이다. 연산증폭기의 입력저항이 매우 크므로 입력단 전류는 모두 귀환소자로 흐르게 되어 $i_{in} = i_F$가 된다. 그러므로 식(7-41)과 식(7-42)를 이용하여 정리하면

$$v_o = -R_F C\frac{d\,v_{in}}{dt} \tag{7-43}$$

로서 입력파형이 미분된 다음 비례상수 $R_F C$와 곱해지고 위상이 반전되어 출력에 나타난다.

한편 입력단자의 콘덴서와 귀환저항의 위치를 그림 7.18과 같이 바꾸면 적분기를 구성할 수 있다.

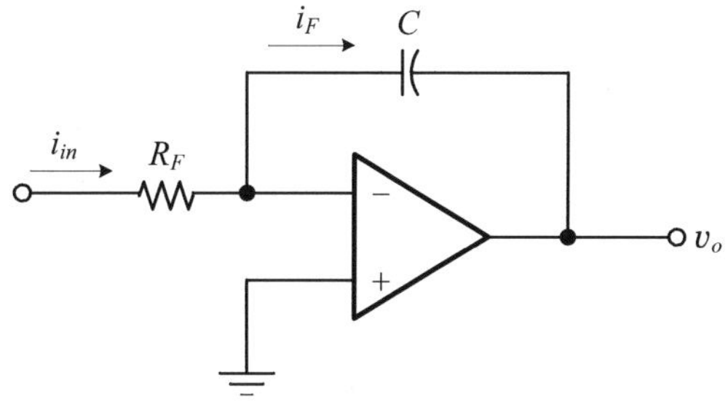

그림 7.18 연산증폭기를 이용한 적분기

그림 7.18에서 입력단자의 전류는 연산증폭기의 입력단자에 대한 가상접지 상태를 고려하면

$$i_{in} = \frac{v_{in} - 0}{R} = \frac{v_{in}}{R} \tag{7-44}$$

가 되며, 이 전류는 귀환소자의 콘덴서 C로 흐르는 전류 i_F와 같으므로

$$0 - v_o = \frac{1}{C}\int i_F \ dt = \frac{1}{C}\int i_{in} \ dt = \frac{1}{C}\int \frac{v_{in}}{R} \ dt \tag{7-45}$$

이다. 그러므로 출력 전압은

$$v_o = \frac{-1}{RC}\int v_{in} \ dt \tag{7-46}$$

로서 입력파형이 적분된 다음 비례상수 $-1/RC$과 곱해지고 위상이 반전되어 출력에 나타난다.

예제 7.9

그림 7.18의 적분기에 그림 7.19(a)와 같은 파형이 입력단에 가해졌다. 출력 파형을 구하여 그려라. 단, $R = 1\,[\text{k}\Omega]$, $C = 0.1\,[\mu\text{F}]$, 입력파의 주기는 $T = 400\,[\mu\text{sec}]$이고 연산 증폭기의 바이어스 전압은 ±15[V]이다.

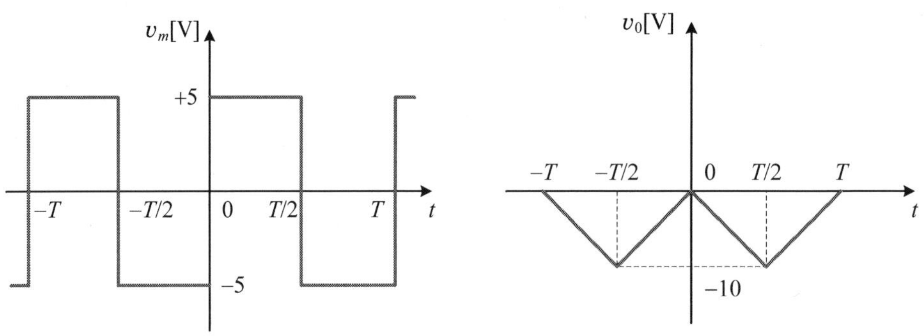

(a) 입력파형　　(b) 출력파형

그림 7.19 예제 7.9의 그림

풀이 그림 7.19(a)의 파형에 대한 함수식을 구하면

$$v_{in}(t) = \begin{cases} +5, & 0 < t \leqq T/2 \\ -5, & T/2 < T/2 \leqq T \end{cases}$$

이다. 적분기의 입출력식은

$$v_o = \frac{-1}{RC}\int v_{in}\ dt$$

이므로 각 소자값을 대입하면

$$v_o = \frac{-1}{RC}\int v_{in}\ dt = \frac{-1}{1\times10^3\times0.1\times10^{-6}}\int v_{in}\ dt$$

그러므로 입력식을 대입하여 정리하면

$$v_o(t) = \begin{cases} \dfrac{-1}{1\times10^3\times0.1\times10^{-6}}\displaystyle\int_0^t 5\ dt, & 0 < t < T/2 \\ \dfrac{-1\times5\times200\times10^{-6}}{1\times10^3\times0.1\times10^{-6}} = -10, & t = T/2 = 200\,[\mu\text{sec}] \\ \dfrac{-1}{1\times10^3\times0.1\times10^{-6}}\displaystyle\int_{T/2}^t (-5)\ dt - 20, & T/2 < T/2 \leqq T \end{cases}$$

적분을 풀고 정리하면

$$v_o(t) = \begin{cases} -5\times10^4\times t, & 0 < t < T/2 \\ -10, & t = T/2 = 200\,[\mu\text{sec}] \\ 5\times10^4\times t - 20, & T/2 < T/2 \leqq T \end{cases}$$

위의 식을 이용하여 그림을 그리면 그림 7.19(b)와 같다. ↩

7.5.5 여파기

능동여파기는 수동소자와 연산증폭기가 결합되어 구성된 것으로서 리액턴스 소자의 개수에 따라 전달함수의 극 주파수가 결정되어 여파기의 차수가 정해지며, 귀환소자에 의해 안정도가 매우 좋고, 간단한 회로로도 차단특성이 좋은 여파기를 구성할 수 있기 때문에 널리 이용된다. 수동소자를 이용한 여파기에 대해서는 제2장에서 다루었기 때문에 여기서는 널리 실용화되고 있는 **체비셰프**(Chebyshev), **버터워스**(Butterworth), **베셀**(Bessel) **능동여파기**에 대해 소개하고 **버터워스 필터**를 중심으로 해석한다.

(1) 2차 저역통과 여파기

필터는 주로 저항과 콘덴서를 이용하며 그림 7.20에 단위 이득(Unity Gain) **2차 저역통과 여파기**(2'nd Order Low Pass Filter; LPF)를 나타냈다. 여기서 각 소자 R_1, R_2, C_1, C_2의 값을 조절하여 여러 가지 여파기를 구현할 수 있다. 능동여파기의 특성을 살펴보기 위해서는 전달함수를 우선 구해야 하며 제1장에서 배운 극-영점도에 의해 주파수의 변화에 따른 응답특성을 구한다.

먼저 그림 7.20의 저역통과 여파기에 대한 전달함수를 구해 보자. 그림에서 연산증폭기의 두 입력 단자는 가상접지 상태이므로 '+' 단자의 전압은 V_o 라고 볼 수 있고, 증폭기로의 유입 전류는 거의 0으로 볼 수 있다. 콘덴서 C_1 을 통해 귀환되어 연결된 단자전압을 V_1 이라고 하면 다음의 두 식이 성립한다.

$$\frac{V_i - V_1}{R_1} = \frac{V_1 - V_o}{\frac{1}{sC_1}} + \frac{V_1 - V_o}{R_2} \tag{7-47}$$

$$\frac{V_1 - V_0}{R_2} = \frac{V_o}{\frac{1}{sC_2}} \tag{7-48}$$

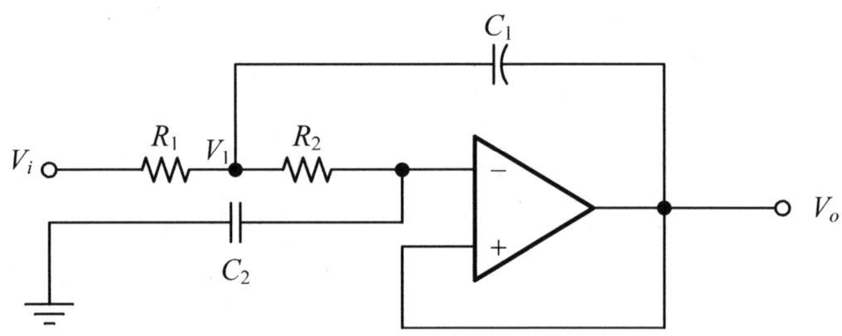

그림 7.20 단위 이득 2차 저역통과 능동여파기

위의 두 식으로부터 단자전압 V_1 을 소거하고 V_i 에 대한 출력전압 V_o 의 비인 전달함수를 구하면

$$A_v = \frac{V_o}{V_i} = \frac{\frac{1}{C_1C_2R_1R_2}}{s^2 + s\frac{(R_1+R_2)}{C_1R_1R_2} + \frac{1}{C_1C_2R_1R_2}} \tag{7-49}$$

2차 저역통과 여파기의 전달함수에서 제1장에서 공부한 바와 같이 주파수의 변화에 따른 응답특성은 극-영점도를 이용하면 간단히 구할 수 있다. 한편 여파기의 전달함수는 다음과 같은 식의 형태로 정리할 수 있다. 여기서 ω_n 은 근사화된 함수의 변곡점(Corner Frequency)이 되며 주파수항에서는 차단주파수가 된다.

$$A_v = \frac{K}{s^2 + 2\zeta\omega_n s + {\omega_n}^2} \tag{7-50}$$

식(7-49)와 식(7-50)의 비교로부터

$$\omega_n = \frac{1}{\sqrt{C_1 C_2 R_1 R_2}} \tag{7-51}$$

$$\zeta = \frac{R_1 + R_2}{2} \times \sqrt{\frac{C_2}{C_1 R_1 R_2}} \tag{7-52}$$

$\omega_n = 2\pi f_c$ 이므로 **차단주파수**(Cut-off Frequency)는

$$f_c = \frac{1}{2\pi \sqrt{C_1 C_2 R_1 R_2}} \tag{7-53}$$

여기서 일반적으로 $R_1 = R_2 = R$ 이고, $C_1 = C_2 = C$ 이므로 식(7-53)은

$$f_c = \frac{1}{2\pi RC} \tag{7-54}$$

이다. 또한 ζ(zeta)는 여파기의 차단주파수 부근의 응답과 차단특성을 결정짓는 **댐핑계수**(Damping Factor)로서 여파기의 고유한 특성을 결정짓는 요소이다. 즉, 표 7.1과 같이 댐핑계수인 ζ의 값에 따라 체비셰프, 버터워스, 베셀 능동여파기로 구분된다.

표 7.1 댐핑계수에 따른 2차 저역통과여파기의 종류

구 분	댐핑계수 ζ	특 징
베셀 LPF	0.866	• 선형적인 위상 특성 • 오버슈트가 없음 • 무왜곡 전달특성
버터워스 LPF	0.707	• 통과대역에서 매우 평탄한 특성 • 극점당 20dB/dec의 감쇠특성 • 출력단에 오버슈트 현상
체비셰프 LPF (0.1-dB peak)	0.652	• 댐핑계수에 따라 오버슈트의 값 변화 • 통과대역에서 극의 수에 따라 리플현상이 있음 • 가장 큰 감쇠특성을 가지므로 차단특성이 양호함
체비셰프 LPF (1-dB peak)	0.523	
체비셰프 LPF (3-dB peak)	0.383	

(2) 2차 고역통과 여파기

고역통과 여파기는 저역통과 여파기의 구조와 비슷하지만 리액턴스 소자의 위치가 다르다. 그림 7.21에 단위이득(Unity Gain) **2차 고역통과 여파기**(2'nd Order High Pass Filter; HPF)를 나타냈다. 여기서 각 소자 R_1, R_2, C_1, C_2의 값에 따라 저역통과 여파기에서와 마찬가지로

체비셰프, 버터워스, 베셀 능동여파기로 구분된다.

그림 7.21의 고역통과 여파기에 대한 전달함수를 구해 보자. 그림에서 연산증폭기의 두 입력 단자는 가상접지 상태이므로 '+' 단자의 전압은 V_o라고 볼 수 있고, 증폭기로의 유입 전류는 거의 0으로 볼 수 있다. 저항 R_1을 통해 귀환되어 연결된 단자전압을 V_1이라고 하면 다음의 두 식이 성립한다.

$$\frac{V_i - V_1}{\frac{1}{sC_1}} = \frac{V_1 - V_o}{R_1} + \frac{V_1 - V_o}{\frac{1}{sC_2}} \tag{7-55}$$

$$\frac{V_1 - V_0}{\frac{1}{sC_2}} = \frac{V_o}{R_2} \tag{7-56}$$

위의 두 식으로부터 단자전압 V_1을 소거하고 전달함수 V_o/V_i를 구하면

$$A_v = \frac{V_o}{V_i} = \frac{s^2}{s^2 + s\left(\frac{1}{R_2C_1} + \frac{1}{R_2C_2}\right) + \frac{1}{C_1C_2R_1R_2}} \tag{7-57}$$

주파수의 변화에 따른 응답특성은 극-영점도를 이용하면 간단히 구할 수 있다. 한편 고역통과 여파기의 전달함수는 다음과 같은 식의 형태로 정리할 수 있다. 여기서 ω_n은 근사화된 함수의 변곡점이 되며 주파수항에서는 차단주파수가 된다.

$$A_v = \frac{s^2}{s^2 + 2\zeta\omega_n s + \omega_n^2} \tag{7-58}$$

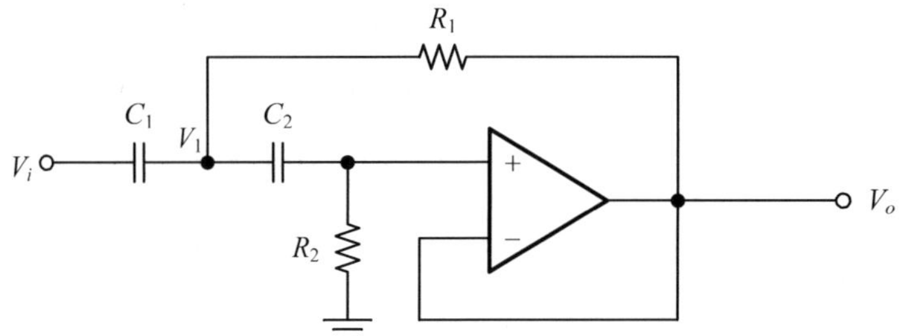

그림 7.21 단위 이득 2차 고역통과 능동여파기

식(7-57)과 식(7-58)의 비교로부터 변곡점 각 주파수와 댐핑계수는

$$\omega_n = \frac{1}{\sqrt{C_1C_2R_1R_2}} \tag{7-59}$$

$$\zeta = \frac{1}{2}\sqrt{\frac{R_1 C_1}{R_2 C_2}} + \frac{1}{2}\sqrt{\frac{R_1 C_2}{R_2 C_1}} \tag{7-60}$$

차단주파수 f_c는

$$f_c = \frac{\omega_n}{2\pi} = \frac{1}{2\pi\sqrt{C_1 C_2 R_1 R_2}} \tag{7-61}$$

여기서 일반적으로 $C_1 = C_2 = C$이고, 필요에 따라 $R_1 = R_2 = R$로 정할 수도 있으므로 식(7-61)은 다음과 같이 간략화시킬 수 있다.

$$f_c = \frac{1}{2\pi RC} \tag{7-62}$$

(3) 대역통과 여파기

가장 간단한 **대역통과 능동여파기**(Band Pass Active Filter; BPF)는 저역통과 여파기와 고역통과 여파기를 종속 접속시켜 구현할 수 있다. 이 때 저역통과 여파기의 고역 차단주파수 f_{ch}는 고역통과 여파기의 저역 차단주파수 f_{cl}보다 커야 하며, 대역통과 여파기의 중심주파수를 f_0라고 할 때 회로이론에서 공부하였듯이 다음의 관계가 성립한다.

$$f_0 = \sqrt{f_{cl} \cdot f_{ch}} \tag{7-63}$$

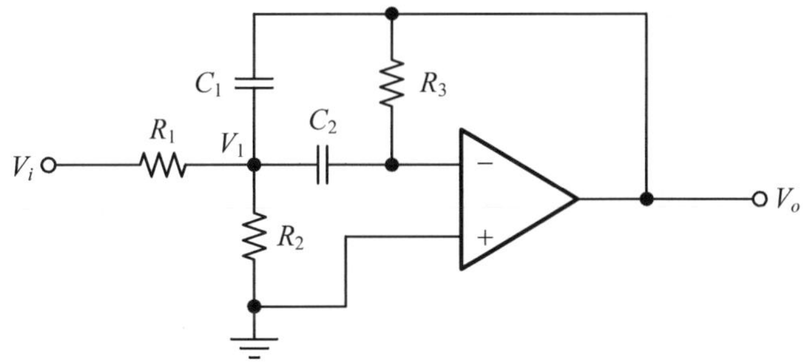

그림 7.22 다중귀환을 이용한 대역통과 여파기

여기서는 연산증폭기를 한 개만 사용하고 다중귀환 소자를 이용한 대역통과 여파기를 소개한다. 그림 7.22는 다중귀환을 이용한 대역통과 여파기로서 입력전압에 대한 출력전압의 전달함수를 구해 보자. 그림에서 연산증폭기의 두 입력 단자는 가상접지 상태이므로 '−' 단자도 접지상태로 가정할 수 있고, 증폭기로의 유입 전류는 거의 0으로 볼 수 있다. 콘덴서 C_1을 통해 귀환되어 연결된 단자전압을 V_1이라고 하면 다음의 식이 성립한다.

$$\frac{V_i - V_1}{R_1} = \frac{V_1 - V_o}{\frac{1}{sC_1}} + \frac{V_1 - 0}{\frac{1}{sC_2}} + \frac{V_1}{R_2} \tag{7-64}$$

$$\frac{V_1}{\frac{1}{sC_2}} = \frac{0 - V_o}{R_3} \tag{7-65}$$

위의 두 식으로부터 단자전압 V_1을 소거하고 전달함수 V_o / V_i를 구하면

$$A_v = \frac{V_o}{V_i} = \frac{-K_1 s}{s^2 + K_2 s + K_3} \tag{7-66}$$

여기서,

$$\left.\begin{aligned} K_1 &= \frac{1}{R_1 C_1} \\ K_2 &= \frac{\frac{1}{C_1} + \frac{1}{C_2}}{R_3} \\ K_3 &= \frac{\frac{1}{R_1} + \frac{1}{R_2}}{R_3 C_1 C_2} \end{aligned}\right\} \tag{7-67}$$

이다. 여기서 K_3는 중심 각주파수의 제곱으로서

$$\omega_0 = \sqrt{\frac{\frac{1}{R_1} + \frac{1}{R_2}}{R_3 C_1 C_2}} \tag{7-68}$$

와 같다. 일반적으로 $C_1 = C_2 = C$이므로 중심주파수는

$$f_0 = \frac{1}{2\pi C}\sqrt{\frac{R_1 + R_2}{R_1 R_2 R_3}} \tag{7-69}$$

이다.

한편 중심주파수에서의 이득은 식(7-69)를 식(7-66)에 대입하여 구할 수 있다. 모든 커패시터의 값을 C로 놓았을 때 중심주파수에서의 최대 이득 A_0는

$$A_0 = \frac{R_3 C_2}{R_1 (C_1 + C_2)} = \frac{R_3}{2R_1} \tag{7-70}$$

가 된다.

회로의 선택도 인자(Quality Factor, Q_0)는 귀환소자 R_3와 커패시터 C_1, C_2의 병렬접속과

같으므로

$$Q_0 = \omega_0 R_3 C_{eq} = 2\pi f_0 R_3 \frac{C}{2} = \pi f_0 R_3 C \tag{7-71}$$

와 같이 표현할 수 있고, 또는 식(7-71)에 중심 각주파수값을 대입하여 정리하면

$$\begin{aligned} Q_0 = \omega_0 R_3 C_{eq} &= \frac{1}{C}\sqrt{\frac{R_1 + R_2}{R_1 R_2 R_3}} \times R_3 \times \frac{C}{2} \\ &= \frac{1}{2}\sqrt{R_3\left(\frac{1}{R_1} + \frac{1}{R_2}\right)} \end{aligned} \tag{7-72}$$

와 같이 구할 수 있다.

한편 대역폭(Bandwidth, Δf)은 회로이론에서 공부한 바와 같이 $Q_0 = f_0/\Delta f$ 이므로 식(7-69)와 식(7-71)을 이용하여

$$\Delta f = \frac{f_0}{Q_0} = \frac{f_0}{\pi f_0 R_3 C} = \frac{1}{\pi R_3 C} \tag{7-73}$$

와 같이 구할 수 있다.

지금까지 각종 응용회로의 해석에 중점을 두어 설명하였지만 역으로 주어진 조건을 이용하여 회로의 소자값을 결정할 수도 있다. 이것을 우리는 회로설계 혹은 회로망 합성이라고 한다.

예제 7.10

그림 7.22의 대역통과 능동여파기에서 $R_1 = 7.96\,[\text{k}\Omega]$, $R_2 = 1.99\,[\text{k}\Omega]$, $R_3 = 159\,[\text{k}\Omega]$, $C_1 = C_2 = 0.01\,[\mu\text{F}]$일 때, (a) 회로의 중심 주파수, (b) 중심주파수에서의 이득, (c) 선택도 인자, (d) 대역폭을 각각 구하여라.

풀이 (a) 중심주파수는 식(7-69)를 이용하여

$$\begin{aligned} f_0 &= \frac{1}{2\pi C}\sqrt{\frac{R_1 + R_2}{R_1 R_2 R_3}} \\ &= \frac{1}{2\pi \times 0.01 \times 10^{-6}} \times \sqrt{\frac{7960 + 1990}{7960 \times 1990 \times 159 \times 10^3}} \\ &= 1000\,[\text{Hz}] \end{aligned}$$

(b) 중심주파수에서의 이득은 식(7-70)을 이용하여

$$A_0 = \frac{R_3}{2R_1} = \frac{159 \times 10^3}{2 \times 7960} \fallingdotseq 10$$

(c) 선택도 인자는 중심주파수를 (a)에서 구하였으므로 식(7-71)을 이용하여

$$Q_0 = \pi f_0 R_3 C = \pi \times 1000 \times 159 \times 10^3 \times 0.01 \times 10^{-6} = 5$$

(d) 대역폭은 식(7-73)으로부터

$$\Delta f = \frac{f_0}{Q_0} = \frac{1000}{5} = 200 \text{ [Hz]}$$

↵

연습문제

7.1 그림 7.23의 회로에서 v_o/v_s를 구하여라.

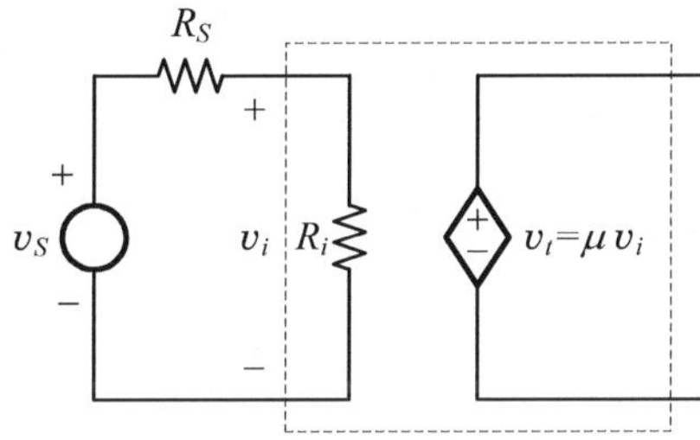

그림 7.23 문제 7.1의 회로

7.2 그림 7.24의 회로에서 R_L 저항으로 흐르는 전류 I_L을 구하여라.

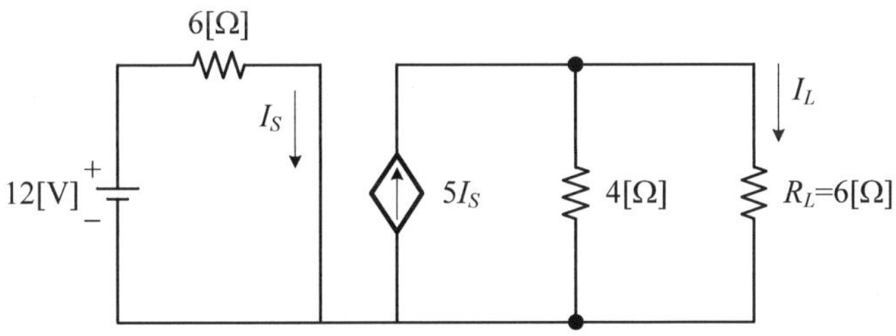

그림 7.24 문제 7.2의 회로

7.3 그림 7.25의 회로에서 입력전압과 부하전압의 관계 v_L/v_S를 구하여라.

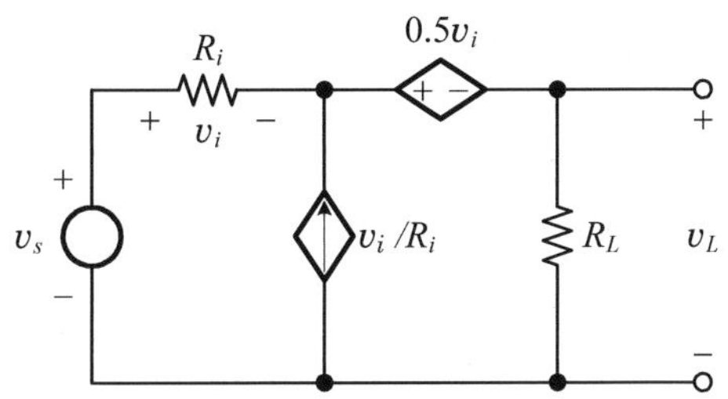

그림 7.25 문제 7.3의 회로

7.4 그림 7.26의 트랜지스터 등가회로에서 출력 전압 v_o를 구하여라.

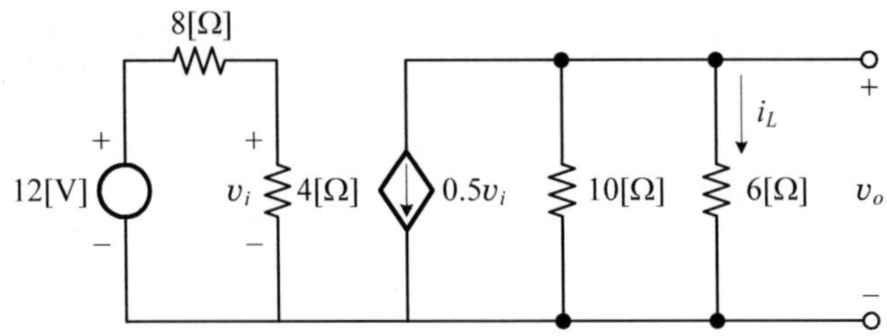

그림 7.26 문제 7.4의 회로

7.5 입력단자와 출력단자로 구성되는 증폭기에서 독립변수는 입력전류와 출력전압이고 종속변수는 입력전압과 출력전류이다. 하이브리드 파라미터를 정의하고 등가회로를 그려라.

7.6 그림 7.27의 회로에서 OP Amp는 이상적이라고 가정할 때 출력전압을 구하여라.

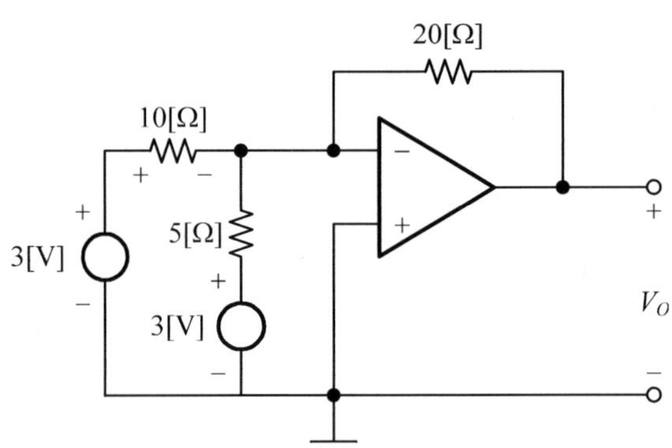

그림 7.27 문제 7.6의 회로

7.7 그림 7.28의 회로에서 출력전압 v_o를 구하여라.

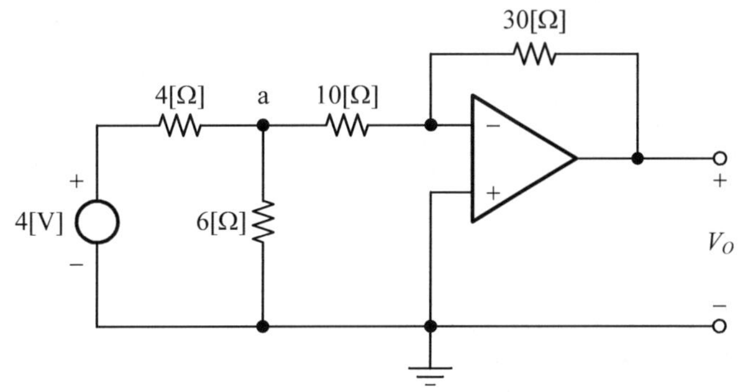

그림 7.28 문제 7.7의 회로

7.8 그림 7.29의 회로에서 출력전압을 구하여라.

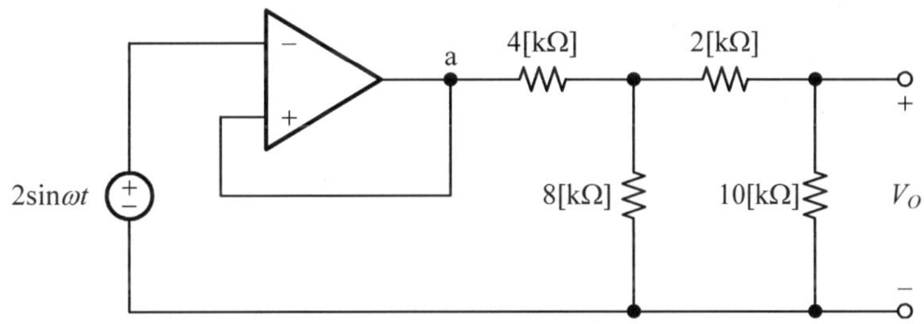

그림 7.29 문제 7.8의 회로

7.9 그림 7.30의 회로에서 출력전압 v_o를 구하여라.

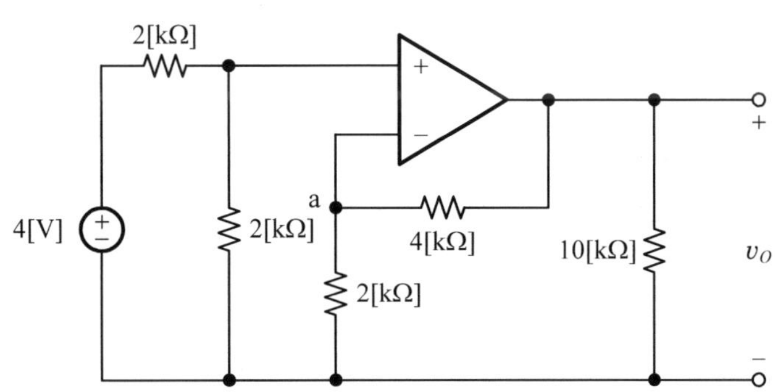

그림 7.30 문제 7.9의 회로

7.10 그림 7.31의 회로에서 출력전압 v_o와 입력 및 출력단의 전류 i_s, i_o를 각각 구하여라.

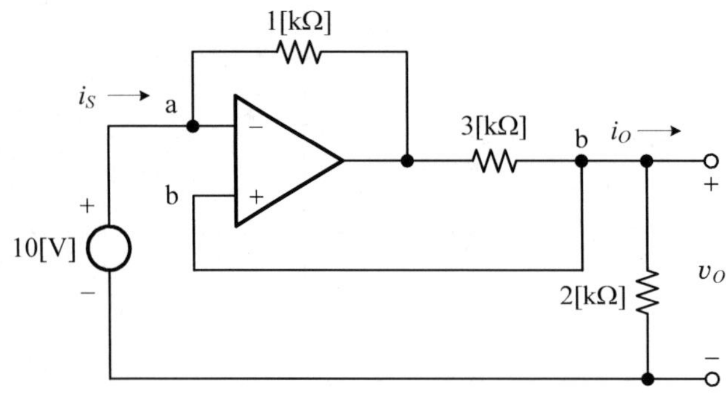

그림 7.31 문제 7.10의 회로

7.11 그림 7.32의 회로는 가산기 회로이다. 스위치 SW_1부터 스위치 SW_4까지의 상태가 2진 부호의 상태로서 0000~1111까지이다. 각 상태에 출력 전압을 구하여라. 단, 2진 상태 '0'은 스위치가 열려 있는 상태(Off)이고, '1'은 닫혀있는 상태(On)이다.

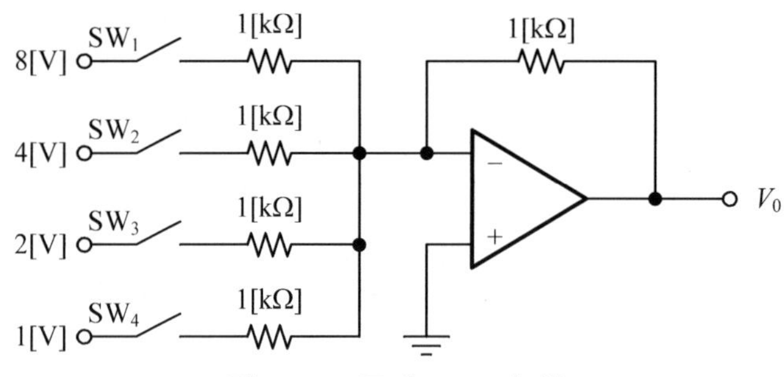

그림 7.32 문제 7.11의 회로

7.12 그림 7.33의 회로에서 입력파에 ±0.1[V/μsec]의 기울기를 갖는 삼각파가 인가되었을 때 출력파의 전압을 구하여라.

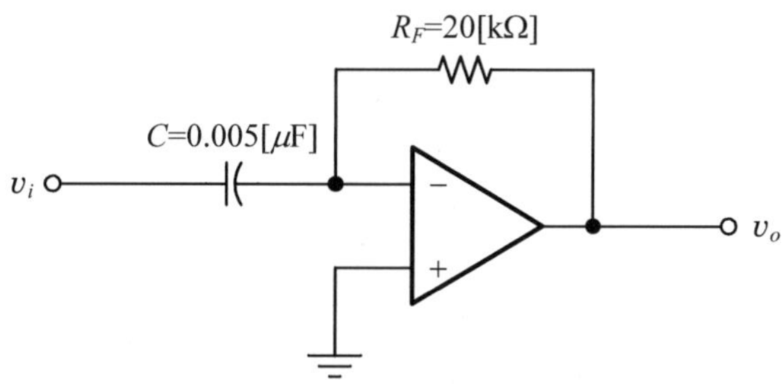

그림 7.33 문제 7.12의 회로

7.13 그림 7.21과 같은 버터워스 고역통과 능동여파기를 설계하고자 한다. 각 소자값을 결정하여라. 단, 여기서 $C_1 = C_2 = C$로 놓고 설계하며 변곡점 주파수는 100[Hz], 버터워스 고역통과 능동여파기의 댐핑계수는 0.707, 커패시터의 최대 용량은 0.1[μF]이다.

8장

비정현파의 푸리에변환과 푸리에급수

8.1 비정현파의 정의와 종류
8.2 푸리에변환의 원리와 방법
8.3 푸리에급수 전개
8.4 대칭성
8.5 비정현파의 실효치와 전력
8.6 비정현파에 대한 정상상태 응답
8.7 푸리에급수의 지수함수 표현

8.1 비정현파의 정의와 종류

지금까지 우리는 정현파(Sine wave)를 중심으로 하여 여러 가지 파형에 대해 공부하였다. 또한 회로의 해석과 응용에서 정현파가 인가된 상태로 가정하여 각종 소자의 응답을 구했으며 페이저 등을 이용하여 전체적인 회로의 응답이나 회로망 함수를 정의하였다. 그 이유로는 다음과 같이 크게 세 가지를 들 수 있다.

- □ 파형의 미적분 과정에서 각주파수 성분과 함께 기본 함수를 유지하며 주파수 성분은 회로망에서 전류나 전압의 표현에서 그 성분을 유지한다.
- □ 실재하는 전력원에서 정현파가 가장 많고 교류신호의 생성 시 정현파가 가장 용이하다.
- □ 본 장에서 고찰하듯이 모든 파형은 여러 주파수 성분의 정현파를 합성시켜 얻을 수 있다.

그러므로 여기서 공부하는 푸리에 해석(Fourier Analysis)은 정현파가 아닌 각종 파형을 정현파의 합성으로 표현하는 방법을 다룬 것이다. 정현파 이외의 파를 **비정현파**(Non-sinusoidal Wave)라 하며 구형파(Rectangular Wave), 삼각파(Triangular Wave), 톱날파(Saw-tooth Wave), 비주기파(Non-periodic Wave) 등이 이에 해당한다. 여기서 하나의 펄스가 정현파의 형태를 취하더라도 비주기적이면 비정현파로 간주한다. 주기적인 비정현파에 대해서는 **푸리에 급수**(Fourier Series)로 해석하며 비주기적인 단일 펄스 등에 대해서는 **푸리에 변환**(Fourier Transform) 방법에 의해 정현파 신호로 나타나는 주파수 성분을 찾아낸다. 특히 비주기파에 대해서는 푸리에 변환을 확장시킨 **라플라스 변환**(Laplace Transform) 방식을 이용한다. 그러므로 여기서는 다음의 식으로 표현되는 주기파 $f(t)$에 관해서만 해석하기로 한다.

$$f(t) = f(t+T) \tag{8-1}$$

여기서 T는 주기함수 $f(t)$의 주기(Period)로서 단위는 [sec]이다.

그림 8.1에서와 같은 비정현파 $f(t)$는 기본 정현파 $f_1(t)$와 제3고조파(Harmonics) $f_3(t)$의 합성에 의해 이루어진 형태이다. 여기서 기본파의 주파수는 원래의 파의 주파수(Cycle/sec)와 같으며 기본파 주파수의 n배인 정현파에 대해서는 제n고조파라고 한다.

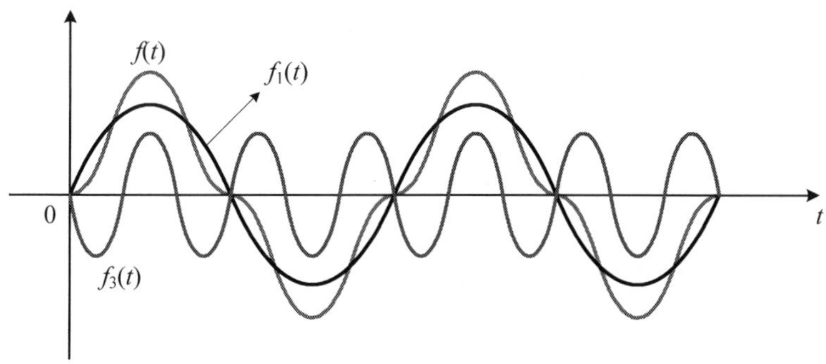

그림 8.1 정현파에 의한 비정현파의 표현

8.2 푸리에 변환의 원리와 방법

푸리에 변환의 근본 원리는 어떤 신호파가 가지는 주파수 성분을 알아내는 방법에 기초하고 있다. 여기서 주파수 성분이라는 것은 특정의 주파수로 나타나는 정현파의 진폭 성분을 의미한다. 예를 들어 식(8-2)와 같이 표현되는 정현파의 진폭은 얼마인가?

$$f(t) = A \cdot \sin\omega t \tag{8-2}$$

이 문제에서는 우리가 항상 다루었듯이 A라고 곧바로 알 수 있다. 그것은 정현파의 함수로 표현된 함수의 진폭 성분은 이 함수에 곱해진 양으로서 정의했기 때문이다. 그러나 비정현파이거나 다른 어떤 기기라면 우리가 관습적으로 찾아내듯이 그 진폭 성분을 알 수는 없을 것이다. 위의 정현파에서 각주파수가 0인 성분 혹은 각주파수가 ω가 아닌 성분은 모두 0이라는 것은 자명하다. 그러면 각주파수가 ω인 정현파 성분은 어떻게 나타낼 것인가? 식(8-2)에 대해 $\sin\omega t$를 곱하고 한 주기에 걸쳐 적분을 취한 다음 그 주기로 나누어 보자. 즉,

$$\begin{aligned}\frac{1}{T}\int_0^T f(t) \cdot \sin\omega t \ dt &= \frac{1}{T}\int_0^T A \cdot \sin^2\omega t \ dt \\ &= \frac{1}{T}\int_0^T A\left[\frac{1-\cos 2\omega t}{2}\right] dt = \frac{A}{2}\end{aligned} \tag{8-3}$$

가 되므로 진폭 성분은

$$A = \frac{2}{T}\int_0^T f(t) \cdot \sin\omega t \ dt \tag{8-4}$$

로 구할 수 있다. 위의 식을 다른 말로 표현하면 "$f(t)$의 $\sin\omega t$ 성분을 구하는 방법은 $f(t)$에 $\sin\omega t$를 곱하고 한 주기에 걸쳐 적분을 취한 다음, $T/2$로 나누면 된다"는 것이다. 여현파

(Cosine 파)에 대해서는 "$f(t)$의 $\cos\omega t$ 성분을 구하는 방법은 $f(t)$에 $\cos\omega t$를 곱하고 한 주기에 걸쳐 적분을 취한 다음, $T/2$로 나누면 된다"라고 말할 수 있다. 이것이 푸리에 급수의 근본 원리이다.

예제 8.1

다음 함수의 $\cos 377t$ 성분 A_C와 $\sin 377t$ 성분 A_S를 구하여라.

$$f(t) = 10 \cdot \sin(377t + 30^\circ)$$

풀이 준 식을 가법정리에 의해 분해하면

$$f(t) = 10[\sin 377t \cdot \cos 30^\circ + \cos 377t \cdot \sin 30^\circ] = 8.66\sin 377t + 5\cos 377t$$

가 된다. 그러므로 $\cos 377t$ 성분 A_C는 위의 식으로부터 곧바로 5라고 할 수 있지만 여기서는 다음과 같이 푸리에 해석법에 의해 구한다.

$$\begin{aligned} A_C &= \frac{2}{T}\int_0^T f(t) \cdot \cos 377t \; dt \\ &= \frac{2}{T}\int_0^T \{8.66\sin 377t \cdot \cos 377t + 5\cos^2 377t\} \; dt \\ &= \frac{2}{T}\int_0^T \left\{4.33\sin 754t + 5\frac{1+\cos 754t}{2}\right\} dt = 0 + 5 = 5 \end{aligned}$$

로서 구할 수 있으며 $\sin 377t$ 성분 A_S는 첫 번째 식으로부터 곧바로 8.66이라고 할 수도 있지만 앞에서와 같이 여기서는 다음과 같은 푸리에 해석법을 적용했을 때,

$$\begin{aligned} A_S &= \frac{2}{T}\int_0^T f(t) \cdot \sin 377t \; dt \\ &= \frac{2}{T}\int_0^T \{8.66\sin^2 377t + 5\cos 377t \cdot \sin 377t\} \; dt \\ &= \frac{2}{T}\int_0^T \left\{8.66\frac{1-\sin 754t}{2} + 2.5\sin 754t\right\} dt = 8.660 + 0 = 8.66 \end{aligned}$$

와 같다. ↵

8.3 푸리에 급수 전개

8.3.1 정의

모든 비정현파의 주기적인 신호는 정현파와 여현파로 표현할 수 있다. 즉, 비정현파의 기본 주파수(각주파수)를 ω_0라고 할 때

- □ 직류 성분(a_0)
- □ 주파수 ω_0의 cosine파 성분(a_1)
- □ 주파수 ω_0의 sine파 성분(b_1)
- □ 주파수 ω_0의 정수배인 $n\omega_0$의 cosine파 성분(a_n)
- □ 주파수 ω_0의 정수배인 $n\omega_0$의 sine파 성분(b_n)

으로 나타낼 수 있다. 이것을 푸리에 급수라고 하며 비정현파 $f(t)$는 위의 5개항으로 정리한 주파수 성분의 합으로 표현된다. 즉,

$$\begin{aligned} f(t) &= a_0 + a_1\cos\omega_0 t + a_2\cos 2\omega_0 t + a_3\cos 3\omega_0 t + \cdots + a_n\cos n\omega_0 t + \cdots \\ &\quad + b_1\sin\omega_0 t + b_2\sin 2\omega_0 t + b_3\sin 3\omega_0 t + \cdots + b_n\sin n\omega_0 t + \cdots \\ &= a_0 + \sum_{n=1}^{\infty} a_n\cos n\omega_0 t + \sum_{n=1}^{\infty} b_n\sin n\omega_0 t \end{aligned} \tag{8-5}$$

직교하는 여현파와 정현파의 합성에 의한 식(8-5)의 표현은 극좌표계를 이용하여 표현할 수도 있다. 즉, 삼각함수의 가법정리에 의해

$$\begin{aligned} a\cos\omega_0 t + b\sin\omega_0 t &= \sqrt{a^2+b^2}\left[\frac{a}{\sqrt{a^2+b^2}}\cos\omega_0 t + \frac{b}{\sqrt{a^2+b^2}}\sin\omega_0 t\right] \\ &= c[\sin\theta \cdot \cos\omega_0 t + \cos\theta \cdot \sin\omega_0 t] = c[\sin(\omega_0 t + \theta)] \end{aligned} \tag{8-6}$$

단,

$$c = \sqrt{a^2+b^2} \tag{8-7}$$

$$\theta = \tan^{-1}\frac{a}{b} \tag{8-8}$$

이므로 식(8-5)는 다음과 같이 쓸 수 있다.

$$f(t) = a_0 + \sum_{n=1}^{\infty} c_n \sin(n\omega_0 t + \theta_n) \tag{8-9}$$

만일 식(8-9)를 주파수를 변수로 하여 진폭값을 그래프로 나타낸다면 주파수축상에서는 ω_0의 n배의 위치에서 선으로 $|c_n|$의 값만큼 나타날 것이다. 이처럼 불연속 주파수에 대해 선의 형태로 나타나는 주파수 특성을 주파수 **스펙트럼**(Frequency Spectrum)이라고 한다.

물론 위에서 정의하는 푸리에 급수 전개는 다음과 같은 몇 가지의 제한 조건을 가지고 있다. 예를 들어 한 주기 내에서 불연속값이나 극대값 혹은 극소값이 무한하다면 적분 자체가 불가능하기 때문에 정의할 수 없으며 한 주기 내의 적분에서 그 값이 유한한 값을 가져야만 주파수 성분을 찾을 수 있을 것이다. 이러한 조건을 **디리끄레의 조건**(Dirichlet's Condition)이라고 하며 다음과 같이 정리할 수 있다.

- 한 주기 내에서 불연속값은 유한개라야 한다.
- 한 주기 내에서 극대값이나 극소값은 유한개라야 한다.
- 함수의 절대값에 대한 한 주기 내 적분은 유한적이어야 한다.

그러나 우리가 주로 이용하거나 실제로 적용되는 대부분의 각종 비정현파 함수는 이 조건을 모두 만족하기 때문에 매번 이 조건을 적용하여 적격여부를 판별할 필요는 거의 없다.

8.3.2 계수의 결정

(1) 직류 성분 a_0

각종 주기파의 평균치에 대한 정의로부터 **직류 성분**(DC Component)은 주어진 함수의 평균을 취하는 과정으로부터 구할 수 있다. 즉,

$$a_0 = \frac{1}{T}\int_0^T f(t)\ dt \tag{8-10}$$

와 같다. 여기서 T는 비정현 주기파의 주기로서 $T = 2\pi/\omega_0$이다.

(2) cosine파 성분 a_n

식(8-4)에서 살펴보았듯이 $n\omega_0$의 주파수를 가지는 cosine파 성분 a_n은 주어진 함수에 $\cos n\omega_0 t$를 곱하고 한 주기에 걸쳐 적분을 한 다음, $T/2$로 나누어 구할 수 있다. 즉, a_n은 아래의 식을 이용하여 구한다.

$$a_n = \frac{2}{T}\int_0^T f(t) \cdot \cos n\omega_0 t\ dt \tag{8-11}$$

(3) sine파 성분 b_n

앞에서와 마찬가지로 $n\omega_0 t$의 주파수를 가지는 sine파 성분 b_n은 주어진 비정현 함수에 $\sin n\omega_0 t$를 곱하고 한 주기에 걸쳐 적분을 한 다음, $T/2$로 나누어 구할 수 있다. 즉, b_n은 아래 식으로부터 구할 수 있다.

$$b_n = \frac{2}{T}\int_0^T f(t)\cdot \sin n\omega_0 t \; dt \tag{8-12}$$

예제 8.2

그림 8.2에 보인 톱날파에 대해 푸리에 급수로 전개하여라.

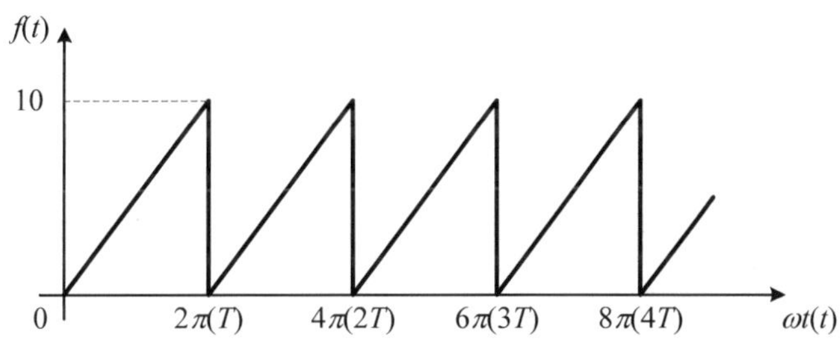

그림 8.2 예제 8.2의 그림

풀이 주어진 파형은 $0<\omega t<2\pi$의 구간 내에서는 연속 함수이고 $\omega t = n2\pi$ 내에서는 불연속이다 ($n=0, 1, 2, \cdots\cdots$). 그러므로 주어진 비정현파 파형은 디리끄레의 조건을 만족하므로 푸리에 계수를 각각 구해보자. 먼저 직류 성분 a_0는 식(8-10)으로부터

$$a_0 = \frac{1}{T}\int_0^T f(t)\; dt = \frac{1}{T}\int_0^T \frac{10t}{T}\; dt = 5$$

가 된다. 또한 cosine파 성분 a_n은 식(8-11)로부터

$$a_n = \frac{2}{T}\int_0^T f(t)\cdot \cos n\omega t\; dt = \frac{2}{T}\int_0^T \frac{10t}{T}\cdot \cos n\omega t\; dt$$

$$= \frac{20}{T^2}\int_0^T t\cdot \cos n\omega t\; dt = \frac{20}{T^2}\left[\frac{t}{n\omega}\sin n\omega t + \frac{1}{n^2\omega^2}\cos n\omega t\right]_0^T$$

$$= \frac{20}{T^2}\left\{\frac{T}{n\omega}\sin n\omega T - 0 + \frac{1}{n^2\omega^2}(\cos n\omega T - \cos 0)\right\} = 0$$

으로서 n에 관계없이 모두 0이다. 한편 sine파 성분 b_n은 식(8-12)에 의해

$$b_n = \frac{2}{T}\int_0^T f(t)\cdot \sin n\omega t \; dt = \frac{2}{T}\int_0^T \frac{10t}{T}\cdot \sin n\omega t \; dt$$

$$= \frac{20}{T^2}\int_0^T t\cdot \sin n\omega t \; dt = \frac{20}{T^2}\left[\frac{-t}{n\omega}\cos n\omega t + \frac{1}{n^2\omega^2}\sin n\omega t\right]_0^T$$

$$= \frac{20}{T^2}\left\{\frac{-T}{n\omega}\cos n\omega T - 0 + \frac{1}{n^2\omega^2}(\sin n\omega T - \sin 0)\right\}$$

$$= \frac{-20}{n\omega T} = \frac{-20}{n2\pi f T} = \frac{-10}{n\pi}$$

가 된다. 그러므로 푸리에 급수 전개식은 아래 식과 같다.

$$f(t) = 5 - \frac{10}{\pi}\sum_{n=1}^{\infty}\frac{\sin n\omega t}{n}$$ ↵

8.4 대칭성

앞에서 정의한 바와 같이 푸리에 급수로 전개할 때 우리가 구해야 할 계수는 크게 나누어서 직류 성분 a_0와 cosine파 성분 a_n 그리고 sine파 성분 b_n의 세 가지이다. 파형의 성질을 안다면 굳이 이 세 가지를 모두 구할 필요는 없다. 예를 들어서 우함수에 기함수를 곱한 후, 한 주기에 걸쳐 적분을 취하면 0이 되는 성질을 이용한다면 비정현 파형이 우함수라고 할 때 sine파가 기함수이므로 sine파 성분 b_n은 당연히 0이 되므로 b_n은 구할 필요가 없다. 이러한 관계를 결정짓는 것이 **대칭성**(對稱性, Symmetry)이다. 대칭에는 **우대칭**(Even Symmetry), **기대칭**(Odd Symmetry), **반파 대칭**(Half-wave Symmetry) 등이 있으며 이러한 성질을 가지는 함수를 각각 **우함수**(Even Function), **기함수**(Odd Function), **반파 대칭 함수**(Half-wave Symmetry Function)라고 한다. 참고로 각 함수의 예를 그림 8.3에 나타냈다.

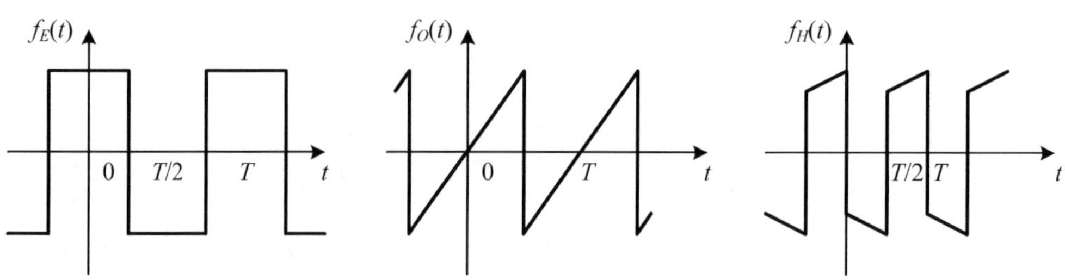

(a) 우함수 (b) 기함수 (c) 반파 대칭 함수

그림 8.3 우함수, 기함수 및 반파 대칭 함수의 예

$f_E(t)$를 우함수, $f_O(t)$를 기함수, $f_H(t)$를 반파 대칭 함수라고 할 때 이들의 성질을 정리하면 다음과 같은 관계식을 쓸 수 있다.

$$\int_{-T/2}^{T/2} f_E(t)\ dt = 2\int_0^{T/2} f_E(t)\ dt \tag{8-13}$$

$$\int_{-T/2}^{T/2} f_O(t)\ dt = 0 \tag{8014}$$

$$\int_{-T/2}^{T/2} f_E(t) \cdot \cos n\omega_0 t\ dt = 2\int_0^{T/2} f_E(t) \cdot \cos n\omega_0 t\ dt \tag{8-15}$$

$$\int_{-T/2}^{T/2} f_E(t) \cdot \sin n\omega_0 t\ dt = 0 \tag{8-16}$$

$$\int_{-T/2}^{T/2} f_O(t) \cdot \cos n\omega_0 t\ dt = 0 \tag{8-17}$$

$$\int_{-T/2}^{T/2} f_O(t) \cdot \sin n\omega_0 t\ dt = 2\int_0^{T/2} f_O(t) \cdot \sin n\omega_0 t\ dt \tag{8-18}$$

식(8-16)과 식(8-17)로부터 우함수와 기함수의 곱은 기함수가 되므로 우함수의 sine파 계수는 0이고 기함수의 cosine파 계수는 0이 되는 것을 알 수 있으며 식(8-18)로부터 우리는 기함수와 기함수의 곱은 우함수가 된다는 것을 알 수 있다.

이들의 성질로부터 우함수와 기함수의 정의는 다음과 같다.

$$f_E(t) = f_E(-t) \tag{8-19}$$

$$f_O(t) = -f_O(-t) \tag{8-20}$$

우함수의 판단 기준은 $t=0$점(또는 기함수의 판단 기준인 원점)뿐만 아니라 $t=nT$에서도 성립한다.

또한 반파 대칭함수 $f_H(t)$의 경우에는 반주기 후의 파형에 음의 부호를 붙인 것이므로 다음과 같이 정의된다.

$$f_H(t) = -f_H(t \pm T/2) \tag{8-21}$$

위의 내용을 참고로 하여 우함수, 기함수 및 반파 대칭 함수에 대한 푸리에 급수의 각 계수값은 다음과 같이 구할 수 있다.

8.4.1 우함수

식(8-13)을 이용하면 직류 성분 a_0와 각 계수값은 아래와 같다.

$$a_0 = \frac{1}{T}\int_{-T/2}^{T/2} f_E(t)\ dt = \frac{2}{T}\int_0^{T/2} f_E(t)\ dt \tag{8-22}$$

$$a_n = \frac{2}{T}\int_{-T/2}^{T/2} f_E(t) \cdot \cos n\omega_0 t\ dt$$

$$= \frac{4}{T}\int_0^{T/2} f_E(t) \cdot \cos n\omega_0 t\ dt \tag{8-23}$$

$$b_n = \frac{2}{T}\int_{-T/2}^{T/2} f_E(t) \cdot \sin n\omega_0 t\ dt = 0 \tag{8-24}$$

8.4.2 기함수

식(8-14)와 식(8-17) 및 식(8-18)을 이용하면 직류 성분 a_0와 각 계수값은

$$a_0 = \frac{1}{T}\int_{-T/2}^{T/2} f_O(t)\ dt = 0 \tag{8-25}$$

$$a_n = \frac{2}{T}\int_{-T/2}^{T/2} f_O(t) \cdot \cos n\omega_0 t\ dt = 0 \tag{8-26}$$

$$b_n = \frac{2}{T}\int_{-T/2}^{T/2} f_O(t) \cdot \sin n\omega_0 t\ dt = \frac{4}{T}\int_0^{T/2} f_O(t) \cdot \sin n\omega_0 t\ dt \tag{8-27}$$

8.4.3 반파 대칭 함수

반파 대칭 함수의 성질을 이용하면

$$a_0 = \frac{1}{T}\int_{-T/2}^{T/2} f_H(t)\ dt$$

$$= \frac{1}{T}\left[\int_{-T/2}^{0} -f_H(t+T/2)\ dt + \int_0^{T/2} f_H(t)\ dt\right]$$

$$= \frac{1}{T}\left[\int_0^{T/2} \{-f_H(t) + f_H(t)\}\ dt\right] = 0 \tag{8-28}$$

$$a_n = \frac{2}{T}\int_{-T/2}^{T/2} f_H(t) \cdot \cos n\omega_0 t\ dt$$

$$= \frac{2}{T}\left[\int_{-T/2}^{0} f_H(t) \cdot \cos n\omega_0 t\, dt + \int_0^{T/2} f_H(t) \cdot \cos n\omega_0 t\, dt\right]$$

$$= \frac{2}{T}\left[\int_0^{T/2} f_H(t+T/2)\cdot \cos n\omega_0(t+T/2)\ dt + \int_0^{T/2} f_H(t)\cdot \cos n\omega_0 t\ dt\right] \qquad (8\text{-}29)$$

이다. 식(6-29)의 우변 제1항에서 식(8-21)의 관계식을 이용하면

$$\begin{aligned}
&\int_0^{T/2} f_H(t+T/2)\cdot \cos n\omega_0(t+T/2)\ dt \\
&= -\int_0^{T/2} f_H(t)\cdot \left[\cos n\omega_0 t\cdot \cos n\omega_0 T/2 - \sin n\omega_0 t\cdot \sin n\omega_0 T/2\right] dt \\
&= -\cos n\pi\cdot \int_0^{T/2} f_H(t)\cdot \cos n\omega_0 t\ dt \\
&= \begin{cases} 0, & n=2,4,6,\cdots \\ \displaystyle\int_0^{T/2} f_H(t)\cdot \cos n\omega_0 t\ dt, & n=1,3,5,\cdots \end{cases}
\end{aligned} \qquad (8\text{-}30)$$

가 되므로 식(8-30)을 식(8-29)에 대입하면

$$a_n = \begin{cases} 0, & n=2,4,6,\cdots \\ \displaystyle\frac{4}{T}\int_0^{T/2} f_H(t)\cdot \cos n\omega_0 t\ dt, & n=1,3,5,\cdots \end{cases} \qquad (8\text{-}31)$$

와 같다. 한편 sine파의 계수는 마찬가지의 방법으로 유도해 보면 아래와 같다.

$$b_n = \begin{cases} 0, & n=2,4,6,\cdots \\ \displaystyle\frac{4}{T}\int_0^{T/2} f_H(t)\cdot \sin n\omega_0 t\ dt, & n=1,3,5,\cdots \end{cases} \qquad (8\text{-}32)$$

예제 8.3

다음 그림 8.4(a)의 구형 펄스파를 푸리에 급수로 전개하여라.

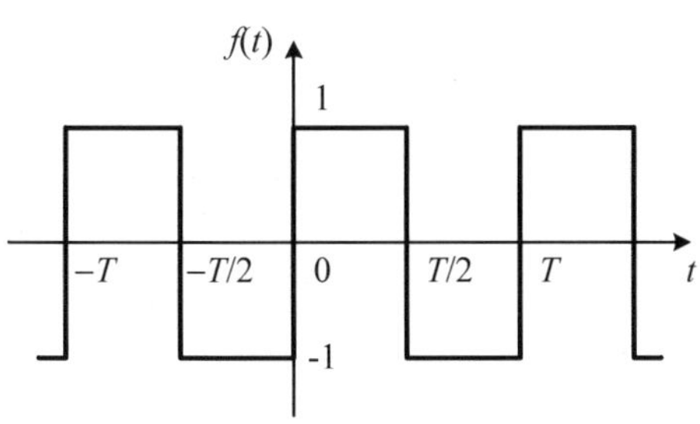

(a) 예제 8.3의 그림

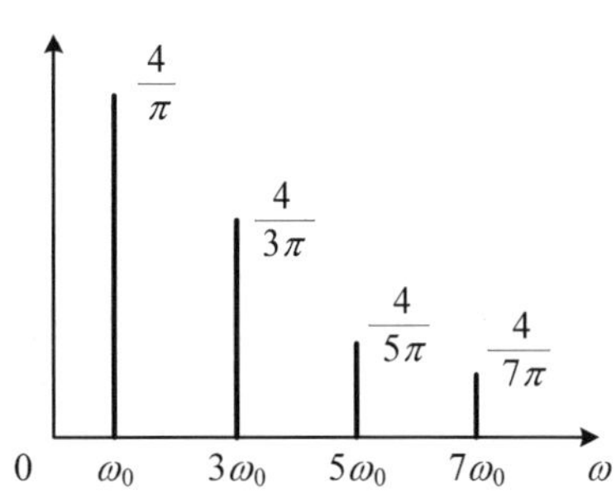

(b) 진폭 스펙트럼

그림 8.4 예제 8.3의 그림

풀이 주어진 파형은 $f_O(t) = -f_O(-t)$의 관계를 만족하므로 기함수이다. 식(8-25)~식(8-27)을 이용하면

$$a_0 = 0$$

$$a_n = 0$$

$$b_n = \frac{4}{T}\int_0^{T/2} f_O(t) \cdot \sin n\omega_0 t\ dt = \frac{4}{T}\int_0^{T/2} 1 \cdot \sin n\omega_0 t\ dt$$

$$= \begin{cases} 0, & n = 2,4,6,\cdots \\ \dfrac{4}{n\pi}, & n = 1,3,5,\cdots \end{cases}$$

를 얻을 수 있다. 그러므로 푸리에 급수 전개식은

$$f(t) = \sum_{n=1}^{\infty} \frac{4}{\pi} \cdot \frac{\sin(2n-1)\omega t}{2n-1} \quad (n = 1,2,3,\cdots)$$

와 같다. ↵

8.5 비정현파의 실효치와 전력

8.5.1 실효치

주기적인 비정현파의 전류가 저항을 통해 흐를 때 저항에서 소모되는 전력은 실효치로 계산된다. 즉, 제5장의 식(5-21)에서와 같이

$$I_{rms} = \sqrt{\frac{1}{T}\int_0^T i^2\ dt} \tag{8-33}$$

로서 정의된다. 모든 주기적인 비정현파 $f(t)$는 식(8-9)와 같이 변환이 가능하므로 전류식으로 바꾸어 표기한다면 주기적인 비정현파 전류 $i(t)$는

$$\begin{aligned} i(t) &= I_0 + \sum_{n=1}^{\infty} I_{mn}\sin(n\omega_0 t + \theta_n) \\ &= I_0 + I_{m1} \cdot \sin(\omega_0 t + \theta_1) + I_{m2} \cdot \sin(2\omega_0 t + \theta_2) + \cdots \end{aligned} \tag{8-34}$$

가 되며 식(8-34)를 식(8-33)에 대입하면

$$I_{rms} = \sqrt{\frac{1}{T}\int_0^T \{I_0 + I_{m1} \cdot \sin(\omega_0 t + \theta_1) + I_{m2} \cdot \sin(2\omega_0 t + \theta_2) + \cdots\}^2\ dt} \tag{8-35}$$

와 같다. 단, 위의 식에서 I_0는 직류 성분이며 I_{m1} 및 I_{m2} 등은 기본파 및 제2고조파 성분의

최대값이다. 위의 식의 우변 내의 제곱항에서 서로 다른 주파수의 곱에 대한 한 주기 적분은 모두 0이 되므로 위의 식은 다음과 같이 고쳐 쓸 수 있다.

$$I_{rms}=\sqrt{\frac{1}{T}\int_0^T\left\{I_0^{\,2}+I_{m1}^{\,2}\cdot\sin^2(\omega_0 t+\theta_1)+I_{m2}^{\,2}\cdot\sin^2(2\omega_0 t+\theta_2)+\cdots\right]dt}$$

$$=\sqrt{\frac{1}{T}\int_0^T I_0^{\,2}\,dt+\frac{1}{T}\int_0^T I_{m1}^{\,2}\cdot\sin^2(\omega_0 t+\theta_1)\,dt+\cdots}$$

$$=\sqrt{I_0^{\,2}+\frac{1}{2}I_{m1}^{\,2}+\frac{1}{2}I_{m2}^{\,2}+\cdots}=\sqrt{I_0^{\,2}+I_1^{\,2}+I_2^{\,2}+\cdots}\qquad(8\text{-}36)$$

여기서 "I_1, I_2, …"는 "기본파, 제2고조파, …" 성분의 실효치를 나타낸다. 비정현파에서는 기본파 성분의 실효치를 기준으로 했을 때 고조파 성분의 실효치가 어느 정도 포함되어 있는가에 따라 다음과 같이 **왜율**(歪率, distortion factor, D)을 정의한다.

$$D\equiv\frac{\text{고조파 성분의 실효치}}{\text{기본파 성분의 실효치}}$$

$$=\frac{\sqrt{I_2^{\,2}+I_3^{\,2}+I_4^{\,2}+\cdots}}{I_1}\qquad(8\text{-}37)$$

8.5.2 전력

전력의 계산은 전압과 전류의 순시치 표현으로부터 구할 수 있다. 즉, 전류 표현이 식(8-34)와 같고, 전압 표현이 다음 식과 같다고 하자. 즉,

$$v(t)=V_0+\sum_{n=1}^{\infty}V_{mn}\sin(n\omega_0 t+\varphi_n)\qquad(8\text{-}38)$$

$$=V_0+V_{m1}\cdot\sin(\omega_0 t+\varphi_1)+V_{m2}\cdot\sin(2\omega_0 t+\varphi_2)+\cdots$$

라고 하면 전력의 순시치는

$$p=vi$$

$$=[V_0+V_{m1}\cdot\sin(\omega_0 t+\varphi_1)+\cdots]\times[I_0+I_{m1}\cdot\sin(\omega_0 t+\theta_1)+\cdots]\qquad(8\text{-}39)$$

이다. 그러므로 평균 전력은

$$P=\sqrt{\frac{1}{T}\int_0^T[V_0+V_{m1}\cdot\sin(\omega_0 t+\varphi_1)+\cdots]\times[I_0+I_{m1}\cdot\sin(\omega_0 t+\theta_1)+\cdots]dt}\qquad(8\text{-}40)$$

로 표현할 수 있으며 앞에서와 마찬가지로 서로 다른 주파수의 곱에 대한 한 주기 평균은 0이 되므로 위의 식은 다음과 같이 간략화된다.

$$P = V_0 I_0 + \frac{1}{2} V_{m1} I_{m1} \cdot \cos\phi_1 + \frac{1}{2} V_{m2} I_{m2} \cdot \cos\phi_2 +$$
$$= V_0 I_0 + V_1 I_1 \cdot \cos\phi_1 + V_2 I_2 \cdot \cos\phi_2 + \cdots$$
$$= P_0 + P_1 + P_2 + \cdots \tag{8-41}$$

단, V_1이나 I_1은 기본파 전압 및 전류의 실효치이며 고조파에 대해서도 마찬가지로 적용된다. 또한 ϕ는 전압과 전류의 위상차이다.

예제 8.4

어떤 회로에서 다음과 같이 전압이 직류 성분, 기본파 및 제2고조파로 표현되고 전류도 직류 성분, 기본파 및 제2고조파로 구성된 것을 알았다. 이것으로부터 (a) 전압파의 왜율, (b) 전류파의 왜율, (c) 회로에 공급되는 평균 전력을 각각 구하여라.

$$v(t) = 20 + 50\sin\omega_0 t + 10\sin(2\omega_0 t + 30^\circ)\,[\mathrm{V}]$$
$$i(t) = 5 + 3\sin\omega_0 t + \sin(2\omega_0 t + 60^\circ)\,[\mathrm{A}]$$

풀이 (a) 전압파에서 기본파는 $V_{m1}=50$이고 고조파는 $V_{m2}=10$이므로 전압파의 왜율은

$$D_V = \frac{10}{50} = 0.2 = 20\ [\%]$$

(b) 전류파에서 기본파 $I_{m1}=3$이고 제2고조파는 $I_{m2}=1$이므로 전류파의 왜율은

$$D_I = \frac{1}{3} = 0.33 = 33\ [\%]$$

(c) 평균 전력은

$$P = V_0 I_0 + \frac{V_1 I_1}{2} \cdot \cos\phi_1 + \frac{V_2 I_2}{2} \cdot \cos\phi_2$$
$$= 20 \times 5 + \frac{50 \times 3}{2} \times \cos 0^\circ + \frac{10 \times 1}{2} \times \cos 30^\circ = 111.8\ [\mathrm{W}]$$

8.6 비정현파에 대한 정상상태 응답

교류 신호에 대한 정상응답은 페이저를 이용하는 것이 무엇보다도 간편하다는 사실을 우리는 회로이론 교과에서 공부하였다. 비정현파도 앞에서 공부한 바와 같 이 모두 정현파 신

호의 합성으로 이루어진 것이므로 비정현파가 전원 함수로서 인가될 때 선형회로의 응답은 각 조파 성분이 가해졌을 때의 응답을 합한 것과 같다. 이것은 선형회로에 대한 중첩의 원리로부터 증명된다. 즉, 비정현파가 신호원으로서 인가되었다면,

① 이 신호에 대해 푸리에 급수 전개를 통해 정현파 신호의 합성으로 변환하고,
② 하나하나의 정현파 신호에 대한 응답을 페이저 등을 이용하여 구한 다음,
③ 이들의 응답을 시간함수 상태로서 합한다.

물론 페이저 등에 의한 각 조파의 응답은 주파수가 서로 다르기 때문에 페이저를 직접 가산하여 구할 수는 없다는 것에 유의해야 한다.

비정현파에 대한 정상상태의 응답 특성을 다음의 예제 8.5를 이용하여 해석해 보자.

예제 8.5

그림 8.5는 일반적인 직류 전원 공급 장치의 기본 구성예이다. 즉, 상용 전원으로부터 강압 트랜스를 거쳐 원하는 전압의 교류 전원을 얻고 이것을 전파 정류하여 평활회로를 거쳐 부하저항에 직류 전류를 공급하는 과정이다. 트랜스의 2차측 전압의 최대치를 V_m이라고 할 때 부하에서의 전압을 각 조파 성분으로 나타내어라. 단,

$$v_s(t) = 141\sin\omega_0 t,\ \ v_i(t) = V_m \sin\omega_0 t$$

$$\omega_0 = 377\ [\mathrm{rad/sec}],\ \ L = 1\ [\mathrm{H}]$$

$$C = 50\ [\mu\mathrm{F}], R = 2[\mathrm{k}\Omega]$$

이다.

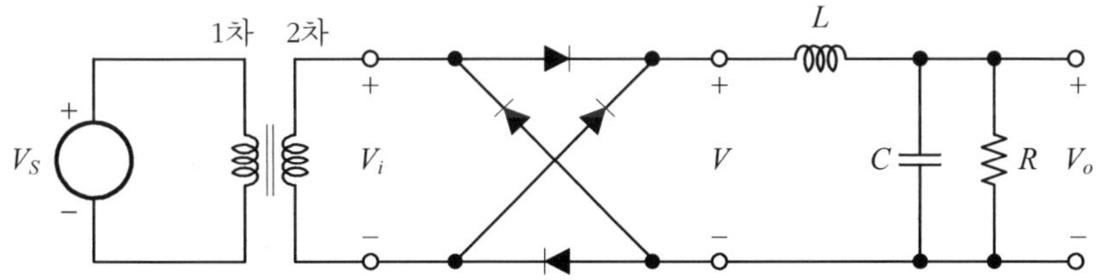

그림 8.5 예제 8.5의 회로

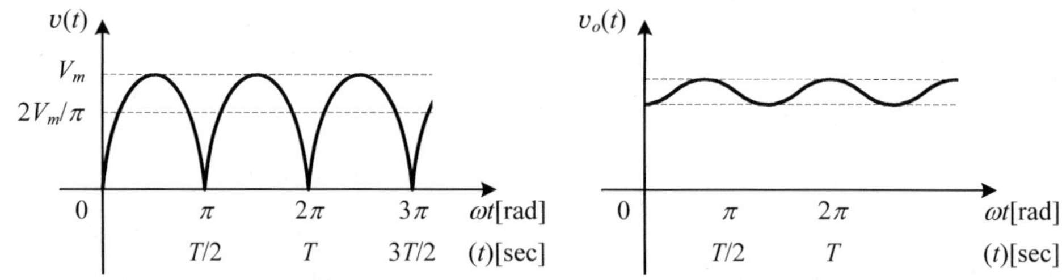

(a) 전파 정류 파형 (b) 평활 출력

그림 8.6 전파 정류 파형과 평활 출력

풀이 전파정류 회로를 거친 신호는 그림 8.6(a)와 같다. 이 신호에 대해 푸리에 급수로 전개해 보자. 먼저 전파 정류된 파형의 직류 성분 a_0를 구해 보자. 준 식으로부터

$$a_0 = \frac{1}{\pi}\int_0^{\pi} V_m \sin\omega_0 t \; d\omega_0 t = \frac{1}{\pi}\left[-V_m \cos\omega_0 t\right]_0^{\pi} = \frac{2V_m}{\pi} \qquad \text{식(1)}$$

와 같이 구할 수 있다. 또한 위의 전파 정류된 파형은 세로축에 대해 대칭인 우함수가 되므로 sine파 성분 b_n은 0이 된다. 즉,

$$b_n = 0 \qquad \text{식(2)}$$

이다. cosine파 성분 a_n은 파형으로부터 직접 구할 수도 있지만 전파 정류된 파형이 원래의 함수 주파수보다 2배가 되었다. 그러므로 그림 8.6(a)의 파형은 정현파에 대한 반파 정류파와 이 파를 $T/2$만큼 지연시킨 파의 합성으로 해석하자. 먼저 반파 정류된 정현파의 cosine파 성분 a_n은

$$\begin{aligned} a_n &= \frac{2}{T}\int_0^{T/2} V_m \sin\omega_0 t \cdot \cos n\omega_0 t \; dt \\ &= \frac{2V_m}{T}\int_0^{T/2} \frac{\sin(n+1)\omega_0 t - \sin(n-1)\omega_0 t}{2} \; dt \\ &= \frac{V_m}{T}\left[\frac{-\cos(n+1)\omega_0 t}{(n+1)\omega_0} + \frac{\cos(n-1)\omega_0 t}{(n-1)\omega_0}\right]_0^{T/2} \\ &= \frac{V_m}{2\pi}\left[\frac{\cos(n-1)\pi}{n-1} - \frac{\cos(n+1)\pi}{n+1} - \frac{2}{(n+1)(n-1)}\right] \end{aligned} \qquad \text{식(3)}$$

가 된다. 위의 식에서 $n = 1$ 인 경우에는 마지막 변의 3항에서 정의할 수 없다. 그러나 둘째 변에서 $\sin\omega_0 t \cdot \cos\omega_0 t$ 에 대한 반주기 적분은 0이므로 아래와 같다.

$$a_1 = 0 \qquad \text{식(4)}$$

다음으로 $n \neq 1$인 경우에 대해 살펴보자.

■ n : 기수인 경우

n이 기수인 경우의 $n=3, 5, \cdots$를 대입해 보면 식(3)은 0이 되는 것을 알 수 있다. 즉,

$$a_n = 0 \ \ (n \neq 1\text{인 기수}) \qquad \text{식(5)}$$

■ n : 우수인 경우

n이 우수인 경우의 $n=2, 4, \cdots$를 대입하면 식(3)은 다음과 같은 일반식으로 표현된다. 즉,

$$a_n = \frac{-2V_m}{(n+1)(n-1)\pi} \ \ (n=\text{우수}) \qquad \text{식(6)}$$

와 같이 구할 수 있으며 b_n은 전파 정류된 파의 특성으로부터 식(2)와 같이 살펴보았으므로 고려하지 않기로 한다. 식(6)을 참고로 하여 직류 성분을 제외한 cosine파 성분으로 반파 전류파를 표현하면 다음과 같다.

$$v_h{}'(t) = \frac{-V_m}{\pi}\left[\frac{2}{3}\cos 2\omega_0 t + \frac{2}{15}\cos 4\omega_0 t + \frac{2}{35}\cos 6\omega_0 t + \cdots\right] \qquad \text{식(7)}$$

한편 전파 정류된 파는 반파 정류파와 이 파를 $T/2$만큼 지연시킨 파의 합성으로 해석할 수 있으므로 식(1)과 식(2)를 포함시키고 식(7)을 이용하면

$$\begin{aligned} v(t) &= \frac{2V_m}{\pi} - \frac{2V_m}{\pi}\left[\frac{1}{3}\cos 2\omega_0 t + \frac{1}{15}\cos 4\omega_0 t + \cdots\right] \\ &\quad - \frac{2V_m}{\pi}\left[\frac{1}{3}\cos 2\omega_0\left(t-\frac{T}{2}\right) + \frac{1}{15}\cos 4\omega_0\left(t-\frac{T}{2}\right) + \cdots\right] \\ &= \frac{2V_m}{\pi} - \frac{2V_m}{\pi}\left[\frac{1}{3}\cos 2\omega_0 t + \frac{1}{15}\cos 4\omega_0 t + \cdots\right] \\ &\quad - \frac{2V_m}{\pi}\left[\frac{1}{3}\cos(2\omega_0 t - 2\pi) + \frac{1}{15}\cos(4\omega_0 t - 4\pi) + \cdots\right] \\ &= \frac{2V_m}{\pi} - \frac{4V_m}{\pi}\left[\frac{1}{3}\cos 2\omega_0 t + \frac{1}{15}\cos 4\omega_0 t + \cdots\right] \end{aligned} \qquad \text{식(8)}$$

로서 전파 정류파의 푸리에 급수 전개가 된다. 다음으로 그림 8.5의 평활회로에 대해 전압 전달비를 구해 보자. 전달함수를 $T(j\omega)$라고 할 때,

$$T(j\omega) = \frac{V_0}{V} = \frac{\dfrac{R}{1+j\omega RC}}{j\omega L + \dfrac{R}{1+j\omega RC}} = \frac{1}{1-\omega^2 LC + j\omega L/R} \qquad \text{식(9)}$$

이다. 그러나 여기서 전파 정류된 전원은 푸리에급수로 표현되었기 때문에 주파수 ω는 불연속 값 $n\omega_0$로 표현되어야 한다. 즉,

$$T(jn\omega_0) = \frac{1}{1-n^2{\omega_0}^2LC+jn\omega_0 L/R} \qquad \text{식(10)}$$

식 (10)에 $\omega_0=377$[rad/sec], $L=1$[H], $C=50[\mu\text{F}]$, $R=2[\text{k}\Omega]$을 각각 대입하여 정리하면

$$T(jn\omega_0) = \frac{1}{1-7.1n^2+j0.2n} \qquad \text{식(11)}$$

이다.

여기서 불연속적인 주파수값은 0, $2\omega_0$, $4\omega_0$, …이므로 다음과 같이 나누어 생각하자.

■ $\omega=0(n=0)$

식(11)로부터 전달 함수는

$$T(0) = 1 \qquad \text{식(12)}$$

이므로 식(8)을 도입하면 아래 식과 같이 된다.

$$v_0(t)\Big|_{\omega=0} = \frac{2V_m}{\pi} \qquad \text{식(13)}$$

■ $\omega=2\omega_0(n=2)$

식(11)로부터 전달 함수는

$$T(2\omega_0) = \frac{1}{1-7.1n^2+j0.2n}\Bigg|_{n=2} = 0.0365\angle-178^\circ \qquad \text{식(14)}$$

이므로 식(8)의 주파수 성분 $2\omega_0$의 페이저와 곱하면

$$V_0(2\omega_0) = \frac{-4V_m}{3\pi}\angle 0^\circ \times 0.0365\angle-178^\circ = \frac{-4V_m}{\pi}\times 0.0122\angle-178^\circ \qquad \text{식(15)}$$

가 된다. 단, 여기서 페이저는 cosine파를 기준으로 하고, 최대치를 크기로 하였다. 그러므로 순시치 표현은 아래와 같다.

$$v_0(t)\Big|_{\omega=2\omega_0} = \frac{-4V_m}{\pi}\times 0.0122\cdot\cos(2\omega_0 t-178^\circ) \qquad \text{식(16)}$$

■ $\omega=4\omega_0(n=4)$

식(11)로부터 전달 함수는

$$T(4\omega_0) = \frac{1}{1-7.1n^2+j0.2n}\Bigg|_{n=4} = 0.0089\angle-179^\circ \qquad \text{식(17)}$$

이므로 식(8)의 주파수 성분 $4\omega_0$의 페이저와 곱하면

$$V_0(4\omega_0) = \frac{-4V_m}{15\pi} \angle 0^\circ \times 0.0089 \angle -179^\circ = \frac{-4V_m}{\pi} \times 0.00059 \angle -179^\circ \quad \text{식(18)}$$

가 된다. 그러므로 순시치 표현은

$$v_0(t)\big|_{\omega=4\omega_0} = \frac{-4V_m}{\pi} \times 0.00059 \cdot \cos(4\omega_0 t - 179^\circ) \quad \text{식(19)}$$

이다. 위의 식(13), 식(8), 식(19), …을 합하면 다음과 같이 최종 응답을 구할 수 있다.

$$\begin{aligned} v_0(t) = \frac{2V_m}{\pi} - \frac{4V_m}{\pi}[&0.0122 \cdot \cos(2\omega_0 t - 178^\circ) \\ &+ 0.00059 \cdot \cos(4\omega_0 t - 179^\circ) + \cdots] \end{aligned} \quad \text{식(20)}$$

이에 대한 그림은 그림 8.6(b)와 같다. ↵

8.7 푸리에급수의 지수함수 표현

푸리에 급수 전개는 sine파와 cosine파 성분의 합으로 표현되었다. 그러나 우리는 오일러의 정리(Euler's Theorem)를 이용하면 이러한 삼각함수 표현은 지수함수 표현이 가능하다는 것도 알고 있으므로 보다 간단하게 표현할 수 있을 것이다. 즉, 식(8-5)로 표현되는 푸리에급수 전개에서 $\cos n\omega_0 t$와 $\sin n\omega_0 t$는 각각

$$\cos n\omega_0 t = \frac{e^{jn\omega_0 t} + e^{-jn\omega_0 t}}{2} \quad (8\text{-}42)$$

$$\sin n\omega_0 t = \frac{e^{jn\omega_0 t} - e^{-jn\omega_0 t}}{j2} \quad (8\text{-}43)$$

로 표현된다. 그러므로 위의 두 식을 식(8-5)에 대입하면

$$\begin{aligned} f(t) &= a_0 + \sum_{n=1}^{\infty} a_n \left[\frac{e^{jn\omega_0 t} + e^{-jn\omega_0 t}}{2}\right] + \sum_{n=1}^{\infty} b_n \left[\frac{e^{+jn\omega_0 t} - e^{-jn\omega_0 t}}{j2}\right] \\ &= a_0 + \sum_{n=1}^{\infty} \left\{\left[\frac{a_n - jb_n}{2}\right] e^{jn\omega_0 t} + \left[\frac{a_n + jb_n}{2}\right] e^{-jn\omega_0 t}\right\} \\ &= c_0 + \sum_{n=1}^{\infty} \left[c_n e^{jn\omega_0 t} + c_{-n} e^{-jn\omega_0 t}\right] \\ &= \sum_{n=-\infty}^{\infty} c_n e^{jn\omega_0 t} \end{aligned} \quad (8\text{-}44)$$

와 같이 표현할 수 있다. 단,

$$\left.\begin{aligned} c_0 &= a_0 \\ c_n &= \frac{a_n - j b_n}{2} \\ c_{-n} &= \frac{a_n + j b_n}{2} \end{aligned}\right\} \tag{8-45}$$

이다. 여기서 c_n, c_{-n}은 공액 복소수 관계이다. 식(8-44)를 푸리에 급수의 지수함수 표현이라 한다. 지수함수로 표현되는 푸리에 급수 전개에서 계수는 식(8-11)과 식(8-12)를 이용하여 구할 수 있다. 즉, 식(8-45)에 식(8-11)과 식(8-12)를 대입하면

$$\begin{aligned} c_n &= \frac{a_n - j b_n}{2} \\ &= \frac{1}{T}\int_0^T f(t) \cdot (\cos n\omega_0 t - j\sin n\omega_0 t)\ dt \\ &= \frac{1}{T}\int_0^T f(t) e^{-jn\omega_0 t}\ dt \\ &= \frac{1}{T}\int_{-T/2}^{T/2} f(t) e^{-jn\omega_0 t}\ dt \end{aligned} \tag{8-46}$$

로써 계수 c_n을 결정할 수 있다. 매개변수를 위상값으로 나타내면

$$t\ :\ -T/2 \to T/2$$

$$\omega_0 t\ :\ -\pi \to \pi$$

$$dt = \frac{d(\omega_0 t)}{2\pi f_0}$$

$$f_0 T = 1$$

이므로 식(8-46)은 다음과 같이 고쳐 쓸 수 있다.

$$c_n = \frac{1}{2\pi}\int_{-\pi}^{\pi} f(\omega_0 t) e^{-jn\omega_0 t}\ d(\omega_0 t) \tag{8-47}$$

예제 8.6

그림 8.7은 펄스폭이 τ인 주기적인 펄스파이다. 지수함수 표현에 의한 푸리에 급수로 전개하여라.

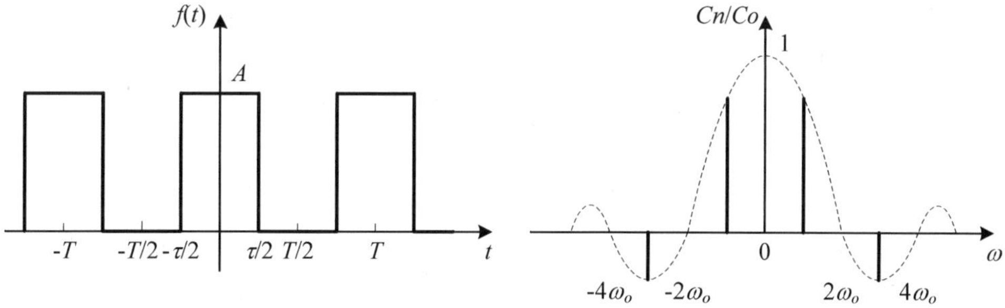

(a) 주기적인 구형 펄스파 (b) 주파수 스펙트럼(D=50%)

그림 8.7 주기적인 구형 펄스파와 주파수 스펙트럼

풀이 식(8-46)으로부터 지수 함수 표현에 의한 푸리에 급수 전개에서의 계수값은 적분 구간을 $-\tau/2$에서 $\tau/2$로 나타냈을 때

$$\begin{aligned} c_n &= \frac{1}{T}\int_{-\tau/2}^{\tau/2} A e^{-jn\omega_0 t}\, dt \\ &= \frac{A}{-jn\omega_0 T}\left[e^{-jn\omega_0 t}\right]_{-\tau/2}^{\tau/2} \\ &= \frac{A}{-jn\omega_0 T}\left[e^{-jn\omega_0 \tau/2} - e^{jn\omega_0 \tau/2}\right] \\ &= \frac{A}{n\pi}\left[\frac{e^{jn\omega_0 \tau/2} - e^{-jn\omega_0 \tau/2}}{j2}\right] \\ &= \frac{A}{n\pi}\sin(n\omega_0 \tau/2) \end{aligned}$$

와 같다. 그러므로 주어진 함수의 지수함수에 의한 푸리에 급수 전개는

$$\begin{aligned} f(t) &= \frac{A}{\pi}\sum_{n=-\infty}^{\infty}\frac{1}{n}\sin(n\omega_0 \tau/2)\, e^{jn\omega_0 t} \\ &= \frac{A\tau}{T}\sum_{n=-\infty}^{\infty}\frac{1}{n\omega_0 \tau/2}\sin(n\omega_0 \tau/2)\, e^{jn\omega_0 t} \end{aligned}$$

가 된다. 여기서 $n=0$인 경우는 직류 성분으로서

$$c_0 = A\tau/T$$

가 된다. 또한 두 번째 식에서 계수값을 직류 성분으로 정규화시키면

$$\frac{c_n}{c_0} = \frac{\sin(n\omega_0 \tau/2)}{n\omega_0 \tau/2}$$

로서 샘플링 함수(Sampling Function)인 $\sin x/x$의 형태를 가진다. 즉, 주파수 스펙트럼은 그림 8.7(b)와 같다. 여기서 펄스폭 τ에 따라 선스펙트럼의 폭이 결정되며 τ가 $T/2$인 경우로

서 듀티비 D[%]는

$$D = \frac{\tau}{T} \times 100[\%] = 50[\%]$$

이다. ⏎

연습문제

8.1 다음 주기함수에 대해 각주파수가 $\omega_1=3$[rad/sec]와 $\omega_2=5$[rad/sec]인 sine파 성분을 각각 구하여라.

(a) $f(t)=5+4\sin 2t$

(b) $f(t)=5\cos 3t+3\sin 5t$

(c) $f(t)=100\sin(5t+45^\circ)+220\sin(10t+45^\circ)$

8.2 문제 8.1(c)에서 각주파수가 $\omega=10$[rad/sec]인 cosine파 성분을 구하여라.

8.3 그림 8.8에 보인 구형파에 대해 푸리에 급수로 전개하여라.

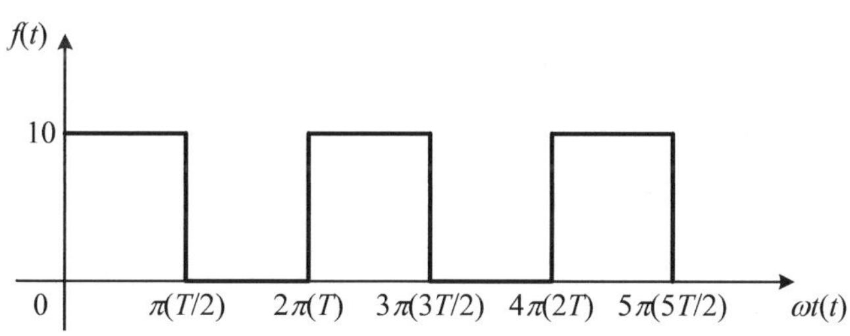

그림 8.8 문제 8.3의 그림

8.4 그림 8.9에 보인 삼각파에 대해 삼각함수 표현의 푸리에 급수로 전개하여라.

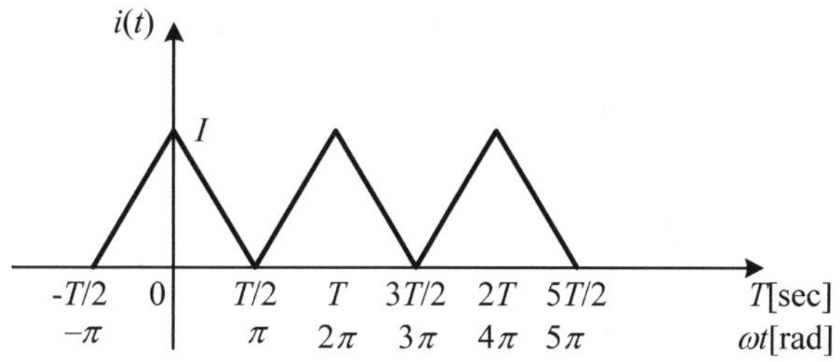

그림 8.9 문제 8.4의 그림

8.5 그림 8.10에 보인 반파 정류파에 대해 삼각함수 표현의 푸리에 급수로 전개하여라.

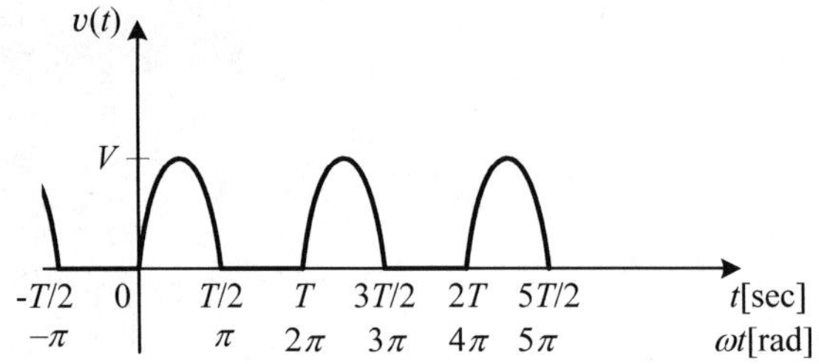

그림 8.10 문제 8.5의 그림

8.6 다음과 같은 직류 성분, 기본파 성분, 고조파 성분으로 구성된 파가 있다. 아래의 값을 각각 구하여라.

$v(t) = 3+10\sin 2t + 2\sin 4t + \sin 6t$ [V]

(a) 실효치 (b) 왜율

8.7 어떤 검파회로에 인가된 전압과 흐르는 전류 관계가 다음과 같다.

$v(t) = 10+20\sin\omega_0 t + 5\sin(2\omega_0 t + 20^\circ) + \sin(3\omega_0 t + 30^\circ)$[mV]

$i(t) = 2+3\sin\omega_0 t + 0.5\sin(2\omega_0 t + 30^\circ) + 0.02\sin(3\omega_0 t + 45^\circ)$[mV]

(a) 전압파의 왜율 (b) 전류파의 왜율 (c) 회로 전력

8.8 그림 8.10의 반파 정류파에 대한 지수함수 표현의 푸리에 급수를 구하여라.

8.9 $v(t) = V\cos^2\omega t$ 의 함수를 푸리에 급수로 전개하여라.

$\cos^2\omega t = \dfrac{1+\cos 2\omega t}{2}$ 의 삼각함수 공식을 이용한 결과와 일치하는가?

8.10 그림 8.11의 회로에서 전압전원이 아래와 같을 때, 다음의 값을 각각 구하여라.

$v_S(t) = 156\sin 377t + 21\sin(1131t + 30^\circ)$ [V]

(a) 전체 전류 $i(t)$

(b) 회로에서 소비하는 전력

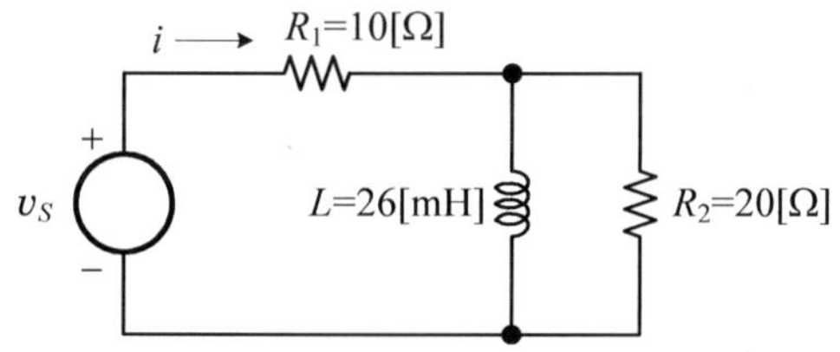

그림 8.11 문제 8.10의 그림

8.11 문제 8.4의 그림 8.9와 같은 전류가 저항 R에 흐를 때의 평균 소모 전력을 (a) 함수로부터 구하고 (b) 푸리에 급수로부터 계산하여 결과를 비교하여라.

8.12 그림 8.9의 삼각파에서 전체 전력의 99[%]를 통과시키려면 기본 주파수의 몇 배 주파수를 차단 주파수로 설정해야 하는가?

9장

라플라스 변환과 응용

9.1 라플라스 변환의 원리

9.2 주요 함수의 라플라스 변환

9.3 라플라스 변환의 기본 정리

9.4 라플라스 변환을 이용한 회로 해석

9.5 임펄스응답과 전달함수

9.6 라플라스 역변환

9.7 초기치 정리와 최종치 정리

9.1 라플라스 변환의 원리

이 책에서 각종 직류나 교류회로의 해석을 다룰 때 미분 방정식이나 페이저 등을 이용하였다. 특히 페이저를 이용하여 교류회로를 해석할 때 그 유용성을 확인하였다. 즉, 교류신호에 대한 페이저 표현과 회로망 함수에 의한 응답 페이저 그리고 이것의 역변환 등에 의해 얻고자 하는 응답을 찾아내었다. 그러나 미분 방정식의 경우에는 미분 차수가 증가함에 따라, 함수가 변화함에 따라 그 복잡성이 기하급수적으로 증가하였다. 여기서 본장에서 다루는 **라플라스 변환**(Laplace Transform, LT) 기술을 도입하면 거의 기계적으로 이러한 문제들을 해결할 수 있다. 즉, 라플라스 변환을 도입한 함수의 표현과 회로망의 전달 함수 그리고 응답 함수로부터의 라플라스 역변환 등에 의해 얻고자 하는 응답을 구할 수 있다. 그러므로 본 절에서는 이러한 라플라스 변환의 원리에 관해 간략히 다루기로 한다.

제8장에서는 주기적인 비정현파의 푸리에 급수를 다루었다. 그러나 비주기적인 파에 대해서는 급수전개가 불가능하다. 예를 들어서 하나의 펄스가 가지는 주파수 성분은 이 펄스의 특성이 주기가 ∞로 확장되는 것과 같으므로 주기성에 따른 주파수 성분의 불연속값이 $1/\infty = 0$이 되어 연속적으로 변한다. 즉, 비주기적인 단 일 펄스의 주파수 함수를 연속 스펙트럼으로 나타내는 방법이 **푸리에 변환**(Fourier Transform, FT)이다.

식(8-46)에서 구한 계수 c_n은 주기를 무한대로 확장함에 따라 값이 0이 되므로 의미가 없다. 그러나 적분치는 적분 범위 내에서 제한적이면 유한한 값을 가진다. 이 값을 F_n이라고 놓자. 또한 스펙트럼은 연속 함수로 나타나므로 $n\omega_0$를 주파수 변량으로서 ω로 놓을 수 있다. 그러므로 식(8-46)을 참고로 하여 나타내면 F_n은

$$F_n = \lim_{T\to\infty}\int_{-T/2}^{T/2} f(t)\,e^{-jn\omega_0 t}\,dt \tag{9-1}$$

로 나타낼 수 있으며 여기서 연속 함수로 나타내면

$$F(\omega) = \int_{-\infty}^{\infty} f(t)\,e^{-j\omega t}\,dt \tag{9-2}$$

로 나타낼 수 있다. 이것을 **푸리에 변환**이라고 한다.

한편 불연속값을 가지는 주파수 구간은 주기가 ∞로 확장됨에 따라 미소 구간으로 표현할 수 있다. 즉,

$$\lim_{T\to\infty}\frac{1}{T} = df = \frac{d\omega}{2\pi} \tag{9-3}$$

이므로 식(8-44)로부터

$$\begin{aligned} f(t) &= \lim_{T\to\infty}\sum_{n=-\infty}^{\infty} c_n e^{jn\omega_0 t} \\ &= \lim_{T\to\infty}\sum_{n=-\infty}^{\infty} \frac{1}{T}\int_{-T/2}^{T/2} f(t)e^{-jn\omega_0 t}\,dt\; e^{jn\omega_0 t} \\ &= \frac{1}{2\pi}\int_{-\infty}^{\infty}\int_{-\infty}^{\infty} f(t)e^{-j\omega t}\,dt\; e^{j\omega t}\,d\omega \\ &= \frac{1}{2\pi}\int_{-\infty}^{\infty} F(\omega)e^{j\omega t}\,d\omega \end{aligned} \tag{9-4}$$

로서 시간 함수를 표현할 수 있다. 이것을 **푸리에 역변환**(Fourier Inverse Transform, FIT)이라고 한다.

예를 들어서 그림 9.1(a)와 같은 주기적인 펄스파의 푸리에 급수로부터 그림 9.1(b)와 같은 단일 펄스의 푸리에 변환 기술을 다루기로 하자.

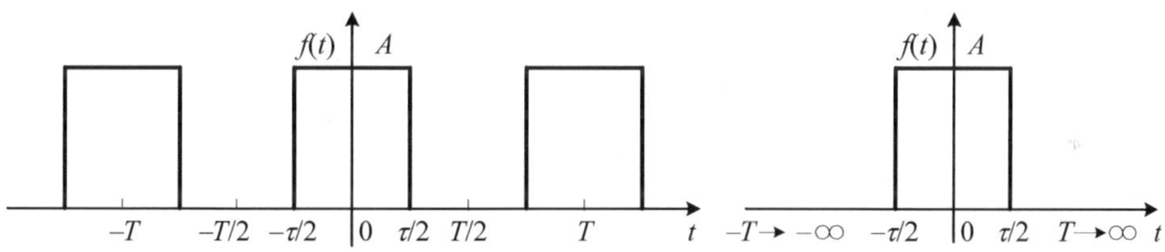

(a) 주기적인 구형펄스파 (b) 단일 구형펄스파

그림 9.1 주기적인 구형 펄스파와 단일 구형 펄스파

식(9-2)를 이용하여 그림 9.1(b)의 단일 펄스에 대한 푸리에 변환을 구하면

$$\begin{aligned} F(\omega) &= \int_{-\infty}^{\infty} f(t)e^{-j\omega t}\,dt = \int_{-\tau/2}^{\tau/2} Ae^{-j\omega t}\,dt \\ &= \frac{A}{-j\omega}\left[e^{-j\omega t}\right]_{-\tau/2}^{\tau/2} = \frac{A}{-j\omega}\left[e^{-j\omega\tau/2} - e^{+j\omega\tau/2}\right] \\ &= \frac{A\tau}{\omega\tau/2}\,\frac{e^{j\omega\tau/2}-e^{-j\omega\tau/2}}{j2} = A\tau\frac{\sin(\omega\tau/2)}{\omega\tau/2} \end{aligned} \tag{9-5}$$

로서 예제(8.6)에서 구한 표본 함수의 형태를 취하며 단지 주파수에 따라 연속 함수로 표현되는 것이 다르다. 이 때 $\omega = 0$시에는

$$F(0) = A\tau \tag{9-6}$$

로서 펄스의 면적과 같다.

지금까지는 **디리끄레의 조건**(Dirichlet's Condition)을 만족하는 함수에 대해 다루었다. 그러나 우리가 많이 다루는 단위 계단 함수나 정현파 함수 등은 제8장에서 다룬 디리끄레의 조건

중에서 세 번째의 "함수의 절대값에 대한 한 주기 내 적분은 유한적이어야 한다"는 조건을 만족하지 못한다. 실제로 단위 계단 함수에 대해 $T\to\infty$에 따라 적분을 취하면 무한대가 되고 정현파에 대해서는 +1과 -1에 걸쳐 변화하므로 정의할 수 없다. 그러므로 불행히도 우리가 가장 많이 이용하는 함수에 대한 푸리에 변환이 불가능하기 때문에 이 방법을 이용할 수 없다. 그러나 주파수에는 오직 각주파수만 있는 것이 아니라, 제1장에서 다루었듯이 복소 주파수도 있다. 즉, 적분이 유한하지 않거나 정의할 수 없을 때는 **수렴계수**(Convergence Coefficient) C를 도입한다.

$$C = e^{-\sigma t} \tag{9-7}$$

즉, 단위 계단 함수의 수렴계수에 의한 푸리에 변환은

$$F(\omega) = \int_{-\infty}^{\infty} u(t) \cdot e^{-\sigma t} \cdot e^{j\omega t}\, dt = \int_{0}^{\infty} 1 \cdot e^{-(\sigma + j\omega)t}\, dt$$

$$= \frac{1}{-(\sigma + j\omega)t}\left[e^{-(\sigma + j\omega)t}\right]_0^{\infty} = \frac{1}{\sigma + j\omega} \tag{9-8}$$

가 된다. 그러므로 단위 계단 함수의 푸리에 변환은 식(9-8)에서 $\sigma\to 0$일 때와 같으므로

$$\lim_{\sigma\to 0} F(\omega) = \frac{1}{j\omega} \tag{9-9}$$

의 스펙트럼을 얻을 수 있다. 위의 과정에서 수렴계수를 포함한 적분에서

$$s = \sigma + j\omega \tag{9-10}$$

로 복소 주파수를 정의하였으므로 다음처럼 복소 주파수의 함수를 구할 수 있다.

$$F(s) = \int_{0}^{\infty} f(t)\, e^{-st}\, dt \qquad (☆☆☆☆) \tag{9-11}$$

이것을 **라플라스 변환**이라고 한다. 식(9-11)에서 적분 구간을 $t=0^+$부터 시작하는 이유는 시스템의 응답이 $t=0^+$ 이후에 대한 해석이기 때문이다.

한편 푸리에 역변환과 같이 다음과 같은 **라플라스 역변환**(Inverse Laplace Transform, ILT)을 복소함수론에 근거하여 정의한다.

$$f(t) = \frac{1}{j2\pi}\int_{c-j\infty}^{c+j\infty} F(s)\, e^{st}\, ds \tag{9-12}$$

그러나 대부분의 라플라스 역변환은 대부분의 원래 시간함수의 라플라스 변환이 알려져 있기 때문에 이것의 역으로 역변환을 취한다.

9.2 주요 함수의 라플라스 변환

라플라스 변환은 선형 시스템에 대한 해석을 다루는 것이다. 그러므로 $f(t)$에 대한 라플라스 변환을 $\mathcal{L}[f(t)]$로 정의한다면

- $\mathcal{L}[f_1(t)+f_2(t)]=\mathcal{L}[f_1(t)]+\mathcal{L}[f_2(t)]$
- $\mathcal{L}[c \cdot f(t)]=c \cdot \mathcal{L}[f(t)]$

의 관계가 있다.

9.2.1 임펄스 함수

단위 임펄스 $\delta(t)$의 라플라스 변환은 식(9-11)의 정의로부터

$$F(s)=\int_0^\infty \delta(t)e^{-st}\,dt=\int_0^\infty \delta(t)\,dt=1 \tag{9-13}$$

9.2.2 단위 계단함수

단위 계단함수 $u(t)$의 라플라스 변환은

$$F(s)=\int_0^\infty 1\cdot e^{-st}\,dt=\frac{1}{-s}\left[e^{-st}\right]_0^\infty=\frac{1}{s} \tag{9-14}$$

9.2.3 지수함수

자연지수로 표현되는 지수함수가 $\exp(\alpha t)$(또는 $e^{\alpha t}$)라면(exp : exponential),

$$F(s)=\int_0^\infty e^{\alpha t}\cdot e^{-st}\,dt=\int_0^\infty e^{-(s-\alpha)t}\,dt$$

$$=\frac{1}{-(s-\alpha)}\left[e^{-(s-\alpha)t}\right]_0^\infty=\frac{1}{s-\alpha} \tag{9-15}$$

9.2.4 t^n 함수

t의 n차 함수에 대한 라플라스 변환은

$$F(s)=\int_0^\infty t^n\cdot e^{-st}\,dt \tag{9-16}$$

로서 정의된다. 여기서 부분적분법을 이용하여

$$u = t^n$$

$$dv = e^{-st}\ dt$$

로 놓으면

$$du = n\,t^{n-1}\ dt$$

$$v = \frac{-1}{s}e^{-st}$$

가 되므로 식(9-16)은

$$F(s) = \left[\frac{-t^n}{s}e^{-st}\right]_0^\infty + \frac{n}{s}\int_0^\infty t^{n-1}\cdot e^{-st}\ dt$$

$$= \frac{n}{s}\int_0^\infty t^{n-1}\cdot e^{-st}\ dt = \frac{n}{s}\mathcal{L}[t^{n-1}] \tag{9-17}$$

그러므로

$$\mathcal{L}[t] = \frac{1}{s}\mathcal{L}[1] = \frac{1}{s}\cdot\frac{1}{s} = \frac{1}{s^2} \tag{9-18}$$

$$\mathcal{L}[t^2] = \frac{2}{s}\mathcal{L}[t] = \frac{2}{s}\cdot\frac{1}{s^2} = \frac{2}{s^3} \tag{9-19}$$

$$\mathcal{L}[t^n] = \frac{n}{s}\mathcal{L}[t^{n-1}] = \frac{n}{s}\cdot\frac{n-1}{s}\mathcal{L}[t^{n-2}] = \frac{n!}{s^{n+1}} \tag{9-20}$$

9.2.5 sine 함수

sine 함수는 오일러의 정리에 의해 다음과 같은 지수함수로서 표현할 수 있으므로 다음과 같이 라플라스 변환이 된다. 즉,

$$F(s) = \int_0^\infty \sin\omega t\cdot e^{-st}\ dt$$

$$= \int_0^\infty \left[\frac{e^{j\omega t} - e^{-j\omega t}}{j2}\right]\cdot e^{-st}\ dt$$

$$= \frac{1}{j2}\left[\frac{1}{s-j\omega} - \frac{1}{s+j\omega}\right] = \frac{\omega}{s^2+\omega^2} \tag{9-21}$$

9.2.6 cosine 함수

cosine 함수는 오일러의 정리에 의해 다음과 같은 지수함수로 표현할 수 있으므로 다음과 같이 라플라스 변환이 된다. 즉,

$$F(s) = \int_0^{\infty} \cos\omega t \cdot e^{-st}\, dt$$

$$= \int_0^{\infty} \left[\frac{e^{j\omega t} + e^{-j\omega t}}{2} \right] \cdot e^{-st}\, dt$$

$$= \frac{1}{2}\left[\frac{1}{s - j\omega} + \frac{1}{s + j\omega} \right] = \frac{s}{s^2 + \omega^2} \tag{9-22}$$

위의 결과를 정리하면 다음의 표 9.1과 같다. 표에 나타낸 몇 가지 중요 함수의 라플라스 변환 결과는 기억해 두는 것이 편리하다.

표 9.1 몇 가지 중요 함수의 라플라스 변환 (☆☆☆☆)

시간 함수 $f(t)$	라플라스 변환 $F(s) = \mathcal{L}[f(t)]$	비 고
$\delta(t)$	1	단위 임펄스 함수
$u(t)$	$\frac{1}{s}$	단위 계단함수
$e^{-\alpha t}$	$\frac{1}{s+\alpha}$	자연 지수함수
t^n	$\frac{n!}{s^{n+1}}$	$t>0,\ n: 1, 2, 3, \cdots$
$\sin\omega t$	$\frac{\omega}{s^2+\omega^2}$	
$\cos\omega t$	$\frac{s}{s^2+\omega^2}$	

9.3 라플라스 변환의 기본 정리

앞절에서는 주어진 기본 함수 $f(t)$에 대한 라플라스 변환을 다루었지만 때로는 기본 함수를 변형시킨 함수에 대한 라플라스 변환을 취할 필요가 있다. 이것을 연산에 대한 라플라스 변환이라고 하며 각종 회로의 해석에 유용하게 이용된다. 예를 들어서 회로의 해석상 미분 방정식을

해결해야 한다면 기본 함수의 라플라스 변환을 알고 있을 때 연산에 대한 라플라스 변환 기술을 적용하여 용이하게 원 함수를 찾아낼 수 있다.

9.3.1 미분 연산

기본 함수 $f(t)$의 라플라스 변환은

$$F(s) = \int_0^\infty f(t) e^{-st}\, dt \tag{9-11}$$

이다. 여기서 부분 적분법을 적용하여

$$u = f(t)$$

$$dv = e^{-st}\, dt$$

로 놓는다면

$$du = f'(t)\, dt$$

$$v = \frac{1}{-s} e^{-st}$$

이므로

$$F(s) = \frac{1}{-s} f(t) e^{-st} \Big|_0^\infty + \frac{1}{s} \int_0^\infty f'(t) e^{-st}\, dt$$

$$= \frac{1}{s} f(0) + \frac{1}{s} \mathcal{L}[f'(t)]$$

가 된다. 그러므로 미분 연산에 대한 라플라스 변환은

$$\mathcal{L}[f'(t)] = sF(s) - f(0) \tag{9-23}$$

또한 2차 미분 함수에 대해서는

$$\mathcal{L}[f''(t)] = s\,\mathcal{L}[f'(t)] - f'(0)$$

$$= s\{sF(s) - f(0)\} - f'(0)$$

$$= s^2 F(s) - s f(0) - f'(0) \tag{9-24}$$

가 되며 고차 미분 함수로 확장시키면 아래와 같다.

$$\mathcal{L}[f^{(n)}(t)] = s^n F(s) - s^{n-1} f(0) - s^{n-2} f'(0) - \cdots - f^{(n-1)}(0) \tag{9-25}$$

예제 9.1

인덕턴스 L인 코일에 흐르는 전류 $i(t)$와 전압 $v(t)$간에는 다음 식이 성립한다. 코일에 흐르는 초기 전류가 0이라고 할 때 라플라스 변환의 원리를 이용하여 코일의 임피던스를 계산하여라.

$$v(t) = L\frac{di(t)}{dt}$$

풀이 예제 9.1의 식에 대해 양변에 라플라스 변환을 취하면

$$\mathcal{L}[v(t)] = L \cdot \mathcal{L}[\frac{di(t)}{dt}] = L \cdot \{sI(s) - i(0)\} = sL \cdot I(s)$$

이다. 그러므로 임피던스는

$$Z(s) = \frac{V(s)}{I(s)} = sL$$

↵

9.3.2 정적분 연산

$f(t)$의 정적분을 $g(t)$라고 하면

$$g(t) = \int_0^t f(t)\ dt \tag{9-26}$$

이다. 이 함수의 라플라스 변환은

$$G(s) = \int_0^\infty g(t)e^{-st}\ dt = \int_0^\infty \left[\int_0^t f(t)\ dt\right] \cdot e^{-st}\ dt \tag{9-27}$$

이다. 여기서 부분 적분법을 위해

$$u = \int_0^t f(t)\ dt$$

$$dv = e^{-st}\ dt$$

로 놓는다면

$$du = f(t)\ dt$$

$$v = \frac{1}{-s}e^{-st}$$

이므로 식(9-27)은

$$G(s) = \frac{1}{-s}\int_0^t f(t)\ dt\ e^{-st}\Big|_0^\infty + \frac{1}{s}\int_0^\infty f(t)e^{-st}\ dt = \frac{1}{s}F(s) \quad (9\text{-}28)$$

이다. 그러므로 아래 식과 같이 나타낼 수 있다.

$$\mathcal{L}\left[\int_0^t f(t)\ dt\right] = \frac{F(s)}{s} \quad (9\text{-}29)$$

9.3.3 $t \cdot f(t)$의 연산

식(9-11)로 정의되는 $f(t)$의 라플라스 변환에 대해 s에 관해 미분하면

$$\frac{dF(s)}{ds} = \int_0^\infty \{-tf(t)\}e^{-st}\ dt \quad (9\text{-}30)$$

이므로

$$\mathcal{L}[tf(t)] = -\frac{dF(s)}{ds} \quad (9\text{-}31)$$

와 같은 관계식을 구할 수 있다.

예제 9.2

다음의 시간 함수에 대한 라플라스 변환을 구하여라.

$$f(t) = te^{-3t}u(t)$$

풀이 준 식을 분리하여

$$f_1(t) = e^{-3t}$$

로 놓는다면

$$F_1(s) = \frac{1}{s+3}$$

이므로 식(9-31)의 관계식을 이용하면

$$\mathcal{L}[tf_1(t)] = -\frac{dF_1(s)}{ds} = -\frac{d}{ds}\left[\frac{1}{(s+3)}\right] = \frac{1}{(s+3)^2}$$

9.3.4 $\frac{1}{t}f(t)$의 연산

$f(t)$의 라플라스 변환에 관한 정의로부터 s에 관해 s에서 ∞까지 적분하면

$$
\begin{aligned}
\int_s^\infty F(s)\ ds &= \int_s^\infty \int_0^\infty f(t) e^{-st}\ dt\ ds \\
&= \int_0^\infty \frac{-f(t)}{t} \left[e^{-st}\right]_s^\infty\ dt \\
&= \int_0^\infty \frac{f(t)}{t} e^{-st}\ dt = \mathcal{L}\left[\frac{f(t)}{t}\right] \qquad (9\text{-}32)
\end{aligned}
$$

9.3.5 시간천이

시간천이(Time Shift)는 어떤 함수를 일정 시간만큼 지연시키거나 앞서 나타나게 하는 것으로서 시간 지연이 대부분이다. 주어진 함수 $f(t)$를 τ만큼 지연시키고 τ시점부터 시작되는 함수는

$$
g(t) = f(t-\tau)\cdot u(t-\tau) \qquad (9\text{-}33)
$$

로 표현된다. 여기서 $u(t-\tau)$는 $t \geq \tau$에서 1이 되는 단위 계단 함수의 시간천이이다. 그러므로 시간천이된 함수의 라플라스 변환은

$$
\begin{aligned}
\mathcal{L}\left[f(t-\tau)\cdot u(t-\tau)\right] &= \int_0^\infty f(t-\tau)\cdot u(t-\tau)\, e^{-st}\ dt \\
&= \int_\tau^\infty f(t-\tau)\cdot e^{-st}\ dt\ \Big|_{t-\tau=x} \\
&= \int_0^\infty f(x)\cdot e^{-s(x+\tau)}\ dx \\
&= e^{-s\tau}\int_0^\infty f(x)\cdot e^{-sx}\ dx \\
&= e^{-s\tau}F(s) \qquad (9\text{-}34)
\end{aligned}
$$

예제 9.3

그림 9.2의 각 함수에 대해 라플라스 변환을 구하여라.

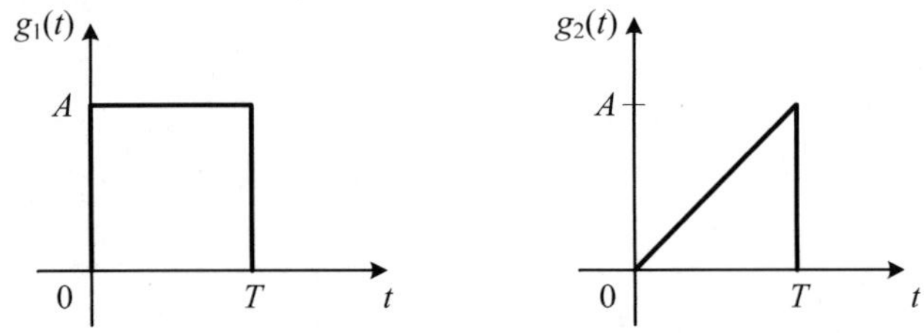

(a) 단일 구형파 펄스　　(b) 톱날파 함수

그림 9.2　예제 9.3의 그림

풀이　(a) 단일 구형파로 표현되는 게이트 함수의 시간 함수 표현은

$$g_1(t) = A \cdot \{u(t) - u(t-T)\}$$

이므로

$$\begin{aligned}\mathcal{L}[g_1(t)] &= A \cdot \{\mathcal{L}[u(t)] - \mathcal{L}[u(t-T)]\} \\ &= A \cdot \{\mathcal{L}[u(t)] - e^{-sT}\mathcal{L}[u(t)]\} \\ &= \frac{A(1-e^{-sT})}{s}\end{aligned}$$

(b) 톱날파의 시간 함수 표현은

$$g_2(t) = \frac{A}{T}t \cdot \{u(t) - u(t-T)\} = \frac{A}{T}\{tu(t) - [(t-T)+T]u(t-T)\}$$

이므로

$$\begin{aligned}\mathcal{L}[g_2(t)] &= \frac{A}{T}\{\mathcal{L}[tu(t)] - \mathcal{L}[(t-T)u(t-T) - Tu(t-T)]\} \\ &= \frac{A}{T}\{\mathcal{L}[tu(t)] - e^{-sT}[\mathcal{L}[tu(t)] - e^{-sT}\mathcal{L}[Tu(t)]\} \\ &= \frac{A}{T}\left[\frac{1}{s^2}(1-e^{-sT}) - \frac{T}{s}e^{sT}\right]\end{aligned}$$

이다. ↵

9.3.6 주파수 천이

주파수 천이(Frequency Shift)는 복소 주파수 s에 α만큼의 주파수 천이가 발생했을 때 시간 함수에 나타나는 특성과의 관계를 다룬 것이다. 즉, 주파수가 $s+\alpha$라면 이에 대한 라플라스 변환된 형태는 $F(s+\alpha)$가 되며 다음과 같이 표현된다.

$$
\begin{aligned}
F(s+\alpha) &= \int_0^{\infty} f(t) \cdot e^{-(s+\alpha)t}\, dt \\
&= \int_0^{\infty} e^{-\alpha t} f(t) \cdot e^{-st}\, dt \\
&= \mathcal{L}[e^{-\alpha t} f(t)]
\end{aligned}
\tag{9-35}
$$

예제 9.4

진폭이 V_m이고 초기 위상차가 ϕ이며 각주파수가 ω인 정현파가 감쇠정수 α로서 감쇠될 때 이 파의 라플라스 변환을 구하고 주파수의 변화에 대해 기술하여라.

풀이 문제에서 제시한 신호 파형은

$$g(t) = V_m \sin(\omega t + \phi) \times e^{-\alpha t}$$

이므로

$$g_1(t) = V_m \sin(\omega t + \phi) = V_m (\sin\omega t \cdot \cos\phi + \cos\omega t \cdot \sin\phi)$$

이면

$$G_1(s) = V_m \frac{\omega \cdot \cos\phi + s \cdot \sin\phi}{s^2 + \omega^2}$$

이다. 그러므로 식(9-35)를 이용할 때

$$\mathcal{L}[e^{-\alpha t} f(t)] = F(s+\alpha)$$

이므로

$$\mathcal{L}[g(t)] = G_1(s+\alpha) = V_m \frac{\omega \cdot \cos\phi + (s+\alpha) \cdot \sin\phi}{(s+\alpha)^2 + \omega^2}$$

이다. ↵

9.3.7 척도 변화

임의의 함수 $f(t)$에서 시간 변량에 상수 a가 곱해졌다면 이에 대한 라플라스 변환은 다음과 같다.

$$\mathcal{L}[f(at)] = \int_0^\infty f(at)\cdot e^{-st}\,dt\,\Big|_{at=x} \quad (9\text{-}36)$$
$$= \int_0^\infty f(x)\cdot e^{-sx/a}\,dx/a$$
$$= \frac{1}{a}\int_0^\infty f(x)\cdot e^{-sx/a}\,dx = \frac{1}{a}F\left(\frac{s}{a}\right)$$

식(9-36)에서 알 수 있는 바와 같이 시간축 상에서 a배가 되면 주파수축 상에서는 $1/a$배가 된다.

연산의 라플라스 변환의 몇 가지 예를 표 9.2에 정리하여 나타냈다. 이것은 라플라스 변환을 취할 때 매우 유용하게 응용되므로 기억해 두는 것이 회로 해석의 시간을 크게 절약하는 데 도움이 된다.

표 9.2 연산의 라플라스 변환의 몇 가지 예 (☆☆☆☆)

시간 함수의 연산	라플라스 변환 $F(s)$의 연산	비고
$\dfrac{df(t)}{dt}$	$sF(s)-f(0)$	1차 미분함수
$\dfrac{d^nf(t)}{dt^n}$	$s^nF(s)-s^{n-1}f(0)-s^{n-2}f'(0)$ $-\cdots-f^{(n-1)}(0)$	n차 미분함수
$\int_0^t f(t)\,dt$	$\dfrac{F(s)}{s}$	정적분 함수
$tf(t)$	$-\dfrac{dF(s)}{ds}$	스펙트럼 미분함수
$\dfrac{f(t)}{t}$	$\int_s^\infty F(s)\,ds$	스펙트럼 적분함수
$f(t-\tau)\cdot u(t-\tau)$	$e^{-s\tau}F(s)$	시간천이
$e^{-\alpha t}f(t)$	$F(s+\alpha)$	주파수 천이
$f(at)$	$\dfrac{1}{a}F\left(\dfrac{s}{a}\right)$	척도 변환

9.4 라플라스 변환을 이용한 회로 해석

라플라스 변환 기술을 다루는 근본적인 목적은 라플라스 변환 자체보다는 회로 해석에 유용하게 이용할 수 있다는 것이다. 예를 들어 그림 9.3과 같은 회로의 완전응답을 라플라스 변환 기술을 적용하여 해석해 보자. 그림 9.3과 같이 R-C 직렬회로에 직류 전압원 V가 연결되어 있고 커패시터의 초기 전압이 V_0일 때 $t=0$인 순간 스위치가 닫혔다. 이 때 콘덴서의 전압에 대한 완전응답에 관해 살펴보자.

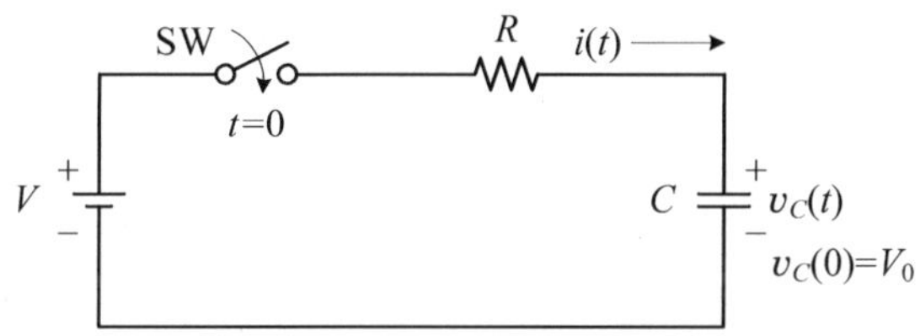

그림 9.3 R-C 직렬회로

먼저 스위치가 닫힌 후의 회로에 대한 평형 방정식을 구한다. 즉,

$$Ri(t)+v_C(t) = Vu(t) \tag{9-37}$$

가 된다. 여기서 전류와 커패시터의 전압 관계는

$$i(t) = C\frac{dv_C(t)}{dt} \tag{9-38}$$

이므로 식(9-37)은

$$RC\frac{dv_C(t)}{dt}+v_C(t) = Vu(t) \tag{9-39}$$

가 되어 해석을 위한 평형 방정식을 구할 수 있다. 식(9-39)에 대해 라플라스 변환을 하면

$$RC\{s \cdot V_C(s)-v_C(0)\}+V_C(s) = \frac{V}{s} \tag{9-40}$$

이므로 위의 식에서 $v_C(0)$에 V_0를 대입하고, $V_C(s)$에 관해 정리하면

$$\begin{aligned} V_C(s) &= \frac{V/RC}{s(s+1/RC)}+\frac{V_0}{s+1/RC} \\ &= \frac{V}{s}-\frac{V}{s+1/RC}+\frac{V_0}{s+1/RC} \end{aligned} \tag{9-41}$$

이다. 마지막으로 식(9-41)로부터 다음과 같은 라플라스 역변환($\mathcal{L}^{-1}[\cdot]$)을 거치면 콘덴서 양단의 전압에 대한 시간함수 $v_C(t)$를 구할 수 있다. 즉,

$$\begin{aligned} v_C(t) &= \mathcal{L}^{-1}[V_C(s)] \\ &= \mathcal{L}^{-1}\left[\frac{V}{s}\right] - \mathcal{L}^{-1}\left[\frac{V}{s+1/RC}\right] + \mathcal{L}^{-1}\left[\frac{V_0}{s+1/RC}\right] \\ &= Vu(t) - Ve^{-t/RC}u(t) + V_0 e^{-t/RC}u(t) \\ &= (V_0 - V)e^{-t/RC} + V, \quad t \geq 0 \end{aligned} \tag{9-42}$$

로서 과도해와 정상해로 구성된다.

앞에서 다룬 내용을 정리하면 다음과 같은 순서에 의해서 회로 해석을 한다는 것을 알 수 있다.

① 회로 해석을 위한 평형 방정식을 세운다. 단, 여기서는 구하고자 하는 변량의 함수로 표현되어야 한다.
② 이 방정식에 대해 라플라스 변환을 한다. 여기서는 각종 소자값과 초기치 등이 자동적으로 포함된다.
③ 라플라스 변환된 대수 방정식으로부터 구하고자 하는 미지수를 복소 주파수의 함수로 구한다.
④ 미지의 변수에 관해 라플라스 역변환을 하여 구하고자 하는 시변량을 구한다. 이 해에는 과도해와 정상해가 자동적으로 포함된다.

앞에서 다룬 내용으로부터 알 수 있는 바와 같이 라플라스 변환기법을 이용하면 각종 회로 해석이 거의 기계적인 연산에 의해 가능하다는 것이다. 여기서는 미분 형태를 취하거나 적분 형태를 취하거나 별다른 구애받음이 없이 연산된다는 것을 알 수 있다. 또한 초기치 등이 자동적으로 포함되고 복합적인 신호에 대해서도 라플라스 연산 기법을 응용하면 쉽게 해를 구할 수 있다.

그러나 한편으로는 다음과 같은 단점이 있다. 즉, 우리가 라플라스 변환에 의한 해를 구하는 과정을 살펴보면 기본적인 소자의 방정식과 몇 가지의 법칙을 적용하기만 하면 된다. 달리 말한다면 회로를 볼 줄 아는 안목이나 물리적인 통찰이 없어도 되므로 회로를 공부하는 초학자의 입장에서는 그다지 바람직하지 못하다고 할 수 있다. 그러므로 간단한 회로에 대한 직류 해석은 직접 고전적인 방법에 의해 해결하고 간단한 회로에 대한 정현파 신호의 응답 등은 페이저 등을 이용하는 것이 좋다. 한편 보다 회로가 복잡하고 신호가 복합적일 때에는 강력한 해석 기법인 라플라스 변환 기법을 이용하는 것이 좋을 것이다.

예제 9.5

그림 9.4의 R-L-C 직렬회로에서 $R=8[\Omega]$, $L=0.5[\mathrm{H}]$, $C=0.08[\mathrm{F}]$이고 콘덴서의 초기 전압이 $12[\mathrm{V}]$, 코일의 초기 전류가 0일 때 콘덴서의 전압과 이 회로에 흐르는 전류를 라플라스 변환을 이용하여 구하여라.

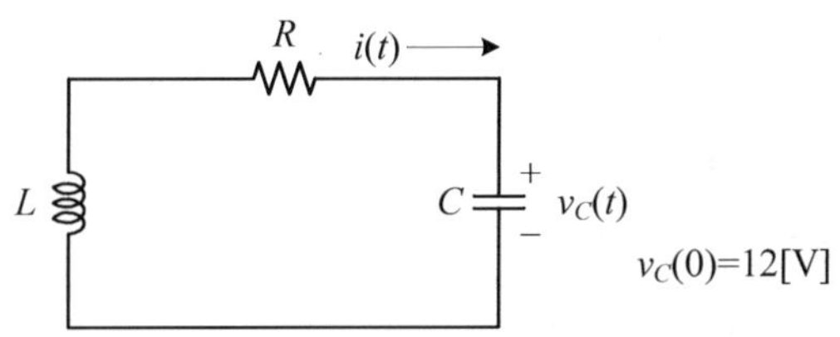

그림 9.4 R-L-C 직렬회로

풀이 회로에 대해 시계 방향으로 키르히호프의 전압법칙을 적용하여 평형 방정식을 세우면

$$L\frac{di(t)}{dt}+Ri(t)+v_C(t)=0$$

이다. 여기서

$$i(t)=C\frac{dv_C(t)}{dt}$$

이므로 평형 방정식에 대입하여 정리하면

$$\frac{d^2v_C(t)}{dt^2}+\frac{R}{L}\frac{dv_C(t)}{dt}+\frac{1}{LC}v_C(t)=0$$

가 되며 여기에 주어진 각 소자값을 대입하면 다음과 같은 평형 방정식을 얻을 수 있다.

$$\frac{d^2v_C(t)}{dt^2}+16\cdot\frac{dv_C(t)}{dt}+25\cdot v_C(t)=0$$

다음으로 네 번째 식에 대해 라플라스 변환을 구해 보자.

$$s^2V_C(s)-sv_C(0)-v_C'(0)+16\{sV_C(s)-v_C(0)\}+25V_C(s)=0$$

$$(s^2+16s+25)V_C(s)-(s+16)v_C(0)-v_C'(0)=0$$

문제로부터

$$v_C(0)=12$$

이고 두 번째 식으로부터 $i(0)=0$으로부터

$$v_C'(0)=0$$

이므로 라플라스 변환식에 대입하여 정리하면

$$V_C(s) = 12\frac{s+16}{s^2+16s+25} = \frac{13.686}{s+1.755} - \frac{1.686}{s+14.245}$$

와 같이 유리화할 수 있다. 그러므로 위의 식을 이용하여 $V_C(s)$에 관해 라플라스 역변환을 취하면

$$v_C(t) = \mathcal{L}^{-1}[V_C(s)] = \mathcal{L}^{-1}\left[\frac{13.686}{s+1.755} - \frac{1.686}{s+14.245}\right]$$

$$= (13.686\,e^{-1.755t} - 1.686\,e^{-14.245t})\,u(t)$$

회로에 흐르는 전류는 직렬회로이므로 콘덴서에 흐르는 전류와 같다. 그러므로

$$i(t) = C\frac{dv_C(t)}{dt} = (-1.922\,e^{-1.755t} + 1.92\,e^{-14.245t})u(t)$$ ↵

9.5 임펄스 응답과 전달함수

제1장 5절에서 다룬 회로망 함수는 구동 전원과 전달 함수 그리고 출력으로 구성된다. 즉, 그림 9.5에서와 같이 전달함수를 $T(s)$라고 하고 입력신호 및 출력 신호를 각각 $S_i(s)$, $S_o(s)$라고 하면 다음의 식이 성립한다.

$$S_o(s) = T(s) \times S_i(s) \tag{9-43}$$

만일 회로망의 전달 함수인 $T(s)$를 알고 있다면 입력단에 단위 임펄스를 가했을 때 임펄스의 라플라스 변환이 1이므로 출력신호는 전달 함수와 같다. 그러므로 출력신호는 라플라스 역변환에 의해 다음과 같이 구할 수 있다.

$$s_o(t) = \mathcal{L}^{-1}[T(s)] \tag{9-44}$$

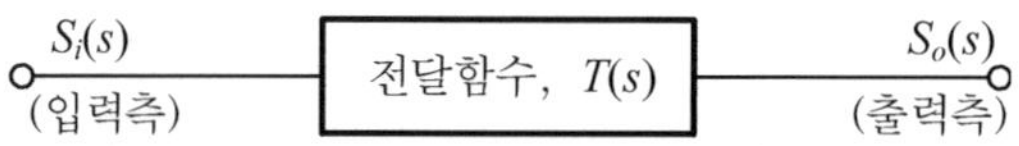

그림 9.5 전달 함수와 입출력 함수의 관계

임펄스 응답에 의한 출력 신호의 응답을 구하는 과정에서 전달 함수는 중요한 역할을 담당한다. 이 때 회로망 함수를 복소 주파수로 표현한다면 편리할 것이다. 즉, 각종 수동소자나 초기치 등을 라플라스 변환 등에 의해 등가회로로 그린다면 회로 해석이 한층 용이해질 것이므

로 그림 9.6에서와 같이 R, L, C 소자의 등가변환 기법에 관해 살펴보자.

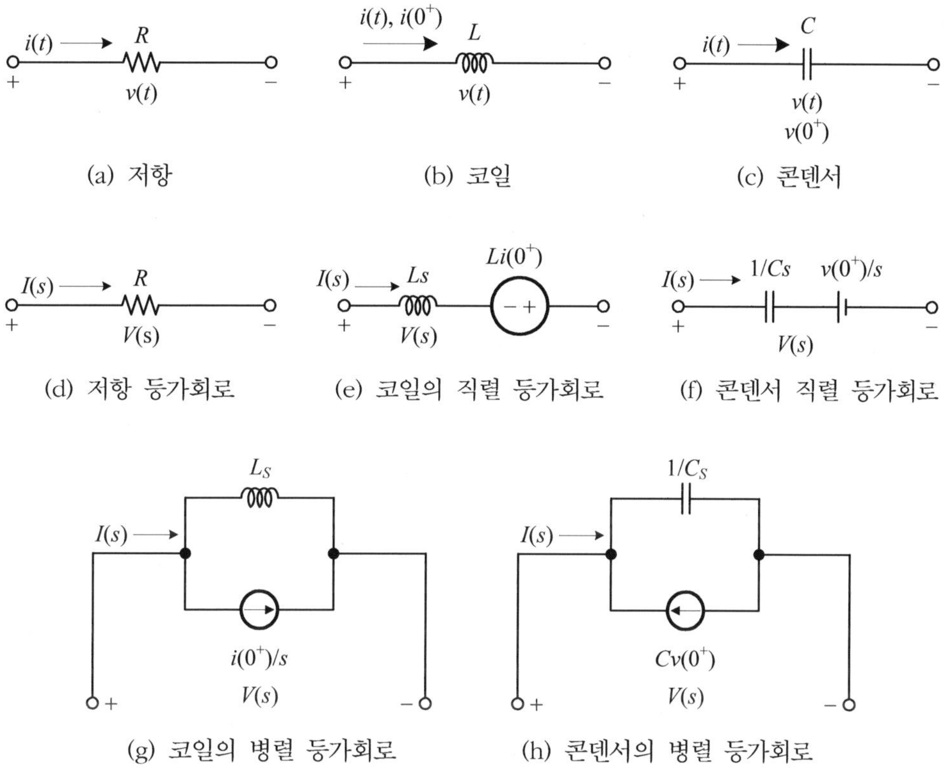

그림 9.6 R, L, C 소자의 등가 변환

9.5.1 저항소자

그림 9.6(a)에서 저항소자는 상수값으로 간주되므로

$$v(t) = Ri(t) \tag{9-45}$$

로부터 양변에 라플라스 변환을 취하면

$$V(s) = RI(s) \tag{9-46}$$

이 되므로 등가 회로는 그림 9.6(d)와 같다.

9.5.2 코일

코일의 전압 - 전류 표현은

$$v(t) = L\frac{di(t)}{dt} \tag{9-47}$$

이므로 양변에 라플라스 변환을 취하면

$$V(s) = Ls\,I(s) - Li(0^+) \tag{9-48}$$

이므로 그림 9.6(e)와 같이 직렬 등가회로를 그릴 수 있다. 식(9-48)에서 $I(s)$에 관해 정리하면

$$I(s) = \frac{1}{Ls}V(s) + \frac{i(0^+)}{s} \tag{9-49}$$

가 되므로 병렬 등가회로는 그림 9.6(g)와 같다.

9.5.3 콘덴서

콘덴서의 전압 - 전류 관계는

$$i(t) = C\frac{dv(t)}{dt} \tag{9-50}$$

이므로 양변에 라플라스 변환을 취하면

$$I(s) = Cs\,V(s) - Cv(0^+) \tag{9-51}$$

이다. 그러므로 $V(s)$에 관해 정리하면

$$V(s) = \frac{1}{Cs}I(s) + \frac{v(0^+)}{s} \tag{9-52}$$

가 된다. 그러므로 콘덴서의 직렬 등가회로는 그림 9.6(f)와 같으며 병렬 등가회로는 식(9-51)을 참고로 했을 때 그림 9.6(h)와 같다. 회로 해석에 등가회로를 이용할 때는 필요에 따라 선택한다. 예를 들어서 루프 해석법을 적용하고자 할 때는 직렬 등가회로를, 절점 해석법을 적용하고자 할 때에는 병렬 등가회로를 이용하는 것이 편리할 것이다.

9.6 라플라스 역변환

라플라스 역변환은 복소 주파수의 함수로부터 시간응답의 함수로 변환시키는 기술로서 복소 함수론에 의해 해결할 수도 있지만 대부분의 회로 해석상의 함수는 유리 함수로서 표시되므로 기본적인 함수의 변환과 연산을 이용하면 쉽게 역변환을 취할 수 있다. 예를 들어서 복소 주파수의 함수로서 다음과 같은 유리 함수에 대한 라플라스 역변환을 구해 보자.

$$F(s) = K\frac{s^m + b_{m-1}s^{m-1} + b_{m-2}s^{m-2} + \cdots + b_0}{s^n + a_{n-1}s^{n-1} + a_{n-2}s^{n-2} + \cdots + a_0} \tag{9-53}$$

여기서 분모항의 차수는 항상 분자항의 차수보다 크거나 같다. 즉, $n \geq m$인 조건 하에서 각 계수는 실수이며 n과 m은 양의 정수이다. 그러므로 위의 식은 분모항이 n개의 극을 가지며 다음과 같이 표현된다.

$$F(s) = K\frac{s^m + b_{m-1}s^{m-1} + b_{m-2}s^{m-2} + \cdots + b_0}{(s-p_1)(s-p_2)(s-p_3)\cdots(s-p_n)} \tag{9-54}$$

여기서 $p_1, p_2, \cdots, p_n$은 극점이 되며 "분모항$=0$" 시 서로 다른 실근이거나 중근 혹은 복소근이 될 수 있다. 어떠한 경우라도 부분 분수로 표현이 가능하므로 이들로부터 **라플라스 역변환**을 취할 수 있다. 라플라스 역변환 기술의 설명을 위해 다음과 같이 3가지 경우로 나누어 고찰한다.

① 서로 다른 실근의 경우

극점이 실수축상에 단순극의 형태로 존재하는 경우로 극값이 3개만이라면 다음과 같은 경우이다.

$$\begin{aligned} F(s) &= K\frac{N(s)}{(s-p_1)(s-p_2)(s-p_3)} \\ &= \frac{K_1}{s-p_1} + \frac{K_2}{s-p_2} + \frac{K_3}{s-p_3} \end{aligned} \tag{9-55}$$

로 놓을 수 있다. 여기서 K_1은

$$K_1 = F(s)\cdot(s-p_1)\big|_{s=p_1} = K\frac{N(p_1)}{(p_1-p_2)(p_1-p_3)} \tag{9-56}$$

와 같이 구할 수 있으며 K_2와 K_3도 같은 방법으로

$$K_2 = F(s)\cdot(s-p_2)\big|_{s=p_2} = K\frac{N(p_2)}{(p_2-p_1)(p_2-p_3)} \tag{9-57}$$

$$K_3 = F(s)\cdot(s-p_3)\big|_{s=p_3} = K\frac{N(p_3)}{(p_3-p_1)(p_3-p_2)} \tag{9-58}$$

와 같다. 이와 같이 구한 계수 K_1, K_2 및 K_3를 이용하여 식(9-55)로부터 라플라스 역변환을 취하면

$$f(t) = \mathcal{L}^{-1}[F(s)]$$
$$= \mathcal{L}^{-1}\left[\frac{K_1}{s-p_1}\right] + \mathcal{L}^{-1}\left[\frac{K_2}{s-p_2}\right] + \mathcal{L}^{-1}\left[\frac{K_3}{s-p_3}\right]$$
$$= K_1 e^{p_1 t} + K_2 e^{p_2 t} + K_3 e^{p_3 t}, \quad t \geq 0 \tag{9-59}$$

와 같이 구할 수 있다.

예제 9.6

전달 함수가 다음과 같을 때 임펄스 응답의 시간 함수를 구하여라.

$$F(s) = \frac{1}{(s+1)(s+2)}$$

풀이 단위 임펄스 함수의 라플라스 변환은 1이므로 출력 함수는

$$F_o(s) = \frac{1}{(s+1)(s+2)} \times 1 = \frac{K_1}{s+1} + \frac{K_2}{s+2}$$

이다. 그러므로 출력 함수의 계수 K1과 K2는 각각

$$K_1 = F_o(s) \cdot (s+1)\big|_{s=-1} = \frac{1}{-1+2} = 1$$

$$K_2 = F_o(s) \cdot (s+2)\big|_{s=-2} = \frac{1}{-2+1} = -1$$

이므로

$$F_o(s) = \frac{1}{s+1} - \frac{1}{s+2}$$

가 된다. 그러므로 출력의 시간 함수는 위의 식에 대해 라플라스 역변환을 취하면

$$f_o(t) = \mathcal{L}^{-1}[F_o(s)] = \mathcal{L}^{-1}\left[\frac{1}{s+1}\right] - \mathcal{L}^{-1}\left[\frac{1}{s+2}\right]$$
$$= e^{-t} - e^{-2t}, \quad t \geq 0$$

이다. ↵

② 중근이 존재하는 경우

극점이 실수축상에 중복적으로 존재하는 경우로 다음과 같은 경우이다.

$$F(s) = K\frac{N(s)}{(s-p_1)^2} \tag{9-60}$$

로 놓을 수 있다. 위의 식은 다음과 같이 전개할 수 있다.

$$F(s) = \frac{K_1}{(s-p_1)^2} + \frac{K_2}{s-p_1} \tag{9-61}$$

계수 K_1은

$$K_1 = F(s) \cdot (s-p_1)^2 \Big|_{s=p_1} = K \cdot N(p_1) \tag{9-62}$$

에 의해 구할 수 있지만 K_2는 방법을 달리 해야 한다. 식(9-61)에서 $(s-p_1)^2$을 양변에 곱하면

$$F(s) \cdot (s-p_1)^2 = K \cdot N(s) = K_1 + K_2(s-p_1) \tag{9-63}$$

가 되므로 우변의 두 식에 대해 s에 관해 미분한 다음, $s=p_1$을 대입하면 K_2를 구할 수 있다. 즉,

$$K_2 = K\frac{dN(s)}{ds}\Bigg|_{s=p_1} \tag{9-64}$$

와 같다. 그러므로 식(9-61)로부터 라플라스 역변환에 의해

$$\begin{aligned} f(t) &= \mathcal{L}^{-1}[F(s)] \\ &= \mathcal{L}^{-1}\left[\frac{K_1}{(s-p_1)^2}\right] + \mathcal{L}^{-1}\left[\frac{K_2}{s-p_1}\right] \\ &= K_1 t e^{p_1 t} + K_2 e^{p_1 t}, \quad t \geq 0 \end{aligned} \tag{9-65}$$

와 같이 시간 함수를 구할 수 있다.

예제 9.7

복소 주파수로 주어진 다음의 함수에 대해 라플라스 역변환을 취하여라.

$$F(s) = \frac{s+3}{(s+1)^2(s+2)}$$

풀이 주어진 함수를 다음과 같이 전개하자.

$$F(s) = \frac{s+3}{(s+1)^2(s+2)} = \frac{K_1}{s+2} + \frac{K_2}{(s+1)^2} + \frac{K_3}{s+1}$$

여기서 K_1과 K_2는 각각

$$K_1 = F(s) \cdot (s+2)\Big|_{s=-2} = \frac{-2+3}{(-2+1)^2} = 1$$

$$K_2 = F(s) \cdot (s+1)^2\Big|_{s=-1} = \frac{-1+3}{-1+2} = 2$$

이다. 한편 K_3는 식(9-64)에 의해

$$\begin{aligned} K_3 &= \frac{d}{ds}\left[F(s) \cdot (s+1)^2\right]\Big|_{s=-1} \\ &= \frac{d}{ds}\left[\frac{s+3}{s+2}\right]\Big|_{s=-1} \\ &= \frac{(s+2)-(s+3)}{(s+2)^2}\Big|_{s=-1} \\ &= \frac{(-1+2)-(-1+3)}{(-1+2)^2} = -1 \end{aligned}$$

이 된다. 그러므로 각 계수를 부분 수식에 대입하여 라플라스 역변환을 취하면

$$\begin{aligned} f(t) &= \mathcal{L}^{-1}[F(s)] = \mathcal{L}^{-1}\left[\frac{1}{s+2}\right] + \mathcal{L}^{-1}\left[\frac{2}{(s+1)^2} + \frac{-1}{s+1}\right] \\ &= e^{-2t} + 2t\,e^{-t} - e^{-t}, \quad t \geq 0 \end{aligned}$$

이다. ↵

③ 복소근인 경우

분모항의 계수가 실수로 주어진 함수라면 이것의 근이 복소근을 가진다면 항상 공액 복소수의 형태를 취한다. 즉, 극값이 $-\alpha + j\beta$, $-\alpha - j\beta$라면

$$F(s) = K\frac{N(s)}{(s+\alpha-j\beta)(s+\alpha+j\beta)} \tag{9-66}$$

의 형태를 취하므로 이 식은 다음과 같이 전개할 수 있다.

$$F(s) = \frac{K_1}{(s+\alpha-j\beta)} + \frac{K_2}{(s+\alpha+j\beta)} \tag{9-67}$$

위의 식에서 각 계수는 앞에서와 같은 방법에 의해 구하여 고전적인 방법으로 정리할 수도 있으나 라플라스 변환의 연산과 sine파 및 cosine파의 라플라스 변환 관계를 이용하고자 다음과 같이 변환시키는 것도 유용하다. 즉,

$$F(s) = \frac{(K_1+K_2)(s+\alpha) + j\beta(K_1-K_2)}{(s+\alpha)^2+\beta^2} \tag{9-68}$$

가 된다. 여기서 함수의 계수는 모두 실수이므로 K_1과 K_2는 상호간에 공액 복소수의 관계여야 한다. 이때의 (K_1+K_2) 및 $j(K_1-K_2)$의 값을 각각 k_1과 k_2로서 구할 수 있으므로 준 식은

$$F(s) = \frac{k_1(s+\alpha)}{(s+\alpha)^2+\beta^2} + \frac{k_2\beta}{(s+\alpha)^2+\beta^2} \tag{9-69}$$

와 같이 변형시킬 수 있다. 그러므로 식(9-69)에 대해 라플라스 역변환을 취하면

$$\begin{aligned} f(t) &= \mathcal{L}^{-1}[F(s)] \\ &= \mathcal{L}^{-1}\left[\frac{k_1(s+\alpha)}{(s+\alpha)^2+\beta^2}\right] + \mathcal{L}^{-1}\left[\frac{k_2\beta}{(s+\alpha)^2+\beta^2}\right] \\ &= k_1 e^{-\alpha t}\cos\beta t + k_2 e^{-\alpha t}\sin\beta t \\ &= k e^{-\alpha t}\cos(\beta t-\theta), \quad t \geq 0 \end{aligned} \tag{9-70}$$

가 된다. 단, 아래 식과 같다.

$$\left.\begin{aligned} k &= \sqrt{k_1{}^2 + k_2{}^2} \\ \theta &= \tan^{-1}\frac{k_2}{k_1} \end{aligned}\right\} \tag{9-71}$$

예제 9.8

복소 주파수로 주어진 다음의 함수에 대해 라플라스 역변환을 취하여라.

$$F(s) = \frac{s+5}{s^2+4s+13}$$

풀이 주어진 함수는 다음과 같이 변형시킬 수 있다.

$$F(s) = \frac{s+5}{s^2+4s+13} = \frac{(s+2)+1\cdot 3}{(s+2)^2+3^2} = \frac{s+2}{(s+2)^2+3^2} + \frac{1\cdot 3}{(s+2)^2+3^2}$$

그러므로

$$\begin{aligned} f(t) &= \mathcal{L}^{-1}[F(s)] = \mathcal{L}^{-1}[\frac{s+2}{(s+2)^2+3^2}] + \mathcal{L}^{-1}[\frac{3}{(s+2)^2+3^2}] \\ &= e^{-2t}\cos 3t + e^{-2t}\sin 3t = \sqrt{2}\, e^{-2t}\cos(3t-45^\circ), \ t \geq 0 \end{aligned}$$

이다. ⏎

9.7 초기치 정리와 최종치 정리

시간 함수의 초기치 $f(0)$와 최종치 $f(\infty)$의 값은 직접 $f(t)$를 계산하지 않더라도 복소 주파수의 함수 $F(s)$를 이용하여 구할 수 있다. 먼저 $F(s)$를 이용하여 시간함수의 초기치 $f(0)$를 구해 보자. 미분함수의 라플라스 변환으로부터

$$\mathcal{L}[f'(t)] = \int_0^\infty \frac{df(t)}{dt} \epsilon^{-st}\, dt = sF(s) - f(0) \tag{9-72}$$

다. 여기서 양변에 $s \to \infty$로 극한값을 취하면 적분항의 값이 0에 가까워지므로

$$\lim_{s \to \infty} \int_0^\infty \frac{df(t)}{dt} e^{-st}\, dt = \lim_{s \to \infty} sF(s) - f(0) \tag{9-73}$$

로부터 위 식의 좌변은 0이므로

$$f(0) = \lim_{s \to \infty} sF(s) \tag{9-74}$$

의 식을 구할 수 있다. 식(9-74)를 **초기치 정리**(Initial Value Theorem)라고 한다.

한편 식(9-72)로부터 양변에 $s \to 0$으로서 극한값을 취해 보자.

$$\lim_{s \to 0} \int_0^\infty \frac{df(t)}{dt} e^{-st}\, dt = \lim_{s \to 0} sF(s) - f(0) \tag{9-75}$$

여기서 좌변은

$$\lim_{s \to 0} \int_0^\infty \frac{df(t)}{dt} e^{-st}\, dt = \int_0^\infty \frac{df(t)}{dt} \lim_{s \to 0} e^{-st}\, dt \tag{9-76}$$

$$= \int_0^\infty \frac{df(t)}{dt}\, dt = f(\infty) - f(0)$$

이므로 식(9-75)의 우변과 등식으로 놓으면

$$f(\infty) = \lim_{s \to 0} sF(s) \tag{9-77}$$

가 된다. 이것을 **최종치 정리**(Final Value Theorem)라고 한다. 초기치 정리와 최종치 정리를 표 9.3에 정리하여 나타냈다.

표 9.3 초기치 정리와 최종치 정리

정 리	시간 함수 영역 표현	주파수 함수 영역 표현
초기치 정리	$\lim_{t\to 0} f(t)$	$\lim_{s\to\infty} sF(s)$
최종치 정리	$\lim_{t\to\infty} f(t)$	$\lim_{s\to 0} sF(s)$

예제 9.9

다음 복소 주파수 함수의 초기치 정리와 최종치 정리를 이용하여 시간함수의 초기치 $f(0)$와 최종치 $f(\infty)$의 값을 구하고 예제 9.8의 시간 함수를 이용하여 그 결과가 일치함을 보여라.

$$F(s) = \frac{s+5}{s^2+4s+13}$$

풀이 초기치는 식(9-74)에 의해

$$f(0) = \lim_{s\to\infty} sF(s) = \lim_{s\to\infty} \frac{s(s+5)}{s^2+4s+13} = 1$$

최종치는 식(9-77)을 이용하여

$$f(\infty) = \lim_{s\to 0} sF(s) = \lim_{s\to 0} \frac{s(s+5)}{s^2+4s+13} = 0$$

한편 예제 9.8의 해로부터 시간 함수는

$$f(t) = \sqrt{2}\, e^{-2t}\cos(3t-45^\circ),\ t \geq 0$$

이므로

$$f(0) = \sqrt{2}\, e^{-2\times 0}\cos 45^\circ = 1$$

$$f(\infty) = \sqrt{2}\, e^{-2\times\infty}\cos(3\times\infty-45^\circ) = 0$$

으로서 복소 주파수에 의한 계산치와 일치한다. ↵

연습문제

9.1 그림 9.7의 단일 펄스에 대한 라플라스 변환을 구하여라.

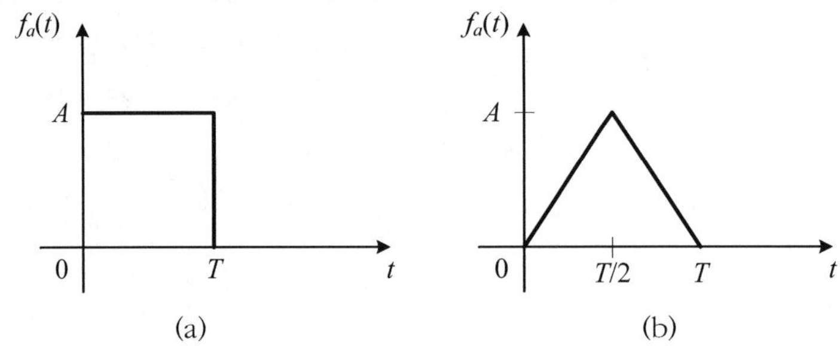

그림 9.7 문제 9.1의 그림

9.2 다음의 함수에 대한 라플라스 변환을 구하여라.

(a) $f(t) = (t-1)^2$

(b) $f(t) = t^2 e^{-\alpha t}$

(c) $f(t) = e^{-\alpha t}\sin(3t+\theta)$

(d) $f(t) = te^{-\alpha t}u(t-t_0)$

9.3 $\mathcal{L}[\sin\omega t] = \dfrac{\omega}{s^2+\omega^2}$ 이다. $(\sin\omega t)' = \omega \cdot \cos\omega t$ 의 관계를 이용하여 $\cos\omega t$의 라플라스 변환을 구하여라.

9.4 최대 전압이 V인 반파 정류파가 있다. 라플라스 변환을 구하여라.

9.5 다음의 함수에 대한 라플라스 역변환 f(t)를 구하여라.

(a) $F(s) = e^{-sT}$

(b) $F(s) = \dfrac{1}{s(s+1)}$

(c) $F(s) = \dfrac{2}{(s+2)^3}$

(d) $F(s) = \dfrac{s+12}{s^2+4s+29}$

9.6 그림 9.8과 같은 직병렬 회로에서 스위치 SW가 $t=0$인 순간 닫힌 후, 콘덴서 양단의 전압 $v(t)$를 라플라스 변환 기법을 이용하여 구하여라. 단, 콘덴서의 초기 전하는 0이다.

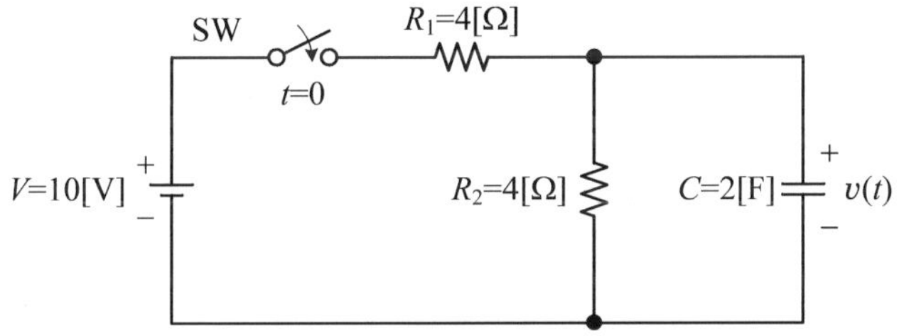

그림 9.8 문제 9.6의 그림

9.7 그림 9.9의 회로에서 스위치 SW가 $t=0$인 순간 열린 후 코일에 흐르는 전류 $i(t)$를 라플라스 변환 기술을 이용하여 구하여라.

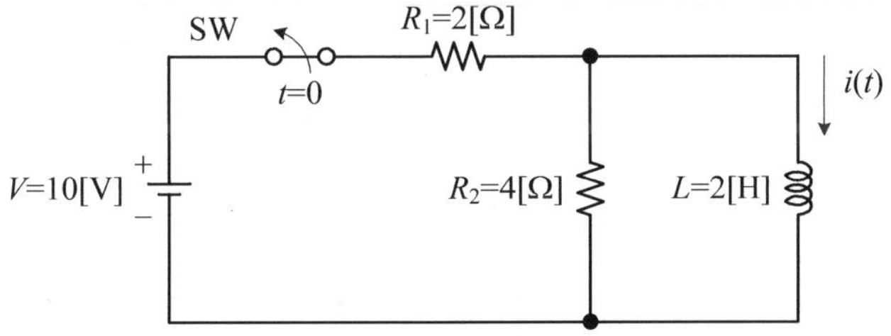

그림 9.9 문제 9.7의 그림

9.8 그림 9.10과 같이 R-L 직렬 회로에 $t=0$인 순간 정현파 교류전원이 인가되었다. 코일에 흐르는 전류 $i(t)$의 완전응답을 라플라스 변환을 이용하여 구하여라. 단, $v(t)=141\sin 377t$ 이다.

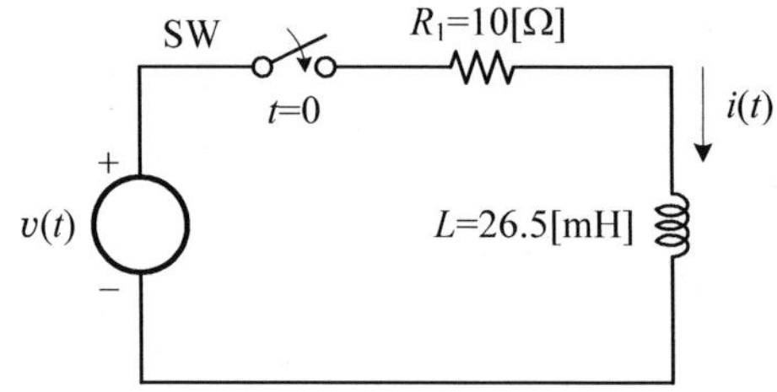

그림 9.10 문제 9.10의 그림

9.9 그림 9.11의 회로에서 $t=0$에서 스위치가 닫혔다. 라플라스 변환 기법을 이용하여 전원에 흐르는 전체 전류 $i_1(t)$의 완전응답을 구하여라.

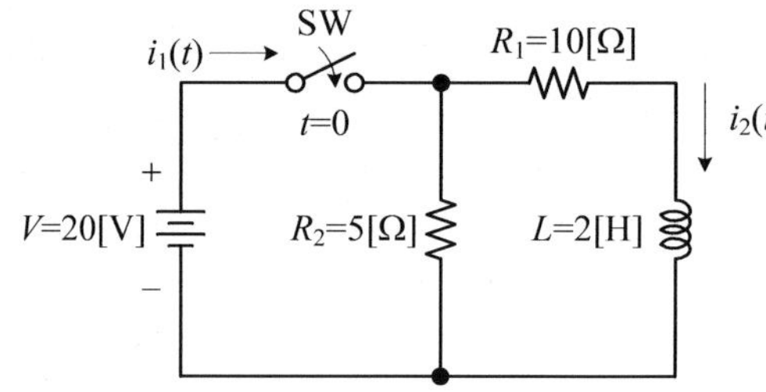

그림 9.11 문제 9.9의 그림

9.10 다음 함수의 라플라스 역변환을 구하여라.

(a) $\log_e \dfrac{s+5}{s+6}$ (b) $\dfrac{1}{(s^2+5^2)^2}$

9.11 그림 9.12의 회로에서 $t=0$에서 스위치가 닫혔다. 전원에 흐르는 전류 $i_1(t)$의 완전 응답을 라플라스 변환 기법을 이용하여 구하여라.

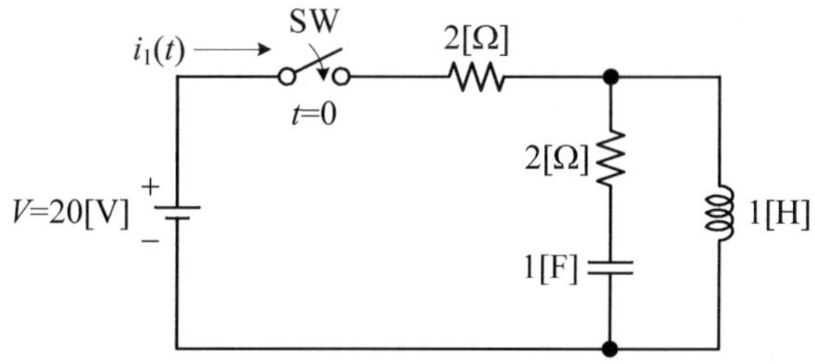

그림 9.12 문제 9.11의 그림

9.12 그림 9.8의 회로에서 스위치가 닫힌 후, 정상상태에 도달했을 때의 콘덴서 전압값 $v(\infty)$를 최종치 정리를 이용하여 구하여라.

9.13 어떤 회로에 흐르는 전류의 복소 주파수 함수를 구했을 때 다음과 같았다. 이 전류의 초기치는 몇 [A]인가?

$$I(s) = \frac{5(s+40)}{s(s+20)}$$

9.14 아래의 연립 미분방정식을 라플라스 변환을 이용하여 풀어라. 단, 초기치는 모두 0이다.

$$\frac{di}{dt}+v = e^t, \quad \frac{dv}{dt}-i=t$$

부록

1. 배율단위표
2. 그리스문자 읽는 법
3. 주파수명칭(주파수 스펙트럼)
4. 단위 읽는 법
5. 삼각함수의 공식
6. 오일러의 공식
7. 쌍곡선 함수
8. 미분공식
9. 적분공식
10. 연습문제 풀이

1. 배율단위표

지수값$X(10^X)$	접두어	약호	지수값$X(10^X)$	접두어	약호
1	deca	da	-1	deci	d
2	hecto	h	-2	centi	c
3	kilo	k*	-3	milli	m*
6	mega	M*	-6	micro	μ*
9	giga	G*	-9	nano	n*
12	tera	T*	-12	pico	p*
15	peta	P	-15	femto	f
18	exa	E	-18	apto	a
21	zetta	Z	-21	zepto	z

【주】 * : 전자분야에서 널리 이용되는 약호이다.

2. 그리스문자 읽는 법

대문자	소문자	읽는 법	발음	대문자	소문자	읽는 법	발음
A	α	Alpha	ælphƏ	N	ν	Nu	nju:
B	β	Beta	beitƏ	Ξ	ξ	Xi	ksai
Γ	γ	Gamma	gæmƏ	O	o	Omicron	oumaiklƏn
Δ	δ	Delta	deltƏ	Π	π	Pi	pai
E	ε	Epsilon	epsailƏn	P	ρ	Rho	rou
Z	ζ	Zeta	zi:tƏ	Σ	σ	Sigma	sigmƏ
H	η	Eta	i:tƏ	T	τ	tau	tau
Θ	θ	Theta	θ i:tƏ	Υ	υ	Upsilon	ju:sailƏn
I	ι	Iota	aioutƏ	Φ	φ	Phi	fai
K	κ	Kappa	kæpƏ	X	χ	Chi	kai
Λ	λ	Lambda	læmdƏ	Ψ	ψ	Psi	psai
M	μ	Mu	mju:	Ω	ω	Omega	oumegƏ

3. 주파수 명칭(주파수 스펙트럼)

대역의 구분	하한		상한	
	주파수	파장	주파수	파장
Audio Freq, 가청대역(AF)	20[Hz]	—	20[kHz]	—
Very Low Freq(VLF)	3[kHz]	100[km]	30[kHz]	10[km]
Low Freq(LF)	30[kHz]	10[km]	300[kHz]	1[km]
Medium Freq(MF)	300[kHz]	1[km]	3[MHz]	100[m]
High Freq(HF)	3[MHz]	100[m]	30[MHz]	10[m]
Very High Freq(VHF)	30[MHz]	10[m]	300[MHz]	1[m]
Ultra high Freq(UHF)	300[MHz]	1[m]	3[GHz]	10[cm]
Super High Freq(SHF)	3[GHz]	10[cm]	30[GHz]	1[cm]
Extremely High Freq(EHF)	30[GHz]	1[cm]	300[GHz]	0.1[cm]
	300[GHz]	0.1[cm]	3000[GHz]	0.1[mm]
적외선(Infrared Rays)	1000[GHz]	300[μm]	10^5[GHz]	1[μm]
가시광선(Light of Sight)	—	1[μm]	—	0.3[μm]
적색	—	1[μm]	—	0.69[μm]
주황색	—	0.69[μm]	—	0.62[μm]
황색	—	0.62[μm]	—	0.57[μm]
녹색	—	0.57[μm]	—	0.52[μm]
청색	—	0.52[μm]	—	0.47[μm]
자색	—	0.47[μm]	—	0.3[μm]
자외선(Ultraviolet Rays)	—	0.3[μm]	—	10^{-5}[μm]
X선(X - Rays)	—	10^{-3}[μm]	—	10^{-7}[μm]
소프트	—	10^{-3}[μm]	—	10^{-5}[μm]
하드	—	10^{-5}[μm]	—	10^{-7}[μm]
감마선(Gamma Rays)	—	10^{-6}[μm]	—	10^{-7}[μm]
우주선(Cosmic Rays)	—	10^{-7}[μm]	—	〈 10^{-7}[μm]

4. 단위 읽는 법

단위	읽는 법	단위의 적용예	단위	읽는 법	단위의 적용예
A	Ampere	전류	Nep	Neper	비교량($\log_e$)
C	Coulomb	전하, 전하량	N	Newton	힘
dB	Decibel	상대 비교량($\log_{10}$)	%	Percent	백분율
°	Degree	각도(度)	rad	Radian	호각도
F	Farad	콘덴서의 용량	s	Sec	시간
g	Gram	무게, 질량	S	Siemense	컨덕턴스, 어드미턴스
H	Henry	코일의 인덕턴스	T	Tesla	자속밀도
Hz	Hertz	주파수	var	Var	무효전력
J	Joule	에너지	V	Volt	전압
Ω	Ohm	저항, 임피던스	VA	Volt-Ampere	피상전력
m	Meter	길이	W	Watt	유효전력
℧	Mho	컨덕턴스, 어드미턴스	Wb	Weber	자속

5. 삼각함수의 공식

(1)

① $\sin(\alpha \pm \beta) = \sin\alpha \cdot \cos\beta \pm \cos\alpha \cdot \sin\beta$

② $\cos(\alpha \pm \beta) = \cos\alpha \cdot \cos\beta \mp \sin\alpha \cdot \sin\beta$

③ $\tan(\alpha \pm \beta) = \dfrac{\tan\alpha \pm \tan\beta}{1 \mp \tan\alpha \cdot \tan\beta}$

(2)

① $\sin^2\alpha + \cos^2\alpha = 1$

② $1 + \tan^2\alpha = \sec^2\alpha$

③ $1 + \cot^2\alpha = \mathrm{cosec}^2\alpha$

(3)

① $\sin^2\alpha = \frac{1}{2}[1-\cos(2\alpha)]$

② $\cos^2\alpha = \frac{1}{2}[1+\cos(2\alpha)]$

③ $\tan^2\alpha = \frac{1-\cos(2\alpha)}{1+\cos(2\alpha)}$

(4)

① $\sin(-\alpha) = -\sin\alpha$

② $\cos(-\alpha) = \cos\alpha$

③ $\tan(-\alpha) = -\tan\alpha$

(5)

① $-\sin\alpha = \sin(\alpha \pm 180^\circ)$

② $-\cos\alpha = \cos(\alpha \pm 180^\circ)$

(6)

① $\cos(\alpha+90^\circ) = -\sin\alpha$

② $\cos(\alpha-90^\circ) = \sin\alpha$

③ $\sin(\alpha+90^\circ) = \cos\alpha$

④ $\sin(\alpha-90^\circ) = -\cos\alpha$

⑤ $\tan(\alpha \pm 90^\circ) = -\cot\alpha$

(7)

① $\sin\alpha \cdot \cos\beta = \frac{1}{2}[\sin(\alpha+\beta)+\sin(\alpha-\beta)]$

② $\cos\alpha \cdot \sin\beta = \frac{1}{2}[\sin(\alpha+\beta)-\sin(\alpha-\beta)]$

③ $\cos\alpha \cdot \cos\beta = \frac{1}{2}[\cos(\alpha+\beta)+\cos(\alpha-\beta)]$

④ $\sin\alpha \cdot \sin\beta = -\frac{1}{2}[\cos(\alpha+\beta)-\cos(\alpha-\beta)]$

(8)

① $A\sin\omega t \pm B\cdot\cos\omega t = \sqrt{A^2+B^2}\,\sin[\omega t \pm \tan^{-1}(B/A)]$

② $A\cos\omega t \pm B\cdot\sin\omega t = \sqrt{A^2+B^2}\,\cos[\omega t \mp \tan^{-1}(B/A)]$

6. 오일러의 공식

(1) $e^{j\phi} = \cos\phi + j\sin\phi, \quad e^{-j\phi} = \cos\phi - j\sin\phi$

(2) $\cos\phi = \dfrac{e^{j\phi}+e^{-j\phi}}{2}, \quad \sin\phi = \dfrac{e^{j\phi}-e^{-j\phi}}{j2}$

(3) $\sin^2\phi + \cos^2\phi = 1$

7. 쌍곡선 함수

(1) $e^{\phi} = \cosh\phi + \sinh\phi, \quad e^{-\phi} = \cosh\phi - \sinh\phi$

(2) $\cosh\phi = \dfrac{e^{\phi}+e^{-\phi}}{2}, \quad \sinh\phi = \dfrac{e^{\phi}-e^{-\phi}}{2}$

(3) $\cosh^2\phi - \sinh^2\phi = 1$

8. 미분공식

$f(t)$	$\dfrac{df(t)}{dt}$	$f(t)$	$\dfrac{df(t)}{dt}$
a	0	$\dfrac{h}{g}$	$\dfrac{h'g-hg'}{g^2}$
$af(t)$	$a\cdot\dfrac{df(t)}{dt}$	$h\cdot g$	$h'g+hg'$
t^n	nt^{n-1}	h^2	$2h\cdot h'$
e^{at}	$a\,e^{at}$	a^t	$a^t\cdot\log_e a$
$\log_e t$	$\dfrac{1}{t}$	$\log_a t$	$\dfrac{\log_a e}{t}$
t^t	$t^t\cdot(1+\log_e t)$	t^{at}	$a\cdot t^{at}\cdot(1+\log_e t)$
$\sin t$	$\cos t$	$\sin at$	$a\cos at$
$\cos t$	$-\sin t$	$\cos at$	$-a\sin at$
$\cot t$	$-\mathrm{cosec}^2 t$	$\sec t$	$\tan t\cdot\sec t$
$\tan t$	$\sec^2 t$		

9. 적분공식

$f(t)$	$\int f(t)\ dt + C$	$f(t)$	$\int f(t)\ dt + C$
a	at	$af(t)$	$a \cdot \int f(t)\ dt$
t^n	$\frac{t^{n+1}}{n+1}$	$u' \cdot v$	$u \cdot v - \int u \cdot v'$
e^{at}	$\frac{e^{at}}{a}$	a^t	$a^t \cdot \log_a e$
t^{-1}	$\log_e t$	$\log_a t$	$\frac{\log_a e}{t}$
$\cos t$	$\sin t$	$\sin at$	$\frac{-\cos at}{a}$
$\sin t$	$-\cos t$	$\sec^2 t$	$\tan t$
$\mathrm{cosec}^2 t$	$-\cot t$	$\frac{1}{(a^2+t^2)}$	$\frac{1}{a} tan^{-1} \frac{t}{a}$

연습문제 풀이

제 1 장 복소 주파수와 회로망함수

1.1 저항과 인덕턴스의 단위는 각각

$$R\,[ohms] = \frac{[Volts]}{[Amperes]} \quad \left(R = \frac{V}{I} \text{ 로부터}\right)$$

$$L\,[Henry] = \frac{[Volts]\times[\sec]}{[Amperes]} \quad \left(v = L\frac{di}{dt} \text{ 로부터}\right)$$

이므로

$$\alpha = \frac{R}{2L} = \frac{[Volts]}{[Amperes]} \times \frac{[Amperes]}{[Volts]\times[\sec]} = \frac{1}{[\sec]}$$

그러므로 감쇠정수 α는 주파수 성분이다. ⏎

1.2 오일러의 공식을 이용하면

$$v = Re\,[e^{j\theta}] = Re\,[\cos\theta + j\sin\theta] = \cos\theta$$

로서 θ는 위상값을 나타낸다. ⏎

1.3 (a) $s(t) = 10e^{-2t}\sin(4t + 30^\circ)$

(b) $s(t) = -5e^{-3t}\sin 2t = 5e^{-3t}\sin(2t + 180^\circ)$

(c) $V(s) = 1 + j2 = 2.24\angle 63.4^\circ$

이므로

$$s(t) = -2.24e^{-5t}\sin(5t + 63.4^\circ) = 2.24e^{-5t}\sin(5t - 116.6^\circ)$$

(d) $V(s) = 2 - j2 = 2.83\angle -45^\circ$

이므로

$$s(t) = 2.83\sin(377t - 45^\circ)$$ ⏎

1.4 (a) 직류파 (b) 각주파수 100인 정현 교류파 (c) 감쇠 직류파
(d) 각주파수 377인 감쇠 진동파 (e) 각주파수 100인 증가 진동파 ⏎

1.5 회로의 어드미턴스는

$$Y(s) = G + sC = 1 + 2s$$

$$V(s)=\frac{I(s)}{Y(s)}$$

(a) $I(s)=3$, $s=0$, $Y(s)=1+2s=1$ 이므로

$$V(s)=\frac{I(s)}{Y(s)}=\frac{3}{1}=3\ [V]$$

$\therefore\ v(t)=3\ [V]$

(b) $I(s)=3\angle 0^\circ$, $s=-5$, $Y(s)=1+2s=-9$ 이므로

$$V(s)=\frac{I(s)}{Y(s)}=\frac{3\angle 0^\circ}{-9}=-\frac{1}{3}[\mathrm{V}]$$

$$\therefore\ v(t)=-\frac{1}{3}e^{-5t}[\mathrm{V}]$$

(c) $I(s)=3\angle 30^\circ$, $s=j5$, $Y(s)=1+2s=1+j10=10.05\angle 84.3^\circ$이므로

$$V(s)=\frac{I(s)}{Y(s)}=\frac{3\angle 30^\circ}{10.05\angle 84.3^\circ}=0.3\angle -54.3^\circ[\mathrm{V}]$$

$\therefore\ v(t)=V Im[e^{st}]=0.3\sin(5t-54.3^\circ)[\mathrm{V}]$

(d) $I(s)=3\angle 30^\circ$, $s=-5+j5$,

$Y(s)=1+2s=-9+j10=13.45\angle 132^\circ$이므로

$$V(s)=\frac{I(s)}{Y(s)}=\frac{3\angle 30^\circ}{13.45\angle 132^\circ}=0.223\angle -102^\circ[\mathrm{V}]$$

$\therefore\ v(t)=V Im[e^{st}]=0.223e^{-5t}\sin(5t-102^\circ)[\mathrm{V}]$ ↵

1.6 커패시터와 코일의 임피던스는 각각 $1/sC$, sL이므로

$$V_o(s)=\frac{V_S(s)}{R_1+\dfrac{1/sC\,(R_2+sL)}{1/sC+R_2+sL}}\times\frac{1/sC}{1/sC+R_2+sL}\times sL$$

$$\therefore\ \frac{V_o(s)}{V_S(s)}=\frac{sL}{R_1LCs^2+(R_1R_2C+L)s+R_1+R_2}$$ ↵

1.7 신호원으로부터 복소 주파수는 $s=j3$이므로

$sL_1=j3\times 2=j6$, $sL_2=j3\times 1=j3$.

$$\therefore V_L(s)=\frac{20\angle 0^\circ}{R_1+\dfrac{sL_1(sL_2+R_L)}{sL_1+sL_2+R_L}}\times\frac{sL_1}{sL_1+sL_2+R_L}\times R_L$$

$$=\frac{20\angle 0^\circ}{4+\dfrac{j6(j3+6)}{j6+j3+6}}\times\frac{j6}{j6+j3+6}\times 6=\frac{120\angle 90^\circ}{1+j12}=9.97\angle(90^\circ-\tan^{-1}12)$$

$\therefore\ v_L(t)=9.97\sin(3t+4.76^\circ)[\mathrm{V}]$ ↵

1.8

$s = j3$

$\therefore\ sL_1 = j3 \times 2 = j6\,,\ sL_2 = j3 \times 1 = j3$

$\therefore\ Z_d(s) = R_1 + \dfrac{sL_1(sL_2 + R_L)}{sL_1 + sL_2 + R_L} = 4 + \dfrac{j6(j3+6)}{j6+j3+6} = \dfrac{2+j24}{2+j3}$

$= \dfrac{24.08\angle 85.2^\circ}{3.61\angle 56.3^\circ} = 6.68\angle 28.9^\circ$

1.9 (a) 코일과 커패시터의 임피던스는 각각 $sL = 5s\,,\ \dfrac{1}{sC} = \dfrac{1}{2s}$ 이다.

$V_1(s) = I_1(s)\left(5s + \dfrac{1}{2s}\right),\qquad V_2(s) = I_1(s) \times \dfrac{1}{2s}$ 이므로

$$\frac{V_2(s)}{V_1(s)} = \frac{\dfrac{1}{2s}}{5s + \dfrac{1}{2s}} = \frac{1}{10s^2+1}$$

(b) 전달 임피던스는 V_2 / I_1 이므로

$$\frac{V_2(s)}{I_1(s)} = \frac{1}{2s}$$

(c) 구동점 임피던스는 V_1 / I_1 이므로

$$\frac{V_1(s)}{I_1(s)} = 5s + \frac{1}{2s}$$

$$\therefore\ \frac{I_1(s)}{V_1(s)} = \frac{2s}{10s^2+1}$$

1.10 (a) $v_1(t) = 10\sin 2t$ 이므로

$V_1(s) = 10\angle 0^\circ,\ s = j2$ 이다.

$$\therefore\ I_1(s) = \frac{2s \times V_1(s)}{10s^2+1} = \frac{2 \times j2 \times 10\angle 0^\circ}{10 \times (j2)^2 + 1} = 1.03\angle -90^\circ$$

$\therefore\ i_1(t) = 1.03\sin(2t - 90^\circ)$

(b) $V_2(s) = \dfrac{1}{2s} \times I_1(s) = \dfrac{V_1(s)}{10s^2+1} = \dfrac{10\angle 0^\circ}{10 \times (j2)^2 + 1} = 0.256\angle -180^\circ$

$\therefore\ v_2(t) = 0.256\sin(2t - 180^\circ)$

1.11 커패시터단으로 흐르는 전류를 I_2 라고 하면

$I_1 = \dfrac{V_1}{20} + \dfrac{V_1}{10 + \dfrac{1}{2s}}$ 으로부터

$$Z_{11} = \frac{V_1}{I_1} = \frac{1}{\dfrac{1}{20} + \dfrac{1}{10 + \dfrac{1}{2s}}} = \frac{400s + 20}{60s + 1}$$

$$V_2 = \frac{20 \times I_1}{20 + 10 + \dfrac{1}{2s}} \times \frac{1}{2s}$$ 로부터

$$Z_{21} = \frac{V_2}{I_1} = \frac{20}{20 + 10 + \dfrac{1}{2s}} \times \frac{1}{2s} = \frac{20}{60s + 1}$$ ↵

1.12 (a) $I_S(s) = 10\angle 0^\circ,\ s = -2 + j4$

$$V_C(s) = \frac{10 \times I_S(s)}{10 + 5s + \dfrac{5}{s}} \times \frac{5}{s} = \frac{10 \times I_S(s)}{s^2 + 2s + 1}$$

$$\therefore\ \frac{V_C(s)}{I_S(s)} = \frac{10}{s^2 + 2s + 1}$$

(b) $V_C(s) = \dfrac{10 \times 10\angle 0^\circ}{s^2 + 2s + 1} = \dfrac{10 \times 10\angle 0^\circ}{(-2 + j4)^2 + 2(-2 + j4) + 1} = 5.88\angle 152^\circ$ ↵

1.13 전달함수는

$$\frac{V_L(s)}{V_S(s)} = \frac{1}{4 + 3s + \dfrac{(6 + 2s) \times \dfrac{1}{2s}}{6 + 2s + \dfrac{1}{2s}}} \times \frac{\dfrac{1}{2s}}{6 + 2s + \dfrac{1}{2s}} \times 6$$

$$= \frac{1}{(s + 3.8)(s + 2.7)(s + 0.495)}$$

$\therefore$ 극점 : $p_1 = -3.8,\ p_2 = -2.7,\ p_3 = -0.495$

영점 : $z_1 = z_2 = z_3 = \infty$ ↵

1.14 (a) $H(s) = A\dfrac{s + 2}{(s + 1)(s^2 + 2s + 2)}$ (A는 상수)

(b) $H(s) = A\dfrac{(s + 2)(s + 4)}{s(s + 1)(s + 3)^2(s^2 + 4s + 20)}$ (A는 상수) ↵

1.15 (a) $H(s) = A\dfrac{s}{(s + 8)(s^2 + 4s + 20)(s^2 + 4s + 40)}$ (A는 상수)

(b) 중심주파수

$\omega_0 = 5 \times 10^3\ [rad/\mathrm{sec}]$

이고, 차단주파수는

$$\omega_1 = 3585\ [rad/\sec],\ \omega_2 = 6415\ [rad/\sec]$$

이며, 대역폭

$$\Delta\omega = 2828\ [rad/\sec]$$

인 대역통과 회로이다.

(c) 주파수 변화에 따라 $+90^\circ \sim -90^\circ$ 의 위상변화가 있다. ⏎

1.16 $\omega = 0$ 에서 차단특성을 가지고,
$\omega_1 = 3015\ [rad/\sec]$ 에서 최대 전달특성을 가지며,
$\omega_2 = 10000\ [rad/\sec]$ 에서 차단특성을 가지는 대역통과 필터 특성. ⏎

1.17

$$T(s) = \frac{V_o(s)}{V_S(s)} = \frac{(2s^2+1)(s^2+2)}{2s^4+7s^2+2}$$ ⏎

1.18 회로의 임피던스는

$$Z(s) = R_1 + sL + \frac{1}{sC} + R_2 \Big|_{s = j3.16\times10^5}$$

$$= 10 + j3.16\times10^5\times1\times10^{-3} - j\frac{1}{3.16\times10^5\times0.01\times10^{-6}} + 70$$

$$= 80 + j316 - j316 = 80$$

$$\therefore\ v_L = \frac{70}{80}\times v_S = 1.75\sin(3.16\times10^5 t)$$

$$\therefore\ V_L = \frac{1.75}{\sqrt{2}} = 1.24[\mathrm{V}]$$ ⏎

1.19 $T(s) = \dfrac{V_o(s)}{V_S(s)} = \dfrac{(2s^2+1)(s^2+2)}{2s^4+7s^2+2}$ 로부터 극점은 $2s^4+7s^2+2=0$ 에서 존재하며 이것의 근이 자연주파수이다.

$$\therefore\ s^2 = -0.31,\ -3.186$$

$$\therefore\ s_{1,2} = \pm j0.557,\ s_{3,4} = \pm1.785$$ ⏎

1.20 (a) $1\ [Bel] = 10[\mathrm{decibels}]$

(b) $\dfrac{2\,P_S\,[Watts]}{P_S\,[Watts]} = 3[\mathrm{dB}]$

(c) $\dfrac{2\,V_S\,[Volts]}{V_S\,[Volts]} = 6[\mathrm{dB}]$

(d) $\dfrac{2\ V_S\,[Volts]}{V_S\,[Volts]} = 0.69[\mathrm{Neper}]$

(e) $\left.\dfrac{I_L\,[A]}{I_S\,[A]}\right|_{I_L = I_S} = 0[\mathrm{Neper}]$

(f) $10\ [Watts] = 40[\mathrm{dBm}]$

(g) $1\ [dB] = 0.115[\mathrm{Neper}]$

【참 고】 소리와 데시벨(dBs)

0 [dBs] : 소리의 존재를 인간의 귀로 겨우 들을 수 있는 정도
30 [dBs] : 속삭이는 소리
40 [dBs] : 주위 소음
60 [dBs] : 조용한 음악
70 [dBs] : 일상적인 대화
80 [dBs] : 보통의 음악
90 [dBs] : 큰소리의 음악, 전철, 고속도로상의 차량, 대형 트럭
100 [dBs] : 매우 큰 소리의 음악
110 [dBs] : 하드 록 밴드, 착암기, 제재소의 톱날 소리
120 [dBs] : 인간이 귀로 들을 수 있는 한계(고통 분기점)
140 [dBs] : 관공서의 사이렌(근접 레벨)
160 [dBs] : 제트 엔진(근접 레벨, 근접한 보통의 유리창이 깨어짐)

제 2 장 주파수 응답과 필터 및 공진회로

2.2 입력 전압에 대한 출력 전압의 주파수 함수는

$$V_o(s) = \frac{R \times V_i(s)}{sL + R}$$

로부터 전달함수는

$$A_V = \frac{V_o(s)}{V_i(s)} = \left.\frac{1}{1 + \dfrac{sL}{R}}\right|_{s = j\omega} = \frac{1}{1 + \dfrac{j\omega L}{R}}$$

그러므로 정규화된 전압 이득은

$$|A_V| = \left|\frac{1}{1 + \dfrac{j\omega L}{R}}\right| = \frac{1}{\sqrt{1 + \left(\dfrac{\omega L}{R}\right)^2}} = \frac{1}{\sqrt{1 + (10^{-4} \times \omega)^2}}$$

이것은 저역통과 필터로서, 차단주파수는

$$\frac{1}{\sqrt{1+\left(\frac{\omega L}{R}\right)^2}} = \frac{1}{\sqrt{2}}$$

로부터

$$\omega_C = \frac{R}{L} = 10^4 \ [rad/\text{sec}] \ , \ f_C = \frac{R}{2\pi L} = 1592 \ [Hz]$$ ↵

2.3 (a) $\frac{L}{2} = 40 \ [mH]$, $C = 0.5 \ [\mu F]$ 이므로

$$K = \sqrt{Z_1 \cdot Z_2} = \sqrt{\frac{j\omega L}{j\omega C}} = \sqrt{\frac{L}{C}} = \sqrt{\frac{80\times 10^{-3}}{0.5\times 10^{-6}}} = 400 \ [\Omega]$$

$$\therefore \ f_C = \frac{1}{\pi\sqrt{LC}} = \frac{K}{\pi L} = \frac{400}{\pi\times 80\times 10^{-3}} = 1592[\text{Hz}]$$

(b) $\frac{C}{2} = 0.5[\mu\text{F}]$, $L = 10[\text{mH}]$ 이므로

$$K = \sqrt{Z_1 \cdot Z_2} = \sqrt{\frac{j\omega L}{j\omega C}} = \sqrt{\frac{L}{C}} = \sqrt{\frac{10\times 10^{-3}}{1\times 10^{-6}}} = 100[\Omega]$$

$$\therefore \ f_C = \frac{1}{\pi\sqrt{LC}} = \frac{K}{\pi L} = \frac{100}{\pi\times 10\times 10^{-3}} = 3183[\text{Hz}]$$ ↵

2.4 (a) $L = 36[\text{mH}]$, $C = 0.2[\mu\text{F}]$ 이므로

$$K = \sqrt{\frac{L}{C}} = \sqrt{\frac{36\times 10^{-3}}{0.1\times 10^{-6}}} = 600[\Omega]$$

$$\therefore \ f_C = \frac{1}{4\pi\sqrt{LC}} = \frac{K}{4\pi L} = \frac{600}{4\pi\times 36\times 10^{-3}} = 1326[\text{Hz}]$$

(b) $2L = 160[\text{mH}]$, $C = 8[\mu\text{F}]$ 이므로

$$K = \sqrt{\frac{L}{C}} = \sqrt{\frac{80\times 10^{-3}}{8\times 10^{-6}}} = 100[\Omega]$$

$$\therefore \ f_C = \frac{1}{4\pi\sqrt{LC}} = \frac{K}{4\pi L} = \frac{100}{4\pi\times 80\times 10^{-3}} = 99.5[\text{Hz}]$$ ↵

2.5 용량성 회로이므로 전류의 위상이 빠르다. 회로의 어드미턴스는

$$\boldsymbol{Y} = \frac{1}{10} + \frac{1}{R_C - j5} = \frac{1}{10} + \frac{R_C}{{R_C}^2 + 5^2} + j\frac{5}{{R_C}^2 + 5^2}$$

$$\boldsymbol{YV} = \boldsymbol{I}$$

에서 전류의 위상이 전압의 위상보다 45° 빠르게 나타나려면 어드미턴스의 위상이 45° 이어야 한다.

$$\tan^{-1}\left[\frac{Im(Y)}{Re(Y)}\right] = 45°$$

$$\therefore \ \frac{1}{10} + \frac{R_C}{R_C^{\ 2} + 5^2} = \frac{5}{R_C^{\ 2} + 5^2}$$

$$\therefore \ R_C = 2.07\ [\Omega]$$

2.6 입력 전압에 대한 출력 전압의 주파수 함수는

$$V_o(s) = \frac{sL \times V_i(s)}{sL + R}$$

로부터 전달함수는

$$A_V = \frac{V_o(s)}{V_i(s)} = \left.\frac{1}{1 + \dfrac{R}{sL}}\right|_{s=j\omega} = \frac{1}{1 - j\dfrac{R}{\omega L}}$$

그러므로 정규화된 전압 이득은

$$|A_V| = \left|\frac{1}{1 - j\dfrac{R}{\omega L}}\right| = \frac{1}{\sqrt{1 + \left(\dfrac{R}{\omega L}\right)^2}} = \frac{1}{\sqrt{1 + \left(\dfrac{10^4}{\omega}\right)^2}}$$

이것은 저역통과 필터로서, 차단주파수는

$$\frac{1}{\sqrt{1 + \left(\dfrac{R}{\omega L}\right)^2}} = \frac{1}{\sqrt{2}}$$

로부터

$$\omega_C = \frac{R}{L} = 10^4\ [rad/\text{sec}]\ ,\ f_C = \frac{R}{2\pi L} = 1592[\text{Hz}]$$

2.7 $X_L + X_C = 0$

일 때, 공진이 일어나므로

$$2\pi f_r L = \frac{1}{2\pi f_r C}$$

로부터

$$f_r = \frac{1}{2\pi\sqrt{LC}} = \frac{1}{2\pi\sqrt{0.5 \times 10^{-3} \times 10 \times 10^{-6}}} = 2251[\text{Hz}]$$

2.8 (a) $f_L = f_r - 50 = 2251 - 50 = 2201[\text{Hz}]$

$$X_{L1} = 2\pi \times f_L \times L = 2\pi \times 2201 \times 0.5 \times 10^{-3} = 6.915$$

$$X_{C1} = \frac{-1}{2\pi \times f_L \times C} = \frac{-1}{2\pi \times 2201 \times 10 \times 10^{-6}} = -7.231$$

$$\therefore\ X_1 = X_{L1} + X_{C1} = 6.915 - 7.231 = -0.316$$

$$\therefore\ Z = \sqrt{R^2 + X_1^{\ 2}} = \sqrt{10^2 + (-0.316)^2} = 10.005\ [\Omega]$$

(b) $f_H = f_r + 50 = 2251 + 50 = 2301[\text{Hz}]$

$$X_{L2} = 2\pi \times f_H \times L = 2\pi \times 2301 \times 0.5 \times 10^{-3} = 7.229$$

$$X_{C2} = \frac{-1}{2\pi \times f_H \times C} = \frac{-1}{2\pi \times 2301 \times 10 \times 10^{-6}} = -6.917$$

$$\therefore\ X_2 = X_{L2} + X_{C2} = 7.229 - 6.917 = 0.312$$

$$\therefore\ Z = \sqrt{R^2 + X_2^{\ 2}} = \sqrt{10^2 + (0.312)^2} = 10.005\,[\Omega]$$ ↵

2.9

(a) $Q_0 = \dfrac{\omega_0 L}{R} = \dfrac{L}{R\sqrt{LC}} = \dfrac{0.1 \times 10^{-3}}{5\sqrt{0.1 \times 10^{-3} \times 0.047 \times 10^{-6}}} = 9.23$

(b) $B = \dfrac{f_0}{Q_0} = \dfrac{1}{2\pi Q_0 \sqrt{LC}} = \dfrac{1}{2\pi \times 9.23 \times \sqrt{0.1 \times 10^{-3} \times 0.047 \times 10^{-6}}} = 7953[\text{Hz}]$

(c) $V_C = Q_0 \times V_S = 9.23 \times 1 = 9.23[\text{V}]$ ↵

2.10

$$\left|\frac{\boldsymbol{Y}}{\boldsymbol{Y}_0}\right| = \frac{1}{\sqrt{1 + (2Q_0\delta)^2}} = \left|\frac{\boldsymbol{I}}{\boldsymbol{I}_0}\right|$$

이므로

$$\frac{1}{\sqrt{1 + (2Q_0\delta)^2}} = \frac{1}{2}$$

로부터

$$Q_0\delta = \pm 0.866$$

이다.

$$\therefore\ \delta = \frac{\pm 0.866}{Q_0} = \frac{\pm 0.866}{36} = \pm 0.0241$$

δ 의 정의로부터

$$\delta = \frac{f_{1,2}}{f_0} - 1 = \pm 0.0241$$

이므로

$$f_{1,2} = (1 \pm 0.0241) \times f_0 = (1 \pm 0.0241) \times 710 = 727.1[\text{kHz}],\ 692.9\ [\text{kHz}]$$ ↵

2.11

만능공진곡선의 함수로부터

$$\delta_1 = \frac{f_1}{f_0} - 1 = \frac{720}{710} - 1 = 0.0141, \qquad \delta_2 = \frac{f_2}{f_0} - 1 = \frac{700}{710} - 1 = -0.0141$$

$$\therefore \ \frac{I}{I_0} = \frac{1}{\sqrt{1+(2Q_0\delta)^2}} = \frac{1}{\sqrt{1+[2\times 36\times(\pm 0.0141)]^2}} = 0.7$$

$$\therefore \ I = 0.7\,I_m$$

2.12

(a) 대역폭 $B = \dfrac{f_0}{Q_0}$ 이므로

$$f_0 = BQ_0 = 5.8\times 80 = 464[\text{kHz}]$$

$Q_0\delta = \pm 0.5$ 에서 차단 주파수가 존재하므로

$$\delta = \frac{f_H, f_L}{f_0} - 1 = \frac{\pm 0.5}{Q_0}$$

로부터

$$f_H, f_L = \left(1 \pm \frac{0.5}{Q_0}\right)\times f_0 = \left(1 \pm \frac{0.5}{80}\right)\times 464 = 466.9[\text{kHz}],\ 461.1\ [\text{kHz}]$$

(b) $Q_0 = \dfrac{1}{R}\sqrt{\dfrac{L}{C}}$

로부터

$$R = \frac{1}{Q_0}\sqrt{\frac{L}{C}} = \frac{1}{80}\sqrt{10^5} = 3.953[\Omega]$$

또한 $Q_0 = \dfrac{\omega_0 L}{R}$ 로부터

$$L = \frac{Q_0 R}{\omega_0} = \frac{80\times 3.953}{2\pi\times 464\times 10^3} = 108.5[\mu\text{H}]$$

2.13

$$Q_0 = \frac{f_0}{B} = \frac{10^6}{20\times 10^3} = 50$$

$$\therefore \ Q_0 = \frac{\omega_0 L}{R} = \frac{1}{\omega_0 RC}\text{로부터}$$

$$L = \frac{Q_0 R}{\omega_0} = \frac{50\times 20}{2\pi\times 10^6} = 159.2[\mu\text{H}]$$

$$C = \frac{1}{\omega_0 Q_0 R} = \frac{1}{2\pi\times 10^6\times 50\times 20} = 159.2[\text{pF}]$$

2.14 (a) 공진시에 리액턴스 소자에는 서로 다른 극성의 같은 전압이 최대로 나타나므로

$$\frac{1}{\omega_0 C} = 150$$

으로부터

$$C = \frac{1}{150\omega_0} = \frac{1}{150 \times 2\pi \times 60} = 17.7[\mu\text{F}]$$

(b) $V_C = Q_0 \times V = \dfrac{\omega_0 LV}{R} = \dfrac{150 \times 1 \times 10^{-3}}{5} = 30[\text{mV}]$ ↵

2.15 (b) $f_r = \dfrac{1}{2\pi\sqrt{LC}} = \dfrac{1}{2\pi\sqrt{50 \times 10^{-6} \times 100 \times 10^{-12}}} = 2.251[\text{MHz}]$

(c) 공진시의 탱크회로의 임피던스는

$$Z_0 = RQ_0^{\ 2} = \omega_0 LQ_0 = 2\pi \times 2.251 \times 10^6 \times 50 \times 10^{-6} \times 200 = 141.4[\text{k}\Omega]$$

$$\therefore\ V_C = \frac{Z_0 \times V_S}{R_S + R_0} = \frac{141.4 \times 3}{500 + 141.4} = 0.6614[\text{V}]$$

(d) $I_S = \dfrac{V_S}{R_S + Z_0} = \dfrac{3}{(500 + 141.4) \times 10^3} = 4.68[\mu\text{A}]$

(e) $I_C = Q_0 I_S = 200 \times 4.68\ [\mu A] = 935.5[\mu\text{A}]$

(f) 등가 병렬회로의 등가 병렬 저항은

$$R_T = R_S // RQ_0^{\ 2} = \frac{500 \times 141.4}{500 + 141.4} = 110.23m[k\Omega]$$

$$\therefore\ Q_E = \frac{R_T}{\omega_0 L} = \frac{110.23 \times 10^3}{2\pi \times 2.251 \times 10^6 \times 50 \times 10^{-6}} = 155.9$$

(g) $B = \dfrac{f_0}{Q_E} = \dfrac{2.251 \times 10^6}{155.9} = 14.44[\text{kHz}]$

$$\therefore\ f_{1,2} = f_0 \pm \frac{B}{2} = 2.251 \times 10^6 \pm \frac{14.44 \times 10^3}{2}$$

$$= 2.258,\ \ 2.244[\text{MHz}]$$ ↵

2.16 $B = \dfrac{f_0}{Q_0}$ 이고 대역폭은 30[Hz] 이므로

$$Q_0 = \frac{f_0}{B} = \frac{1500}{30} = 50$$

공진시의 임피던스는 R이므로

$$RI = V_0$$

로부터

$$R = \frac{V_0}{I} = \frac{20}{1 \times 10^{-3}} = 20[\text{k}\Omega]$$

또한

$$\frac{R}{\omega_0 L} = Q_0 = 50$$

으로부터

$$L = \frac{R}{\omega_0 \times 50} = \frac{20 \times 10^3}{2\pi 1500 \times 50} = 42.4[\text{mH}]$$

$$\omega_0 RC = Q_0 = 50$$

으로부터

$$C = \frac{50}{\omega_0 R} = \frac{50}{2\pi \times 1500 \times 20 \times 10^3} = 0.265[\mu\text{F}]$$ ↵

2.17

$$\delta = \frac{f - f_0}{f_0} = \frac{f}{f_0} - 1 = \frac{1520}{1500} - 1 = 0.01333$$

$$\therefore \frac{V}{V_0} = \frac{1}{\sqrt{1 + (2Q_{0P}\delta)^2}}$$

로부터

$$V = \frac{V_0}{\sqrt{1 + (2Q_{0P}\delta)^2}} = \frac{20}{\sqrt{1 + (2 \times 50 \times 0.01333)^2}} = 12[\text{V}]$$ ↵

2.18 (a) $\omega_0 = \frac{1}{\sqrt{LC}}$ 이므로

$$C = \frac{1}{(2\pi f_0)^2 L} = \frac{1}{(2\pi \times 640 \times 10^3)^2 \times 500 \times 10^{-6}} = 123.7[\text{pF}]$$

(b) $Q_0 = \frac{\omega_0 L}{R} = \frac{2\pi \times 640 \times 10^3 \times 500 \times 10^{-6}}{10} = 202$

(c) $BW = \frac{f_0}{Q_0} = \frac{640 \times 10^3}{202} = 3.17[\text{kHz}]$ ↵

2.19 (a) $V_C = Q_0 V_S = 202 \times 1 = 202[\text{mV}]$

(b) $V_{C,}\text{max} = \dfrac{V \times \dfrac{R^2 + X_L^{\ 2}}{X_L}}{\sqrt{R^2 + (R^2 / X_L)^2}}$

$X_L = \omega_0 L = 2\pi \times 640 \times 10^3 \times 500 \times 10^{-6} = 2011[\Omega]$ 이므로

$$V_{C}\max = \frac{1 \times \frac{10^2 + 2011^2}{2011}}{\sqrt{10^2 + (10^2/2011)^2}} = 201[\text{mV}]$$

(c) 콘덴서에 최대 전압이 나타날 때 커패시턴스는

$$C = \frac{L}{R^2 + X_L^{\ 2}} = \frac{500 \times 10^{-6}}{10^2 + 2011^2} = 123.6[\text{pF}]$$

$$\therefore\ X_C = \frac{-1}{2\pi \times 640 \times 10^3 \times 123.6 \times 10^{-12}} = -2011.4\,[\Omega] \text{ 이므로}$$

$$\therefore\ V_L = \frac{V \times X_L}{\sqrt{R^2 + (X_L + X_C)^2}} = \frac{1 \times 2011}{\sqrt{10^2 + (2011 - 2011.4)^2}}$$

$$= 201[\text{mV}]$$

2.20

$$\boldsymbol{Z} = -j\frac{1 - \omega^2(L_2C_1 + L_2C_2)}{\omega C_2(1 - \omega^2 L_2 C_2)}$$

$1 - \omega^2(L_2C_1 + L_2C_2) = 0$ 에서 최대 전류이다.

$$\therefore\ \omega_1 = \frac{1}{\sqrt{L_2C_1 + L_2C_2}} = 2\pi \times 710 \times 10^3$$

$1 - \omega^2 L_2 C_2 = 0$ 에서 최소 전류이다.

$$\therefore\ \omega_2 = \frac{1}{\sqrt{L_2C_2}} = 2\pi \times 1 \times 10^6$$

$$\therefore\ C_2 = \frac{1}{\omega_2^{\ 2}L_2} = \frac{1}{(2\pi \times 1 \times 10^6)^2 \times 300 \times 10^{-6}} = 84.4[\text{pF}]$$

$$\therefore\ C_1 = \frac{1}{\omega_1^{\ 2}L_2} - C_2 = \frac{1}{(2\pi \times 710 \times 10^3)^2 \times 300 \times 10^{-6}} - 84.4$$

$$= 167.5 - 84.4\ [pF] = 83.1[\text{pF}]$$

제 3 장 회로망의 일반적 해석법

3.1 각 폐루프의 시계 방향 전류값을 각각 I_1, I_2, I_3 라고 하고, 각 루프에 대해 KVL을 적용하여 시계방향으로 평형방정식을 세우면

$$(1+2+3)\cdot I_1 - 2\cdot I_2 - 3\cdot I_3 = 10$$

$$-2\cdot I_1 + (2+4)\cdot I_2 - 0\cdot I_3 = 0$$

$$-3\cdot I_1 + 0\cdot I_2 + 5\cdot I_3 = 0$$

행렬로 나타내면

$$\begin{bmatrix} 6 & -2 & -3 \\ -2 & 6 & 0 \\ -3 & 0 & 5 \end{bmatrix} \cdot \begin{bmatrix} I_1 \\ I_2 \\ I_3 \end{bmatrix} = \begin{bmatrix} 10 \\ 0 \\ 0 \end{bmatrix}$$

이다. 크래머의 공식을 이용하여 전류 I_2와 I_3를 구하면

$$I_2 = \frac{\begin{vmatrix} 6 & 10 & -3 \\ -2 & 0 & 0 \\ -3 & 0 & 5 \end{vmatrix}}{\begin{vmatrix} 6 & -2 & -3 \\ -2 & 6 & 0 \\ -3 & 0 & 5 \end{vmatrix}} = \frac{100}{180-54-20} = \frac{100}{106}, \quad I_3 = \frac{\begin{vmatrix} 6 & -2 & 10 \\ -2 & 6 & 0 \\ -3 & 0 & 0 \end{vmatrix}}{\begin{vmatrix} 6 & -2 & -3 \\ -2 & 6 & 0 \\ -3 & 0 & 5 \end{vmatrix}} = \frac{180}{106}$$

$$\therefore\ I_G = I_3 - I_2 = \frac{180}{106} - \frac{100}{106} = \frac{80}{106} = 0.755\ [A]$$

3.2 폐로 해석법을 위해 병렬로 연결된 2[Ω]저항과 4[A]전류원은 등가적으로 8[V]전압원과 2[Ω]저항의 직렬 연결로 해석할 수 있으므로 두개의 메쉬에 대해 폐로 방정식을 구하면

$$\begin{bmatrix} 6 & -4 \\ -4 & 7 \end{bmatrix} \cdot \begin{bmatrix} I_1 \\ I_2 \end{bmatrix} = \begin{bmatrix} 10 \\ -8 \end{bmatrix}$$

$$\begin{bmatrix} I_1 \\ I_2 \end{bmatrix} = \begin{bmatrix} 6 & -4 \\ -4 & 7 \end{bmatrix}^{-1} \cdot \begin{bmatrix} 10 \\ -8 \end{bmatrix} = \frac{\begin{bmatrix} 7 & 4 \\ 4 & 6 \end{bmatrix} \cdot \begin{bmatrix} 10 \\ -8 \end{bmatrix}}{\begin{vmatrix} 6 & -4 \\ -4 & 7 \end{vmatrix}} = \frac{\begin{bmatrix} 70-32 \\ 40-48 \end{bmatrix}}{42-16} = \begin{bmatrix} \frac{19}{13} \\ \frac{-4}{13} \end{bmatrix}$$

$$\therefore\ I_4 = I_1 - I_2 = \frac{19-(-4)}{13} = 1.77[\mathrm{A}]$$

3.3 (a) 입력 전압에 대한 최대치 표현 페이저는

$$V_i = 100\angle 0°$$

그러므로 각 폐루프에 대해 시계방향으로 KVL을 적용하여 방정식을 세우면

$$\begin{bmatrix} 10+s+2s & -2s \\ -2s & 2s+\frac{10}{s} \end{bmatrix} \cdot \begin{bmatrix} I_1 \\ I_2 \end{bmatrix} = \begin{bmatrix} 100 \\ 0 \end{bmatrix}$$

여기서 $s=j4$ 이므로 위의 식에 대입하고, 크래머의 공식을 이용하면

$$I_2 = \frac{\begin{vmatrix} 10+3s & 100 \\ -2s & 0 \end{vmatrix}}{\begin{vmatrix} 10+3s & -2s \\ -2s & 2s+\frac{10}{s} \end{vmatrix}} = \left.\frac{100s^2}{s^3+10s^2+15s+50}\right|_{s=j4}$$

$$= \frac{1600}{110+j4} = 14.54\angle -2.1°$$

$$\therefore\ I_C = 14.54\angle -2.1°$$

(b) $i_C(t) = 14.54\sin(4t - 2.1°)$

3.4 절점 해석법을 위해 직렬로 연결된 2[Ω] 저항과 10[V] 전압원은 등가적으로 5[A] 전류원과 2[Ω] 저항의 병렬 연결로 해석할 수 있으므로 a와 b 단자 두 개의 절점에 대해 절점 방정식을 구하면

$$\begin{bmatrix} 0.5+0.25+1 & -1 \\ -1 & 1+0.5 \end{bmatrix} \cdot \begin{bmatrix} V_a \\ V_b \end{bmatrix} = \begin{bmatrix} 5 \\ 4 \end{bmatrix}$$

$$\therefore \begin{bmatrix} V_a \\ V_b \end{bmatrix} = \begin{bmatrix} 1.75 & -1 \\ -1 & 1.5 \end{bmatrix}^{-1} \cdot \begin{bmatrix} 5 \\ 4 \end{bmatrix} = \frac{\begin{bmatrix} 1.5 & 1 \\ 1 & 1.75 \end{bmatrix} \cdot \begin{bmatrix} 5 \\ 4 \end{bmatrix}}{\begin{vmatrix} 1.75 & -1 \\ -1 & 1.5 \end{vmatrix}} = \frac{\begin{bmatrix} 11.5 \\ 12 \end{bmatrix}}{1.625} = \begin{bmatrix} 7.08 \\ 7.38 \end{bmatrix}$$

$$\therefore V_{an} = V_a = 7.08[\text{V}]$$ ↵

참고 : 이 값은 문제 3.2의 결과에 4[Ω]을 곱한 것과 같다.

3.5 (i) 1루프의 공급 전압원은 10[V], 2루프의 시계방향 공급 전압원은 -5[V]이다.

(ii) 1루프와 2루프 사이에는 저항 2[Ω], 2루프와 3루프 사이에는 저항 5[Ω]이 연결되어 있다.

(iii) 1루프 직렬단에는 5−2=3[Ω]이, 2루프 직렬단에는 11−(2+5)=4[Ω]이, 3루프 직렬단에는 9−5=4[Ω]이 연결되어 있다.

3.6 (a) 폐로 방정식은

$$\begin{bmatrix} 10+3s & -2s \\ -2s & 2s+\dfrac{10}{s} \end{bmatrix} \cdot \begin{bmatrix} I_1 \\ I_2 \end{bmatrix} = \begin{bmatrix} V_i \\ 0 \end{bmatrix}$$

여기서 $s = j4$ 이므로 자기임피던스 Z_{11} 은

$$Z_{11} = 10 + j12 = 15.6 \angle 50.2°$$

(b) $Z_{12} = -j8 = 8 \angle -90°$

(c) 폐로 방정식으로부터 역행렬을 구하면

$$\begin{bmatrix} 10+3s & -2s \\ -2s & 2s+\dfrac{10}{s} \end{bmatrix} \cdot \begin{bmatrix} I_1 \\ I_2 \end{bmatrix} = \begin{bmatrix} \boldsymbol{V_i} \\ 0 \end{bmatrix}$$

에서 $s = j4$ 이므로 위의 식에 대입하고, 역행렬을 이용하여 풀면

$$\begin{bmatrix} I_1 \\ I_2 \end{bmatrix} = \begin{bmatrix} 10+3s & -2s \\ -2s & 2s+\dfrac{10}{s} \end{bmatrix}^{-1} \cdot \begin{bmatrix} \boldsymbol{V_i} \\ 0 \end{bmatrix} = \frac{\begin{bmatrix} 2s+\dfrac{10}{s} & 2s \\ 2s & 10+3s \end{bmatrix} \cdot \begin{bmatrix} \boldsymbol{V_i} \\ 0 \end{bmatrix}}{\begin{vmatrix} 10+3s & -2s \\ -2s & 2s+\dfrac{10}{s} \end{vmatrix}}$$

$$\therefore I_1 = \frac{(s^2+5) \cdot \boldsymbol{V_i}}{s^3 + 10s^2 + 15s + 50}$$ 로부터

$$Z_d = \frac{\boldsymbol{V_i}}{I_1} = \left. \frac{s^3 + 10s^2 + 15s + 50}{s^2 + 5} \right|_{s=j4} = 10 + j0.364 = 10.01 \angle 2.1°$$ ↵

3.7

그림에서 폐로(메쉬)의 수와 절점의 수는 3개가 되지만, 절점 방정식은 2개만으로도 충분하므로 절점방정식을 이용하기로 한다. 전압원을 $10[V]/2[\Omega]=5[A]=5[A]$의 전류원으로 바꾸고, $2[\Omega]$ 저항을 병렬로 고친 다음 절점 방정식을 세우면,

$$\begin{bmatrix} 0.5+1+0.5+1 & -1-0.5 \\ -1-0.5 & 1+0.5+0.5+0.5 \end{bmatrix} \cdot \begin{bmatrix} V_1 \\ V_2 \end{bmatrix} = \begin{bmatrix} 5-2 \\ 2+3 \end{bmatrix}$$

$$\therefore \begin{bmatrix} V_1 \\ V_2 \end{bmatrix} = \begin{bmatrix} 3 & -1.5 \\ -1.5 & 2.5 \end{bmatrix}^{-1} \cdot \begin{bmatrix} 3 \\ 5 \end{bmatrix} = \frac{\begin{bmatrix} 2.5 & 1.5 \\ 1.5 & 3 \end{bmatrix} \cdot \begin{bmatrix} 3 \\ 5 \end{bmatrix}}{\begin{vmatrix} 3 & -1.5 \\ -1.5 & 2.5 \end{vmatrix}} = \frac{\begin{bmatrix} 15 \\ 19.5 \end{bmatrix}}{5.25} = \begin{bmatrix} 2.86 \\ 3.71 \end{bmatrix}$$

$$\therefore V_1 = 2.86\ [V],\ V_2 = 3.71[\mathrm{V}]$$

3.8

절점 a, b, c에 대해 각각 마디 전압 V_a, V_b, V_c 로 놓는다면 마디 방정식은

$$\begin{bmatrix} 3 & -1 & -1 \\ -1 & 3 & -1 \\ -1 & -1 & 3 \end{bmatrix} \cdot \begin{bmatrix} V_a \\ V_b \\ V_c \end{bmatrix} = \begin{bmatrix} I_S \\ 0 \\ 0 \end{bmatrix}$$

$$\therefore \begin{bmatrix} V_a \\ V_b \\ V_c \end{bmatrix} = \begin{bmatrix} 3 & -1 & -1 \\ -1 & 3 & -1 \\ -1 & -1 & 3 \end{bmatrix}^{-1} \cdot \begin{bmatrix} I_S \\ 0 \\ 0 \end{bmatrix} = \frac{\begin{bmatrix} 8 & \cdot & \cdot \\ 4 & \cdot & \cdot \\ 4 & \cdot & \cdot \end{bmatrix} \cdot \begin{bmatrix} I_S \\ 0 \\ 0 \end{bmatrix}}{\begin{vmatrix} 3 & -1 & -1 \\ -1 & 3 & -1 \\ -1 & -1 & 3 \end{vmatrix}}$$

$$= \frac{1}{16} \begin{bmatrix} 8 \times I_S \\ 4 \times I_S \\ 4 \times I_S \end{bmatrix} = \begin{bmatrix} 0.5 \times I_S \\ 0.25 \times I_S \\ 0.25 \times I_S \end{bmatrix}$$

(a) $V_a = 0.5 \times I_S$ 로부터 구동점 임피던스는

$$Z_d = \frac{V_a}{I_S} = 0.5\ [\Omega]$$

(b) $V_b = 0.25 \times I_S$, $V_c = 0.25 \times I_S$ 로부터 전달 임피던스는

$$Z_{bS} = \frac{V_b}{I_S} = 0.25\ [\Omega]$$

$$Z_{cS} = \frac{V_c}{I_S} = 0.25[\Omega]$$

(c) $I_S = 3[\mathrm{A}]$ 이므로

$$V_a = Z_d \times I_S = 0.5 \times I_S = 0.5 \times 3 = 1.5[\mathrm{V}]$$

$$V_b = Z_{bS} \times I_S = 0.25 \times I_S = 0.25 \times 3 = 0.75[\mathrm{V}]$$

$$V_c = Z_{cS} \times I_S = 0.25 \times I_S = 0.25 \times 3 = 0.75[\mathrm{V}]$$

3.9 선로의 저항은 5[Ω]이므로 폐로 1과 폐로 2에 대해 폐로 방정식을 세우면

$$\begin{bmatrix} 5+5+Z_{L1} & -5 \\ -5 & 5+5+Z_{L2} \end{bmatrix} \cdot \begin{bmatrix} I_1 \\ I_2 \end{bmatrix} = \begin{bmatrix} 110 \\ 100 \end{bmatrix}$$

$$\therefore \begin{bmatrix} I_1 \\ I_2 \end{bmatrix} = \begin{bmatrix} 5+5+Z_{L1} & -5 \\ -5 & 5+5+Z_{L2} \end{bmatrix}^{-1} \cdot \begin{bmatrix} 110 \\ 100 \end{bmatrix}$$

$$= \frac{\begin{bmatrix} 31.7+j12.5 & 5 \\ 5 & 29.3+j5.2 \end{bmatrix} \cdot \begin{bmatrix} 110 \\ 100 \end{bmatrix}}{\begin{vmatrix} 29.3+j5.2 & -5 \\ -5 & 31.7+j12.5 \end{vmatrix}} = \frac{\begin{bmatrix} 4217\angle 19° \\ 3518\angle 8.5° \end{bmatrix}}{993\angle 32.3°}$$

$$= \begin{bmatrix} 4.25\angle -13.3° \\ 3.54\angle -23.88.5° \end{bmatrix}$$

$$\therefore I_G = I_2 - I_1 = (4.25\angle -13.3°) - (3.54\angle -23.8°)$$

$$= 4.14 - j0.98 - 3.24 + j1.43 = 0.9 + j0.45 = 1\angle 26.6°$$

3.11 커패시터단의 임피던스는

$$\boldsymbol{Z_C} = -j\frac{1}{\omega C} = -j\frac{1}{2\pi \times 400 \times 0.04 \times 10^{-6}} = -j9.947[\text{k}\Omega]$$

$$Z(T) = \frac{\text{인접하는 } Z\text{의 곱}}{\sum Z} \text{ 으로부터}$$

$$Z_1 = \frac{10\times 10^3 \times (-j9947)}{10\times 10^3 + 50\times 10^3 - j9947} = \frac{-j9.947\times 10^4}{60 - j9.947} = 1.636\angle -81°[\text{k}\Omega]$$

$$Z_2 = \frac{50\times 10^3 \times (-j9947)}{10\times 10^3 + 50\times 10^3 - j9947} = \frac{-j4.974\times 10^5}{60 - j9.947} = 8.179\angle -81°[\text{k}\Omega]$$

$$Z_1 = \frac{10\times 10^3 \times 50\times 10^3}{10\times 10^3 + 50\times 10^3 - j9947} = \frac{5\times 10^5}{60 - j9.947} = 8.221\angle 9°[\text{k}\Omega]$$

3.12 (a) Δ형 회로 부분을 Y형으로 고치면 각 저항값은

$$R_1 = \frac{6\times 6}{6+6+6} = 2[\Omega] = R_2 = R_3$$

∴ $2+2=4$ [Ω] 짜리 저항을 Y형으로 결선한다.

(b) (a)항에서 구한 4 [Ω] 저항의 Y형 결선으로 부터 Δ형으로 변환하면

$$R_a = \frac{4\times 4 + 4\times 4 + 4\times 4}{4} = 12\ [\Omega] = R_b = R_c$$

∴ 12 [Ω] 짜리 저항을 Δ형으로 결선한다.

3.13 전원함수로부터

$$I_a = 10\angle 0°,\ I_b = 4\angle -90°,\ s = j2$$

이므로 절점 1과 절점 2에 대한 절점 방정식은

$$\begin{bmatrix} 1+1+j0.5 & -(1+j0.5) \\ -(1+j0.5) & 1+1+j0.5 \end{bmatrix} \cdot \begin{bmatrix} V_1 \\ V_2 \end{bmatrix} = \begin{bmatrix} 10 \\ -j4 \end{bmatrix}$$

$$\therefore \begin{bmatrix} V_1 \\ V_2 \end{bmatrix} = \begin{bmatrix} 1+1+j0.5 & -(1+j0.5) \\ -(1+j0.5) & 1+1+j0.5 \end{bmatrix}^{-1} \cdot \begin{bmatrix} 10 \\ -j4 \end{bmatrix}$$

$$= \frac{\begin{bmatrix} 2+j0.5 & 1+j0.5 \\ 1+j0.5 & 2+j0.5 \end{bmatrix} \cdot \begin{bmatrix} 10 \\ -j4 \end{bmatrix}}{\begin{vmatrix} 2+j0.5 & -1-j0.5 \\ -1-j0.5 & 2+j0.5 \end{vmatrix}}$$

$$= \frac{\begin{bmatrix} 22+j1 \\ 12-j3 \end{bmatrix}}{3+j1} = \frac{\begin{bmatrix} 22.02\angle 2.6° \\ 12.37\angle -14° \end{bmatrix}}{3.16\angle 18.4°} = \begin{bmatrix} 6.97\angle -15.8° \\ 3.91\angle -32.4° \end{bmatrix}$$

$$\therefore V_C = V_1 - V_2 = (6.97\angle -15.8°) - (3.91\angle -32.4°)$$

$$= 6.71 - j1.89 - 3.3 + j2.1 = 3.41 + j0.21 = 3.42\angle 3.52°$$

$$\therefore v_C(t) = 3.42\sin(2t + 3.52°)$$ ↵

3.14

구동점 임피던스는

$$Z_{dA} = \left.\frac{V_1}{I_A}\right|_{I_B=0} = \frac{20+j5}{3+j1} = \frac{20.6\angle 14°}{3.16\angle 18.4°} = 6.52\angle -4.36°$$ ↵

3.15

(a) 부하 1의 저항값은

$$R_1 = 19.3\,[\Omega]$$

이고, 전류 페이저는

$$\boldsymbol{I}_1 = 3.54\angle -23.8°$$

이므로

$$P_1 = R_1 I_1^{\,2} = 19.3 \times 3.54^2 = 242.1[\text{W}]$$

(b) 부하 2의 저항값은

$$R_2 = 21.65\,[\Omega]$$

이고, 전류 페이저는

$$\boldsymbol{I}_2 = 4.25\angle -13.3°$$

이므로

$$P_2 = R_2 I_2^{\,2} = 21.65 \times 4.25^2 = 391.1[\text{W}]$$

(c) 분리하여 각각 연결한 경우의 부하 1에 대한 전류는

$$(5+5+Z_{L1}) \cdot I_1 = 110$$

으로부터

$$I_1 = \frac{110}{10 + 20\angle 15°} = \frac{110}{29.32 + j5.176} = 3.69\angle -10°$$

$$\therefore\ P_1 = R_1 I_1^{\ 2} = 29.32 \times 3.69^2 = 399[\mathrm{W}]$$

(d) 분리하여 각각 연결한 경우의 부하 2에 대한 전류는

$$(5 + 5 + Z_{L2}) \cdot I_2 = 100$$

으로부터

$$I_2 = \frac{100}{10 + 25\angle 30°} = \frac{100}{31.65 + j12.5} = 2.94\angle -21.6°$$

$$\therefore\ P_2 = R_2 I_2^{\ 2} = 31.65 \times 2.94^2 = 273.6[\mathrm{W}]$$

3.16 최종적으로 구해야 할 값이 커패시터의 전압이므로 절점 방정식을 이용하는 것이 유리하다. 그러므로 전압원 $\boldsymbol{V_A}$ 를 전류원으로 바꾸면

$$I_A = \frac{\boldsymbol{V_A}}{1} = 4\angle 0°$$

또한 $s = j2$ 를 이용하여 절점 방정식을 세우면

$$\begin{bmatrix} 1 + 0.333 + j0.5 & -0.333 \\ -0.333 & 0.333 + \dfrac{1}{2 + j2} \end{bmatrix} \cdot \begin{bmatrix} V_1 \\ V_2 \end{bmatrix} = \begin{bmatrix} 4\angle 0° \\ 2\angle 45° \end{bmatrix}$$

$$\therefore\ \begin{bmatrix} V_1 \\ V_2 \end{bmatrix} = \begin{bmatrix} 1 + 0.333 + j0.5 & -0.333 \\ -0.333 & 0.333 + \dfrac{1}{2 + j2} \end{bmatrix}^{-1} \cdot \begin{bmatrix} 4\angle 0° \\ 2\angle 45° \end{bmatrix}$$

크래머의 공식을 이용하여 $\boldsymbol{V_1}$ 을 구하면

$$V_1 = \frac{\begin{vmatrix} 4\angle 0° & -0.333 \\ 2\angle 45° & 0.583 - j0.25 \end{vmatrix}}{\begin{vmatrix} 1.333 + j0.5 & -0.333 \\ -0.333 & 0.583 - j0.25 \end{vmatrix}} = \frac{\begin{vmatrix} 4\angle 0° & -0.333 \\ 2\angle 45° & 0.634\angle -23.2° \end{vmatrix}}{1.013 - j0.042}$$

$$= \frac{2.85\angle -10.7°}{1.014\angle -2.4°} = 2.8\angle -8.3°$$

$$\therefore\ v_C(t) = 2.8\sin(2t - 8.3°)$$

3.17 증폭기의 출력단을 입력으로 하고, 귀환 회로에 대해 루프 방정식을 세우면 출력 전압 v_o 는 증폭 회로의 입력이 된다. 그러므로 이 귀환 회로에 대해 폐로 전류 방정식을 세우면

$$\begin{bmatrix} R + \dfrac{1}{sC} & -R & 0 \\ -R & 2R + \dfrac{1}{sC} & -R \\ 0 & -R & 2R + \dfrac{1}{sC} \end{bmatrix} \cdot \begin{bmatrix} I_1 \\ I_2 \\ I_3 \end{bmatrix} = \begin{bmatrix} V_i \\ 0 \\ 0 \end{bmatrix} \qquad \text{식(1)}$$

여기서 출력 전류는 크래머의 공식을 이용하면

$$I_3 = \frac{\begin{vmatrix} R+\frac{1}{sC} & -R & V_i \\ -R & 2R+\frac{1}{sC} & 0 \\ 0 & -R & 0 \end{vmatrix}}{\begin{vmatrix} R+\frac{1}{sC} & -R & 0 \\ -R & 2R+\frac{1}{sC} & -R \\ 0 & -R & 2R+\frac{1}{sC} \end{vmatrix}}$$

$$= \frac{R^2 V_i}{(R+\frac{1}{sC})(2R+\frac{1}{sC})^2 - R^2(R+\frac{1}{sC}) - R^2(2R+\frac{1}{sC})} \qquad \text{식(2)}$$

와 같이 구할 수 있다.

$$\therefore \frac{V_o}{V_i} = \frac{RI_3}{V_i}$$

$$= \left. \frac{R^3}{\frac{(sCR+1)(2sCR+1)^2 - 2s^2C^2R^2 - 3R^3C^3}{(sC)^3}} \right|_{s=j\omega}$$

$$= \frac{R^3C^3}{(R^3C^3\omega^3 - 5RC\omega) + j(1 - 6R^2C^2\omega^2)} \qquad \text{식(3)}$$

여기서 입력 대 출력 위상이 반전되었으므로 '허수항=0' 로부터

$$1 - 6R^2C^2\omega^2 = 0, \quad \omega^2 = \frac{1}{6R^2C^2}$$

$$\therefore f_0 = \frac{1}{2\pi\sqrt{6}\,RC} \qquad \text{식(4)}$$

식(4)를 식(3)에 대입하면

$$\frac{V_o}{V_i} = \frac{R^2C^2{\omega_0}^2}{R^2C^2{\omega_0}^2 - 5} = \frac{\frac{1}{6}}{\frac{1}{6} - 5} = \frac{-1}{29} \qquad \text{식(5)}$$

$$\therefore A_V = \frac{-R_f}{R} = -29 \quad (R_f = 29R) \qquad \text{식(6)}$$

즉, 반전 증폭기의 이득이 −29이어야 한다. ↵

제4장 유도결합회로

4.1 (a) 이상적인 변압기는 손실이 없고 전압비의 정비례 및 전류비의 반비례 관계가 있으므로 $V_1 : V_2 = n_1 : n_2$로부터

$$V_2 = V_1 \frac{n_2}{n_1} = 110 \times \frac{1}{10} = 11[\mathrm{V}]$$

(b) $I_2 R_2 = V_2$ 로부터

$$I_2 = \frac{V_2}{R_2} = \frac{11}{5} = 2.2[\mathrm{A}]$$

(c) $I_1 : I_2 = n_2 : n_1$으로부터

$$I_1 = I_2 \frac{n_2}{n_1} = 2.2 \times \frac{1}{10} = 0.22[\mathrm{A}]$$

(d) $P_1 = V_1 I_1 = 110 \times 0.22 = 24.2[\mathrm{W}]$

$$P_2 = V_2 I_2 = 11 \times 2.2 = 24.2[\mathrm{W}]$$

로서 서로 같으며 손실이 없다. ↵

4.2 (a) $L_1 = \dfrac{n_1 \psi_1}{i_1} = \dfrac{2}{1} = 2[\mathrm{H}]$

(b) $M = \dfrac{n_2 \psi_{12}}{i_1} = \dfrac{1.6}{1} = 1.6[\mathrm{H}]$ ↵

4.3

$$Z_d = \left(\frac{n_1}{n_2}\right)^2 \times Z_L = \left(\frac{1500}{40}\right)^2 \times 4 = 5625\ [\Omega]$$ ↵

4.4 I_2는 점으로부터 나가는 방향이므로

$$\begin{aligned} (R_S + j\omega L_1)\boldsymbol{I}_1 \quad & - j\omega M \boldsymbol{I}_2 = 100 \angle 0° \\ - j\omega M \boldsymbol{I}_1 \quad & + (R_L + j\omega L_2)\boldsymbol{I}_2 = 0 \end{aligned}$$

각 소자값을 대입하여 정리하면

$$\begin{aligned} (10 + j200)\boldsymbol{I}_1 \quad & - j70\boldsymbol{I}_2 = 100 \angle 0° \\ - j70\boldsymbol{I}_1 \quad & + (50 + j50)\boldsymbol{I}_2 = 0 \end{aligned}$$

이며, 이것을 행렬로 표현하면 다음과 같다.

$$\begin{bmatrix} 10 + j200 & -j70 \\ -j70 & +(50 + j50) \end{bmatrix} \cdot \begin{bmatrix} I_1 \\ I_2 \end{bmatrix} = \begin{bmatrix} 100 \\ 0 \end{bmatrix}$$

(a) 역행렬을 이용하여 $\boldsymbol{I}_1$ 및 $\boldsymbol{I}_2$를 구하면

$$\begin{bmatrix} I_1 \\ I_2 \end{bmatrix} = \frac{\begin{bmatrix} (50+j50) & j70 \\ j70 & +10+j200 \end{bmatrix} \cdot \begin{bmatrix} 100 \\ 0 \end{bmatrix}}{\begin{vmatrix} 10+j200 & -j70 \\ -j70 & +(50+j50) \end{vmatrix}}$$

$$= \frac{\begin{bmatrix} 5000(1+j1) \\ j7000 \end{bmatrix}}{-4600+j10500} = \begin{bmatrix} 0.617 \angle -68.7° \\ 0.611 \angle -23.7° \end{bmatrix}$$

(b) $P_L = R_L \cdot I_2^{\ 2} = 50 \times 0.611^2 = 18.67\ [W]$ ↵

4.5

$$\boldsymbol{V_S} = 100 \angle 0°$$

$$\boldsymbol{Z_0} = R_0 // (jX_0) = 40 // (-j40) = 20(1-j)$$

이므로 평형 방정식을 세우면

$$(2+j8)\boldsymbol{I_1} \qquad\qquad -j12\boldsymbol{I_2} = 100 \angle 0°$$

$$-j12\boldsymbol{I_1} + (10+j30+20-j20)\boldsymbol{I_2} = 0$$

이며, 이것을 행렬로 표현하면 다음과 같다.

$$\begin{bmatrix} 2+j8 & -j12 \\ -j12 & +(30+j10) \end{bmatrix} \cdot \begin{bmatrix} I_1 \\ I_2 \end{bmatrix} = \begin{bmatrix} 100 \\ 0 \end{bmatrix}$$

그러므로 출력단의 전류 $\boldsymbol{I_2}$는

$$I_2 = \frac{\begin{vmatrix} 2+j8 & 100 \\ -j12 & 0 \end{vmatrix}}{\begin{vmatrix} 2+j8 & -j12 \\ -j12 & +(30+j10) \end{vmatrix}} = \frac{j1200}{124+j260} = 4.17 \angle 25.5°$$

$$\therefore\ V_0 = Z_0 I_2 = 20(1-j) \times 4.17 \angle 25.5° = 28.28 \angle -45° \times 4.17 \angle 25.5° = 118 \angle -19.5°$$

$$\therefore\ v_S(t) = 166.8 \sin(377t - 19.5°)$$ ↵

4.6

T형 등가 회로로 변환하면 1차측 리액턴스는 130[Ω], 2차측 리액턴스는 −20[Ω], 공유 리액턴스는 70[Ω]이므로 폐로 방정식을 세우면

$$(10+j130+j70)I_1 \qquad\qquad -j70 I_2 = 100 \angle 0°$$

$$-j70 I_1 \ + (50+j70-j20) I_2 = 0$$

가 되며, 이 식을 행렬로 표현하면 다음과 같다.

$$\begin{bmatrix} 10+j200 & -j70 \\ -j70 & +(50+j50) \end{bmatrix} \cdot \begin{bmatrix} I_1 \\ I_2 \end{bmatrix} = \begin{bmatrix} 110 \\ 0 \end{bmatrix}$$

크래머의 공식을 이용하여 I_2를 구하면

$$I_2 = \frac{\begin{vmatrix} 10+j200 & 110 \\ -j70 & 0 \end{vmatrix}}{\begin{vmatrix} 10+j200 & -j70 \\ -j70 & +(50+j50) \end{vmatrix}} = 0.672 \angle -23.7°$$

$$\therefore\ i_2(t) = 0.672\sqrt{2}\ \sin(377t - 23.7^\circ) = 0.95\sin(377t - 23.7^\circ)$$ ↵

4.7

$$(j\omega L_1 + \frac{1}{j\omega C})I_1 - (j\omega M + \frac{1}{j\omega C})I_2 = \boldsymbol{V_s} \quad \text{식(1)}$$

$$-(j\omega M + \frac{1}{j\omega C})I_1 - (j\omega L_2 + \frac{1}{j\omega C})I_2 = 0$$

식(1)로부터 전류 I_2를 구하여 0으로 놓으면 $\omega M = \frac{1}{\omega C}$에서 이 조건이 만족한다. ↵

4.8 변압기의 점이 찍힌 부분에서 전류의 방향이 반대이므로 이에 대한 T형 등가회로로 나타내고 대각선 방향의 임피던스 곱이 같도록 놓으면

$$R_2 \times [R_1 + j\omega(L_1 - M)] = [R_x + \frac{1}{j\omega C_x}] \times j\omega M$$

$$R_2 R_1 = \frac{M}{C_x}, \quad R_2(L_1 - M) = R_x M$$

$$\therefore\ C_x = \frac{M}{R_2 R_1}, \quad R_x = R_2 \times \frac{(L_1 - M)}{M}$$ ↵

4.9

$$M = \frac{L^+ - L^-}{4} = \frac{300 - 40}{4} = 65[\mathrm{mH}]$$ ↵

4.10 상호 인덕턴스 M은

$$M = k\sqrt{L_1 L_2} = 0.8\sqrt{20 \times 10^{-3} \times 50 \times 10^{-3}} = 25.3[\mathrm{mH}]$$

두 가지 전류를 각각 i_1, i_2라고 하고, 전체 전류를 i라고 하면

$$i = i_1 + i_2, \quad L_1\frac{di_1}{dt} + M\frac{di_2}{dt} = L_E\frac{di}{dt}, \quad L_2\frac{di_2}{dt} + M\frac{di_1}{dt} = L_E\frac{di}{dt}$$

의 세 식으로부터 i_1과 i_2를 소거하고 정리하면

$$L_E = \frac{L_1 L_2 - M^2}{L_1 + L_2 - 2M} = \frac{20 \times 50 - 25.3^2}{20 + 50 - 2 \times 25.3} = 18.6[\mathrm{mH}]$$ ↵

4.11 상호 인덕턴스 M은

$$M = k\sqrt{L_1 L_2} = 0.8\sqrt{20 \times 10^{-3} \times 50 \times 10^{-3}} = 25.3[\mathrm{mH}]$$

두 가지 전류를 각각 i_1, i_2라고 하고, 전체 전류를 i라고 하면

$$i = i_1 + i_2, \quad L_1\frac{di_1}{dt} - M\frac{di_2}{dt} = L_E\frac{di}{dt}, \quad L_2\frac{di_2}{dt} - M\frac{di_1}{dt} = L_E\frac{di}{dt}$$

의 세 식으로부터 i_1 과 i_2 를 소거하고 정리하면

$$L_E = \frac{L_1 L_2 - M^2}{L_1 + L_2 + 2M} = \frac{20 \times 50 - 25.3^2}{20 + 50 + 2 \times 25.3} = 2.98[\text{mH}]$$ ↵

4.12 1차측과 2차측의 전류를 각각 I_1 및 I_2 라고 하고, 전류 방향에 따른 상호 인덕턴스의 영향을 고려하여 평형 방정식을 세우면

$$(5 + j20 + 5)I_1 \qquad + (-j15 - 5)I_2 = 100 \angle 0°$$

$$(-j15 - 5)I_1 \ + (5 + j30 - j5 + 20)I_2 = 0$$

이다. 이것을 행렬로 표현하면

$$\begin{bmatrix} 10 + j20 & -5 - j15 \\ -5 - j15 & 25 + j25 \end{bmatrix} \cdot \begin{bmatrix} I_1 \\ I_2 \end{bmatrix} = \begin{bmatrix} 100 \\ 0 \end{bmatrix}$$

크래머의 공식을 이용하여 전류 I_2 를 구하면

$$I_2 = \frac{\begin{vmatrix} 10 + j20 & 100 \\ -5 - j15 & 0 \end{vmatrix}}{\begin{vmatrix} 10 + j20 & -5 - j15 \\ -5 - j15 & 25 + j25 \end{vmatrix}} = \frac{100(5 + j15)}{-50 + j600} = 2.63 \angle -23.2°$$

$$\therefore \ \boldsymbol{V_L} = R_L I_2 = 20 \times 2.63 \angle -23.2° = 52.6 \angle -23.2°$$ ↵

4.13 $P = R_e I^2$ 으로부터

$$R_e = \frac{P}{I^2} = \frac{12}{4^2} = 0.75 \ [\Omega]$$

$$Z_e = \sqrt{R_e^{\,2} + X_e^{\,2}} = \frac{V}{I} = \frac{6}{4} = 1.5 \ [\Omega]$$

이므로

$$X_e = \sqrt{Z_e^{\,2} - R_e^{\,2}} = \sqrt{1.5^2 - 0.75^2} = 1.3 \ [\Omega]$$ ↵

4.14 부하단의 소모 전력은

$$P_L = V_L I_L \times p.f. = 12 \times 40 \times 0.866 = 415.7[\text{W}]$$

권선비가 10 : 1이므로 1차측 전류는

$$I_1 = \frac{I_L}{10} = \frac{40}{10} = 4[\text{A}]$$

그러므로 1차측 코일의 내부 저항에 의한 손실은

$$P_{L1} = R_e I_1^{\,2} = 0.75 \times 4^2 = 12[\text{W}]$$

$$\therefore \ 효율 \eta = \frac{P_L}{P_L + P_{L1} + P_{core}} \times 100 = \frac{415.7}{415.7 + 12 + 5} \times 100$$

$= 96.1\ [\%]$ ↵

4.15 (a) 1차측 대 2차측의 권선비를 n이라고 할 때,

$n = \dfrac{n_2}{n_1}$이므로 $1936 = \dfrac{4}{n^2}$로부터

$$n = \frac{1}{22}$$

$$\therefore\ n_1 : n_2 = 22 : 1$$

(b) $\dfrac{n_2}{n_1} = \dfrac{I_1}{I_2}$ 이므로

$$I_2 = I_1 \frac{n_1}{n_2} = 20 \times \frac{22}{1} = 440[\text{mA}]$$

(c) $P_L = R_L \times I_2{}^2 = 4 \times 0.44^2 = 0.774[\text{W}]$ ↵

4.16 (a) $I_1 : I_2 = n_2 : n_1 = 1 : 8$ 이므로

$$I_1 = I_2 \times \frac{n_2}{n_1} = 100 \times \frac{1}{8} = 12.5[\text{mA}]$$

(b) $V_L = I_2 Z_L = 100 \times 10^{-3} \times 2 \times 10^3 = 200[\text{V}]$

$V_1 : V_L = n_1 : n_2 = 8 : 1$이므로

$$V_1 = V_L \times \frac{n_1}{n_2} = 200 \times \frac{8}{1} = 1600[\text{V}]$$

(c) $Z_1 = \dfrac{V_1}{I_1} = \dfrac{1600}{12.5 \times 10^{-3}} = 128[\text{k}\Omega]$ ↵

4.17 (a) $R_E = R_S + \dfrac{R_2}{n^2} = 2 + \dfrac{2}{0.5^2} = 10\ [\Omega]$

$$X_E = X_S + \frac{X_2}{n^2} = 2 + \frac{3}{0.5^2} = 14\ [\Omega]$$

(b) $\boldsymbol{V_S} = (R_E + jX_E + \dfrac{Z_L}{n^2}) \times I_1 = (10 + j14 + \dfrac{30}{0.5^2}) \times 10\angle 0^\circ$

$= (130 + j14) \times 10\angle 0^\circ = 1307.5\angle 6.15^\circ$ ↵

제 5 장 4단자망

5.1 (a) 어드미턴스 파라미터(y)

$$y_{11} = \frac{I_1}{V_1}\bigg|_{V_2=0} = \frac{I_1}{I_1 Z} = \frac{1}{Z}, \quad y_{12} = \frac{I_1}{V_2}\bigg|_{V_1=0} = \frac{I_1}{-I_1 Z} = \frac{-1}{Z}$$

$$y_{21} = \frac{I_2}{V_1}\bigg|_{V_2=0} = \frac{I_2}{-I_2 Z} = \frac{-1}{Z}, \quad y_{22} = \frac{I_2}{V_2}\bigg|_{V_1=0} = \frac{I_2}{I_2 Z} = \frac{1}{Z}$$

(b) 임피던스 파라미터(z)

$$z_{11} = \frac{V_1}{I_1}\bigg|_{I_2=0} = \frac{V_1}{0} = \infty, \quad z_{12} = \frac{V_1}{I_2}\bigg|_{I_1=0} = \frac{V_1}{0} = \infty,$$

$$z_{21} = \frac{V_2}{I_1}\bigg|_{I_2=0} = \frac{V_2}{0} = \infty, \quad z_{22} = \frac{V_2}{I_2}\bigg|_{I_1=0} = \frac{V_2}{0} = \infty$$

(c) 하이브리드 파라미터(h)

$$h_{11} = \frac{V_1}{I_1}\bigg|_{V_2=0} = \frac{I_1 Z}{I_1} = Z, \quad h_{12} = \frac{V_1}{V_2}\bigg|_{I_1=0} = \frac{V_1}{V_1} = 1,$$

$$h_{21} = \frac{I_2}{I_1}\bigg|_{V_2=0} = \frac{-I_1}{I_1} = -1, \quad h_{22} = \frac{I_2}{V_2}\bigg|_{I_1=0} = \frac{0}{V_2} = 0$$

(d) ABCD 파라미터($ABCD$)

$$A = \frac{V_1}{V_2}\bigg|_{I_2=0} = \frac{V_1}{V_1} = 1, \quad B = \frac{V_1}{I_2}\bigg|_{V_2=0} = \frac{ZI_2}{I_2} = Z,$$

$$C = \frac{I_1}{V_2}\bigg|_{I_2=0} = \frac{0}{V_2} = 0, \quad D = \frac{I_1}{I_2}\bigg|_{V_2=0} = \frac{I_1}{I_1} = 1$$

5.2 (a) 어드미턴스 파라미터(y)

$$y_{11} = \frac{I_1}{V_1}\bigg|_{V_2=0} = \frac{I_1}{0} = \infty, \quad y_{12} = \frac{I_1}{V_2}\bigg|_{V_1=0} = \frac{I_1}{0} = \infty$$

$$y_{21} = \frac{I_2}{V_1}\bigg|_{V_2=0} = \frac{I_2}{0} = \infty, \quad y_{22} = \frac{I_2}{V_2}\bigg|_{V_1=0} = \frac{I_2}{0} = \infty$$

(b) 임피던스 파라미터(z)

$$z_{11} = \frac{V_1}{I_1}\bigg|_{I_2=0} = \frac{V_1}{YV_1} = \frac{1}{Y}, \quad z_{12} = \frac{V_1}{I_2}\bigg|_{I_1=0} = \frac{V_1}{YV_1} = \frac{1}{Y}$$

$$z_{21} = \frac{V_2}{I_1}\bigg|_{I_2=0} = \frac{V_2}{YV_2} = \frac{1}{Y}, \quad z_{22} = \frac{V_2}{I_2}\bigg|_{I_1=0} = \frac{V_1}{YV_1} = \frac{1}{Y}$$

(c) 하이브리드 파라미터(h)

$$h_{11} = \frac{V_1}{I_1}\bigg|_{V_2=0} = \frac{0}{I_1} = 0, \quad h_{12} = \frac{V_1}{V_2}\bigg|_{I_1=0} = \frac{V_1}{V_1} = 1$$

$$h_{21} = \frac{I_2}{I_1}\bigg|_{V_2=0} = \frac{-I_1}{I_1} = -1, \quad h_{22} = \frac{I_2}{V_2}\bigg|_{I_1=0} = \frac{YV_2}{V_2} = Y$$

(d) ABCD 파라미터($ABCD$)

$$A = \frac{V_1}{V_2}\bigg|_{I_2=0} = \frac{V_1}{V_1} = 1, \quad B = \frac{V_1}{I_2}\bigg|_{V_2=0} = \frac{0}{I_2} = 0$$

$$C = \frac{I_1}{V_2}\bigg|_{I_2=0} = \frac{YV_2}{V_2} = Y, \quad D = \frac{I_1}{I_2}\bigg|_{V_2=0} = \frac{I_1}{I_1} = 1$$ ↵

5.3 주어진 회로에 대해 절점 방정식을 구하면

$$I_1 = \frac{V_1}{2} + \frac{V_1 - V_2}{2} = 1 \times V_1 + (-0.5) \times V_2 = y_{11} V_1 + y_{12} V_2 ,$$

$$I_2 = \frac{V_2}{1} + \frac{V_2 - V_1}{2} = (-0.5) \times V_1 + 1.5 \times V_2 = y_{21} V_1 + y_{22} V_2$$

로부터

$$\begin{bmatrix} y_{11} & y_{12} \\ y_{21} & y_{22} \end{bmatrix} = \begin{bmatrix} 1 & -0.5 \\ -0.5 & 1.5 \end{bmatrix}$$ ↵

5.4

$$X_L = 2\pi f L = 2\pi \times 60 \times 5.3 \times 10^{-3} = 2\ [\Omega]$$

$$X_C = \frac{-1}{2\pi f C} = \frac{-1}{2\pi \times 60 \times 884 \times 10^{-6}} = -3\ [\Omega]$$

$$z_{11} = \frac{V_1}{I_1}\bigg|_{I_2=0} = j2 + 2//(4 - j3) = 2.27 \angle 49.8^\circ$$

$$z_{12} = \frac{V_1}{I_2}\bigg|_{I_1=0} = \frac{4 \times 2}{4 - j3 + 2} = 1.19 \angle 26.6^\circ$$

$$z_{21} = \frac{V_2}{I_1}\bigg|_{I_2=0} = \frac{4 \times 2}{4 - j3 + 2} = 1.19 \angle 26.6^\circ$$

$$z_{22} = \frac{V_2}{I_2}\bigg|_{I_1=0} = 4//(2 - j3) = 2.15 \angle -29.7^\circ$$ ↵

5.5

$$V_1 = z_{11} I_1 + z_{12} I_2, \quad V_2 = z_{21} I_1 + z_{22} I_2$$

이므로

$$\begin{bmatrix} z_{11} & z_{12} \\ z_{21} & z_{22} \end{bmatrix} \cdot \begin{bmatrix} I_1 \\ I_2 \end{bmatrix} = \begin{bmatrix} V_1 \\ V_2 \end{bmatrix}$$

로부터

$$\begin{bmatrix} I_1 \\ I_2 \end{bmatrix} = \begin{bmatrix} z_{11} & z_{12} \\ z_{21} & z_{22} \end{bmatrix}^{-1} \cdot \begin{bmatrix} V_1 \\ V_2 \end{bmatrix} = \begin{bmatrix} y_{11} & y_{12} \\ y_{21} & y_{22} \end{bmatrix} \cdot \begin{bmatrix} V_1 \\ V_2 \end{bmatrix}$$

의 관계를 이용하여 어드미턴스 파라미터를 구할 수 있다.

$$\begin{bmatrix} y_{11} & y_{12} \\ y_{21} & y_{22} \end{bmatrix} = \begin{bmatrix} z_{11} & z_{12} \\ z_{21} & z_{22} \end{bmatrix}^{-1} = \frac{\begin{bmatrix} z_{22} & -z_{12} \\ -z_{21} & z_{11} \end{bmatrix}}{\begin{vmatrix} z_{11} & z_{12} \\ z_{21} & z_{22} \end{vmatrix}} = \frac{\begin{bmatrix} z_{22} & -z_{12} \\ -z_{21} & z_{11} \end{bmatrix}}{z_{11}z_{22} - z_{12}z_{21}}$$

$$z_{11} = 2.27\angle 49.8^\circ, \quad z_{12} = 1.19\angle 26.6^\circ,$$

$$z_{21} = 1.19\angle 26.6^\circ, \quad z_{22} = 2.15\angle -29.7^\circ$$

이므로 위의 식에 대입하면

$$\begin{bmatrix} y_{11} & y_{12} \\ y_{21} & y_{22} \end{bmatrix} = \frac{\begin{bmatrix} z_{22} & -z_{12} \\ -z_{21} & z_{11} \end{bmatrix}}{z_{11}z_{22} - z_{12}z_{21}} = \frac{\begin{bmatrix} 2.15\angle -29.7^\circ & -1.19\angle 26.6^\circ \\ -1.19\angle 26.6^\circ & 2.27\angle 49.8^\circ \end{bmatrix}}{2.27\angle 49.8^\circ \times 2.15\angle -29.7^\circ - (-1.19\angle 26.6^\circ)^2}$$

$$= \begin{bmatrix} 0.569\angle -37.97^\circ & 0.315\angle 18.33^\circ \\ 0.315\angle 18.33^\circ & 0.601\angle 41.53^\circ \end{bmatrix}$$ ↵

5.6 (a) 그림 15.5 참조

(b) $V_B = (h_{ie} + R_S) I_B + h_{re} V_C$,

$I_C = h_{fe} I_B + h_{oe} V_C$,

$V_C = -R_L I_C$,

$V_B = 10[\text{mV}]$,

의 4개 식으로부터 V_C를 구한다.

$I_C = h_{fe} I_B - R_L h_{oe} I_C = 100 I_B - 2000 \times 50 \times 10^{-6} I_C$로부터

$I_C = 90.91 I_B$

$$V_B = (h_{ie} + R_S) I_B + h_{re} V_C = (1000 + 500) \times \frac{I_C}{90.91} + 0.003 V_C$$

$$= 1500 \times \frac{\frac{-V_C}{R_L}}{90.91} + 0.003 V_C = 1500 \times \frac{\frac{-V_C}{2000}}{90.91} + 0.003 V_C$$

$$= -5.25 \times 10^{-3} \times V_C$$

$$\therefore V_C = \frac{-V_B}{5.25 \times 10^{-3}} = \frac{-0.01}{5.25 \times 10^{-3}} = -1.91[\text{V}]$$ ↵

5.7 $V_1 = sL_1 I_1 - sMI_2\,,\quad V_2 = -sMI_1 + sL_2 I_2$

이므로

$$A = \left.\frac{V_1}{V_2}\right|_{I_2=0} = \frac{-L_1}{M}\,,\quad B = \left.\frac{V_1}{I_2}\right|_{V_2=0} = \frac{s(L_1 L_2 - M^2)}{M}$$

$$C = \left.\frac{I_1}{V_2}\right|_{I_2=0} = \frac{-1}{sM}\,,\quad D = \left.\frac{I_1}{I_2}\right|_{V_2=0} = \frac{L_2}{M}$$

↵

5.8 (a) 전송 파라미터의 정의에서

$$\begin{bmatrix} V_1 \\ I_1 \end{bmatrix} = \begin{bmatrix} A\,B \\ C\,D \end{bmatrix} \cdot \begin{bmatrix} V_2 \\ I_2 \end{bmatrix}$$

여기서 직렬단의 $ABCD$ 파라미터는 $[1, Z, 0, 1]$, 병렬단의 $ABCD$ 파라미터는 $[1, 0, Y, 1]$의 관계로부터

$$\begin{bmatrix} V_1 \\ I_1 \end{bmatrix} = \begin{bmatrix} 1\,2 \\ 0\,1 \end{bmatrix} \cdot \begin{bmatrix} 1\,0 \\ 1\,1 \end{bmatrix} \cdot \begin{bmatrix} 1\,2 \\ 0\,1 \end{bmatrix} \cdot \begin{bmatrix} V_2 \\ I_2 \end{bmatrix}$$

$$= \begin{bmatrix} 3\,2 \\ 1\,1 \end{bmatrix} \cdot \begin{bmatrix} 1\,2 \\ 0\,1 \end{bmatrix} \cdot \begin{bmatrix} V_2 \\ I_2 \end{bmatrix}$$

$$= \begin{bmatrix} 3\,8 \\ 1\,3 \end{bmatrix} \cdot \begin{bmatrix} V_2 \\ I_2 \end{bmatrix}$$

$$\therefore \begin{bmatrix} A\,B \\ C\,D \end{bmatrix} = \begin{bmatrix} 3\,8 \\ 1\,3 \end{bmatrix}$$

(b) 2차측 단락(shot) 1차측 임피던스의 정의는

$$Z_{S1} = \left.\frac{V_1}{I_1}\right|_{V_2=0} = \frac{B}{D} = \frac{8}{3} = 2.67\ [\Omega]$$

(c) 2차측 개방(open) 1차측 임피던스의 정의는

$$Z_{O1} = \left.\frac{V_1}{I_1}\right|_{I_2=0} = \frac{A}{C} = \frac{3}{1} = 3\ [\Omega]$$

(d) 특성 임피던스 Z0

$$Z_0 = \sqrt{Z_{S1}\,Z_{O1}} = \sqrt{2.67 \times 3} = 2.83\ [\Omega]$$

↵

5.9 (a) 영상 임피던스는

$$Z_{i1} = Z_{i2} = \sqrt{\frac{B}{C}} = \sqrt{\frac{8}{1}} = 2.83\ [\Omega]$$

(b) 영상 전달 정수는

$$\tanh\theta = \sqrt{\frac{Z_{S1}}{Z_{O1}}} = \sqrt{\frac{BC}{AD}} = \sqrt{\frac{8 \times 1}{3 \times 3}} = 0.9428$$

$$\tanh\theta = \frac{e^{2\theta}-1}{e^{2\theta}+1}$$

이므로

$$\theta = \frac{1}{2}\log_e\left(\frac{1+0.9428}{1-0.9428}\right) = 1.763\ [Neper]$$

↵

5.10 직렬 접속의 전체 임피던스 파라미터는 각 임피던스 파라미터의 대수합으로 표현되므로

$$Z_{11} = z_{11}' + z_{11}'' = 3 + 15 = 18\ [\Omega]$$

$$Z_{12} = z_{12}' + z_{12}'' = 2 + 5 = 7\ [\Omega]$$

$$Z_{21} = z_{21}' + z_{21}'' = 2 + 5 = 7\ [\Omega]$$

$$Z_{22} = z_{22}' + z_{22}'' = 3 + 25 = 28\ [\Omega]$$

↵

5.11 주어진 그림은 5[Ω] 직렬 저항 회로와 나머지 회로의 병렬 접속과 같으므로

$$y_{11} = \left.\frac{I_1}{V_1}\right|_{V_2=0},\quad y_{12} = \left.\frac{I_1}{V_2}\right|_{V_1=0},$$

$$y_{21} = \left.\frac{I_2}{V_1}\right|_{V_2=0},\quad y_{22} = \left.\frac{I_2}{V_2}\right|_{V_1=0}$$

의 정의식을 이용하면

$$y_{11}' = 0.2,\ y_{12}' = -0.2,\ y_{21}' = -0.2,\ y_{22}' = 0.2,$$

$$y_{11}'' = 0.5,\ y_{12}'' = -0.25,\ y_{21}'' = -0.25,\ y_{22}'' = 0.625.$$

$$\therefore\ y_{11} = y_{11}' + y_{11}'' = 0.2 + 0.5 = 0.7\ [\mho]$$

$$y_{12} = y_{12}' + y_{12}'' = -0.22 - 0.25 = -0.47\ [\mho]$$

$$y_{21} = y_{21}' + y_{21}'' = -0.22 - 0.25 = -0.47\ [\mho]$$

$$y_{22} = y_{22}' + y_{22}'' = 0.2 + 0.625 = 0.825\ [\mho]$$

↵

5.12 전송 파라미터의 정의에서

$$\begin{bmatrix} V_1 \\ I_1 \end{bmatrix} = \begin{bmatrix} A\ B \\ C\ D \end{bmatrix} \cdot \begin{bmatrix} V_2 \\ I_2 \end{bmatrix}$$

이며, 코일의 임피던스와 커패시터의 어드미턴스는 각각 sL, sC이므로 직렬단의 $ABCD$ 파라미터 $[1, Z, 0, 1]$와 병렬단 $ABCD$ 파라미터 $[1, 0, Y, 1]$를 이용하면

$$\begin{bmatrix} V_1 \\ I_1 \end{bmatrix} = \begin{bmatrix} 1 & R \\ 0 & 1 \end{bmatrix} \cdot \begin{bmatrix} 1 & 0 \\ sC & 1 \end{bmatrix} \cdot \begin{bmatrix} 1 & sL \\ 0 & 1 \end{bmatrix} \cdot \begin{bmatrix} V_2 \\ I_2 \end{bmatrix}$$

$$= \begin{bmatrix} 1+sCR & R \\ sC & 1 \end{bmatrix} \cdot \begin{bmatrix} 1 & sL \\ 0 & 1 \end{bmatrix} \cdot \begin{bmatrix} V_2 \\ I_2 \end{bmatrix}$$

$$= \begin{bmatrix} 1+sCR & sL(1+sCR)+R \\ sC & 1+s^2LC \end{bmatrix} \cdot \begin{bmatrix} V_2 \\ I_2 \end{bmatrix}$$

$$\therefore \begin{bmatrix} A & B \\ C & D \end{bmatrix} = \begin{bmatrix} 1+sCR & sL(1+sCR)+R \\ sC & 1+s^2LC \end{bmatrix}$$

$$\therefore AD-BC = (1+sCR)(s^2LC+1) - (s^2RCL + sL + R)sC = 1$$ ⏎

5.13 (a) 입력단과 출력단을 서로 바꾸었으므로

$$\begin{bmatrix} V_1 \\ I_1 \end{bmatrix} = \begin{bmatrix} 1 & sL \\ 0 & 1 \end{bmatrix} \cdot \begin{bmatrix} 1 & 0 \\ sC & 1 \end{bmatrix} \cdot \begin{bmatrix} 1 & R \\ 0 & 1 \end{bmatrix} \cdot \begin{bmatrix} V_2 \\ I_2 \end{bmatrix} = \begin{bmatrix} 1+s^2LC & sL \\ sC & 1 \end{bmatrix} \cdot \begin{bmatrix} 1 & R \\ 0 & 1 \end{bmatrix} \cdot \begin{bmatrix} V_2 \\ I_2 \end{bmatrix}$$

$$= \begin{bmatrix} 1+s^2LC & R(1+s^2LC)+sL \\ sC & 1+sCR \end{bmatrix} \cdot \begin{bmatrix} V_2 \\ I_2 \end{bmatrix}$$

$$\therefore \begin{bmatrix} A & B \\ C & D \end{bmatrix} = \begin{bmatrix} 1+s^2LC & R(1+s^2LC)+sL \\ sC & 1+sCR \end{bmatrix}$$ ⏎

(b) 입출력을 바꾸면 전류의 방향을 바꾸어 정의해야 하므로 문제 5.13에서 구한 ABCD 파라미터는 B와 C의 부호가 바뀐다. 그러므로 이것의 역행렬은

$$\begin{bmatrix} A & -B \\ -C & D \end{bmatrix}^{-1} = \frac{\begin{bmatrix} D & B \\ C & A \end{bmatrix}}{\begin{vmatrix} A & -B \\ -C & D \end{vmatrix}} = \frac{\begin{bmatrix} D & B \\ C & A \end{bmatrix}}{AD-BC} = \begin{bmatrix} D & B \\ C & A \end{bmatrix}$$

$$= \begin{bmatrix} 1+s^2LC & sL(1+sCR)+R \\ sC & 1+sCR \end{bmatrix}$$

로서 (a)의 결과와 일치한다. ⏎

5.14 $R_L < R_S$ 인 경우이므로 병렬단 리액턴스 소자를 전원부쪽으로 배치해야 한다.

$$R_S = \sqrt{\frac{X_2(-X_1X_2)}{X_1+X_2}} \qquad \text{식(1)}$$

$$R_L = \sqrt{-X_1(X_1+X_2)} \qquad \text{식(2)}$$

로 쓸 수 있다. 위의 두 식에 대해 제곱을 취한 다음 곱하면

$$R_S^2 R_L^2 = X_1^2 X_2^2 \qquad \text{식(3)}$$

두 리액턴스 소자는 각각 다른 극성이므로

$$R_S R_L = -X_1 X_2 \qquad \text{식(4)}$$

식(4)를 식(2)에 대입하면

$$R_L^2 = -X_1^2 + R_S R_L \qquad \text{식(5)}$$

$$\therefore\ X_1 = \pm\sqrt{R_L(R_S - R_L)} \quad (R_S > R_L). \qquad \text{식(6)}$$

식(6)을 식(4)에 대입하여 정리하면

$$X_2 = \mp R_S\sqrt{\frac{R_L}{R_S - R_L}} \qquad \text{식(7)}$$

그러므로 식(6)과 식(7)의 복호 동순에 따라 X_2의 리액턴스 소자를 신호원 쪽의 병렬단에 배치하고, X_1의 리액턴스 소자를 부하쪽의 직렬단에 배치한다. ⏎

5.15

$$R_1 = \frac{A-1}{A} \times R_L = \frac{10-1}{10} \times 10 = 9\,[\Omega]$$

$$R_2 = \frac{1}{A-1} \times R_L = \frac{1}{10-1} \times 10 = 1.11\,[\Omega]$$ ⏎

5.16

$$R_1 = \frac{A-1}{A+1} \times R_L = \frac{10-1}{10+1} \times 10 = 8.18\,[\Omega]$$

$$R_2 = \frac{2A}{A^2-1} \times R_L = \frac{2\times 10}{10^2-1} \times 10 = 2.02\,[\Omega]$$ ⏎

제 6 장 전송선로회로 해석

6.1 (a) 특성 임피던스는 전송 파라미터의 정의와 식(15.39)로부터 Z_0

$$Z_0 = \sqrt{\frac{B}{C}} \text{ 이고,}$$

$$B = \left.\frac{V_1}{I_2}\right|_{V_2=0} = Z, \quad C = \left.\frac{I_1}{V_2}\right|_{I_2=0} = Y$$

이므로

$$Z_0 = \sqrt{\frac{Z}{Y}} = \sqrt{\frac{R + j\omega L}{G + j\omega C}}$$

여기서

$\omega L = 2\pi \times 800 \times 2.36 \times 10^{-3} = 11.86[\Omega/\text{km}]$,

$\omega C = 2\pi \times 800 \times 4930 \times 10^{-12} = 24.78[\mu\mho/\text{km}]$,

$R = 11.3[\Omega/\text{km}]$,

$G = 0.0625[\mu\mho/\text{km}]$

이므로($\omega C \gg G$), 인덕턴스와 저항 및 커패시턴스를 고려하여 식을 다시 쓰면

$$Z_0 = \sqrt{\frac{R + j\omega L}{G + j\omega C}} \cong |Z_0| \angle \psi^\circ$$

여기서

$$|Z_0| = \sqrt[4]{\frac{R^2 + \omega^2 L^2}{\omega^2 C^2}} = \sqrt[4]{\frac{11.3^2 + 11.86^2}{(24.78 \times 10^{-6})^2}} = 813\ [\Omega]$$

$$\psi^\circ = \frac{1}{2}\left(\tan^{-1}\frac{\omega L}{R} - 90^\circ\right) = \frac{1}{2}\left(\tan^{-1}\frac{11.86}{11.3} - 90^\circ\right)$$

$$= -21.8^\circ$$

$$\therefore\ Z_0 = 813 \angle -21.8^\circ [\Omega]$$

(b) 전파정수는 $\omega C \gg G$ 이므로

$$\gamma = \sqrt{ZY} = \sqrt{(R + j\omega L) \times (G + j\omega C)}$$

$$\cong \sqrt{(R + j\omega L) \times (j\omega C)} = \alpha + j\beta$$

의 식으로부터 양 변을 제곱하여 정리하면

$$\alpha^2 - \beta^2 = -\omega^2 LC,\ 2\alpha\beta = \omega RC$$

로부터

$$\alpha = \sqrt{\frac{1}{2}\left(\sqrt{\omega^2 C^2 (R^2 + \omega^2 L^2)} - \omega^2 LC\right)}$$

$$= \sqrt{\frac{1}{2}\left(\sqrt{(24.78 \times 10^{-6})^2 \times (11.3^2 + 11.86^2)} - 11.86 \times 24.78 \times 10^{-6}\right)}$$

$$= 7.48 \times 10^{-3}\ [Nep/km] = 0.065\ [dB/km]$$

$$\beta = \sqrt{\frac{1}{2}\left(\sqrt{\omega^2 C^2 (R^2 + \omega^2 L^2)} + \omega^2 LC\right)}$$

$$= \sqrt{\frac{1}{2}\left(\sqrt{(24.78 \times 10^{-6})^2 \times (11.3^2 + 11.86^2)} + 11.86 \times 24.78 \times 10^{-6}\right)}$$

$$= 0.0187 [\mathrm{rad/km}]$$

$$\therefore\ \alpha = 0.065 [\mathrm{dB/km}]$$

(c) 위상정수 β

$$\beta = 0.0187 [\mathrm{rad/km}]$$

(d) 전파정수 γ

$$\gamma = \alpha + j\beta = 7.48 \times 10^{-3} + j0.0187$$

6.2 (a) 무손실이므로 $R = 0$을 식에 대입하면

$$\alpha = \sqrt{\frac{1}{2}\left(\sqrt{\omega^2 C^2 (R^2 + \omega^2 L^2)} - \omega^2 LC\right)}\ \Bigg|_{R=0} = 0 [\mathrm{dB/km}]$$

(b) $R = 0$을 식에 대입하면

$$\beta = \sqrt{\frac{1}{2}\left(\sqrt{\omega^2 C^2 (R^2 + \omega^2 L^2)} + \omega^2 LC\right)}\ \Bigg|_{R=0} = \omega\sqrt{LC}$$

$$= 2\pi \times 800 \times \sqrt{2.36 \times 10^{-3} \times 4930 \times 10^{-12}} = 0.017[\mathrm{rad/km}]$$

(c) $v_p = \dfrac{\omega}{\beta} = \dfrac{1}{\sqrt{LC}} = \dfrac{1}{\sqrt{2.36 \times 10^{-3} \times 4930 \times 10^{-12}}} = 2.932 \times 10^5[\mathrm{km/sec}]$

(d) $\beta\lambda = 2\pi$ 로부터

$$\lambda = \frac{2\pi}{\beta} = \frac{2\pi}{0.017\ [rad/\mathrm{sec}]} = 369.6[\mathrm{km}]$$

6.3 감쇠도는 수신 전압에 대한 송신전압의 비를 나타내므로 V_S/V_R 로 정의된다. 문제에서 주어진 감쇠도는 1[km]당 감쇠도이므로 2[km]상에서의 전압은 감쇠가 2배로 일어난다.

(a) 2[km]에서는 80[dB]의 감쇠가 일어나므로

$$20\log_{10}\left(\frac{V_S}{V_L}\right) = 40 \times 2 = 80$$

으로부터

$$\frac{V_S}{V_L} = 10^{\frac{80}{20}} = 10^4 = 10000$$

$$\therefore\ V_L = \frac{V_S}{10000} = \frac{24 \times 10^3[\mathrm{mV}]}{10000} = 2.4[\mathrm{mV}]$$

(b) 2[km]에서는 10[Nep]의 감쇠가 일어나므로

$$\log_e\left(\frac{V_S}{V_L}\right) = 5 \times 2 = 10$$

으로부터

$$\frac{V_S}{V_L} = e^{10} = 22026.$$

$$\therefore\ V_L = \frac{V_S}{22026} = \frac{24 \times 10^3[\mathrm{mV}]}{22026} = 1.089[\mathrm{mV}]$$

(c) 2[km]에서는 6 $[Nep]$ 의 감쇠가 일어나므로

$$\log_e\left(\frac{V_S}{V_L}\right) = 3 \times 2 = 6$$

으로부터

$$\frac{V_S}{V_L} = e^6 \cong 403.43$$

$$\therefore\ V_L = \frac{V_S}{403.43} = \frac{24 \times 10^3\ [mV]}{403.43} = 59.49[\mathrm{mV}]$$

6.4 위상정수와 주파수에 의한 전파속도는

$$v = \frac{\omega}{\beta}$$

이므로

$$v = \frac{\omega}{\beta} = \frac{2\pi f}{\beta} = \frac{2\pi \times 10 \times 10^6}{\pi/4} = 8 \times 10^7 [\text{m/sec}]$$

6.5 무한장 전송선로는 부하가 선로의 특성임피던스와 같으므로

$$\Gamma_V = \frac{Z_L - Z_0}{Z_L + Z_0} = \frac{Z_0 - Z_0}{Z_0 + Z_0} = 0$$

로서 0이 되므로 반사가 없다.

6.6 무왜조건은 $RC = LG$이다. 주어진 1차 정수로부터

$$RC = 11.3 \times 4930 \times 10^{-12} = 5.571 \times 10^{-8},$$

$$LG = 2.36 \times 10^{-3} \times 0.0625 \times 10^{-6} = 1.475 \times 10^{-10}$$

이므로 코일을 보강해야 한다. 그러므로

$$R \times C = G \times (L + L')$$

으로부터

$$L' = \frac{RC}{G} - L = \frac{5.571 \times 10^{-8}}{0.0625 \times 10^{-6}} - 2.36 \times 10^{-3} = 889[\text{mH/km}]$$

6.7 특성임피던스는 개방임피던스와 단락임피던스의 기하평균이므로

$$Z_0 = \sqrt{Z_{OP} \times Z_{SH}} = \sqrt{400\angle 60^\circ \times 300\angle 15^\circ} = \sqrt{400 \times 300 \angle (60^\circ + 15^\circ)}$$

$$= \sqrt{400 \times 300} \angle \frac{1}{2}(60^\circ + 15^\circ) = 346.4\angle 37.5^\circ [\Omega]$$

6.8 (a) 종단이 개방되었다는 것은 부하임피던스가 무한대라는 것이므로 전압반사계수는

$$\Gamma_V = \frac{Z_L - Z_0}{Z_L + Z_0} = \frac{\infty - Z_0}{\infty + Z_0} = +1$$

(b) 전류반사계수는

$$\Gamma_I = -\Gamma_V = -(-1) = -1$$

(c) 전압투과계수는

$$n_V = \frac{2Z_L}{Z_L + Z_0} = 1 + \Gamma_V = 1 + 1 = 2$$

(d) 전류투과계수는

$$n_I = \frac{2Z_0}{Z_L + Z_0} = 1 - \Gamma_V = 1 - (+1) = 0$$

6.9 무한장의 무손실 전송선로이므로 특성임피던스는

$$Z_0 = \sqrt{\frac{L}{C}} = \sqrt{\frac{5 \times 10^{-6}}{0.001 \times 10^{-6}}} = 70.7\,[\Omega]$$

$$\therefore\ I = \frac{V}{Z_0} = \frac{8}{70.7} = 113.2[\text{mA}]$$

6.10 위상은 위상정수와 거리의 곱이므로

$$\theta = \beta x = \frac{\pi}{60} \times 30 = \frac{\pi}{2} = 90^\circ$$

제 7 장 종속전원

7.1

$$v_i = \frac{R_i v_s}{R_s + R_i}, \quad v_o = \frac{R_L v_t}{R_o + R_L}, \quad v_t = \mu v_i$$

이므로 위의 3개 식을 대입하여 정리하면

$$v_o = \frac{R_L}{R_o + R_L} \times \frac{\mu R_i}{R_s + R_i} \times v_s$$

로부터

$$\frac{v_o}{v_s} = \frac{\mu R_i R_L}{(R_s + R_i)(R_o + R_L)}$$

7.2

$$I_S = \frac{12}{6}\,[A], \quad I_L = \frac{4}{4+6} \times 5 I_S$$

로부터

$$I_L = \frac{4}{4+6} \times \frac{5 \times 12}{6} = 4[\text{A}]$$

7.3 전원으로부터 부하까지 일주하여 KVL을 적용하면

$$v_s - v_i - 0.5v_i - v_L = 0 \quad \text{또는} \quad v_s = 1.5v_i + v_L$$

이고, 종속 전류원에 의한 표현은

$$v_L = \frac{R_i}{R_i + R_L} \times \frac{v_i}{R_i} \times R_L = \frac{R_L v_i}{R_i + R_L} \quad \text{또는} \quad v_i = \frac{R_i + R_L}{R_L} \times v_L$$

이므로 앞의 식에 v_i를 대입하여 정리하면

$$\frac{v_L}{v_s} = \frac{2R_i}{3R_i + 5R_L} \cdot \text{ 또는 } v_i = \frac{R_i + R_L}{R_L} \times v_L$$

7.4

$$v_i = \frac{4 \times 12}{8 + 4} = 4[\mathrm{V}],$$

$$i_L = \frac{-10 \times 0.5 v_i}{10 + 6} = -1.25[\mathrm{A}]$$

$$v_o = i_L \times 6 = -7.5[\mathrm{V}]$$

7.6 반전 증폭를 이용한 가산기로서

$$v_o = -20 \times \left(\frac{3}{10} + \frac{3}{5}\right) = -18[\mathrm{V}]$$

7.7 OP Amp의 입력단이 가상접지 상태이므로 a점의 전압은

$$v_a = \frac{6//10}{6//10 + 4} \times 4[\mathrm{V}] = 1.9355\,[\mathrm{V}]$$

그러므로 반전 증폭기의 출력은

$$v_o = \frac{-30}{10} \times 1.9355 = -5.81[\mathrm{V}]$$

7.8 a점의 전위는 신호원과 같으므로

$$v_o = \frac{2\sin\omega t}{4 + 8//(2+10)} \times \frac{8}{8+12} \times 10 = 0.91\sin\omega t$$

7.9 a점의 전압을 v_a라고 할 때,

$$v_a = \frac{2}{2+2} \times 4 = 2[\mathrm{V}], \quad \frac{v_a}{2} = \frac{v_o - v_a}{4}$$

로부터

$$v_o = 3v_a = 6[\mathrm{V}]$$

7.10 OP Amp의 입력단에 유입되는 전류는 없고, 출력 전압은 OP Amp의 입력단이 가상접지 상태이므로

$$v_o = 10[\mathrm{V}], \quad 10[\mathrm{V}] = i_s \times 1[\mathrm{k\Omega}] + i_o \times 3[\mathrm{k\Omega}] + 10\,[\mathrm{V}]$$

로부터

$$i_s = -3i_o \ , \ i_o = \frac{10[\mathrm{V}]}{2[\mathrm{k\Omega}]} = 5[\mathrm{mA}]$$

7.11 가산기 회로의 입력 전압의 조합에 따른 출력전압을 구하는 것이므로

$$V_o = \frac{-R_F}{R}\times(V_{i1}+V_{i2}+V_{i3}+V_{i4}) = \frac{-1}{1}\times(V_{i1}+V_{i2}+V_{i3}+V_{i4})$$
$$= -(V_{i1}+V_{i2}+V_{i3}+V_{i4})$$

로부터 스위치의 On-Off 상태에 따라 각 입력 전압의 합산이 되므로 다음과 같은 표를 구성할 수 있다.

번호	SW_1 (8[V])	SW_2 (4[V])	SW_3 (2[V])	SW_4 (1[V])	V_0
1	0	0	0	0	0 [V]
2	0	0	0	1	1 [V]
3	0	0	1	0	2 [V]
4	0	0	1	1	3 [V]
5	0	1	0	0	4 [V]
6	0	1	0	1	5 [V]
7	0	1	1	0	6 [V]
8	0	1	1	1	7 [V]
9	1	0	0	0	8 [V]
10	1	0	0	1	9 [V]
11	1	0	1	0	10 [V]
12	1	0	1	1	11 [V]
13	1	1	0	0	12 [V]
14	1	1	0	1	13 [V]
15	1	1	1	0	14 [V]
16	1	1	1	1	15 [V]

7.12 미분기 회로의 입출력 식은

$$v_o = -R_F C\frac{dv_{in}}{dt}$$

이며 입력파형의 기울기가 $\pm 0.1[\mathrm{V}/\mu\mathrm{sec}]$이므로 주어진 R_F값과 C값을 대입하여 정리하면

$$v_o = -R_F C\frac{dv_{in}}{dt}$$
$$= -(20\times10^3\times0.005\times10^{-6})\times(\pm0.1/10^{-6}) = \mp 10\ [V]$$

7.13 $C_1 = C_2 = C$이므로 댐핑계수는

$$\zeta = \frac{1}{2}\sqrt{\frac{R_1 C_1}{R_2 C_2}} + \frac{1}{2}\sqrt{\frac{R_1 C_2}{R_2 C_1}} = \sqrt{\frac{R_1}{R_2}} = \frac{1}{\sqrt{2}}$$

로부터

$$R_2 = 2R_1 \qquad \text{식(1)}$$

커패시터의 최대 용량이 0.1[μF] 이므로

$$\omega_n = \frac{1}{\sqrt{C_1 C_2 R_1 R_2}}$$

로부터

$$\omega_n{}^2 = \frac{1}{C^2 R_1 R_2}, \quad (2\pi\times 100)^2 = \frac{1}{(0.1\times 10^{-6})^2 \times R_1 \times R_2} \qquad \text{식(2)}$$

식(1)을 식(2)에 대입하여 정리하면

$$(2\pi\times 100)^2 = \frac{1}{(0.1\times 10^{-6})^2 \times 2R_1{}^2},$$

$$2R_1{}^2 = \frac{1}{(0.1\times 10^{-6})^2 \times (2\pi\times 100)^2},$$

$$\therefore\ R_1 = \sqrt{\frac{1}{2\times(0.1\times 10^{-6})^2 \times (2\pi\times 100)^2}} = 11.253[\text{k}\Omega]$$

$$\therefore\ R_2 = 2R_1 = 2\times 11253 = 22.506[\text{k}\Omega]$$

제 8 장　비정현파의 푸리에 변환과 푸리에 급수

8.1 주어진 주파수의 sine파 성분을 구하는 것은 푸리에 급수의 원리이다. 즉,

$$A(\omega_0) = \frac{2}{T}\int_0^T f(t)\cdot \sin\omega_0 t\ dt\ .$$

(a) $A(\omega_1) = \frac{2}{T}\int_0^T f(t)\cdot \sin 3t\ dt = \frac{2}{T}\int_0^T [5+4\sin 2t]\cdot \sin 3t\ dt$

$$= \frac{2}{T}\int_0^T 5\sin 3t\ dt + \frac{2}{T}\int_0^T 4\sin 2t\cdot \sin 3t\ dt = 0$$

$$A(\omega_2) = \frac{2}{T}\int_0^T f(t)\cdot \sin 5t\ dt = \frac{2}{T}\int_0^T [5+4\sin 2t]\cdot \sin 5t\ dt$$

$$= \frac{2}{T}\int_0^T 5\sin 5t\ dt + \frac{2}{T}\int_0^T 4\sin 2t\cdot \sin 5t\ dt = 0$$

(b) $A(\omega_1) = \frac{2}{T}\int_0^T f(t)\sin 3t\ dt = \frac{2}{T}\int_0^T [5\cos 3t + 3\sin 5t]\sin 3t\ dt$

$$= \frac{2}{T}\int_0^T 5\cos 3t\sin 3t\ dt + \frac{2}{T}\int_0^T 3\sin 5t\sin 3t\ dt = 0+0=0$$

$$A(\omega_2) = \frac{2}{T}\int_0^T f(t)\sin 5t\ dt = \frac{2}{T}\int_0^T [5\cos 3t + 3\sin 5t]\sin 5t\ dt$$

$$= \frac{2}{T}\int_0^T 5\cos 3t\ \sin 5t\ dt + \frac{2}{T}\int_0^T 3\sin^2 5t\ dt = 0 + 3\times\frac{2}{T}\times\frac{T}{2} = 3$$

(c) $f(t) = 100(\sin 5t\cos 45^\circ + \cos 5t\sin 45^\circ) + 200(\sin 10t\cos 45^\circ + \cos 10t\sin 45^\circ)$

$$A(\omega_1) = \frac{2}{T}\int_0^T f(t)\sin 3t\ dt$$

$$= \frac{2}{T}\int_0^T 100(\sin 5t\cos 45^\circ + \cos 5t\sin 45^\circ)\sin 3t\ dt$$

$$+ \frac{2}{T}\int_0^T 220(\sin 10t\cos 45^\circ + \cos 10t\sin 45^\circ)\sin 3t\ dt$$

$$= 0 + 0 = 0$$

$$A(\omega_2) = \frac{2}{T}\int_0^T f(t)\sin 5t\ dt$$

$$= \frac{2}{T}\int_0^T 100(\sin 5t\cos 45^\circ + \cos 5t\sin 45^\circ)\sin 5t\ dt$$

$$+ \frac{2}{T}\int_0^T 220(\sin 10t\cos 45^\circ + \cos 10t\sin 45^\circ)\sin 5t\ dt$$

$$= \frac{2}{T}\times 100\cos 45^\circ\times\int_0^T \sin^2 5t\ dt + 0 + 0 + 0$$

$$= \frac{2}{T}\times 100\cos 45^\circ\times\frac{T}{2} = 100\cos 45^\circ = 70.7$$ ⏎

8.2

$$A(\omega_2) = \frac{2}{T}\int_0^T f(t)\cos 10t\ dt$$

$$= \frac{2}{T}\int_0^T 100(\sin 5t\cos 45^\circ + \cos 5t\sin 45^\circ)\cos 10t\ dt$$

$$+ \frac{2}{T}\int_0^T 220(\sin 10t\cos 45^\circ + \cos 10t\sin 45^\circ)\cos 10t\ dt$$

$$= 0 + 0 + 0 + \frac{2}{T}\times 220\sin 45^\circ\times\int_0^T \cos^2 10t\ dt$$

$$= \frac{2}{T}\times 220\sin 45^\circ\times\frac{T}{2} = 220\sin 45^\circ = 155.6$$ ⏎

8.3 파형은 $0 < \omega t < 2\pi$ 의 구간 내에서 연속 함수이고, $\omega t = n\pi$에서 불연속이다($n = 0,\ 1,\ 2,\ \cdots$).
그러므로 주어진 비정현파 파형은 디리끄레의 조건을 만족한다.
직류 성분 a_0 는

$$a_0 = \frac{1}{T}\int_0^T f(t)\ dt = \frac{1}{T}\int_0^{T/2} 10\ dt = 5\ .$$

cosine파 성분 a_n 은

$$a_n = \frac{2}{T}\int_0^T f(t)\cos n\omega t\ dt = \frac{2}{T}\int_0^{T/2} 10\cos n\omega t\ dt$$

$$= \frac{20}{T}\int_0^{T/2}\cos n\omega t\ dt = \frac{20}{T}\left[\frac{1}{n\omega}\sin n\omega t\right]_0^{T/2} = \frac{20}{T}\left(\frac{1}{n\omega}\sin n\omega T/2\right) = 0$$

sine파 성분 b_n 은

$$b_n = \frac{2}{T}\int_0^T f(t)\sin n\omega t\ dt = \frac{2}{T}\int_0^{T/2} 10\sin n\omega t\ dt$$

$$= \frac{20}{T}\int_0^{T/2}\sin n\omega t\ dt = \frac{20}{T}\left[\frac{-1}{n\omega}\cos n\omega t\right]_0^{T/2}$$

$$= \frac{20}{n\omega T}(1-\cos n\omega T/2) = \frac{10}{n\pi}(1-\cos n\pi) = \frac{20}{n\pi}\ (n\text{은홀수})$$

푸리에 급수 전개식은

$$f(t) = 5 + \frac{20}{\pi}\sum_{n=1}^{\infty}\frac{\sin(2n-1)\omega t}{(2n-1)}\ (n = 1,\ 2,\ 3,\ \cdot\cdot\cdot)$$

8.4 주어진 함수는 우함수이므로 sine파 성분은 0이다. 즉,

$$b_n = 0$$

직류 성분 a_0 는

$$a_0 = \frac{2}{2\pi}\int_0^{\pi}\frac{I\omega t}{\pi}\ d\omega t = \frac{I}{2}$$

cosine파 성분 a_n 은

$$a_n = \frac{1}{\pi}\left\{\int_{-\pi}^{0}\left(I+\frac{I\omega t}{\pi}\right)\cos n\omega t\ d\omega t + \int_0^{\pi}\left(I-\frac{I\omega t}{\pi}\right)\cos n\omega t\ d\omega t\right\}$$

$$= \frac{I}{\pi}\left\{\int_{-\pi}^{\pi}\cos n\omega t\ d\omega t + \int_{-\pi}^{0}\frac{\omega t}{\pi}\cos n\omega t\ d\omega t - \int_0^{\pi}\frac{\omega t}{\pi}\cos n\omega t\ d\omega t\right\}$$

$$= \frac{I}{\pi^2}\left\{\left[\frac{1}{n^2}\cos n\omega t + \frac{\omega t}{n}\sin n\omega t\right]_{-\pi}^{0} - \left[\frac{1}{n^2}\cos n\omega t + \frac{\omega t}{n}\sin n\omega t\right]_0^{\pi}\right\}$$

$$= \frac{I}{n^2\pi^2}\{\cos 0 - \cos(-n\pi) - \cos n\pi + \cos 0\}$$

$$= \frac{2I}{n^2\pi^2}(1-\cos n\pi)$$

그러므로 준 함수의 푸리에 급수 전개식은

$$f(t) = \frac{I}{2} + \sum_{n=1}^{\infty}\frac{4I}{\pi^2}\times\frac{\cos(2n-1)\omega t}{(2n-1)^2}\ (n = 1,\ 2,\ 3,\ \cdot\cdot\cdot)$$

8.5 파형 함수는

$$v(t) = V\sin\omega t \quad (0 \leq \omega t \leq \pi).$$

전파 정류된 파형의 직류 성분 a_0 는

$$a_0 = \frac{1}{2\pi}\int_0^\pi V\sin\omega t \ \ d\omega t = \frac{1}{2\pi}[-V\cos\omega t]_0^\pi = \frac{V}{\pi}$$

반파 정류된 정현파의 cosine파 성분 a_n 은

$$a_n = \frac{1}{\pi}\int_0^\pi V\sin\omega t \cdot \cos n\omega t \ \ d\omega t$$

$$= \frac{V}{\pi}\left[\frac{-n\sin\omega t \cdot \sin n\omega t - \cos n\omega t \cdot \cos\omega t}{-n^2+1}\right]_0^\pi$$

$$= \frac{V}{\pi(1-n^2)}(\cos n\pi + 1) = \frac{2V}{\pi(1-n^2)} \quad (n = 2, 4, 6, \cdot\cdot\cdot).$$

그러나 위의 식에서 계수 a_1 은 정의할 수 없으므로 $n=1$ 인 경우에 한정하여 별도로 계산해야 한다.

$$a_1 = \frac{1}{\pi}\int_0^\pi V\sin\omega t \cdot \cos\omega t \ \ d\omega t = \frac{V}{2\pi}\int_0^\pi \sin 2\omega t \ \ d\omega t = 0$$

다음으로 반파 정류된 정현파의 sine파 성분 b_n 은

$$b_n = \frac{1}{\pi}\int_0^\pi V\sin\omega t \cdot \sin n\omega t \ \ d\omega t$$

$$= \frac{V}{\pi}\left[\frac{n\sin\omega t \cdot \cos n\omega t - \sin n\omega t \cdot \cos\omega t}{-n^2+1}\right]_0^\pi = 0$$

계수 a_1 과 마찬가지로 $n=1$ 인 경우에 한정하여 별도로 b_1 을 한정하여 별도로 계산해야 한다.

$$b_1 = \frac{1}{\pi}\int_0^\pi V\sin^2\omega t \ \ d\omega t = \frac{V}{2\pi}\int_0^\pi (1-\sin 2\omega t) \ \ d\omega t = \frac{V}{2}$$

그러므로 푸리에 급수 전개식은

$$v_h(t) = \frac{V}{\pi}\left(1 + \frac{\pi}{2}\sin\omega t - \frac{2}{3}\cos 2\omega t - \frac{2}{15}\cos 4\omega t - \cdot\cdot\cdot\right)$$ ↵

8.6 (a) 실효치는

$$V_1 = \frac{10}{\sqrt{2}} = 7.07, \quad V_2 = \frac{2}{\sqrt{2}} = 1.4142, \quad V_3 = \frac{1}{\sqrt{2}} = 0.707\text{이므로}$$

$$V_E = \sqrt{{V_0}^2 + {V_1}^2 + {V_2}^2 + {V_3}^2} = \sqrt{3^2 + 7.07^2 + 1.4142^2 + 0.707^2} = 7.84\ [V]$$

(b) 왜율

$$D = \frac{\sqrt{{V_{2m}}^2 + {V_{3m}}^2}}{V_{1m}} = \frac{\sqrt{2^2+1^2}}{10} = 22.4\ [\%]$$ ↵

8.7

(a) $D_V = \dfrac{\sqrt{5^2+1^2}}{20} = 25.5\ [\%]$

(b) $D_I = \dfrac{\sqrt{0.5^2+0.02^2}}{3} = 16.68\ [\%]$

(c) 평균 전력은

$$P = V_0 I_0 + \frac{V_1 I_1}{2}\cos\psi_1 + \frac{V_2 I_2}{2}\cos\psi_2 + \frac{V_3 I_3}{2}\cos\psi_3$$

$$= 10\times10^{-3}\times2\times10^{-3} + \frac{20\times10^{-3}\times3\times10^{-3}}{2}\cos0^\circ$$

$$+\frac{5\times10^{-3}\times0.5\times10^{-3}}{2}\cos10^\circ + \frac{1\times10^{-3}\times0.02\times10^{-3}}{2}\cos15^\circ$$

$$= 51.24[\mu\text{W}]$$

8.8

지수함수 표현의 계수를 c_n 이라고 할 때,

$$c_n = \frac{1}{2\pi}\int_0^\pi V\sin\omega t\cdot e^{-jn\omega t}\,d\omega t = \frac{V}{2\pi}\left[\frac{e^{-jn\omega t}}{1-n^2}(-jn\sin\omega t-\cos\omega t)\right]_0^\pi$$

$$= \frac{V}{2\pi(1-n^2)}(e^{-jn\pi}+1) = \frac{V}{\pi(1-n^2)}\quad (n=2,4,6,\cdots).$$

그러나 $n=\pm1$ 인 경우에는 본 식으로부터

$$c_1 = \frac{-jV}{4},\quad c_{-1} = \frac{jV}{4}$$

또한 직류 성분은

$$a_0 = \frac{1}{2\pi}\int_0^\pi V\sin\omega t\ d\omega t = \frac{V}{\pi}$$

$$\therefore\ v(t) = \cdots - \frac{V}{15\pi}e^{-j4\omega t} - \frac{V}{3\pi}e^{-j2\omega t} + \frac{jV}{4}e^{-j\omega t} + \frac{V}{\pi}$$

$$-\frac{jV}{4}e^{j\omega t} - \frac{V}{3\pi}e^{j2\omega t} - \frac{V}{15\pi}e^{j4\omega t} - \cdots.$$

8.9

주어진 함수는 우함수이므로 sine파 성분은 0이다. 즉,

$$b_n = 0$$

직류 성분 a_0 는

$$a_0 = \frac{1}{\pi}\int_{-\pi/2}^{\pi/2} V\cos^2\omega t\ d\omega t = \frac{V}{\pi}\times\frac{\pi}{2} = \frac{V}{2}$$

cosine파 성분 a_n 은

$$a_n = \frac{4}{T}\int_0^{T/2} V\cos^2\omega t\cdot\cos n\omega t\ dt = \frac{2V}{T}\int_0^{T/2}(1+\cos2\omega t)\cdot\cos n\omega t\ dt$$

$$= \frac{2V}{T}\left(\int_0^{T/2} \cos n\omega t \ dt + \frac{1}{2}\int_0^{T/2} \{\cos(n+2)\omega t + \cos(n-2)\omega t\} \ dt\right)$$

$$= \frac{2V}{T}\left[0 + \frac{1}{2(n-2)}\sin(n-2)\omega t\right]_0^{T/2} = \frac{V}{T(n-2)}\sin(n-2)\pi$$

로서 $n=2$ 에서만 존재한다.

$$\therefore\ a_2 = \frac{2V}{T}\left(\frac{1}{2}\int_0^{T/2} 1 \ dt\right) = \frac{2V}{T} \times \frac{T/2}{2} = \frac{V}{2}$$

$$\therefore\ v(t) = a_0 + a_2 \cos 2\omega t = \frac{V}{2} + \frac{V}{2}\cos 2\omega t$$

로서 $\cos^2\omega t = \frac{1}{2}(1 + \cos 2\omega t)$의 삼각함수 공식을 이용한 결과와 일치한다. ⏎

8.10 (a) 주파수에 따라 각각 해석하여 합성해야 하므로 $\omega_1 = 377$, $\omega_3 = 1131$ 이라고 할 때,

$$V_{S1} = \frac{156}{\sqrt{2}} = 110[\text{V}], \quad V_{S3} = \frac{21}{\sqrt{2}} = 15[\text{V}]$$

$$\therefore\ \boldsymbol{V_{S1}} = 110\angle 0^\circ[\text{V}], \quad \boldsymbol{V_{S3}} = 15\angle 30^\circ[\text{V}]$$

(i) 기본파 해석

$$\boldsymbol{Z_S} = R_1 + \frac{j\omega_1 L \cdot R_2}{j\omega_1 L + R_2} = 10 + \frac{j377\times 26\times 10^{-3}\times 20}{j377\times 26\times 10^{-3} + 20} = 15.97\angle 29.7^\circ\ [\Omega]$$

$$\therefore\ \boldsymbol{I_1} = \frac{\boldsymbol{V_{S1}}}{\boldsymbol{Z_S}} = \frac{110\angle 0^\circ}{15.97\angle 29.7^\circ} = 6.89\angle -29.7^\circ$$

$$\therefore\ i_1(t) = 6.89\times\sqrt{2}\ \sin(377t - 29.7^\circ)$$

$$= 9.74\sin(377t - 29.7^\circ)[\text{A}]$$

(ii) 고조파 해석

$$\boldsymbol{Z_S} = R_1 + \frac{j\omega_3 L \cdot R_2}{j\omega_3 L + R_2} = 10 + \frac{j1131\times 26\times 10^{-3}\times 20}{j1131\times 26\times 10^{-3} + 20} = 25.4\angle 21.5^\circ\ [\Omega]$$

$$\therefore\ \boldsymbol{I_3} = \frac{\boldsymbol{V_{S3}}}{\boldsymbol{Z_S}} = \frac{15\angle 30^\circ}{25.4\angle 21.5^\circ} = 0.59\angle 8.5^\circ$$

$$\therefore\ i_3(t) = 0.59\times\sqrt{2}\ \sin(1131t + 8.5^\circ)$$

$$= 0.84\sin(1131t + 8.5^\circ)[\text{A}]$$

$$\therefore\ i(t) = i_1(t) + i_3(t) = 9.74\sin(377t - 29.7^\circ) + 0.84\sin(1131t + 8.5^\circ)$$

(b) 주어진 전압식과 앞에서 구한 $i(t)$로부터

$$p(t) = v_S(t)\times i(t)$$

$$= \{156\sin 377t + 21\sin(1131t + 30^\circ)\}$$

$$\times\{9.74\sin(377t - 29.7^\circ) + 0.84\sin(1131t + 8.5^\circ)\}$$

$$= \{156\sin 377t + 18.19\sin 1131t + 10.5\cos 1131t\}$$

$$\times\{8.46\sin 377t - 4.83\cos 377t + 0.83\sin 1131t + 0.12\cos 1131t\}$$

평균 전력의 계산에서 서로 다른 주파수의 곱에 대한 한 주기 적분이나, 직교하는 sine파와 cosine파의 곱에 대한 한 주기 적분은 0이므로

$$P_{AV} = \frac{1}{T}\int_0^T p(t)\ dt$$

$$= \frac{1}{T}\int_0^T [156\times 8.46\times\sin^2 377t + 18.19\times 0.83\times\sin^2 1131t$$

$$+ 10.5\times 0.12\times\cos^2 1131t]\ dt$$

$$= \frac{1}{2}\times[156\times 8.46 + 18.19\times 0.83 + 10.5\times 0.12] = 668[\mathrm{W}]$$ ⏎

8.11 (a) 전류식을 함수로 나타내면

$$i(t) = \frac{2It}{T} + I \quad (-T/2 \leq t \leq 0)$$

$$\therefore\ p(t) = Ri^2 = RI^2\cdot\left(\frac{4t^2}{T^2} + \frac{4t}{T} + 1\right)$$

$$\therefore\ P_{AV} = \frac{2}{T}\int_{-T/2}^{0} p(t)\ dt = \frac{2RI^2}{T}\int_{-T/2}^{0}\left(\frac{4t^2}{T^2} + \frac{4t}{T} + 1\right)\ dt = \frac{RI^2}{3}$$

(b) $$P_{AV}' = \frac{1}{T}\int_0^T Ri^2(t)\ dt = RI^2\cdot\left\{\frac{1}{4} + \frac{8}{\pi^4}\times\left(\frac{1}{1^4} + \frac{1}{3^4} + \frac{1}{5^4} + \frac{1}{7^4} + \cdots\right)\right\}$$

$$\cong \frac{RI^2}{3}$$

로서 (a)항의 결과와 일치한다. ⏎

8.12 전체 전력은

$$P = \frac{RI^2}{3}$$

$$\therefore\ 0.99\times P = 0.99\times\frac{RI^2}{3} = 0.33\times RI^2 \cong RI^2\cdot\left(\frac{1}{4} + \frac{8}{\pi^4}\times\frac{1}{1^4}\right)$$

$\therefore$ 기본 주파수 ω를 차단주파수로 설정해도 된다. ⏎

제 9 장 라플라스변환과 응용

9.1 (a) 주어진 그림에 대해 함수 표현으로 나타내면

$$f_a(t) = Au(t) - Au(t-\tau)$$

$$\therefore\ \mathcal{L}[f_a(t)] = \mathcal{L}[Au(t)] - \mathcal{L}[Au(t-\tau)] = \frac{1}{s} - \frac{1}{s}e^{-s\tau} = \frac{1}{s}(1-e^{-s\tau})$$

(b) 주어진 삼각 펄스에 대해 함수 표현으로 나타내면

$$f_b(t) = \frac{2At}{\tau}u(t) - \frac{4A(t-\tau/2)}{\tau}u(t-\tau/2) + \frac{2A(t-\tau)}{\tau}u(t-\tau)$$

$$\therefore\ \mathcal{L}[f_b(t)] = \frac{2A}{\tau}\{\mathcal{L}[tu(t)] - \mathcal{L}[2(t-\tau/2)u(t-\tau/2)] + \mathcal{L}[(t-\tau)u(t-\tau)]\}$$

$$= \frac{2A}{\tau}\left\{\frac{1}{s} - \frac{2}{s}e^{-s\tau/2} + \frac{1}{s}e^{-s\tau}\right\} = \frac{2A}{s\tau}\{1-e^{-s\tau/2}\}^2$$

9.2 (a) $f(t) = t^2 + 2t + 1$

$$\therefore\ \mathcal{L}[f(t)] = \mathcal{L}[t^2] - \mathcal{L}[2t] + \mathcal{L}[1] = \frac{2}{s^3} - 2\frac{1}{s^2} + \frac{1}{s} = \frac{2-2s+s^2}{s^3}$$

(b) $f(t) = t^2e^{-\alpha t} = e^{-\alpha t}f_1(t)$ 라고 놓으면

$\mathcal{L}[e^{-\alpha t}f_1(t)] = F_1(s+\alpha)$ 이므로

$$\mathcal{L}[e^{-\alpha t}t^2] = \frac{2}{(s+\alpha)^3}$$

(c) $f(t) = e^{-\alpha t}\sin(3t+\theta) = e^{-\alpha t}\times[\sin 3t\ \cos\theta + \cos 3t\ \sin\theta]$ 이므로

$$\mathcal{L}[e^{-\alpha t}\sin(3t+\theta)] = \mathcal{L}[e^{-\alpha t}\{\sin 3t\ \cos\theta + \cos 3t\ \sin\theta\}]$$

$$= \cos\theta\cdot\mathcal{L}[e^{-\alpha t}\sin 3t] + \sin\theta\cdot\mathcal{L}[e^{-\alpha t}\cos 3t]$$

$$= \cos\theta\cdot\frac{3}{(s+\alpha)^2+3^2} + \sin\theta\cdot\frac{s+\alpha}{(s+\alpha)^2+3^2}$$

(d) $f(t) = te^{-\alpha t}u(t-t_0)$

$= e^{-\alpha t_0}\cdot(t-t_0)\cdot e^{-\alpha(t-t_0)}\cdot u(t-t_0) + t_0e^{-\alpha t_0}\cdot e^{-\alpha(t-t_0)}\cdot u(t-t_0)$ 이므로

$$\mathcal{L}[f(t)] = e^{-\alpha t_0}\mathcal{L}[(t-t_0)\cdot e^{-\alpha(t-t_0)}\cdot u(t-t_0)] + t_0e^{-\alpha t_0}\mathcal{L}[e^{-\alpha(t-t_0)}\cdot u(t-t_0)]$$

$$= e^{-\alpha t_0}\frac{1}{(s+\alpha)^2}e^{-st_0} + t_0e^{-\alpha t_0}\frac{1}{s+\alpha}e^{-st_0}$$

$$= \frac{1}{(s+\alpha)^2}e^{-(s+\alpha)t_0}\cdot\{1+t_0(s+\alpha)\}$$

9.3 $(\sin\omega t)' = \omega \cdot \cos\omega t$ 로부터

$$\cos\omega t = \frac{(\sin\omega t)'}{\omega}$$

$$\mathcal{L}[\cos\omega t] = \frac{1}{\omega}\mathcal{L}[(\sin\omega t)'] = \frac{1}{\omega}\{s\,\mathcal{L}[\sin\omega t] - \sin 0\}.$$

$$= \frac{s}{\omega}\left\{\frac{\omega}{s^2+\omega^2}\right\} = \frac{s}{s^2+\omega^2}$$ ↵

9.4 반파 정류파의 하나의 파형을 $f_U(t)$라고 하고, 주기를 T라고 하면, 반파 정류파는 $[0, T/2]$에만 존재하므로

$$f_U(t) = V\sin\omega t \times [u(t) - u(t-T/2)]$$

$$\begin{aligned} F_U(s) &= \mathcal{L}[f_U(t)] \\ &= V\mathcal{L}[\sin\omega t \times \{u(t) - u(t-T/2)\}] \\ &= V\mathcal{L}[\sin\omega t \cdot u(t)] - V\mathcal{L}[\sin\{\omega(t-T/2)+\omega T/2\} \cdot u(t-T/2)] \\ &= V\mathcal{L}[\sin\omega t \cdot u(t)] - V\mathcal{L}[\sin\{\omega(t-T/2)+\pi\} \cdot u(t-T/2)] \\ &= V\mathcal{L}[\sin\omega t \cdot u(t)] + V\mathcal{L}[\sin\{\omega(t-T/2)\} \cdot u(t-T/2)] \\ &= V\times\left(\frac{\omega}{s^2+\omega^2} + \frac{\omega}{s^2+\omega^2}e^{-sT/2}\right) \\ &= \frac{V\omega}{s^2+\omega^2}\times(1+e^{-sT/2}) \end{aligned}$$

또한 전체 반파 정류파는 단일 파형의 지연 합성과 같으므로

$$f(t) = f_U(t) + f_U(t-T)\,u(t-T) + f_U(t-2T)\,u(t-2T) + \cdots$$

$$\begin{aligned} \therefore\ F(s) &= \mathcal{L}[f(t)] \\ &= \mathcal{L}[f_U(t) + f_U(t-T)u(t-T) + f_U(t-2T)u(t-2T) + \cdots] \\ &= (1 + e^{-sT} + e^{-2sT} + \cdots) \times F_U(s) \\ &= \frac{1}{1-e^{-sT}} \times F_U(s) \quad (\text{앞에서 구한 } F_U(s)\text{를 대입}) \\ &= \frac{1}{1-e^{-sT}} \times \frac{V\omega}{s^2+\omega^2} \times (1+e^{-sT/2}) \\ &= \frac{V\omega}{s^2+\omega^2} \times \frac{1+e^{-sT/2}}{1-e^{-sT}} \end{aligned}$$ ↵

9.5 (a) $f(t) = \mathcal{L}^{-1}[e^{-sT}] = \mathcal{L}^{-1}[1 \cdot e^{-sT}] = \delta(t-T)$

(b) $F(s) = \dfrac{1}{s(s+1)} = \dfrac{1}{s} - \dfrac{1}{s+1}$ 이므로

$$f(t) = \mathcal{L}^{-1}\left[\frac{1}{s} - \frac{1}{s+1}\right] = (1-e^{-t}) \cdot u(t)$$

(c) $F(s) = \dfrac{2}{(s+2)^3} = \mathcal{L}[e^{-2t}t^2]$ 이므로

$$f(t) = \mathcal{L}^{-1}\left[\frac{2}{(s+2)^3}\right] = e^{-2t}t^2 \cdot u(t)$$

(d) $F(s) = \dfrac{s+12}{s^2+4s+29} = \dfrac{s+2}{(s+2)^2+5^2} + \dfrac{2 \cdot 5}{(s+2)^2+5^2}$ 이므로

$$f(t) = \mathcal{L}^{-1}\left[\frac{s+2}{(s+2)^2+5^2} + \frac{2 \cdot 5}{(s+2)^2+5^2}\right]$$

$$= e^{-2t}(\cos 5t + 2\sin 5t) = 2.24\, e^{-2t}\cos(5t - 63.4^\circ)$$ ↵

9.6 스위치가 닫힌 후, 테브난의 등가회로로 변환하면 등가 전압원은

$$V_E = \frac{R_2 \times V}{R_1 + R_2} = \frac{4 \times 10}{4+4} = 5[\mathrm{V}]$$

이다. 한편 등가 저항은

$$R_E = R_1 // R_2 = 4//4 = 2[\Omega]$$

이고, 스위치가 닫힌 후 등가회로에 대해 평형방정식을 구하면

$$R_E C\frac{dv}{dt} + v = V_E$$

가 된다. 여기에 앞에서 구한 등가전압과 등가저항값을 대입하여 정리하면

$$4\frac{dv}{dt} + v = 5$$

이다. 위의 식에 대해 라플라스 변환을 하면

$$4[s\,V(s) - v(0)] + V(s) = \frac{5}{s}$$

$$\therefore\ V(s) = \frac{5}{4} \times \frac{1}{s(s+0.25)} = 5 \times \left(\frac{1}{s} - \frac{1}{s+0.25}\right)$$

이 식에 대해 라플라스 역변환을 취하면

$$v(t) = \mathcal{L}^{-1}[V(s)] = 5 \times \left(\mathcal{L}^{-1}\left[\frac{1}{s}\right] - \mathcal{L}^{-1}\left[\frac{1}{s+0.25}\right]\right) = 5 \times (1 - e^{-0.25t}) \cdot u(t)$$ ↵

9.7 $t < 0$ 인 동안 코일에 흐르는 전류는

$$i(0^+) = i(0^-) = \frac{V}{R_1} = \frac{10}{2} = 5[\mathrm{A}]$$

$t = 0$ 인 순간 스위치가 열리면 R-L 직렬회로가 되며, 이에 대한 전류방정식은 다음과 같다.

$$R_2 i(t) + L\frac{di}{dt} = 0$$

각 소자값을 대입하여 정리하면

$$4i(t)+2\frac{di}{dt}=0$$

위의 식에 대해 라플라스 변환을 하고, 초기값을 대입하면

$$sI(s)-i(0^+)+2I(s)=0,\ sI(s)-5+2I(s)=0$$

$I(s)$ 에 관해 정리하면

$$I(s)=\frac{5}{s+2}$$

그러므로 순시치 전류 $i(t)$ 는 $I(s)$ 를 라플라스 역변환하여 구할 수 있다. 즉,

$$i(t)=\mathcal{L}^{-1}[I(s)]=\mathcal{L}^{-1}\left[\frac{5}{s+2}\right]=5e^{-2t}\cdot u(t)$$ ↵

9.8 스위치가 닫힌 후의 평형 방정식을 세우면

$$Ri(t)+L\frac{di}{dt}=v(t)$$

$$10i(t)+26.5\times10^{-3}\frac{di}{dt}=141\sin 377t$$

양변에 라플라스 변환을 취하면

$$10I(s)+26.5\times10^{-3}\{sI(s)-i(0^+)\}=141\times\frac{377}{s^2+377^2}$$

초기전류는 $i(0^+)=0$ 이므로 $I(s)$ 에 관해 정리하면

$$I(s)=\frac{2\times10^6}{(s+377)(s^2+377^2)}=\frac{A}{s+377}+\frac{Bs+C}{s^2+377^2}$$

가 된다. 여기서 계수 A, B, C를 각각 구해 보자.

$$A=I(s)\times(s+377)|_{s=-377}=\left.\frac{2\times10^6}{s^2+377^2}\right|_{s=-377}=7.04$$

양 변의 계수 비교법에 의해 분자의 s^2 항의 계수는 0이므로

$$A+B=0$$

와 같이 식을 구할 수 있고, 좌변 분자의 s 항의 계수도 0이므로

$$377B+C=0$$

와 같다. 그러므로 앞의 세 식을 이용하여 계수 A, B, C를 구하면

$$A=7.04,\ B=-7.04,\ C=7.04\times377$$

이 된다.

$$\therefore\ I(s)=\frac{7.04}{s+377}-\frac{7.04\times s}{s^2+377^2}+\frac{7.04\times377}{s^2+377^2}$$

$$\therefore\ i(t)=\mathcal{L}^{-1}[I(s)]$$

$$= \mathcal{L}^{-1}\left[\frac{7.04}{s+377}\right] - \mathcal{L}^{-1}\left[\frac{7.04\times s}{s^2+377^2}\right] + \mathcal{L}^{-1}\left[\frac{7.04\times 377}{s^2+377^2}\right]$$

$$= 7.04\,(e^{-377t} - \cos 377t + \sin 377t\,)\cdot u(t\,)$$

$$= \{7.04e^{-377t} + 9.97\sin(377t - 45^{\circ})\}\cdot u(t\,)$$ ↵

9.9 스위치가 닫힌 후의 폐로 방정식을 세우면

$$5i_1 - 5i_2 = 20\,, \quad -5i_1 + 15i_2 + 2\frac{di_2}{dt} = 0$$

라플라스 변환을 취하면

$$5I_1(s) - 5I_2(s) = \frac{20}{s}, \quad -5I_1(s) + 15I_2(s) + 2\{sI_2(s) - i_2(0)\} = 0$$

초기치 $i_2(0) = 0$ 이므로 행렬로 표현하면

$$\begin{bmatrix} 5 & -5 \\ -5 & 2s+15 \end{bmatrix}\cdot\begin{bmatrix} I_1(s) \\ I_2(s) \end{bmatrix} = \begin{bmatrix} \frac{20}{s} \\ 0 \end{bmatrix}$$

이므로 크래머의 공식을 적용하여 $I_1(s)$ 전류를 구하자.

$$I_1(s) = \frac{\begin{vmatrix} \frac{20}{s} & -5 \\ 0 & 2s+15 \end{vmatrix}}{\begin{vmatrix} 5 & -5 \\ -5 & 2s+15 \end{vmatrix}} = \frac{(2s+15)\times\frac{20}{s}}{5(2s+15)-25} = \frac{4s+30}{s(s+5)} = \frac{A}{s} + \frac{B}{s+5}$$

가 되므로 계수 A, B를 구하면

$$A = 6,\ B = -2$$

이다. 그러므로

$$I_1(s) = \frac{6}{s} - \frac{2}{s+5}$$

$$i_1(t) = \mathcal{L}^{-1}[I_1(s)] = \mathcal{L}^{-1}\left[\frac{6}{s}\right] - \mathcal{L}^{-1}\left[\frac{2}{s+5}\right] = (6 - 2e^{-5t})\cdot u(t)$$ ↵

9.10 (a) $F(s) = \log_e\left(\frac{s+5}{s+6}\right)$

로 놓으면

$$\frac{dF(s)}{ds} = \frac{d}{ds}\left[\log_e\left(\frac{s+5}{s+6}\right)\right] = \frac{1}{s+5} - \frac{1}{s+6}\,.$$

$$\mathcal{L}^{-1}\left[\frac{dF(s)}{ds}\right] = \mathcal{L}^{-1}\left[\frac{1}{s+5} - \frac{1}{s+6}\right] = e^{-5t} - e^{-6t}$$

또한 라플라스변환의 연산 규칙으로부터

$$\mathcal{L}^{-1}\left[\frac{dF(s)}{ds}\right] = -tf(t)$$

이므로

$$f(t)=\frac{1}{-t}\mathcal{L}^{-1}\left[\frac{dF(s)}{ds}\right]=\frac{1}{t}\left(e^{-6t}-e^{-5t}\right)$$

(b) $F(s)=\dfrac{1}{(s^2+5^2)^2}=\dfrac{1}{s}\dfrac{s}{(s^2+5^2)^2}$

$$\therefore\ \mathcal{L}^{-1}\left[\frac{1}{s}\frac{s}{(s^2+5^2)^2}\right]=\int_0^t\mathcal{L}^{-1}\left[\frac{s}{(s^2+5^2)^2}\right]dt$$

$\mathcal{L}[f_1(t)]=F_1(s)$라면

$$\mathcal{L}\left[\frac{f_1(t)}{t}\right]=\int_s^\infty F_1(s)\ ds$$

이므로

$$\int_s^\infty F_1(s)\ ds=\frac{-1}{2}\left[\frac{1}{s^2+5^2}\right]_s^\infty=\frac{1}{10}\frac{5}{s^2+5^2}.$$

라플라스 역변환에 의해

$$\mathcal{L}^{-1}\left[\frac{1}{10}\frac{5}{s^2+5^2}\right]=\frac{1}{10}\sin 5t$$

이므로

$$\frac{f_1(t)}{t}=\frac{1}{10}\sin 5t$$

로부터

$$f_1(t)=\frac{t}{10}\sin 5t.$$

그러므로 준 식으로부터

$$f(t)=\mathcal{L}^{-1}\left[\frac{1}{(s^2+5^2)^2}\right]=\int_0^t\frac{t\sin 5t}{10}\ dt=\frac{1}{10}\left[\frac{-t\cos 5t}{5}+\frac{\sin 5t}{25}\right]_0^t$$

$$=\frac{1}{250}\left[\sin 5t-5t\cos 5t\right]$$

9.11 회로 전체의 임피던스를 구하면

$$Z(s)=2+\frac{s\left(2+\frac{1}{s}\right)}{s+2+\frac{1}{s}}=\frac{4s^2+5s+2}{s^2+2s+1}$$

$$I_1(s)=\frac{V(s)}{Z(s)}=\frac{5(s^2+2s+1)}{s(s^2+1.25s+0.5)}=\frac{5s^2+10s+5}{s\{(s+0.625)^2+0.331^2\}}$$

$$=\frac{A}{s}+\frac{B(s+0.625)}{(s+0.625)^2+0.331^2}+\frac{C\cdot 0.331}{(s+0.625)^2+0.331^2}$$

로부터

$$A = I_1(s) \times s\big|_{s=0} = \frac{5}{0.5} = 10$$

양변의 계수비교법에 의해 분자의 s^2 항의 계수는 5이므로

$$A + B = 5$$

로부터

$$B = 5 - A = 5 - 10 = -5$$

또한 좌우변 분자의 s 항의 계수는 10이므로

$$1.25A + 0.625B + 0.331C = 10$$

으로부터 각 값을 대입하면

$$C = -28.3$$

이 된다. 그러므로

$$I_1(s) = \frac{10}{s} - \frac{5(s+0.625)}{(s+0.625)^2 + 0.331^2} - \frac{28.3 \times 0.331}{(s+0.625)^2 + 0.331^2}$$

$$\begin{aligned} \therefore\ i_1(t) &= \mathcal{L}^{-1}[I_1(s)] \\ &= \mathcal{L}^{-1}\left[\frac{10}{s}\right] - \mathcal{L}^{-1}\left[\frac{5(s+0.625)}{(s+0.625)^2 + 0.331^2}\right] - \mathcal{L}^{-1}\left[\frac{28.3 \times 0.331}{(s+0.625)^2 + 0.331^2}\right] \\ &= 10 - e^{-0.625t}\{5\cos 0.331t + 28.3\sin 0.331t\} \\ &= 10 - 28.7 \times e^{-0.625t}\cos(0.331t - 80^\circ) \end{aligned}$$

↵

9.12 라플라스 변환을 이용한 콘덴서 양단의 전압 표현은

$$V(s) = \frac{5}{4s^2 + s}$$

이므로

$$v(\infty) = \lim_{s \to 0} sV(s) = \lim_{s \to 0} \frac{5}{4s+1} = 5[\mathrm{V}]$$

↵

9.13 초기치 정리를 적용하면

$$f(0^+) = \lim_{s \to \infty} sF(s) = \lim_{s \to \infty} \frac{5(s+40)}{s+20} = 5[\mathrm{A}]$$

↵

9.14 주어진 미분 방정식에 대해 라플라스 변환을 취하면

$$sI(s) - i(0) + V(s) = \frac{1}{s-1}, \quad sV(s) - v(0) - I(s) = \frac{1}{s^2}$$

위의 두 식으로부터

$$V(s) = \frac{2s-1}{s(s-1)(s^2+1)}, \quad I(s) = \frac{s^3-s+1}{s^2(s-1)(s^2+1)}$$

가 되므로 이에 대해 부분분수로 전개하면

$$V(s) = \frac{2s-1}{s(s-1)(s^2+1)} = \frac{A}{s} + \frac{B}{s-1} + \frac{Cs}{s^2+1} + \frac{D}{s^2+1}$$

$$I(s) = \frac{s^3-s+1}{s^2(s-1)(s^2+1)} = \frac{E}{s} + \frac{F}{s^2} + \frac{G}{s-1} + \frac{Hs}{s^2+1} + \frac{J}{s^2+1}$$

와 같이 전개할 수 있으므로 계수비교법 등을 이용하여 미정계수를 결정하면

$$A = 1,\ B = \frac{1}{2},\ C = -\frac{3}{2},\ D = -\frac{1}{2},$$

$$E = 0,\ F = -1,\ G = \frac{1}{2},\ H = -\frac{1}{2},\ j = \frac{3}{2}.$$

각 계수값을 대입하여 정리하면

$$V(s) = \frac{1}{s} + \frac{\frac{1}{2}}{s-1} + \frac{-\frac{3}{2}s}{s^2+1} + \frac{-\frac{1}{2}}{s^2+1},$$

$$I(s) = \frac{-1}{s^2} + \frac{\frac{1}{2}}{s-1} + \frac{-\frac{1}{2}s}{s^2+1} + \frac{\frac{3}{2}}{s^2+1}$$

위의 두 식에 대해 라플라스 역변환을 취하여 정리하면

$$v(t) = 1 + \frac{1}{2}e^t - \frac{3}{2}\cos t - \frac{1}{2}\sin t, \quad i(t) = -t + \frac{1}{2}e^t - \frac{1}{2}\cos t + \frac{3}{2}\sin t$$ ↵

찾아보기

신편회로망해석 및 합성

(1)

1-포트 회로망 142
1차정수 179

(2)

2-포트 회로망 142
2단자망 142
2차 고역통과 여파기 217
2차 저역통과 여파기 215
2차정수 179

(4)

4단자망 142

(D)

DBCA 파라미터 151

(G)

g 파라미터 148

(H)

h 파라미터(하이브리드 파라미터) 148

(T)

T 파라미터 149
T-1 파라미터 151

(V)

VSWR 191

(가)

가변 콘덴서 57
가상접지 202
가지 88
가지전류 88, 89
감쇠기 166
감쇠도 51
감쇠정수 51, 178
개방 임피던스 150
결합 임피던스 124
결합계수 130
경계조건 175
고역통과 필터 53
공진 57
공진곡선 62
공칭 임피던스 50
광대역성 66
구동점 임피던스 95, 123
구동점 어드미턴스 17
권선비 131
궤적도 47
극-영점도 23

극점 22
기대칭 236
기함수 236

(나)

네퍼 32
누설자속 117
능동 가지 88

(다)

다중 공진 77
단락 임피던스 150
단위 결합 130
대역저지 필터 55
대역통과 능동여파기 219
대역통과 필터 55
대역폭 50, 56, 66, 221
대칭성 236
댐핑계수 217
데시벨 31
동조회로 77
디리끄레의 조건 234, 257

(라)

라플라스 258
라플라스 변환 230, 256, 258
루프 88

(마)

마디 87
마디전압 87
만능 공진곡선 62
메쉬 88
무반사 188
무손실 선로 183
무왜조건 185
미분기 212
밀결합 130

(바)

반공진 72
반사 임피던스 124
반사계수 186
반전력대폭 66
반전력점 31, 49
반파 대칭 236
버터워스 215
버터워스 필터 215
베셀 215
변곡점 216
변압기 116
병렬 공진 72
병렬 접속 160
보데도 30, 34
복소 주파수 10
부분 그래프 88
분포 정수회로 174
비대역폭 66
비정현파 230

(사)

상호 116
상호 어드미턴스 99
상호 인덕턴스 118
상호 임피던스 93
상호자속 117
선택 60, 64
선택도 인자 60
소결합 130

소행렬식 94
쇄교수 117
수동 가지 88
수렴계수 258
시간천이 265
시간천이(Time 275
신호버퍼 208

(아)

어드미턴스 파라미터 143
여인자 94
역행렬 93
연산 증폭기 200
영상 154, 157
영상 정합 164
영상 파라미터 154
영점 22
와류 손실 131
완전반사 188
왜율 241
우대칭 236
우함수 236
원선도 47
위상속도 183
위상정수 51, 178
유도 116
유도 결합회로 116
유전률 184
이상 변압기 131
인덕턴스 브리지 126
임미턴스 17
임펄스 응답 272
임피던스 궤적 47
임피던스 정합회로 164
임피던스 파라미터 145

(자)

자기 20
자기 어드미턴스 99
자기 인덕턴스 117
자기 임피던스 20
자연 28
자연 주파수 28
장하 185
저역통과 필터 49
적분기 212
전달 20
전달 임피던스 20, 95
전달 컨덕턴스 197
전달저항 197
전달함수 20
전류 이득 20
전류반사계수 188
전류원 198
전류이득 197
전류제어 198
전류제어 전압원 197
전류투과계수 189
전송 파라미터 149
전압반사계수 186
전압이득 197
전압제어 20, 197
전압투과계수 189
전압폴로워 208
전파(傳播) 57
전파(電波) 57
전파속도 183
전파정수 178
절점 87
절점 주파수 35
접합점 87

정 K형 필터 50
정규화 주파수 61
정재파비 191
제어원 197
종속 196
종속 전압원 196
종속 접속 162
종속전원 196
주파수 스펙트럼 234
주파수 천이 266
지로(枝路) 88
지수함수 표현 247
직렬 접속 158
직류 성분 234
집중 정수회로 174

(차)

차단주파수 49, 217
체비셰프 215
초기치 정리 280
최종치 정리 280

(카)

크래머(Kramer)의 공식 90

(타)

탱크회로 74
토폴로지 86
투자율 184
트랜스 116
특성 156
특성 임피던스 155, 176

(파)

폐로 88
푸리에 230, 257
푸리에 급수 230
푸리에 변환 256

(하)

하이브리드 파라미터 201
협대역성 66
회로 19
회로망 19, 86
회로망 그래프 88
회로망 함수 20

저자와의
협의에 의해
인지 생략

신편 회로망해석 및 합성

1판 3쇄 2021년 9월 1일

저 자 공병옥
발행인 송광헌
발행처 복두출판사
주 소 서울특별시 영등포구 경인로82길 3-4
센터플러스 807호 (우) 07371
전 화 02-2164-2580
FAX 02-2164-2584
등 록 1993. 11. 22. 제 10-902 호

정가 : **20,000** 원

ISBN : 979-11-86541-85-2 93560

한국과학기술출판협회 회원사